Oskar Heer

Flugsicherung

Einführung in die Grundlagen

Springer-Verlag
Berlin Heidelberg New York 1975

Dr.-Ing. OSKAR HEER

Professor an der Technischen Hochschule Darmstadt.
Präsident der Bundesanstalt für Flugsicherung a. D.

Mit 141 Abbildungen

ISBN-13: 978-3-540-07056-6 e-ISBN-13: 978-3-642-80900-2
DOI: 10.1007/978-3-642-80900-2

Library of Congress Cataloging in Publication Data
Heer, Oskar, 1904 –
Flugsicherung.
Bibliography: p.
Includes index.
1. Air traffic control. 2. Air traffic control – Germany (Federal Republic, 1949–) I. Title.
TL725.3.T7H43 629.136'6 74-30125

Vorwort

Flugsicherung bedeutet, einfach definiert, "Hilfe vom Boden her", insbesondere durch Luftverkehrsüberwachung und Bewegungslenkung mit dem Hauptziel, Zusammenstöße zu vermeiden. Dies erfordert die Anwendung ausgeklügelter Methoden, aber auch eine Vielzahl komplizierter technischer Einrichtungen aus den Bereichen der Fernmelde-, Navigations- und Radartechnik sowie der elektronischen Datenverarbeitung.

Als die Flugsicherung in der Bundesrepublik Deutschland im Jahre 1953 - nach einer längeren Zwangspause - ihre Aufgabe wieder übernahm, hieß es "auf einen fahrenden Zug aufspringen." Die Organisation des Luftraums, der Aufbau der Streckennetze im oberen und unteren Luftbereich, die Anflugverfahren und die Regeln der Betriebsdurchführung waren in den nachfolgenden Jahren neu zu ordnen und den Erfordernissen eines modernen Luftverkehrs anzupassen. Die vorhandenen, zumeist veralteten Geräte mußten durch Neuentwicklungen der Industrie ersetzt werden.

So haben sich in den seither verstrichenen zwei Jahrzehnten sowohl die Verfahren als auch die Mittel der Flugsicherung sehr rasch weiterentwickelt. Dieses gilt im übrigen auch für die Situation im Ausland; die stürmische Zunahme des Luftverkehrs und die in den neuen Technologien steckenden Möglichkeiten führten fast zwangsläufig auch zu neuen Konzeptionen. Relativ spät hat man den Arbeitsplatz des Fluglotsen, seine psycho-physische Belastung und Beanspruchung sowie seine Kontrollkapazität einem genaueren Studium unterzogen.

Im vorliegenden Buch hat der Verfasser den Versuch unternommen, in einer Zusammenfassung die Grundlagen der Flugsicherung, in Betrieb und Technik darzustellen. Da, wo die Ausführungen im Rahmen des Buches nicht erschöpfend sein konnten, werden Hinweise auf Spezialliteratur gegeben.

Vieles in der Flugsicherung beruht auf Richtlinien und Empfehlungen der internationalen Zivilluftfahrtorganisation, doch konnte im vorliegenden Buch auch auf zahlreiche, in unserem Lande entwickelte neue Betriebsverfahren und Organisationsformen, auf eigene Erkenntnisse und Untersuchungen zurückgegriffen werden.

Für wertvolle Ratschläge bin ich Herrn Voß dankbar; für wichtige Hinweise - im Bereich Verfahren und Betriebsdurchführung - danke ich den Herren Heinlein, Föh, Zahradnik, Reents und Schmid (EUROCONTROL). Den technischen Teil sahen die Herren Bruckauf, Bohr, Weigelt, Platz und Morhard kritisch durch, dafür ebenfalls herzlichen Dank. Dem Verlag danke ich für die rasche und gründliche Behandlung aller mit der Herstellung und Herausgabe des Buches verbundenen Probleme sowie für die sorgfältige Herstellung der Bilder. Besonders aber danke ich meiner Frau für ihre Geduld in der Zeit, als ich das Buch schrieb.

Frankfurt a.M., Mai 1975 Oskar Heer

Inhaltsverzeichnis

Verzeichnis der Abkürzungen

Abkürzung	Englische Bezeichnung	Deutsche Bezeichnung
ADF	automatic direction finder	automatischer Funkpeiler
ADV		Arbeitsgemeinschaft Deutscher Verkehrsflughäfen
AFTN	aeronautical fixed telecommunication network	festes Flugfernmeldenetz
ANC	Air Navigation Commission	Luftfahrtkommission (ICAO)
ASDE	airport surface detection equipment	Rollfeldüberwachungsradaranlage
ASR	airport surveillance radar	Flughafen-Rundsichtradaranlage
ATC	air traffic control	Flugverkehrskontrolle
ATCAP	Air Traffic Control Automation Panel	
ATIS	automatic terminal information service	automatische Ausstrahlung von Lande- und Startinformationen
ATS	air traffic services	Flugverkehrsdienste
AVV		Allgemeine Verwaltungsvorschrift des Bundesmin. für Verk. zum Gesetz über die Bundesanst. für Flugsicherung
AWOP	All-Weather Operations Panel	Allwetterlandungs-Ausschuß
BA-FVK		Betriebsanweisung für den Flugverkehrskontrolldienst
BFS		Bundesanstalt für Flugsicherung
BRD		Bundesrepublik Deutschland
COM	communications	Fernmeldewesen
CTA	control area	Kontrollbezirk
CTOL	conventional take off and landing	konventionell startende und landende Luftfahrzeuge
CTR	control zone	Kontrollzone
db	decibel	Dezibel

Abkürzung	Englische Bezeichnung	Deutsche Bezeichnung
DERD		Darstellung extrahierter Radardaten
DLH		Deutsche Lufthansa
DME	distance measuring equipment	Entfernungsmeßgerät
DOT	Department of Transportation	USA-Verkehrsministerium
DÜV		Datenübertragungs- und Verteilersystem
D VOR	doppler very high frequency omnidirectional radio range	Doppler-Drehfunkfeuer
DWD		Deutscher Wetterdienst
DZE		Digitalzielextraktor
ECAC	European Civil Aviation Conference	Europäische Zivilluftfahrt-Konferenz
EDV		elektronische Datenverarbeitung
ESt		Erprobungsstelle der BFS
ETD	estimated time of departure	voraussichtliche Abflugzeit
EUROCONTROL	European Organization for the Safety of Air Navigation	Europäische Organisation zur Sicherung der Luftfahrt
FAA	Federal Aviation Administration	Bundesluftfahrtbehörde der USA
FFZ		Flugfernmeldezentrale
FIR	flight information region	Fluginformationsgebiet
FIS	flight information service	Fluginformationsdienst
FL	flight level	Flugfläche
FlugÜZ		Flugüberwachungszone
FMS		Flugvermessungsstelle der BFS
FS-		Flugsicherungs-
ft	feet	Fuß
FVK		Flugverkehrskontrolldienst
GRS		Mittelbereichs-Rundsichtradaranlage
HEZ		Haupteinflugzeichen
IATA	International Air Transport Association	Internationaler Luftverkehrsverband
ICAO	International Civil Aviation Organization	Internationale Zivilluftfahrt-Organisation
IFR	instrument flight rules	Instrumentenflugregeln
ILS	instrument landing system	Instrumenten-Lande-System

Abkürzung	Englische Bezeichnung	Deutsche Bezeichnung
IMC	instrument flight conditions	Instrumentenwetterbedingungen
KSD		Kontrollstreifendruck
Kt	Knot	Knoten, nautische Meilen/h
LBA		Luftfahrtbundesamt
LFZ		Luftfahrzeug
LuftVG		Luftverkehrsgesetz
LuftVO		Luftverkehrs-Ordnung
LuftVZO		Luftverkehrs-Zulassungs-Ordnung
MATRAC	Military Air Traffic Radar Control Centre	militärische Luftverkehrs-Radarkontroll-Zentrale
MOTNE	Meteorological Operational Telecommunication Network Europe	Europäisches Flugwetter-Fernmeldenetz
MTI	moving target indication	Festzeichenunterdrückung
NDB	non-directional radio beacon	ungerichtetes Funkfeuer
NfL		Nachrichten für Luftfahrer
NM	nautical mile	Nautische Meile
OCL	obstacle clearance limit	Hindernisfreigrenze
OCP	Obstacle Clearance Panel	Arbeitsausschuß für die Hindernisfreigrenze
OCS	obstacle clearance surface	Hindernisfreifläche
PANS	procedures for air navigation services	Verfahren(svorschriften) für Luftfahrtdienste (ICAO)
PAR	precision approach radar	Präzisions-Anflug-Radar
RCC	Rescue Coordination Center	Such- und Rettungsdienst-Leitstelle
RSt		Regionalstelle
RTCA	Radio Technical Commission for Aeronautics	
SAR	Search and Rescue (service)	Such- und Rettungsdienst
SRE	surveillance radar equipment	Rundsichtradargerät
SSR	secondary surveillance radar	Rundsicht-Sekundärradar
STOL	short take-off and landing	Kurzstarter
TACAN	tactical air navigation	taktische(s) Flugnavigation (s-System)
TARK		Teilautomatisierung der Radarkontrolle
TMA	terminal control area	Nahverkehrsbereich
TWR	aerodrome control tower	Flugplatzkontrollstelle

Abkürzung	Englische Bezeichnung	Deutsche Bezeichnung
UACC	upper area control centre	Bezirkskontrollstelle für den oberen Luftraum
UDA	upper advisory area	Oberer Flugverkehrsberatungsbezirk
UIR	upper flight information region	Oberes Fluginformationsgebiet
UKW		Ultrakurzwelle, Meterwelle
VEZ		Voreinflugzeichen
VFR	visual flight rules	Sichtflugregeln
VHF	very high frequency	Ultrakurzwelle
VMC	visual meteorological conditions	Sichtwetterbedingungen
VOR	very high frequency omnidirectional radio range	(UKW-)Drehfunkfeuer
VORTAC	VOR and TACAN combination	Drehfunkfeuer und TACAN-Kombination
VTOL	vertical take-off and landing	Senkrechtstarter

I. Die Sicherheit im Luftverkehr

1. Allgemeines

Sicherheit und Regelmäßigkeit eines Verkehrsbetriebs sind die notwendigen Voraussetzungen für die wirtschaftliche Entwicklung des Verkehrsmittels. Diese Faktoren können nur schwer mit absoluten Maßstäben gemessen werden, doch hat das Verkehrsunternehmen dafür Sorge zu tragen, daß sie einen möglichst hohen Stand erreichen.

Unterschreiten Sicherheit und Regelmäßigkeit dauernd eine minimale Grenze, dann wendet sich der hiergegen besonders empfindliche Teil des Verkehrs einem anderen Verkehrsmittel zu [1].

Die einschneidende Bedeutung der Sicherheit für die Wirtschaftlichkeit der Verkehrsbetriebe macht eingehende Untersuchungen über die Faktoren der Betriebssicherheit allgemein erforderlich. Pirath [1] unterscheidet:

a) Einflüsse, die von außen kommen, wie Wettereinflüsse,

b) Einflüsse, für die das Verkehrsunternehmen voll verantwortlich ist, z.B.
Mängel an Einrichtungen und Fahrzeugen,
falsche Handhabung,

c) Einflüsse, die nicht einwandfrei geklärt werden können oder mehreren Gruppen zugeordnet werden müssen.

Die Statistik zeigt die noch immer relativ starke Abhängigkeit der Schiffahrt und Luftfahrt von Natureinflüssen. A l l e Verkehrsmittel weisen relativ hohe Unfallzahlen infolge falscher Handhabung der Fahrzeuge auf.

2. Die Situation im Luftverkehr

Die Maßnahmen aller Länder, die sich um die Weiterentwicklung der Luftfahrt, des jünsten Verkehrsmittels, bemühen, umfassen naturgemäß

a) die Bausicherheit der Luftfahrzeuge,

b) die Betriebssicherheit seiner Triebwerke und der Bordinstrumentierung in gleicher Weise wie

c) die Einrichtungen und Verfahren der Bodendienste,

die in ihrer weiteren Ergänzung und Vervollkommnung die Luftfahrzeugführung sehr wesentlich zu entlasten vermögen, ja einen Teil der Sicherungsaufgabe ganz übernehmen können.

Die folgenden Betrachtungen beruhen weitgehend auf statistischen Angaben, die in weltweiter Sicht durch die Internationale Zivilluftfahrtorganisation (International Civil Aviation Organization, ICAO), der alle Luftfahrt treibenden Länder außer China angehören, gesammelt und veröffentlicht werden.[1]

Bei der Aufbereitung der Statistik sind verschiedene Gesichtspunkte zu Grunde zu legen, je nachdem, welche Tatbestandsarten demonstriert werden sollen, z.B. Zahl der verunglückten Personen, Unfallrate, Unfallursachen usw.

So sind in der Unfallstatistik des Luftverkehrs seit längerer Zeit u.a. zwei Zahlen als wichtige Werte bekannt:

Die Zahl der tödlich verunglückten Personen
Die Unfallrate, d.h. Todesfälle je 100 Millionen geflogene Passagier-Kilometer (Pkm).

Trägt man die Unfallrate - im planmäßigen Weltluftverkehr - über den Jahren auf (Bild 1), so kann man feststellen, daß die Sicherheit im Luftverkehr zugenommen

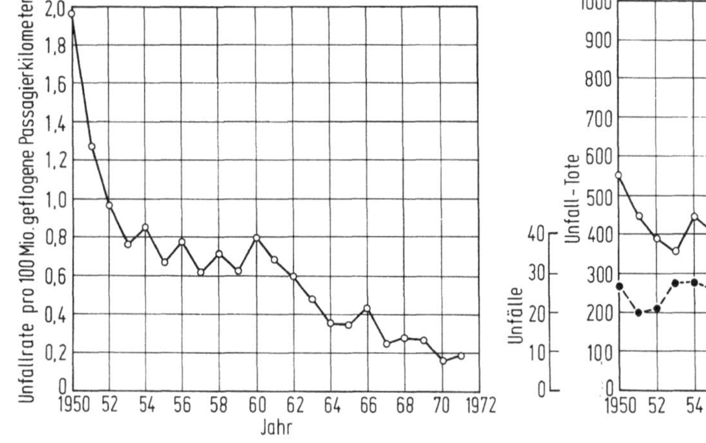

Bild 1: Unfalltote pro 100 Millionen geflogene Passagier-Kilometer (ICAO, [2]).

Bild 2: Zahl der Unfälle und der Unfall-Toten (ICAO, [2]).

---

[1] Auf dem Gebiet der Flugsicherheit ist auch die Flight Safety Foundation (FSF), Sitz in Arlington (Virginia, USA) zu nennen. Die FSF führt auch Forschungen durch, um Flugunfälle vorausschauend zu verhindern.

hat, d.h. daß die relative Zahl der Unfalltoten je 100 Mio Pkm fallende Tendenz zeigt [2]. Sie kann heute in etwa mit der entsprechenden Zahl für den Bus- und Eisenbahnverkehr verglichen werden, wie Tabelle 1 es zeigt.

Tabelle 1. Unfalltote pro 100 Millionen Passagiermeilen in den Jahren 1964 bis 1967 (USA und Weltlinienverkehr) [3]

Fahrzeugart		1964	1965	1966	1967
Personenkraftwagen und					
Auto-Taxen	Total	2,40	2,50	2,40	2,40
	Turnpike	1,20	1,20	1,30	1,10
Bus-Verkehr		0,15	0,16	0,20	0,20
Eisenbahn (Passagierzüge)		0,05	0,07	0,16	0,09
Linien-Luftverkehr insges.		0,25	0,32	0,07	0,22
	in den USA	0,14	0,38	0,09	0,29
	International	0,63	0,12	0,00	0,00
allgemeine Luftfahrt insgesamt (einschließlich Bordbesatzung)		26	21	18	18
Lufttaxi		10	7	7	12

Die absolute Zahl der tödlich verunglückten Personen (im planmäßigen Weltluftverkehr) stellt Bild 2 dar, sie nimmt laufend zu. Das trifft naturgemäß auch dann zu, wenn die Unfallrate konstant bleibt, da ja der Luftverkehr, d.h. die geflogenen Passagierkilometer, ständig zunehmen (Die gestrichelte, untere Kurve zeigt die Zahl der Unfälle).

Gerade dieser Umstand, die Zunahme der absoluten Zahl der tödlich verunglückten Personen, hat eine sehr negative psychologische Auswirkung auf das Reisepublikum. Lundberg warnt davor, sich mit niedrigen Unfallraten zufrieden zugeben. Das Publikum beurteile die Sicherheit im Flugverkehr nicht nach den Unfallraten (die auch nur wenigen bekannt sind), sondern nach den absoluten Zahlen der Unfalltoten, über die die Presse sofort mit sensationell aufgemachten Schlagzeilen berichtet.

Gelegentlich wird daraufhingewiesen, daß es bei einem Flugzeugunglück - im Gegensatz zu anderen Verkehrsmitteln - keine Überlebenschance gäbe. Was sagt die Statistik hierzu? In den Jahren 1960 bis 1966 verunglückten 189 Linienflugzeuge mit insgesamt 6862 Fluggästen. 1478 Passagiere, d.h. 22 % überlebten die Katastrophen.

Die allgemein übliche Maßzahl, Unfallrate genannt, d.h. die Zahl der getöteten Passagiere pro geflogene 100 Millionen Passagierkilometer, hat einen nicht zu übersehenden Nachteil. In ihr steckt die starke Zunahme der mittleren Geschwindigkeit der neuen Flugzeugtypen. Eindeutiger ist die Maßzahl, wenn sie auf die Zahl der Flugstunden und der Landungen bezogen wird (Bild 3).

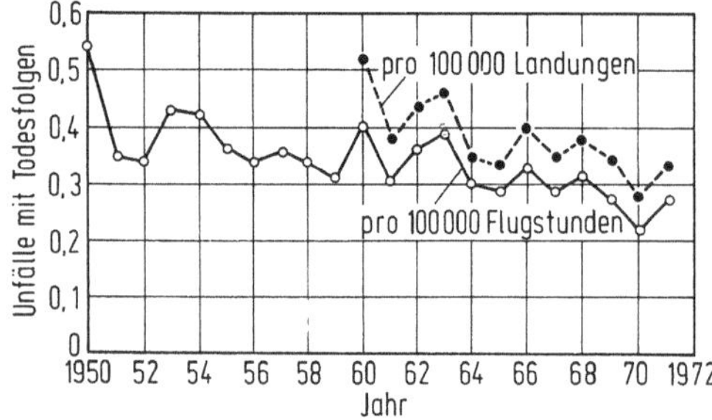

Bild 3: Unfälle mit Todesfolgen pro 100.000 Flugstunden und pro 100.000 Landungen (ICAO, [2]).

Über Auto-Unfälle finden sich in den Tageszeitungen nur Notizen, wenn sie im eigenen Ort oder in der Nähe vorkamen. Doch weiß man, daß jährlich viele Tausende ihr Leben auf den Straßen verlieren. In der Bundesrepublik Deutschland allein waren 1971 etwa 18680 Tote und 517 198 Verletzte zu beklagen, d.h. durchschnittlich 51 Tote je Tag (FAZ vom 2.3.1972). Auf den Straßen Europas und der USA zusammen sterben jährlich bei Autounfällen über 100 000 Menschen. Trotzdem erregt ein Flugzeugabsturz - ganz gleich, wo in der Welt - besonderes Aufsehen, wohl aus dem Grunde, weil er schlagartig eine z.T. sehr hohe Zahl von Toten verursacht.

3. Ursachen der Luftfahrtunfälle

Wenn man Maßnahmen treffen will, um die Sicherheit zu erhöhen, muß man die Unfallursachen analysieren und u.a. feststellen, in welcher Betriebsphase sich die meisten Unfälle ereignen.

Nach der ICAO-Statistik (1956-1961, Unfälle mit Todesfällen) wurde im internationalen Luftverkehr mit Strahlflugzeugen eine Gruppierung der Unfallursachen ermittelt, wie sie Tabelle 2 zeigt [4].

Demnach muß als Hauptursache für Unfälle menschliches Versagen angesehen werden; durch Fehler der Besatzung oder des Bodenpersonals wurden 54 % aller Unfälle verschuldet.

Hinsichtlich der Aufteilung der Unfälle im Internationalen Strahlverkehr auf die Betriebsphasen ergibt sich nach der ICAO-Statistik aus Mittelwerten der letzten Jahre das in der Tabelle 3 dargestellt Bild [5].

Wie die Tabelle zeigt, ereignen sich die meisten Unfälle - 57 % - bei der Landung, gefolgt von der Phase "Start" mit 18 %, beide Phasen zusammen umfassen bereits 3/4 aller Unfälle.

Tabelle 2. [4]

Unfallursache (ICAO)	In % aller Fälle
Besatzung oder Bodenpersonal	54
Technische Störungen	15
Natureinflüsse	21
Sonstiges (einschl. ungeklärt	10
	100 %

Tabelle 3. [5]

Betriebsphase des Flugzeugs beim Eintreten des Unfalls (Verkehrsluftfahrt; ICAO)	In % aller Fälle
Landung	57
Start	18
Steigvorgang	15
Reiseflug	10
	100 %

Die Frage nach der Flugsicherheit bei Chartergesellschaften ist nur schwer zu beantworten. Nach Unterlagen aus den USA hatten die dortigen "Bedarfsgesellschaften" innerhalb des statistisch ausgewerteten Zeitraums von zehn Jahren (1955 bis 1964) sechs unfallfreie Jahre. Trotzdem ist die Unfallrate mit 1,87 getöteten Fluggästen je 100 Mio Pkm rund viermal so hoch wie bei den Liniengesellschaften.

In der allgemeinen Luftfahrt - nach der ICAO-Definition umfaßt diese den nichtgewerblichen Bereich - wird als Kennziffer die Zahl der Toten (einschl. der getöteten Besatzungsmitglieder) auf je 100 000 Flugstunden bezogen. In den fünf Jahren von 1962 bis 1966 waren in der BRD 13 Tote je 100 000 Flugstunden zu beklagen [6]. US-amerikanischen Unterlagen können für die Jahre 1962 bis 1964 Werte zwischen 10,7 und 13,7 Toten je 100 000 Flugstunden entnommen werden [6].

Hinsichtlich der Verteilung der Unfälle auf die einzelnen Betriebsphasen werden für die allgemeine Luftfahrt der USA im gleichen Zeitabschnitt die in der Tabelle 4 enthaltenen Werte angegeben (Unfälle ohne Todesfolgen sind eingeschlossen [6]).

Tabelle 4. [6]

Betriebsphase des Flugzeugs beim Eintreten des Unfalls (allgemeine Luftfahrt; USA)	In % aller Fälle
Landung	52,8
Streckenflug	21,5
Start	16,5
Rollen	7,5
Stand	1,7
	100 %

Auch in der allgemeinen Luftfahrt ist die Landung die unfallträchtigste Phase, gefolgt allerdings nicht vom "Start", sondern vom Streckenflug (Hier verbergen sich auch Unfälle, die "Sicht-Flüge" tragisch abschließen, Flüge, die trotz Warnung bei Schlechtwetter-Einbrüchen leichtsinnig fortgesetzt werden).

4. Das Strahlflugzeug ist sicherer

In den vergangenen zwölf Jahren ist eine starke Umschichtung im Bestand der Verkehrsflugzeuge nach Antriebsarten vor sich gegangen; die Kolbenmotorflugzeuge sind fast ganz - zu Gunsten der Turboprop- und Strahlflugzeuge - verdrängt worden.

Untersucht man den Anteil der drei Flugzeugkategorien im Sitzangebot und an der Zahl der bei Unfällen getöteten Passagiere, so ergibt sich das in Bild 4 dargestellte Ergebnis [6]. Es zeigt, daß in dem betrachteten Zeitabschnitt bei den Strahlflugzeugen der Anteil der getöteten Fluggäste weit unter dem entsprechenden Anteil am Sitzplatz-Angebot liegt. Bei den Kolbenmotorflugzeugen ist es umgekehrt; der Anteil der in Propellerturbinenflugzeugen Getöteten ist etwa gleich hoch wie deren Anteil am Sitzplatzangebot.

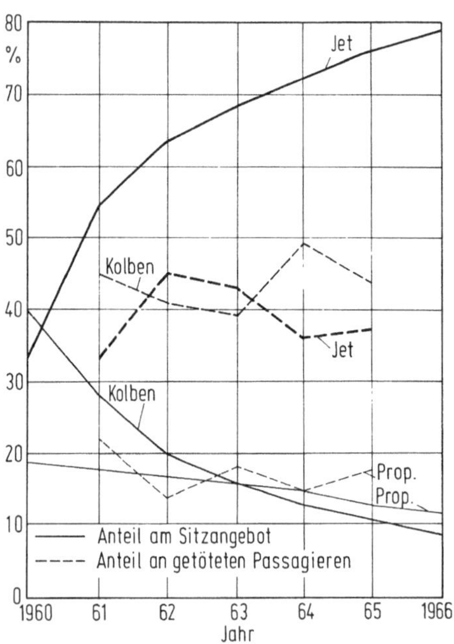

Bild 4: Anteil der drei Flugzeugkategorien im Sitzangebot und an der Zahl der getöteten Passagiere [6].

5. Die neue Generation der Strahlflugzeuge

Bemerkenswert ist die Tatsache, daß der Umfang der Erfahrungen der Piloten mit den neueren Flugzeugmustern schneller wächst und daß sie diese rascher beherrschen lernten. Statistische Angaben aus dem USA-Verkehr unterstreichen dieses [5]. In Bild 5 zeigen die beiden Kurven Unfälle mit Todesfolgen, abhängig von den Flugstunden verschiedenener Muster. Die linke flachere Kurve gilt für die "ältere" Generation der Strahlflugzeuge, wie Comet, Caravelle, B-707, Douglas DC 8 und Convair CV-880/990. Die rechte steilere Kurve gehört zu neueren Typen, zur "zweiten" Generation der Strahlflugzeuge wie B-727, B-737, BAC 111, Trident, VC 10 und DC-9. Der steilere Verlauf der zweiten Kurve beweist, daß die Piloten sich mit den neueren Flugzeugtypen schneller vertraut gemacht haben. Unbefriedigend ist allein die Tatsache, daß auch die rechte Kurve mit hohen Werten beginnt.

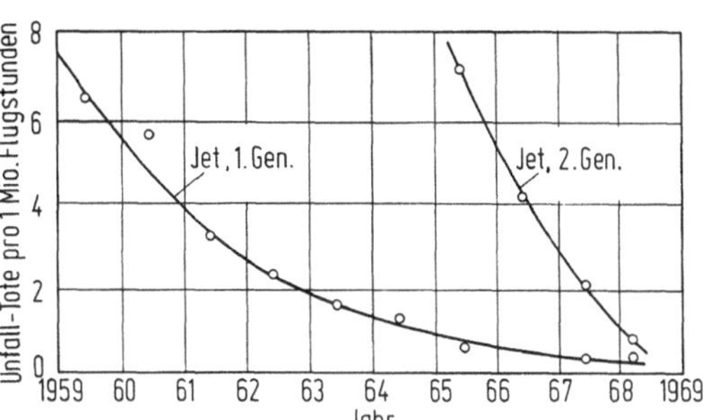

Bild 5: Unfälle mit Todesfolgen im USA-Luftverkehr, abhängig von den Flugstunden verschiedener Muster [5].

6. Fastzusammenstöße und gefährliche Begegnungen

In den USA wurden 1968 ca. 1000 Fälle gemeldet, davon 700 Fälle in den Nahverkehrsbereichen.

Über die in der Bundesrepublik gemeldeten gefährlichen Begegnungen zwischen Luftfahrzeugen in den Jahren 1962 bis 1972 gibt Bild 6 einen Überblick [7]. Aufgrund der Untersuchungsergebnisse teilt man sie in drei Risiko-Kategorien ein:

Risiko-Kategorie "A", unmittelbare Gefährdung;
Risiko-Kategorie "B", mittelbare Gefährdung;
Risiko-Kategorie "C", keine Gefährdung.

In den im Jahre 1971 registrierten 407 Fällen wurden als Beteiligte gemeldet: militärische Luftfahrzeuge in ca. 67,6 %, Luftfahrzeuge der allgemeinen Luftfahrt in ca. 21,6 % und Luftfahrzeuge der gewerblichen Luftfahrt in ca. 10,8 % der Fälle.[1]

---

[1] Alle Meldungen über "gefährliche Begegnungen von Luftfahrzeugen" werden in der BRD in einem besonderen Ausschuß untersucht und weiter verfolgt [7].

Auf den oberen Luftraum (FL 245 und darüber)[1] entfielen 27,8 %, auf den unteren Luftraum (unterhalb FL 245) 72,2 %; etwa die Hälfte aller Fälle ereigneten sich in Flughöhen bis FL 100 (ca. 3000 m), und hiervon konzentrierten sich 84,6 % (176 Fälle) auf die Nahverkehrsbereiche der Verkehrsflughäfen (30-NM-Umkreis). In den Kontrollzonen registrierte man 58 Fälle.

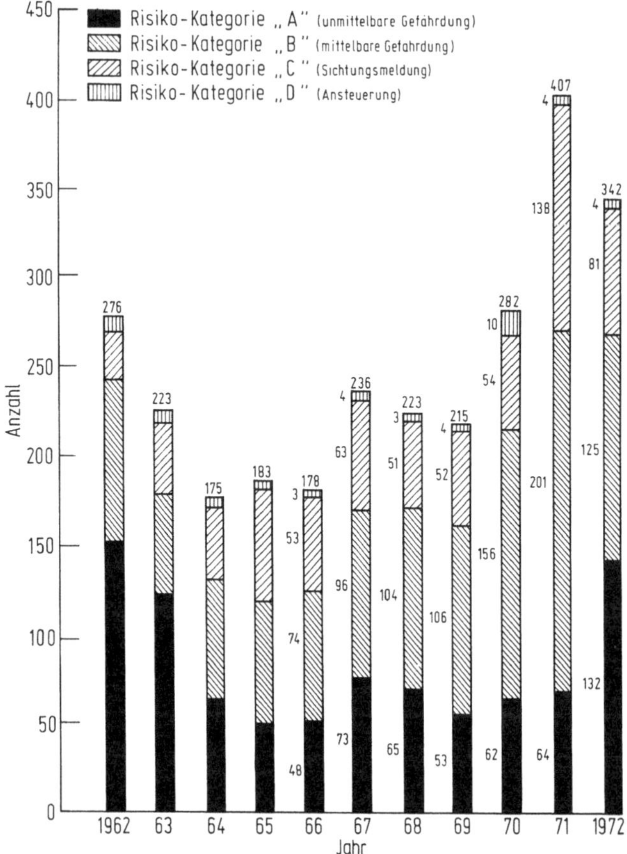

Bild 6: Meldungen über gefährliche Begegnungen zwischen Luftfahrzeugen in der BRD [7].

7. Zusammenfassung

Die aus der Statistik hervorgehende Tatsache, daß die Unfallrate im Weltluftverkehr absinkt, darf nicht dazu verleiten, in den Bemühungen um eine weitere Verbesserung der Flugsicherheit nachzulassen. Diese müssen sich auf alle Bereiche erstrecken.

[1] FL = Flight level, Flugfläche; sie ist eine Fläche konstanten Luftdrucks, vergl. Abschn. III.8.2.

7.1. Personal

Der Auswahl, Ausbildung und regelmäßigen Überprüfung der Flugzeugführer wird schon immer eine große Bedeutung zugemessen. Das Gleiche gilt für die Lotsen der Flugsicherung. Wichtig ist bei letzteren noch die Verbesserung der Auswahlmethoden und eine rationellere, zeitsparendere praktische Einweisung durch weitergehendere Verwendung der Simulation betriebsnaher Arbeitsverhältnisse.

Für beide, im Verkehrsgeschehen eng zusammenarbeitenden Partner, trifft auch zu, daß sie in Situationen kommen können, in denen sie überfordert sind. Eingehende psycho-physiologische Untersuchungen am Arbeitsplatz sind notwendig, um die wirkliche Lage möglichst transparent und erkennbar zu machen; das ist notwendig, um z.B. Arbeitszeit- und Pausenregelungen vernünftig festzulegen. Im Bereich der Flugsicherung sind in jüngster Zeit entsprechende Untersuchungen durchgeführt worden (vergl. auch Abschn. VI.2.).

In beiden Bereichen ist es erforderlich, elektronische Hilfsmittel in höherem Umfang als bisher einzusetzen, um Piloten und Lotsen zu entlasten (siehe auch Abschn. VII.4.).

7.2. Technische Störungen

Im USA-Luftverkehr mit Strahlflugzeugen verteilten sich die in den Jahren 1959 bis 1967 bekannt gewordenen Störungen zu 45 % auf Triebwerksanlagen, zu 40 % auf Flugzeugzellen und zu 15 % auf Steuerungssysteme. Von den Zellenschäden betrafen etwa 70 % das Fahrwerk (Brüche oder Nichtfunktionieren der Einziehvorrichtung) [4].

Die Bemühungen richten sich verständlicherweise besonders auf die Herabsetzung der Brandgefahr (Auskleidung der Fluggasträume mit feuerfestem Material; Benutzen von schwer brennbarer Hydraulik-Flüssigkeit; Ersetzen des üblichen Kraftstoffes durch Emulsionen, die weniger feuergefährlich sind [5].

7.3. Wettereinflüsse

Das Hauptproblem liegt in der Allwetterlandung. In diesem Bereich werden von allen großen, Luftfahrt treibenden Ländern Anstrengungen unternommen, um durch technische Weiterentwicklung eine optimale Lösung zu erreichen (vergl. Abschn. VII.2).

II. Grundlagen der Flugsicherung

1. Rechtliche Grundlagen

Die rechtlichen Grundlagen der Flugsicherungsorganisation sind in Gesetzen, Verordnungen, Verwaltungsvorschriften, nationalen und internationalen Vereinbarungen niedergelegt [8 bis 20]. Sie geben den Rahmen für Organisationsform, Aufgaben, Wirkungsbereiche und Zuständigkeiten.

In der BRD hat man als Organisationsform eine nicht rechtsfähige Anstalt des öffentlichen Rechts gewählt. Die Bundesanstalt für Flugsicherung (BFS) besteht aus der Zentralstelle (in Frankfurt/M.); den vier Regionalstellen (in Bremen, Düsseldorf, Frankfurt, München); den Flugverkehrskontrollstellen auf den internationalen Verkehrsflughäfen und den ihnen zugeteilten Nebenstellen; der Erprobungsstelle (in Frankfurt/M.), der Flugsicherungsschule (am Flughafen München) und dem Büro der Nachrichten für Luftfahrer (in Frankfurt/M.).

Der § 1, Abs. 1 des Gesetzes über die Bundesanstalt für Flugsicherung (BFS) umreißt ihre Aufgaben:

> "Zur Sicherung der Luftfahrt, insbesondere durch Luftverkehrskonstrolle einschließlich Bewegungslenkung, Flugsicherungsberatung, Alarmdienst, Luftnachrichtenübermittlung und Luftnavigationshilfen wird die Bundesanstalt für Flugsicherung errichtet".

Aus der generellen Fassung dieses Paragraphen folgt, daß die Bundesanstalt für Flugsicherung (BFS) die allein zuständige Behörde in der BRD ist [8].

Soweit andere Stellen Flugsicherungsaufgaben wahrnehmen, handelt es sich um Befugnisse, die von der BFS auf diese delegiert wurden (§ 29, Abs. 2 Luftverkehrsgesetz-LuftVG).

Andererseits ist die Aufzählung der in § 1, Abs. 1 und § 2 des BFS-Gesetzes genannten Aufgaben nicht erschöpfend, das ergibt sich aus der Verwendung des Wortes "insbesondere". So obliegt beispielsweise der BFS auch die Untersuchung sogenannter gefährlicher Begegnungen zwischen Luftfahrzeugen. Die BFS nimmt auch

Aufgaben wahr, die in Vorschriften außerhalb des BFS-Gesetzes angesprochen sind, z.B. luftaufsichtliche Befugnisse gemäß § 29, Abs. 1 des LuftVG, ferner Aufgaben aufgrund der Luftverkehrsordnung (LuftVO) und nach der Luftverkehrszulassungs-Ordnung (LuftVZO).

Die Einzelheiten über die Durchführung der Betriebsdienste ergeben sich aus der "Allgemeinen Verwaltungevorschrift des Bundesministeriums für Verkehr zum Gesetz über die Bundesanstalt für Flugsicherung" (AVV) [9]. Diese Vorschriften, die aufgrund des § 10, Abs. 3 des BFS-Gesetzes erlassen wurden, sind einmal Ausführungsvorschriften, andererseits übertragen sie grundsätzliche Richtlinien und Empfehlungen der ICAO (Anhänge 10, 11 und 15 zum ICAO-Abkommen sowie ICAO-Veröffentlichung DOC 4444) in deutsches Recht [20]. Im achten Abschnitt der AVV wird bestimmt, daß die notwendigen weiteren Einzelheiten für die Betriebsdurchführung von der BFS in Betriebsanweisungen zu regeln sind. Diese liegen vor, z.B. - als Hauptteil - die Betriebsanweisung für den Flugverkehrskontrolldienst, die BA-FVK.

2. Art und Umfang der Dienste

2.1. Aufgaben der Flugsicherung gemäß Gesetz über die Bundesanstalt für Flugsicherung

Die Aufgaben der BFS sind im Gesetz über die Bundesanstalt für Flugsicherung festgelegt [8]. Sie umfassen insbesondere:

Durchführung des Flugsicherungsbetriebsdienstes;
Planung und Erprobung flugsicherungstechnischer Verfahren und Einrichtungen;
Errichtung und Unterhaltung von Flugsicherungsanlagen, soweit nicht die Flughafenunternehmer hierzu beitragen;
Beschaffung, Abnahme, Einbau, Überwachung, Wartung und Pflege der Geräte für den Flugsicherungsdienst;
Prüfen und Überwachen von Flugsicherungseinrichtungen in Bodenfahrzeugen sowie die Mitwirkung bei der Muster-, Stück- und Nachprüfung von Flugsicherungsausrüstungen der Luftfahrzeuge;
Fachtechnische Mitwirkung bei Flugunfalluntersuchungen;
Sammlung und Bekanntgabe der Nachrichten für Luftfahrer, Herstellung und Herausgabe der Flugsicherungskarten sowie des Luftfahrthandbuches;
Ausbildung des Personals für den Flugsicherungsdienst.

2.2. Faktoren, die das Flugsicherungssystem beeinflussen

Die von der "Allgemeinen Verwaltungsvorschrift zum Gesetz über die BFS" (§ 7, Abs. 1 und 2; § 29) bzw. in den Betriebsanweisungen der BFS getroffenen Regelungen müssen auf eine Reihe von Gegebenheiten Rücksicht nehmen; es sind Parameter, die Aufbau und Entwicklung eines Flugsicherungssystems mitbestimmen:

Die Verkehrsgeographie;
Meteorologische Verhältnisse;
Verkehrsbedürfnis; Wünsche der Verkehrsteilnehmer;
Eigenschaften des Luftfahrtgerätes;
Verkehrsdichte;
Technische Einrichtungen.

Im Folgenden soll näher darauf eingegangen werden.

2.2.1. Die Verkehrsgeographie

Die geographischen Verhältnisse eines Landes, seine Größe, Wirtschaftskraft, Verteilung der wirtschaftlichen Aktionszentren und seine Lage im Verhältnis zu anderen, wichtigen Nachbarländern sind bestimmend für den Aufbau eines leistungsfähigen Luftverkehrs

Die BRD nimmt innerhalb der europäischen Staaten eine Sonderstellung ein. Ihre zentrale geographische Lage macht sie verkehrsmäßig zu einem Kreuzungspunkt des West-Ost- und Nord-Süd-Luftverkehrs. Der zur Verfügung stehende Luftraum ist knapp, zudem noch am Ostrand der BRD durch die Flugüberwachungszone (Flug ÜZ) eingeschränkt. Das schmale, in Nord-Süd-Richtung verlaufende Gebiet der BRD ist von einer großen Zahl von Flugplätzen überdeckt, die einen - der Wirtschaftsaktivität der BRD entsprechenden - lebhaften Verkehr aufweisen.

Die geschilderte Situation erzwingt eine sinnvolle Gliederung des Luftraums und zweckmäßige Streckenführungen.

2.2.2. Meteorologische Verhältnisse

Das Wetter übt nach wie vor - auch in einer technisch hoch entwickelten Luftfahrt - einen großen Einfluß auf Pünktlichkeit und Wirtschaftlichkeit des Luftverkehrs aus.

In der BRD ist der Anteil an Wetterlagen, die zu einem Verkehr nach Instrumentenflugregeln zwingen, sehr hoch. Nach Untersuchungen des Deutschen Wetterdienstes beträgt er im kontrollierten Luftraum etwa 40 % der Zeit. Diese Gegebenheiten erfordern einen entsprechenden Ausbau der Flugsicherung; die Luftfahrtunternehmen sind davon weniger betroffen (vergl. Abschn. III.7.3.).

Empfindliche Verluste erleiden die Luftverkehrsgesellschaften dagegen bei wetterbedingten Ausfällen von Starts und Landungen. In den USA hat man festgestellt, daß im Lande jährlich ein Schaden von rund 240 Millionen DM durch Ausfälle bzw. Verkehrsumleitungen infolge von Schlechtwetterlagen entsteht. Im Jahre 1963 mußten in den USA aus Wettergründen etwa 61 000 Flüge umdirigiert oder zeitlich verschoben werden.

Neben schlechter Sicht können auch starker Seitenwind, Sturm und Vereisung sowie der Zustand der Start- und Landebahnoberfläche Schwierigkeiten bereiten.

Nach einer Untersuchung der britischen Verkehrsgesellschaft BEA ist das Wetter für etwa die Hälfte der gesamten Unregelmäßigkeiten verantwortlich zu machen [21]. Die europäischen Luftverkehrsgesellschaften erreichten 1964 eine Regelmäßigkeit von ca. 97,5 %. Nach Berechnungen, von denen die BEA ausgeht, könnte ein (echtes) Blindlandesystem die Rest-Unregelmäßigkeitsquote von 2,5 % etwa zur Hälfte aufheben.

In diesem Bereich der Allwetterlandung sind noch erhebliche Anstrengungen und große Investitionen erforderlich, um eine durchgreifende Verbesserung zu erzielen. Auf den Anteil, der hierbei auf die Bodendienste entfällt, wird im Abschnitt "Allwetterlandung" näher eingegangen (Abschn. VII.2.3.14.).

2.2.3. Das Verkehrsbedürfnis; Wünsche der Verkehrsteilnehmer

2.2.3.1. Linienverkehr

Für den Linienverkehr ist ein weitverzweigtes Streckennetz entstanden, das Flughäfen aller Landeshauptstädte miteinander und mit dem Ausland verbindet.

Der Luftreisende verlangt bestimmte Verbindungen zu festgelegten Zeiten. Anschlüsse an andere Verbindungen erzwingen das pünktliche Einhalten der Ankunftszeiten. Auch für die Luftverkehrsgesellschaft ist ein genau auskalkulierter Umlauf von Luftfahrzeugen und Besatzungen aus wirtschaftlichen Gründen unbedingtes Erfordernis. Die Folge ist eine Häufung von Starts und Landungen zu bestimmten Tageszeiten, die gelegentlich die Kapazitäten der Bodendienste überschreiten.

Nach einem Verzögerungsfreien Start wird ein direkter Steigflug in die wirtschaftliche Reiseflughöhe verlangt und am Reiseziel der direkte Anflug ohne Warteverfahren.

2.2.3.2. Sportluftverkehr

Sportflugzeuge fliegen fast ausschließlich nach Sichtflugregeln und sind nur z.T. mit Funkgeräten ausgerüstet. Nicht alle Piloten dieser Kategorie haben Flugfunkzeugnisse und nur wenige Sportflugzeuge besitzen Funknavigationsgeräte. Flugerfahrung und Ausbildung der Piloten sind sehr verschieden.

Der Sportflugverkehr strebt nach völliger Unabhängigkeit, d.h. nach Vergrößerung des unkontrollierten Luftraums.

Anders ist der Reiseverkehr mit leichten Flugzeugen zu beurteilen, insbesondere, wenn es sich um Firmenflugzeuge handelt. Diese sind zumeist für Blindflüge ausgerüstet und die Piloten sind mit den Verfahren der Flugverkehrskontrolle vertraut. Die blindflugtauglichen Verkehrsteilnehmer wünschen sich möglichst eine Absenkung der Untergrenze des kontrollierten Luftraums mit einfacheren Übergangsverfahren vom Sichtflug zum Instrumentenflug und umgekehrt (Abschn.II. 3.1.3.3.).

2.2.3.3. Regional- und Gelegenheitsluftverkehr

Die Forderungen nach einem Regional- und Gelegenheitsverkehr, der vornehmlich Gebiete erfassen soll, die nicht zum Einzugsgebiet der internationalen Verkehrsflughäfen gehören, nehmen zu. Der Aufbau eines hierfür sinnvollen Kurzstreckennetzes wird jedoch davon abhängen, wie stark die angebotenen Kurse genutzt werden, d.h., ob die Verbindungen wirtschaftlich, ohne Zuschüsse, betrieben werden können.

2.2.3.4. Militärluftverkehr

Von den verschiedenen Arten des Militärluftverkehrs für Transport, Kurierdienste, operativen Einsatz, Bodenunterstützung aus der Luft und Tiefflugübungen, lassen sich die beiden ersteren - Transport und Kurierdienste - ohne weiteres in die Flugverkehrskontroll-Verfahren einbeziehen. Der operative Verkehr steht unter der Kontrolle von Verteidigungseinheiten; auch er könnte von der Flugverkehrskontrolle - zumindest in der Steig- und Sinkflugphase - bedient werden. Die gelegentlich bei Manövern durchgeführten "Bodenunterstützungsflüge" spielen zahlenmäßg eine geringe Rolle. Tiefflüge würden einen außerordentlichen Kontrollaufwand bedeuten; sie werden daher in segregierten Räumen (Höhenbändern) durchgeführt.

Von den normalen Streckenflügen abgesehen, bereiten militärische Flüge der Flugverkehrskontrolle öfter Schwierigkeiten: der Streckenverlauf ist zumeist kompliziert; die Flüge weisen hohe Dringlichkeitsstufen auf; bei relativ geringen Verzögerungen in der Flugdurchführung geraten Hochleistungstypen in Treibstoffschwierigkeiten und werden so automatisch zum Notfall mit Sonderbehandlung.

Es ist verständlich, daß der auf sich gestellte Pilot im Jagdeinsitzer, der neben dem Funksprechgerät für den Flugsicherungsverkehr auch Frequenzen für militärische Zwecke zu bedienen hat, nicht gern - vor allem beim Steigvorgang oder in anderen schwierigen oder gar kritischen Flugphasen - die Flugsicherungsfrequenz häufig wechselt. Überhaupt ist ein Eingriff der Flugverkehrskontrolle in die Abwicklung des Flugauftrags unerwünscht, wenn gleichzeitig eine Reihe anderer Funktionen befehlsgemäß abzuwickeln sind.

Der Militärluftverkehr erfordert daher eine "flexible" Kontrolle, d.h. die Flugsicherung muß eine höhere Kapazität haben, als sie für das gleiche Verkehrsaufkommen aus dem zivilen Bereich notwendig wäre.

Aus verschiedenen Gründen sind viele militärische Luftfahrzeuge nur mit UHF-Funksprechgeräten ausgerüstet.[1] Der Bodendienst muß daher zwei verschiedene Funksprechfrequenz-Systeme mit zureichender Überdeckung vorhalten.

2.2.4. Eigenschaften des Luftfahrtgeräts

Es ist wichtig, daß sich die Flugsicherung der Entwicklung des Fluggerätes ohne Verzögerung anpaßt, sei es z.B. in Bezug auf Verfahren für schneller und höher fliegende Luftfahrzeuge oder für Kurz- bzw. Senkrechtstarter.

Bei der Privat- und Sportluftfahrt wird die Tendenz sichtbar, im gewissen Umfang vom Sichtflug zum Instrumentenflug überzugehen, außerdem weitet sich das Geschwindigkeitsspektrum aus.

Auch in der Militärluftfahrt können durch neue Typen Änderungen in den Verfahren eintreten, z.B. durch Flugzeuge mit veränderlicher Geometrie.

Die Verkehrszusammensetzung wird zunehmend heterogener, da die älteren Muster nur allmählich verschwinden. Dadurch wird die Bewegungslenkung bzw. die Staffelung erschwert. Der Luftraum wird bis zur Gipfelhöhe der Überschallflugzeuge genutzt, entsprechend muß der Wirkungsbereich der technischen Bodeneinrichtungen (Navigations- und Radaranlagen) ausgelegt werden.

2.2.5. Verkehrsdichte

Für die in die Zukunft gerichteten Entscheidungen benötigt man Vorausschätzungen der Verkehrsentwicklung; sie sollen allen Planungen eine möglichst objektive Grundlage geben.

Nach vorliegenden Berechnungen soll die Zunahme der Luftfahrzeugbewegungen für die Zeit bis 1975 5 % und für die Zeit von 1975 bis 1980 4,9 % betragen (BFS); nach anderen Quellen (ADV: Arbeitsgemeinschaft Deutscher Verkehrsflughäfen) wird mit einer Zunahme von 8,5 % gerechnet.

2.2.5.1. Neuere Verkehrsprognosen

In der MBB-Studie "Flugsicherung der 80er Jahre" [22] erbrachte die Verkehrsprognose bemerkenswerte Ergebnisse, die in drei Tabellen gezeigt werden sollen.

---

[1] UHF: Ultra high frequency, Dezimeterwelle

Tabelle 5 stellt die Entwicklung der Zahl der Starts und Landungen auf den internationalen Verkehrsflughäfen in der BRD und in West-Berlin (Tempelhof und Tegel) in den Jahren 1970 - 1990 dar; wie man sieht, ist voraussichtlich eine knappe Verdopplung zu erwarten; auf dem Flughafen Frankfurt/M wird sich die Zahl der Bewegungen mehr als verdoppeln.

Tabelle 5. Zahl der Flugbewegungen im gewerblichen Luftverkehr auf den Verkehrsflughäfen der BRD und West-Berlin (Tempelhof und Tegel) [22]

Jahr	Flugbewegungen im gewerblichen Luftverkehr auf den 12 internationalen Verkehrsflughäfen	davon Frankfurt
1970	620749	175788
1980	896600	261000
1990	1226000	376400

Die Zahl der Flüge im Luftraum der BRD wird sich, der Prognose entsprechend, zwischen 1970 und 1990 sogar vervierfachen. An dieser Steigerung ist der Segel- und Motorsegelflugbetrieb am stärksten beteiligt; für den militärischen Verkehr erwartet man einen leichten Rückgang (Tabelle 6).

Tabelle 6. Entwicklung der Zahl der Flüge im Luftraum der BRD [22]

Luftraumnutzer	Zahl der Flüge insgesamt (×1000)		
	1970	1980	1990
Gewerblicher Verkehr	609	1082	1670
Nichtgewerblicher Verkehr mit Motorflugzeugen	1462	3700	6350
Segelflugbetrieb einschließl. Motorsegler	830	2500	6000
Militärischer Verkehr	800	734	738
Flüge insgesamt	3701	8016	14758

Unsere besondere Aufmerksamkeit verdient die Entwicklung der Zahl der zu kontrollierenden Flüge nach Instrumentenflugregeln (Tabelle 7) . Man kann feststellen, daß sich die Zahl der zu kontrollierenden Flüge in den Jahren 1970 bis 1980 voraussichtlich um das 1,55-fache und bis 1990 um das 2,25-fache erhöhen wird. Nimmt man den zivilen Bereich für sich, betragen die Faktoren sogar 1,7 bzw. 2,6. Die mittleren jährlichen Zuwachsraten zeigt die Tabelle 8; die Werte stimmen mit den Angaben der BFS relativ gut überein, auch hinsichtlich der abfallenden Tendenz.[1]

Tabelle 7. Entwicklung der Zahl der zu kontrollierenden Flüge nach Instrumentenflugregeln [22]

Luftraumnutzer	Zahl der IFR-Flüge (× 1000)		
	1970	1980	1990
Gewerblicher Verkehr	504	791	1140
Nichtgewerblicher Verkehr	33	120	260
Militärischer Verkehr	179	200	210
IFR-Flüge insgesamt	716	1111	1610

Tabelle 8. Die mittleren jährlichen Zuwachsraten [22]

	1970 - 1980	1980 - 1990
Ziviler IFR-Verkehr	5,5 %	4,5 %
Militärischer IFR-Verkehr	1,1 %	0,5 %

2.2.6. Technische Einrichtungen

Ein Flugsicherungskonzept beruht naturgemäß in weitem Umfang auf den gegebenen technischen Einrichtungen; gemeint sind:

Einrichtungen für die Nachrichtenübermittlung;

Anlagen für die Navigation und Schlechtwetterlandung;

Radaranlagen;

Elektronische Datenverarbeitungsanlagen.

Im Abschn. VII, Technische Einrichtungen der Flugsicherung, soll näher darauf eingegangen werden.

[1] Das Abflauen in der wirtschaftlichen Entwicklung seit Ende 1973 (Ölkrise) rückt auch die Verkehrsprognose in ein neues Licht; nach den letzten Berechnungen wird man den zu erwartenden Verkehrszahlen näherkommen, wenn man von den in den Tabellen 5 bis 8 angegebenen Werten für die 80er und 90er Jahre 25 % abzieht (MBB-BFS).

3. Durchführung der Dienste

3.1. Die Kontrolle des Luftverkehrs

3.1.1. Umfang der Kontrolle

Die Bewegungslenkung führt man in Lufträumen durch, in denen infolge hoher Fluggeschwindigkeiten, unterschiedlicher Verkehrszusammensetzung und meteorologischer Verhältnisse eine Anwendung des Prinzips des Ausweichens nach Sicht nicht möglich ist.

Im kontrollierten Luftraum ist unter Instrumentenwetterbedingungen (IMC)[1] die Bewegungslenkung aller Luftfahrzeuge erforderlich; in bestimmten Teilen des kontrollierten Luftraums, z.B. in der Nähe verkehrsreicher, großer Flughäfen, ist aus Sicherheitsgründen eine Überwachung und Lenkung aller Luftfahrzeuge auch unter Sichtwetterbedingungen (VMC)[2] notwendig. In Lufträumen geringer Verkehrsdichte, in denen Flüge mit hoher Geschwindigkeit normalerweise nicht durchgeführt werden, bleibt das Prinzip des Ausweichens in eigener Verantwortlichkeit des Luftfahrzeugführers erhalten.

Militärischen Tiefflugverkehr trennt man räumlich vom übrigen Verkehr; eine Bewegungslenkung erfordert einen zu hohen Aufwand (Das Problem des Mischverkehrs siehe Abschn.3.1.3.4.).

3.1.2. Methoden der Kontrolle

a) Sichtkontrolle. Die Kontrolle der Luftfahrzeuge in unmittelbarer Nähe des Flughafens und auf dem Rollfeld erfolgt nach Sicht, durchgeführt von der Flugplatzkontrollstelle. Optische Hilfsmittel: Signalscheinwerfer und Signalpistolen werden u.a. nur in Sonderfällen benutzt; auf den Verkehrsflughäfen herrscht Funkzwang. Ein Bild der Flugverkehrslage gewinnt der Platzverkehrslotse aus direkter Beobachtung, aus Meldungen der Luftfahrzeugführer und des Anfluglotsen. Zur Ortung steht der Sichtpeiler und für einen Überblick über die anfliegenden Luftfahrzeuge eine Radarhellanzeige zur Verfügung; auf sehr großen Flughäfen mit ausgedehntem Start- und Landebahnsystem kann auch ein Rollfeld-Radarrundsichtgerät nützliche Dienste leisten.

b) Konventionelle Kontrolle. In der konventionellen Kontrolle (d.h. ohne Radar) erreicht der Lotse seinen Überblick über die Verkehrssituation mit Hilfe von Kontrollstreifen, die wichtige Daten der Flugpläne enthalten (sog. "Solldaten" über den

---

[1] IMC : instrument meteorological conditions.

[2] VMC: visual meteorological conditions.

Flugablauf) und aufgrund von Positionsangaben der Luftfahrzeugführer über Pflichtmeldepunkten (sog. Flugverlaufsdaten). Die Sicherheitsstaffelung der Flugzeuge erfolgt durch Vertikalstaffelung, Längsstaffelung durch Zeitabstände aufgrund von Positionsmeldungen oder mit Seitenstaffelung in verschiedenen Kursen.

c) Konventionelle Kontrolle mit Radarunterstützung. Eine konventionelle Kontrolle, in der spezielle Kontroll- bzw. Staffelungsprobleme mit Radarhilfe gelöst werden.

d) Radarkontrolle. Bei ausreichender Radarüberdeckung und hoher Ausfallsicherheit der Radargeräte kann die Bewegungslenkung ganz auf Radar abgestellt werden. Kontrollstreifen bilden eine notwendige Ergänzung; Sekundärradar erleichtert das Identifizieren und das Aufrechterhalten der Identität. Unter der Radarkontrolle können die Staffelungsabstände erheblich herabgesetzt werden.

e) Kontrolle mit Unterstützung der EDV. Besondere Merkmale: Bereitstellen von Entscheidungshilfen für den Lotsen, u.a. in Form einer synthetischen, rechnergesteuerten Luftlagedarstellung, die auf einer Zusammenfassung der wichtigen Informationen aus allen Zulieferbereichen basiert, Luftfahrzeugpositionen mit mitlaufenden Etiketten enthält, die Rufzeichen, Flughöhe und andere Daten auf Wunsch anzeigen; Hilfe bei der Koordination zwischen Arbeitspositionen; Flugzielverfolgung und Konfliktanzeige; Verkehrsflußsteuerung.

3.1.3. Organisation der Kontrolle

3.1.3.1. Zivil-militärische Integration

Zur Erhöhung der Sicherheit und zur besseren gemeinsamen Nutzung des Luftraums ist in der BRD die zivil-militärische Integration vorgesehen. Ihr Ziel ist die Kontrolle des gesamten Luftverkehrs im unteren Luftraum (bis Flugfläche 245) durch die BFS mit Ausnahme des Verkehrs, der - mit den BFS-Stellen koordiniert - durch die Luftverteidigungseinheiten geführt wird. Auch die örtlichen Kontrollfunktionen auf militärischen Flugplätzen - Flugplatz - und Endanflugkontrolle - sollen weiterhin durch die militärischen Dienststellen ausgeübt werden.

Im Übergangsstadium wird es in der BRD noch eine koordinierte bzw. gemeinsame Kontrolle geben. Die koordinierte Kontrolle bedeutet eine solche im gleichen Luftraum durch organisatorisch und räumlich getrennte Stellen, die ihre Maßnahmen koordinieren. Bei der gemeinsamen Kontrolle arbeiten organisatorisch getrennte, aber räumlich zusammengelegte Stellen miteinander; dieses entspricht weitgehend einem integrierten System.

3.1.3.2. Zusammenfassung von Kontrolldiensten

In der BRD hat man vier Regionalstellen (RSt) vorgesehen: Bremen, Düsseldorf, Frankfurt/M. und München. Innerhalb der Regionen bleiben die Flugplatzkontrollstellen bestehen, ebenso noch eine Endanflugkontrolle, die die Kontrolle des abfliegenden Verkehrs und des Verkehrs im Nahbereich der Flughäfen ausübt. Die Regionalstellen übernehmen die Bezirks- oder Streckenkontrolle ihrer Region und die An- und Abflugkontrollen für alle zivilen und militärischen Flugplätze in ihrem Bereich.

3.1.3.3. Flugsicherung an Landeplätzen

Die Erfahrungen bei der Durchführung des Flugbetriebs an Landeplätzen mit starkem Flugverkehr und ohne Flugverkehrskontrolle haben gelehrt, daß für einen sicheren Verkehr der im Rahmen der örtlichen Luftaufsicht ausgeübte Informationsdienst nicht den Erfordernissen des Flugverkehrs an diesen Plätzen entspricht.

Um diese Verhältnisse zu verbessern, bestehen - in Abhängigkeit von der Aufgabenstellung - folgende Möglichkeiten:

a) Die BFS richtet eine Flugverkehrskontrollstelle ein und betreibt sie mit eigenem Personal;

b) Die BFS delegiert Flugsicherungsaufgaben an die Luftaufsicht (Entsprechend ausgebildete Beauftragte des Landes);

c) Anwenden des IFR/VFR-Wechselverfahrens.[1] Bei diesem Verfahren sichert die benachbarte Flugverkehrskontrollstelle IFR-Anflüge, die möglichst nahe und möglichst tief an den Landeplatz herangeführt werden; der Pilot muß noch im kontrolliertem Luftraum Sichtwetterbedingungen erreichen. Hat er diesen Punkt - mit Hilfe eines Ansteuerungsfunkfeuers - erreicht, gibt er seinen IFR-Flugplan auf und landet mit Sicht (vergl. Abschn. IV.4.3.). Problematisch bleibt die Methode zufolge des Mischverkehrs.[2]

Für den Regionalflughafen sind aus Gründen der Sicherheit, Zuverlässigkeit und Pünktlichkeit alle für einen Verkehrsflughafen notwendigen Einrichtungen der Flugsicherung vorzusehen [23].

3.1.3.4. Das Problem des Mischverkehrs; Maßnahmen für die Entflechtung
- Die Situation -

Nach den weltweit geltenden Richtlinien der ICAO kontrolliert der Flugverkehrskontrolldienst nur die Flüge, die im kontrollierten Luftraum nach Instrumentenflugregeln durchgeführt werden, ferner die Bewegungen im Flugplatzverkehr kontrollierter Flughäfen. In der Kontrollzone eines Flughafens kann der Platzverkehrs-

---

[1] IFR: instrument flight rules, Instrumenten-Flug-Regeln; VFR: visual flight rules, Sicht-Flug-Regeln.

[2] Mischverkehr: Mischung kontrollierten und nicht kontrollierten Verkehrs.

lotse den VFR-Verkehr auch nur in der Platzrunde, d.h. wenn er ihn in Sicht hat, staffeln. Außerhalb seiner Sicht kann der Lotse nur Informationen vermitteln.

Sichtflüge aber, die unter festgelegten Wetterbedingungen und nach Sichtflugregeln ausgeführt werden (siehe Bild 16) sind der Flugverkehrskontrolle - vom Boden (mit Ausname des Platzverkehrs) bis zur Flugfläche 200 (20 000 Fuß) - unbekannt. Luftfahrtzeugführer können sich bei zureichender Flugsicht und wenn sie die vorgeschriebenen Wolkenabstände einhalten, frei bewegen. Im gleichen Luftraum operieren also einmal der nach IFR fliegende, kontrollierte Verkehr, zum andern Ballone, Segelflugzeuge, Sportflugzeuge und militärische Strahlflugzeuge, ein VFR-IFR-Mischverkehr. Während die kontrollierten IFR-Flüge vom Flugverkehrskontrolldienst gegeneinander und gegen VFR-Flüge - soweit diese bekannt sind - gestaffelt werden, müssen Luftfahrzeugführer, die nach Sicht fliegen, in eigener Verantwortung einen ausreichenden Abstand von anderen Luftfahrzeugen einhalten (§ 12 LuftVO) und die Ausweichregeln beachten (§ 13 LuftVO). Im Luftraum oberhalb FL 200 (20 000 Fuß) sind Flüge nach Sichtflugregeln untersagt (§ 30 LuftVO). Für den militärischen Dienst gilt eine Besonderheit gemäß § 30 LuftVG: "Die Bundeswehr darf von den Vorschriften...... abweichen, soweit dies zur Erfüllung ihrer besonderen Aufgaben...... erforderlich ist ......Von den Vorschriften über das Verhalten im Luftraum darf nur abgewichen werden, soweit dies zur Erfüllung hoheitlicher Aufgaben zwingend notwendig ist". Diese Regelung des möglichen Abweichens in besonderen Fällen gilt für die Bundeswehr oberhalb und unterhalb FL 200.

Flugzeugführer die nach VFR fliegen, sollen zur Vermeidung von Unfällen in kontrollierten Lufträumen diejenigen Flugflächen oder Flughöhen benutzen, die nach den Regeln über Halbkreis-Flughöhen dem jeweiligen Kurs über Grund entsprechen (§ 37 Abs. 4 LuftVO).

Ausweichen nach dem Prinzip: sehen und gesehen werden. Das Fliegen nach VFR in kontrollierten Lufträumen, im Mischverkehr, und das Ausweichen nach Sicht, birgt Gefahren, da bei hoher Annäherungsgeschwindigkeit die Zeit zum Ausweichen nicht mehr ausreicht. Zwei Strahlflugzeuge nähern sich im Gegenverkehr - im Extremfall - mit einer Geschwindigkeit von $(2 \times 900 \times 1000)/3600 = 500$ m/sek. Erschien das Gegenflugzeug in 5 km Entfernung noch als kleiner Fleck am Kabinenfenster, rast es 10 sek später am eigenen Luftfahrzeug vorbei.

Wenn nach Barr [135] eine Gesamtreaktionszeit von 15 sek angenommen werden kann (5 sek für das kritische Prüfen; 2 sek für die Entschließung des Piloten; 8 sek als Reaktionszeit für das Luftfahrzeug), dann legen zwei gegeneinander fliegende Luftfahrzeuge in dieser Zeit 7,5 km zurück. Wenn also durch fehlenden Kontrast oder andere Ursachen (Grether) die Entfernung, innerhalb der ein Luftfahrzeug erkannt werden kann, unter diese Grenze von 7,5 km absinkt, könnte eine Situation entstehen, die der Pilot nicht mehr meistern kann.

Statistik über gefährliche Begegnungen. Der Abschn. I. 6 enthält statistische Angaben über gefährliche Begegnungen in der BRD; sie zeigen, daß z.B. von den im Jahre 1971 registrierten 407 Fällen ca. 72 % auf den unteren Luftraum entfielen; etwa die Hälfte aller Fälle ereigneten sich in Flughöhen bis 3000 m (FL 100) und hiervon konzentrierten sich ca. 85 % auf die Nahverkehrsbereiche von Flughäfen; selbst in den Kontrollzonen von Flughäfen hat man 58 Fälle gemeldet.

Abhilfe. Abhilfemaßnahmen sind in verschiedener Hinsicht möglich:

1. Man weist dem kontrollierten und unkontrollierten Verkehr getrennte Lufträume zu;
2. Man bleibt bei einem ungeteilten Luftraum, unterwirft jedoch die bisher unkontrollierten Sichtflüge - soweit sie kontrollierten Luftraum benützen wollen - einer Kontrolle; man nennt sie dann "kontrollierte Sichtflüge" (C-VFR: controled VFR).

Aus verschiedenen Gründen konnte bisher weder die Regelung zu 1. noch die zu 2. verwirklicht werden. Man ist daher bestrebt, in einzelnen kleineren Schritten eine Lösung des Problems zu erreichen:

a) Oberhalb 20 000 Fuß (FL 200) sollen - einschließlich des militärischen Verkehrs - nur IFR-Flüge zugelassen werden;

b) Zwischen 10 000 und 20 000 Fuß (FL 100 bis 200) soll eine positive Kontrolle erfolgen, d.h. es sollen nur IFR- und C-VFR-Flüge gestattet sein;

c) Unterhalb von 10 000 Fuß will man eine Trennung des Mischverkehrs weitmöglichst durch VFR-Beschränkungsgebiete (gemäß § 10 Abs. 4 der LuftVO, vergl. Abschn. III. 5) [1] erreichen;

d) Es kommt - unter bestimmten Voraussetzungen - auch ein temporäres Bereitstellen von Übungsräumen für militärische Zwecke im unteren Luftraum (gemäß § 8 LuftVO) in Betracht, um den unkontrollierten vom kontrollierten Verkehr einwandfrei trennen zu können; Beispiel: TRA Ulm (temporary reserved airspace; zeitweilig reservierter Luftraum); ein horizontal genau abgegrenztes Gebiet zwischen den Flugflächen 110 und 240.

---

[1] Die praktischen Erfahrungen mit den VFR-Beschränkungsgebieten zeigen, daß das Problem des Mischverkehrs nur z.T. gelöst, und z.T. in die Randgebiete (der VFR-Beschränkungsgebiete) verlagert worden ist.

3.2. Flugberatungs- und Flugfernmeldestellen

An allen internationalen Verkehrsflughäfen der BRD bestehen Flugberatungs- und Flugfernmeldestellen. Sie führen die Flugberatung durch und sind für die Nachrichtenübermittlung verantwortlich (weitere Einzelheiten siehe in den Abschnitten: Flugberatungsdienst, V.3.4 und Flugfernmeldedienst, V.3.5).

4. Internationale Abkommen und Organisationen

4.1. Internationales Übereinkommen über Zusammenarbeit zur Sicherung der Luftfahrt "EUROCONTROL" [20]

Bei der Einführung der Strahlflugzeuge in den Jahren 1958 - 1960 hatte man erkannt, daß für den Aufbau der Flugsicherung im oberen Luftraum folgende Grundsätze bestimmend sein sollten:

Der gesamte obere Luftraum sollte kontrolliert werden;
Der Verkehr wird nicht mehr auf Luftstraßen, die in einem insgesamt kontrollierten Raum ihren Sinn verlieren, sondern auf einem Flugstreckennetz abgewickelt;
Die Flugverkehrs-Kontrollbereiche werden, unabhängig von nationalen Grenzen, allein nach reinen Verkehrsbedürfnissen festgelegt.

Der letzte Grundsatz zeigt bereits sehr deutlich die neue, internationale Richtung in der Entwicklung an.

Gelegentlich der IV. Regionalen Europa-Mittelmeer-Konferenz der ICAO im Jahre 1958 in Genf beschlossen Holland, Belgien, Luxemburg und die BRD die Möglichkeit der Errichtung einer Flugsicherungsorganisation auf zwischenstaatlicher Grundlage zu untersuchen. Diesem Vorhaben schloß sich Frankreich an, 1959 trat England hinzu und in der Folge auch Irland (1.1.1965). Am 13. Dezember 1960 wurde in Brüssel das Internationale Übereinkommen über Zusammenarbeit zur Sicherung der Luftfahrt "EUROCONTROL" unterzeichnet; es trat am 1.3.1964 in Kraft. Mit acht weiteren westeuropäischen Staaten hat EUROCONTROL Abkommen über eine Zusammenarbeit geschlossen.

Nach seiner Struktur, seinen Rechtsbeziehungen und seinen Aufgaben handelt es sich bei EUROCONTROL um einen internationalen, öffentlichen Dienst. Die Organisation besteht aus der ständigen Kommission und der Agentur; ihr Sitz ist Brüssel. Die Kommission setzt sich aus Vertretern der Ministerien für Zivilluftfahrt und Landesverteidigung eines jeden Mitgliedstaates zusammen; die Präsidentschaft wechselt in jährlichem Turnus. Die Aufgaben der Kommission sind in der Konvention festgelegt und erstrecken sich auf alle wichtigen politischen Entscheidungen: z.B. die Einleitung von Maßnahmen zur Förderung der Sicherheit in dem von der Agentur betreuten Luftraum und zu einem geregelten und schnellen Ablauf des Luftverkehrs. Die Kommission überwacht die Tätigkeit der Agentur und genehmigt den Haushalt.

Die Agentur wird von dem Geschäftsführenden Ausschuß, dem Vertreter der o.a. Ministerien der Mitgliedstaaten angehören und dem Generaldirekter geleitet. Dem Generaldirektor unterstehen die Generaldirektion und die Außenstellen (Regionaldienste; Versuchsstätte Bretigny in Frankreich; Institut für die Aus- und Fortbildung von Flugsicherungspersonal in Luxemburg; Kontrollzentrale für den Bereich Benelux/BRD-Nord in Maastricht, Holland; später soll eine Kontrollzentrale in Karlsruhe für den Bereich BRD-Süd folgen. Die Agentur hat die Flugverkehrskontrolldienste im oberen Raum (beginnend mit der Flugfläche 250) aktiv auszuüben. Bis zur kompletten Aufnahme des Betriebes werden in einer Übergangszeit die Dienste von den nationalen Verwaltungen, im Auftrag der Agentur, durchgeführt. Die Höhe der Mitgliedsbeiträge an die Organisation EUROCONTROLL wird von den jährlich aufzustellenden Verwaltungs- und Investitions-Haushalten bestimmt. Der Beitragsanteil des einzelnen Mitgliedes wird im Verhältnis zu seinem Bruttosozialprodukt berechnet.

4.2. Das Abkommen über die Internationale Zivilluftfahrtorganisation ICAO

4.2.1. Die Gründung der ICAO; ihre Aufgaben

Gegen Ende des zweiten Weltkrieges lud die Regierung der USA allierte und neutrale Staaten zu einer Konferenz ein, auf der eine einheitliche und möglichst universelle Regelung erreicht werden sollte. Die Absicht, ein mehrseitiges Abkommen über Verkehrsrechte zu schaffen, schlug fehl; im neuen Abkommen blieb den Mitgliedstaaten das Recht vorbehalten, den Fluglinienverkehr durch zweiseitige Verträge zu regeln.

Die Aufgabe der ICAO, der heute über 120 Staaten (ohne China) angehören, umfaßt die Arbeitsgebiete Technik, Wirtschaft und Recht für den gesamten Bereich der Zivilluftfahrt. Sie erstreckt sich auf Maßnahmen, die der Förderung der internationalen Zivilluftfahrt dienlich sind, ohne daß dabei in die Souveränitätsrechte der einzelnen Mitgliedstaaten eingegriffen wird. Ihr Ziel ist die Entwicklung und Einführung einheitlicher Richtlinien auf allen technischen Gebieten, um auf weltweiter Grundlage die Sicherheit und Regelmäßigkeit des Luftverkehrs zu gewährleisten.

Das ICAO-Abkommen wird durch eine Reihe von Anhängen (Annexes) ergänzt, die Richtlinien und Empfehlungen enthalten und den Mitgliedstaaten als einheitliche Grundlage für ihre eigene Luftfahrtgesetzgebung dienen.

Neben diesen Anhängen gibt die ICAO eine Reihe von Verfahrensvorschriften für Betrieb und Technik heraus (Procedures for Air Navigation Services), die detaillierte

Ausführungsbestimmungen über einheitlich anzuwendende Verfahren, z.B. für den Anflug von Flughäfen, enthalten. Den Bedarf an technischen Einrichtungen und Bodendiensten hat man - den jeweiligen regionalen Erfordernissen entsprechend - in sog. Regionalplänen festgelegt (die früheren 9 ICAO-Regionen hat man jetzt in 5 Bereiche zusammengefaßt). Die Pläne paßt man der ständig fortschreitenden Entwicklung durch laufende Überarbeitung an. Regionale technische Konferenzen dienen u.a. der Überprüfung des Entwicklungsstandes und neuer Vorschläge; diese werden nach einer Beurteilung durch die Luftfahrtkommission (Air Navigation Commission) dem Rat der ICAO zur Genehmigung vorgelegt. Auch zur Klärung wirtschaftlicher oder luftfahrtrechtlicher Probleme werden im Bedarfsfall Konferenzen einberufen.

4.2.2. Aufbau der ICAO

Oberstes Organ der ICAO ist die Versammlung, in der alle Mitgliedstaaten vertreten sind. Sie bestimmt die ICAO-Politik, wählt den Rat, genehmigt den Haushalt, legt die finanziellen Beiträge der Mitglieder fest. Der Rat ist das Exekutivorgan; er prüft und genehmigt u.a. die Richtlinien und Empfehlungen, verwaltet die Finanzen, ruft Konferenzen ein. Dem Rat stehen mehrere Fachausschüsse zur Verfügung, z.B. die Luftfahrtkommission; sie ist ein ständiger technischer Fachausschuß, der den Rat fachlich berät.[1] Die ICAO unterhält Regionalbüros (u.a. in Paris) und hilft im Rahmen eines Technischen Programms, indem sie Berater auf Anforderung einsetzt. Die Kosten werden von den Vereinten Nationen zur Verfügung gestellt.

5. Die Kosten der Flugsicherung in der BRD

5.1. Bisherige Aufwendungen

Die Kosten für Ausbau und Betrieb der Flugsicherung haben in unvorhersehbarem Umfang zugenommen. Das System repräsentiert, wie es heute in allen großen, Luftfahrt treibenden Ländern existiert, beträchtliche nationale Investitionen.

In der Bundesrepublik Deutschland sind - seit Errichtung der Bundesanstalt für Flugsicherung (BFS) im Jahre 1953 (nebst Vorlaufzeit durch die Vorbereitungsstelle für die Übernahme der Flugsicherung in die deutsche Verwaltung) - insgesamt 1,261 Milliarden DM an Haushaltsmitteln (Istausgaben) für die Flugsicherung bewilligt worden.[2] Neben allgemeinen und Sachausgaben waren 1952 bis 1971 insgesamt 494

---

[1] Die BRD ist seit dem 8. Juni 1956 Mitglied der ICAO; sie stellt Vertreter für den Rat und für die Luftfahrkommission.

[2] Die Angaben sind den Jahresberichten der BFS entnommen.

Millionen DM für Personalausgaben und 418 Millionen DM für Investitionen, d.h. für technische Geräte, Anlagen und Bauten erforderlich.[1] Bild 7 gibt einen Überblick über die Entwicklung des Finanzbedarfs der BFS in den Jahren 1952 bis 1971. Es zeigt sich, daß mit der Vorbereitung auf das Zeitalter der Strahlflugzeuge (beginnend im Jahre 1958 und sich dann nach 1960 beträchtlich verstärkend) der Finanzbedarf erheblich anwuchs; der Verlauf entspricht einer Exponentialfunktion. Der Haushaltsansatz hat sich - von 20 Millionen DM im Jahre 1953 - in sieben Jahren (1960) etwa verdoppelt, nach zehn Jahren (1963) verdreifacht und nach knapp zwanzig Jahren (1971) mehr als verzehnfacht (Haushaltsansatz 238 Millionen DM).

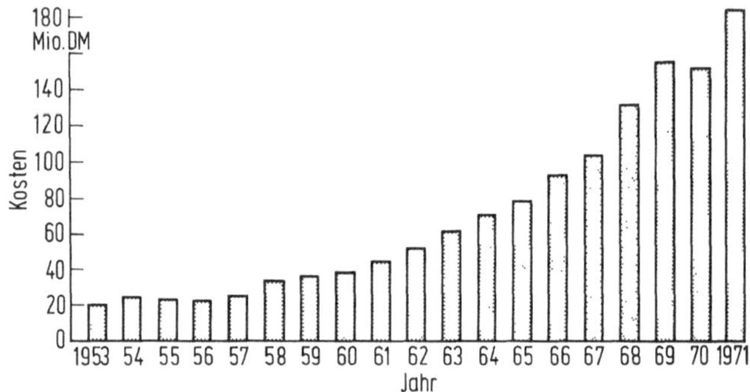

Bild 7: Aufwendungen für die Flugsicherung (Istausgaben der BFS).

5.2. Die Langfristplanung

Die stürmische Entwicklung der Luftfahrt - die nach wie vor anhält - stellte an die Kapazität und Leistungsfähigkeit der Flugsicherung außerordentliche Anforderungen. Eine starke Ausweitung der Betriebsdienste war unausweichlich. Diese bedeutete die laufende Einstellung und (Spezial-) Ausbildung von Personal.

Andererseits mußten auch die technischen Einrichtungen immer wieder den gestiegenen Betriebsanforderungen und dem neuen Entwicklungsstand angepaßt werden. Die technische Entwicklung bot neue Möglichkeiten, die Aufgabe der Flugsicherung - den Luftverkehr sicher und flüssig abzuwickeln - wirkungsvoller zu gestalten.

Beide Bereiche, die Erhöhung des Personalbestandes und der weitere Ausbau der Technik verlangen nicht nur hohen finanziellen Aufwand, sie erfordern vor allem eine weit-vorausschauende Planung.

---

[1] Die Kosten für Betrieb und Erhaltung sind in diesem Betrag nicht enthalten; sie betrugen für die Jahre 1952 bis 1971 ca. 66 Millionen DM.

Die theoretische und praktische Ausbildung eines Lotsen kostet 3 1/2 bis 4 Jahre Zeit. Der Bedarf muß also rechtzeitig und sorgfältig geplant werden, was wiederum eine genaue Abschätzung der Luftverkehrsentwicklung voraussetzt.

Flugsicherungsgeräte und Anlagen erfordern lange Entwicklungszeiten. Die neuen Einrichtungen und Systeme, insbesondere in den Bereichen Navigation, Radar und Automatisierung, haben zumeist eine vieljährige Zeitspanne des Entwerfens, Berechnens, der Forschung und Entwicklung hinter sich. Oft weiß man nicht genau, ob der eingeschlagene Weg überhaupt der richtige ist und zum Ziel führen wird; die Vorhaben sind nicht selten mit großen Risiken sowohl für den Auftraggeber wie für die Lieferfirma belastet.

Aus den genannten Gründen führen die Luftfahrtbehörden die Anpassung des Personalbestandes an die Verkehrsentwicklung und den Ausbau der technischen Einrichtung nach Langfrist-Plänen durch.

Die unabdingbare Voraussetzung für die Entwicklung eines Langfristplanes ist die Erarbeitung einer Konzption für die Flugsicherung, auf der alles aufbaut. Sie muß alle Parameter berücksichtigen, die Art und Umfang der Flugsicherung beeinflussen. Eine Analyse der in der BRD geltenden besonderen Verhältnisse ist im Abschn.II.2 u. II.3 enthalten.

In der BRD entstand der erste Zehnjahresplan im Jahre 1964, ein Rahmen für die Entwicklung der Jahre 1965 bis 1975. Bedingt durch die dynamische Entwicklung der Luftfahrt und den schnellen Fortschritt auf dem Gebiet der Flugsicherungstechnik ist es erforderlich, diesen Ausbauplan zu überarbeiten und ständig anzupassen.

Nach dem Stand vom 1.1.1970 werden für den Ausbau in den Jahren 1970 bis 1975 finanzielle Mittel in Höhe von 679 705 000 DM erforderlich werden (einmalige Kosten). Berücksichtigt man eine 4 %-ge Kostensteigerung pro Jahr (die inzwischen auch höher liegt), dann kommt man auf einen Betrag von 747 967 000 DM.

Die Personalkosten kommen für den Abschnitt 1970 bis 1975 mit 481 000 000 DM hinzu, der Gesamtbetrag beläuft sich damit auf 1,229 Milliarden DM. Nicht erfaßt sind hierin die Sach- und Allgemeinen Ausgaben, die neben Verwaltungsausgaben auch die Ersatzteil-, Erhaltungs- und Stromkosten umfassen. Sie stellen rund 1/3 der gesamten Kosten - ca. 614 000 000 DM - dar. Der wirkliche Gesamtbetrag wäre damit mit etwa 1,843 Milliarden DM anzusetzen [24].

6. Die Einführung von Gebühren für die Inanspruchnahme von Diensten und Einrichtungen der Flugsicherung

6.1. Allgemeines

Lange Jahre noch nach dem zweiten Weltkrieg vertrat man allgemein die Ansicht, daß die verantwortlichen Staaten die Dienste und Einrichtungen der Flugsicherung allen Luftverkehrsteilnehmern kostenlos zur Verfügung stellen müßten. Die Bereitstellung von Streckennavigationsdiensten für den Flugverkehr wurde als hoheitliche Aufgabe der nationalen Verwaltungen betrachtet, deren Kosten der Steuerzahler zu tragen hätte.

Diese Situation dauerte nach Kriegsende noch zwei Jahrzehnte an. Man kann hierfür mehrere Gründe anführen:

die Kosten der Flugsicherung waren lange Zeit noch relativ niedrig, z.B. im Vergleich zu den Aufwendungen für Anlage und Betrieb von Flughäfen;

der Flugverkehr war noch in der Entwicklung und wurde als eine Verkehrsart betrachtet, die geschützt werden mußte;

die im öffentlichen Interesse liegende Aufgabe, die Sicherheit der Luftfahrt zu gewährleisten, war so wichtig, daß sie erfüllt werden mußte, auch wenn die wirtschaftlichen Aspekte der Flugsicherungs-Bodenorganisationen zunächst in den Hintergrund gerieten.

Diese Argumente haben ihre Gültigkeit nach und nach verloren. Die Kosten für die Flugsicherung haben in unvorhergesehenem Maße zugenommen (vergl. Abschn.II.5). Der Luftverkehr gelangte andererseits zur vollen Entfaltung, die Ertragslage der Gesellschaften besserte sich. Schließlich zeigte sich, daß den Flugverkehrsgesellschaften durch die Flugsicherung Dienste im wirtschaftlichen Sinne des Wortes geleistet wurden, die es ihnen gestatteten, ihre Flüge möglichst pünktlich und zuverlässig durchzuführen. Hierfür, so lauteten die vernehmlicher werdenden Forderungen, sollten die Benutzer einen angemessenen Preis zahlen. Auf einer 1958 durchgeführten ICAO-Konferenz wurde noch fast ausschließlich über Flughafengebühren verhandelt. Erst 1967 nahmen Beratungen über Flugsicherungsgebühren konkrete Formen an.

Eine im Rahmen der ICAO durchgeführte Untersuchung erlaubte eine Analyse verschiedener, möglicher Gebührenregelungen. An den Untersuchungen hatten auch Vertreter von EUROCONTROL mitgearbeitet.

Die erklärte Absicht war es, Gebühren schrittweise und maßvoll einzuführen. So beschlossen die Mitgliedstaaten der Organisation EUROCONTROL am 8.9.1970 im ersten Zweijahreszeitraum (1971-73, die Regelung trat am 1. November 1971 in Kraft) nur 15% der eigenen Kosten im zivilen Streckenverkehr durch Gebühren zu decken.

Wichtig war es, eine möglichst einfache Regelung und diese auf Vorschlag der ICAO auf regionaler Basis - also im EUROCONTROL-Raum - einzuführen. Man beschloß ferner, eine einzige Gebühr für die im oberen und unteren Luftraum geleisteten Dienste anzusetzen.

6.2. Die Berechnungsgrundlagen

Als Ausgangsbasis für eine Gebührenberechnung ist die Höhe der echten, für die Flugsicherungsdienste entstandenen Kosten zu wählen.

Die Bestimmung des Umfangs der geleisteten Dienste und ihre Bewertung kann nach verschiedenen Gesichtspunkten erfolgen: nach der Zeitdauer ihrer Benutzung oder nach der Länge der Flugstrecke. Man einigte sich auf die zurückgelegte Flugstrecke als primären Faktor zur Bewertung der geleisteten Dienste.

Der zweite Faktor ist das Gewicht. Sicher sind die Kosten für die zur Verfügung gestellten Dienste unabhängig von der Größe des LFZ. Aber hier setzte sich der Gesichtspunkt durch, daß der Wert der Dienstleistung nicht vom Standpunkt desjenigen, der sie erbringt, sondern von dem des Benutzers aus betrachtet werden sollte. Der wirtschaftliche Nutzen der geleisteten Dienste ist z.B. bei einer Boing 747 mit 400 Passagieren offensichtlich größer als bei einem kleinen Geschäftsflugzeug mit 4-6 Sitzplätzen.

Von diesen Überlegungen ausgehend hat man die EUROCONTROL-Gebührenregelung festgelegt; ohne Rücksicht auf die Zahl der überflogenen Staaten wird nur eine Gebühr für das gesamte EUROCONTROL-Gebiet in Rechnung gestellt.

Das System wird als eine "auf regionaler Basis abgestimmte Regelung" bezeichnet; die auf jeden Staat entfallende Gebühr wird zwar gesondert berechnet, aber die Berechnungsformel ist für alle Staaten die gleiche.

6.3. Die Gesamtgebühr

Die Gesamtgebühr für einen über die Landesgrenze hinweg führenden Flug ist gleich der Summe der in den einzelnen überflogenen Ländern angefallenen Gebühren:

$$R = R_1 + R_2 + R_3 + \dots + Rn \qquad (1)$$

Die in den einzelnen Staaten anfallende Gebühr wird nach folgender Formel berechnet:

$$R_1 = t_i \cdot N \qquad (2)$$

Darin bezeichnet R_1 die Gebühr, t_i den Wert der Dienstleistungseinheit und N die Zahl der Dienstleistungseinheiten, die dem betreffenden Flug entsprechen.

Die Zahl der Dienstleistungseinheiten N wird nach der Formel errechnet:

$$N = D \cdot P \tag{3}$$

darin bedeuten D den Faktor für die "Flugstrecke" und P den Faktor "Gewicht" des betreffenden Luftfahrzeugs.

Der Faktor "Flugstrecke" (D) entspricht dem hundertsten Teil der in km ausgedrückten Flugstrecke (z.B. sei die Flugstrecke gleich 158 km, dann ist der Faktor D = 1,58). Als Flugstrecke, die innerhalb eines Staates zurückgelegt wurde, gilt die Großkreisentfernung zwischen

dem Startflugplatz innerhalb dieses Staates oder der Stelle, an der das Luftfahrzeug in dessen Luftraum einfliegt und

dem ersten Zielflugplatz innerhalb dieses Staates oder der Stelle, an der das Luftfahrzeug dessen Luftraum verläßt.

Für jeden Start und jede Landung innerhalb des betreffenden Staates zieht man jedoch 20 km von dieser Strecke ab, um die beim An- und Abflug geleisteten Dienste zu berücksichtigen, die dem Benutzer meist im Rahmen der Flughafengebühren in Rechnung gestellt werden.

Der Faktor "Gewicht" entspricht der Quadratwurzel der durch fünfzig geteilten Zahl, die das in metrischen Tonnen ausgedrückte Starthöchstgewicht des Luftfahrzeuges angibt:

$$P = \sqrt{\frac{\text{Starthöchstgewicht}}{50}} \tag{4}$$

Hat der Luftfahrzeughalter mehrer Luftfahrzeuge verschiedener Ausführung, aber desselben Typs, dann wird der Faktor "Gewicht" für jedes LFZ dieses Typs nach dem Durchschnitt des Starthöchstgewichts aller LFZ dieses Typs bestimmt; die Neu-Bestimmung erfolgt alle sechs Monate.

Ein Luftfahrzeug mit einem Gewicht von z.B. 50 Tonnen (P = 1,00), das eine Strecke von 100 km (D = 1,00) zurücklegt, nimmt also

$$N = P \cdot D = 1{,}00 \cdot 1{,}00 = 1,$$

d.h. eine Dienstleistungseinheit in Anspruch.

Für die Berechnung der für einen Flug zu entrichtenden Gebühr braucht man - wie erwähnt - lediglich die Zahl der in Anspruch genommenen Dienstleistungseinheiten mit dem Wert der Dienstleistungseinheit des betreffenden Staates zu multiplizieren, Gl. (1).

Der Wert der Dienstleistungseinheit t_i muß für jeden Staat besonders bestimmt werden. Man geht dabei so vor, daß man die Erhebungsgrundlage, d.h. die dem Staat entstandenen Kosten durch die Zahl der in dem betreffenden Jahr erbrachten Dienstleistungseinheiten teilt. Für die zweijährige Anlaufzeit (1971-1973) ermittelte man den Wert t_i, indem man 15% der 1969 in dem betreffenden Staat entstandenen Kosten (und des von diesem getragenen Anteils an den Ausgaben von EUROCONTROL) - zuzüglich der zu Lasten dieses Staates gehenden Vereinahmungskosten - zugrunde legte.

Da immer wieder Änderungen in der Gebührenerhebungs-Grundlage eintreten (Inbetrieb- bzw. Außerbetriebnahme von Einrichtungen; Änderung des Verkehrsaufkommens und der eingesetzten LFZ-Typen u.s.w.) soll der Wert t_i alle zwei Jahre neu bestimmt werden.

6.3.1. Streckenkosten in der BRD

Im Jahre 1969 fielen in der BRD für den Streckenkontrolldienst ca. 70 Mio. DM an (reine Flugsicherungskosten einschließlich des militärischen Anteils, der abzuziehen ist, und ohne Wetterdienstkosten; BFS-Istausgaben, Zuschuß: 157 Mio. DM). Diese Kosten umschließen Anteile der Verwaltungs-, Betriebs- und Investitionskosten der BFS (Geräte und Anlagen, die bereits im Betrieb sind; Amortisationszeit 8 Jahre, bei Bauten 20 Jahre). Für die zweijährige Anlaufzeit 1.11.1971 bis 1.11.1973 hat man 15% dieser Kosten zum Ansatz gebracht, d.h. 10,5 Mio. DM.

Für die Periode vom 1.11.73 - 1.11.75 bilden die im Jahre 1971 aufgetretenen Kosten den Ausgangspunkt; es sind 112 Mio. DM errechnet worden (BFS-Istausgaben, Zuschuß: 184 Mio. DM). Der Prozentsatz, der in der 2. Periode angerechnet wird, beträgt 30%, d.h. 33,6 Mio. DM.

Ab 1.11.75 sollen 60% der entstandenen Kosten in Rechnung gestellt werden; man wird den Ansatz voraussichtlich in zwei weiteren Schritten auf 100% anheben.

6.3.2. Erlaß der Gebühren

Für LFZ'e, deren zulässiges Starthöchstgewicht unter 2 metrischen Tonnen liegt, entfällt die Gebühr. Dieses gilt auch für Flüge militärischer LFZ'e der Mitgliedstaaten der EUROCONTROL-Organisation; für Flugvermessungsflüge, Such- und Rettungsflüge; vollständig nach Sichtflugregeln durchgeführte Flüge; Flüge nichtmilitärischer Staatsflugzeuge; Erprobungs- und Schulflüge; Flüge, bei denen das LFZ ohne Zwischenlandung zum Startflughafen zurückkehrt.

Für LFZ'e mit einem Starthöchstgewicht von mindestens 2, aber höchstens 5,7 metrischen Tonnen, wird eine Gebührenermäßigung gewährt (etwa 50%).

6.4. Die Durchführung der Gebührenregelung

Die Mitglieder der Organisation EUROCONTROL beauftragten eine zentrale Gebührnisstelle mit der Abwicklung aller Geschäfte. Diese Stelle erhält von den nationalen Verwaltungen alle notwendigen Angaben (aus den Flugplänen). Sie ermittelt die Gebühren, faßt sie nach Benutzern zusammen, stellt die Rechnungen zu, vereinnahmt die Beträge und überweist sie an die Mitgliedstaaten.

Das Verfahren hat auch bei anderen Staaten Anklang gefunden. Nichtmitgliedstaaten (wie die Schweiz, Österreich, Spanien und Portugal) haben beschlossen, ebenfalls Gebühren nach dem EUROCONTROL-System zu erheben und die Gebührnisstelle der Organisation mit deren Einziehung zu betreuen. So wird sich der Anwendungsbereich der Gebührenregelung allmählich auf einen großen Teil Europas ausdehnen. Der besondere Vorteil des Verfahrens liegt darin, daß die Benutzer für sämtliche Flüge, ohne Rücksicht auf die dabei überflogenen Staaten, nur eine einzige Rechnung erhalten.

III. Einteilung des Luftraums

1. Allgemeines

Will man Flugverkehrsdienste bereitstellen, dann hat man zunächst den Aktionsraum, d.h. den zur Verfügung stehenden Luftbereich, zweckmäßig zu gliedern. In den Ausmaßen festgelegte Räume begrenzen die Ausübung der Hoheitsrechte; sie weisen innerhalb der Staatsgrenzen (über den Meeren auch darüber hinaus) die Verantwortungsbereiche und die Art der eigenen Dienste aus.

2. Fluginformationsgebiete

Allgemein hat man nach den Richtlinien und Empfehlungen der ICAO den Luftraum über der gesamten Erdoberfläche, soweit er sich über den ICAO-Regionen, die die Mitgliedstaaten und die Weltmeere einschließen, befindet, in sogenannte Fluginformationsgebiete eingeteilt. (flight information regions = FIR). Es sind dies die Grundeinheiten der Unterteilung des Luftraums.

In der BRD wird der Luftraum ferner in den unteren Luftraum (vom Boden bis zur Flugfläche 245) und in den oberen Luftraum (von Flugfläche 245 bis unbeschränkt nach oben) unterteilt. Dementsprechend hat man auch obere Fluginformationsgebiete (upper flight information regions = UIR) eingerichtet. In den FIR und UIR werden Flug-Informationsdienst (FIS = flight information service) und Flugalarmdienst (alerting service) durchgeführt (Bild 8).

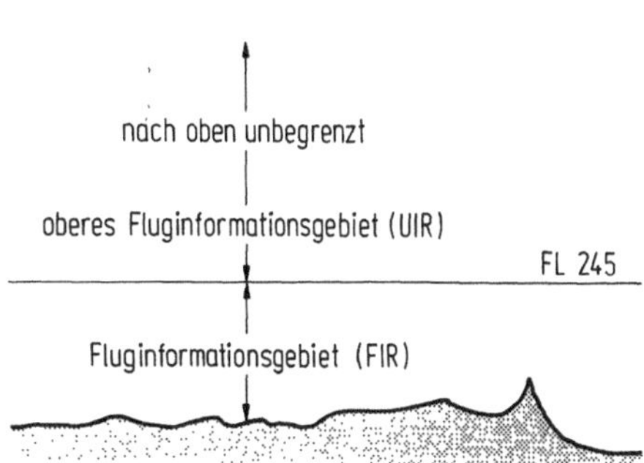

Bild 8: Vertikale Grenzen der Fluginformationsgebiete

In den beiden oberen Fluginformationsgebieten der BRD, Hannover und Rhein, stecken die beiden oberen Flugverkehrsberatungsbezirke (upper advisory area = UDA). Untergrenze (FL 245) und laterale Grenzen decken sich mit denen der oberen Fluginformationsgebiete Hannover und Rhein; die Obergrenze liegt in FL 460. In den UDA's wird ein Flugverkehrsberatungsdienst durchgeführt. Diese Bezirke gelten zwar noch als unkontrollierte Lufträume; sie können aber als Vorläufer von Kontrollbezirken angesehen werden; die Einführung der Kontrolle ist in der BRD für die nächste Zeit geplant. Die ICAO hat unter Berücksichtigung der politischen, geographischen, klimatischen und verkehrstechnischen Gegebenheiten großräumige Regionen festgelegt. Die BRD liegt in der Europa-Region (european region: EUR). Die EUR-Region umfaßt 80 Fluginformationsgebiete und 17 obere Fluginformationsgebiete. In der BRD hat man 3 FIR (Hannover FIR, Frankfurt FIR und München FIR) und 2 UIR (Hannover UIR und Rhein UIR) eingerichtet (Bild 9 und 10; die FIR Hannover wird ab Herbst 1974 auf die neuen FIR Bremen und Düsseldorf aufgeteilt, s. Bild 20)

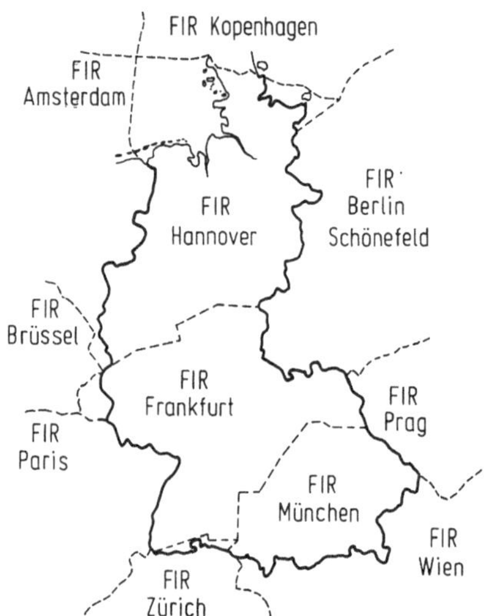

Bild 9: Fluginformationsgebiete (FIR)

Bild 10: Obere Fluginformationsgebiete (UIR)

3. Der kontrollierte Luftraum

Der Luftverkehr weist gewisse Ballungsräume auf:

in der unmittelbaren Nähe von Verkehrsflughäfen, in der das Starten und Landen erfolgt;

in der weiteren Umgebung der Flughäfen, in der das Einfädeln und Vorordnen der Streckenflüge in den Anflug, und umgekehrt das Einordnen der Abflüge in den Streckenverkehr durchgeführt wird;

auf dem Streckennetz.

In diesen Bereichen konzentrieren sich die Bewegungen der Luftfahrzeuge, hier werden Flugverkehrskontrolldienste in erhöhtem Umfang benötigt und zur Verfügung gestellt. Erstes Ziel: Schutz des IFR-Verkehrs; hierfür richtet man kontrollierte Lufträume ein. Die kontrollierten Lufträume sind in den räumlichen Abmessungen genau festgelegt und veröffentlicht; ihre Größe richtet sich nach dem Umfang der aufzunehmenden Bewegungsabläufe; z.B. der An- und Abflüge, oder der Start- und Landevorgänge.

3.1. Die Kontrollzone (CTR = control zone)

Die Kontrollzone ist ein kontrollierter Luftraum um einen oder mehrere Flughäfen; er erstreckt sich vom Boden bis zu einer festgelegten Höhe über NN. Die Größe richtet sich nach den Flugeigenschaften der Luftfahrzeuge, die hauptsächlich den Flugplatz benutzen. Man verwendet in der BRD zwei genormte Typen:

Typ 1 hat die Form eines Rechtecks mit den Abmaßen von 6 × 10 NM (Bild 11);

Typ 2 wird durch einen Luftraum-Zylinder mit einem Durchmesser von 10 NM gebildet, der durch quaderartige Ansätze mit einer Breite von 6 NM (je 3 NM beiderseits der verlängerten Start- und Landebahn-Mittellinie) und einer Länge von 7 bzw. 10 NM (vom Flugplatzbezugspunkt) erweitert wird (Bild 12).[1]

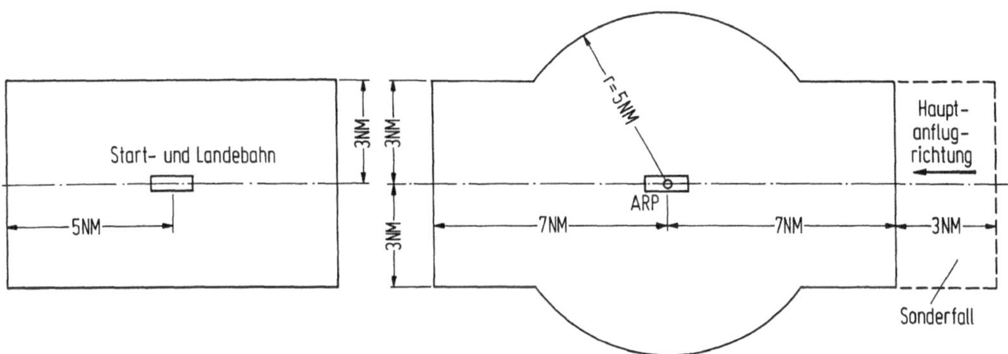

Bild 11: Kontrollzone Typ 1 (BFS)

Bild 12: Kontrollzone Typ 2 (BFS)

Die Obergrenze der Kontrollzone ist mindestens so hoch wie die Untergrenze des darüberliegenden Sektors (A) der TMA (vergl. Abschn. 3.2.1.); beim Typ 1 ist sie zumeist unter, beim Typ 2 in der Regel bei 2500 Fuß.

[1] NM = nautical mile, nautische Meile = 1,852 km.

3.2. Kontrollbezirke; Nahverkehrsbereiche und Luftstraßen (control areas = CTA; terminal control areas = TMA; airways)

Außer den Kontrollzonen gibt es - innerhalb eines Fluginformationsgebietes - als weitere kontrollierte Lufträume die Kontrollbezirke, die sich in Nahverkehrsbereiche und Luftstraßen aufteilen.

Die Kontrollbezirke (control areas = CTA) sind so bemessen, daß ausreichender Luftraum für die Kontrolle von IFR-Flügen zur Verfügung steht. Ihre lateralen Grenzen entsprechen in der BRD in etwa denen der Fluginformationsgebiete (Bild 13).

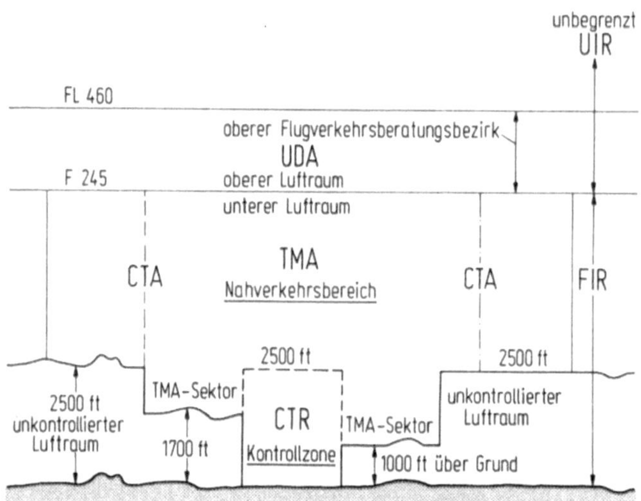

Bild 13: Einteilung des Luftraums. (Die TMA-Untergrenzen folgen dem Terrain).

3.2.1. Die Nahverkehrsbereich (terminal control areas = TMA)

Nahverkehrsbereiche sind Teile eines Kontrollbezirkes und stellen das Bindeglied zwischen den Kontrollzonen und den Luftstraßen dar. Sie sind so bemessen, daß die Flugwege der nach IFR fliegenden Luftfahrzeuge während des gesamten Fluges im kontrollierten Luftraum verbleiben (Sink- und Steigflug-Phase). Verschiedene Gesichtspunkte beeinflussen die lateralen und vertikalen Grenzen eines Nahverkehrsbereiches, z.B. die geographische Lage zugehöriger Flughäfen und in deren Nähe liegende Navigationsanlagen; die Streckenführung der in sie einmündender Luftstraßen. Eine Vereinheitlichung der Form, wie bei der Flughafenkontrollzone, ist daher nicht möglich.

Die Obergrenze liegt normalerweise bei Flugfläche FL 245; die Untergrenze variiert in der BRD mit zunehmender Entfernung von den innerhalb der Nahverkehrsbereiche gelegenen Flughäfen (Bild 14).

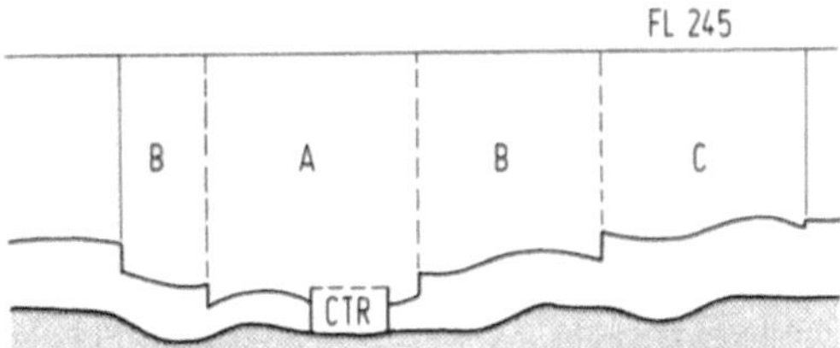

Bild 14: Nahverkehrsbereich mit Sektoren (A, B, C)

3.2.2. Luftstraßen (airways)

Luftstraßen werden zum Schutz der Luftfahrzeuge auf den vom Luftverkehr regelmäßig benutzten Strecken eingerichtet und kontrolliert.

Ihre Breite ist gemäß einer Empfehlung der ICAO auf ±5 NM bzw. ±4 NM beiderseits der Mittellinie der Luftstraße festgelegt. Ihre Höhen liegen zwischen 2500 Fuß über Grund und Flugfläche 245.

In der BRD gibt es praktisch keine Luftstraßen mehr; das Streckennetz ist in einen komplett kontrollierten Luftraum eingebettet. In der BRD spricht man daher nur von IFR-Streckenführungen.

Im oberen Luftraum liegt das Streckennetz innerhalb eines Flugverkehrsberatungsbezirks.

4. Gebiete mit Flugbeschränkungen; Gefahrengebiete und Sperrgebiete

In bestimmten Teilen des Luftraums kann der Durchflug Beschränkungen unterworfen werden; diese können eine räumlich oder zeitlich eingeschränkte Nutzung des Gebiets bedeuten oder in der Auflage zum Einholen einer Benutzungsgenehmigung bestehen. In den Karten des Luftfahrthandbuchs sind diese Gebiete mit "R" (restricted) und einer Zahl bezeichnet.

In sog. Gefahrengebieten finden Schießübungen statt; in den Luftfahrthandbuch-Karten sind die Gebiete mit einem "D" (danger) und einer Zahl gekennzeichnet.

Luftsperrgebiete können vorübergehend oder dauernd für den Luftverkehr gesperrt werden; sie dürfen nicht durchflogen werden.

5. VFR – Beschränkungsgebiete

Nach § 10, Abs. 3 der LuftVO kann die BFS den VFR-Flugbetrieb in bestimmten Bereichen des kontrollierten Luftraums ganz oder teilweise (räumlich und zeitlich) verbieten, wenn dieses aufgrund der Dichte des Verkehrs in diesem Luftraum zwingend notwendig ist. Eine Reglung dieser Art besteht für den Luftraum um die Flughäfen Frankfurt/M., Hanau, Mainz-Finthen und Wiesbaden sowie für die Flughäfen Hamburg, Düsseldorf, Köln/Bonn, Stuttgart und München.

6. Tieffluggebiete und Tiefflugstrecken

Streitkräfte müssen Navigationsflüge in Höhen bis 1500 Fuß über Grund oder Wasser mit hohen Unterschallgeschwindigkeiten durchführen. Die Flüge finden am Tage und bei Nacht bei Wetterbedingungen statt, die ausreichende Flugsichten und Wolkenabstände gewährleisten.

Es sind - unter Vermeidung von Lufträumen mit hoher Verkehrsdichte, dicht besiedelter Gebiete und von Kontrollzonen sowie VFR-Beschränkungsgebieten - Tiefflugstrecken und Tieffluggebiete festgelegt worden:

250 Fuß - Tieffluggebiete:
Gebiete für Tiefflüge bei Tag, die in Höhen von 250 bis 500 Fuß (75 bis 150 m) überflogen werden;

Verbindungsstrecken zwischen den 250 Fuß-Tieffluggebieten; Breite 1 NM beiderseits der Mittellinie;

500 Fuß - Tieffluggebiet:
Ein Gebiet für Tiefflüge bei Tag, das in Höhen von 500 bis 1500 Fuß (150 bis 450 m) überflogen wird;

Nacht - Tiefflugstrecken:
Flugstrecken für Tiefflüge bei Nacht mit einer Breite von 2,5 NM beiderseits der Mittellinie und festgelegten Flughöhen von nicht weniger als 1000 Fuß (300 m).

Eine Bewegungskontrolle der Tiefflüge ist praktisch unmöglich - die Radarerfassung wird unterflogen. Der Luftverkehr nach Instrumentenflugregeln (IFR) wird vertikal von den Flughöhen der Nacht-Tiefflugstrecken gestaffelt. Der Verkehr nach Sichtflugregeln meidet diesen, festgelegten und in Karten veröffentlichten, untersten Bereich bis zu 1500 Fuß über Grund oder Wasser (Luftfahrthandbuch AIP, RAC-3-3-1). Sehr problematisch ist in diesem Luftraum die Mischung von militärischem und Sport-Luftverkehr; aus Wettergründen ist eine Entflechtung nicht immer möglich.

7. Kriterien für die Festlegung der Abmessungen sowie der Unter- und Obergrenzen von kontrollierten Lufträumen

7.1. Kontrollzone

Die Ausdehnung der Kontrollzone eines Flughafens wird bestimmt

durch die Höhe der Untergrenze des anschließenden Nahverkehrsbereiches,

durch die Steig- und Sinkleistung der operierenden Luftfahrzeuge.

Wenn ein Luftfahrzeug nach dem Start mit normaler Steigleistung die Kontrollzone verläßt und in den Nahverkehrsbereich einfliegt, soll es eine Höhe über Grund erreicht haben, die einen "Sicherheitspuffer" zur höchsten, möglichen Flughöhe eines außerhalb der Kontrollzone nach Sicht operierenden Luftfahrzeuge gewährleistet.

Man kann rechnerisch nachweisen, daß für leichte Luftfahrzeuge, etwa der Typen Otter, Beaver, Do 27, Do 28, L 19, L 20 u.a. der Kontrollzonen-Typ 1 (Bild 11) zureichend ist.

Für internationale Verkehrsflughäfen und große militärische Fliegerhorste ist der Typ 2 vorgesehen (Bild 12). Alle IFR-Platzrunden-Anflugverfahren liegen hier innerhalb des kontrollierten Luftraums. An- und Abflugsektoren werden durch entsprechende Erweiterungen der Kontrollzone erfaßt.

7.2. Untergrenze des Nahverkehrsbereichs

Um einerseits den für die Bewegungslenkung des IFR-Verkehrs erforderlichen kontrollierten Luftraum zur Verfügung zu haben, und andererseits diesen im unteren Bereich - zu Gunsten des VFR-Verkehrs - auf ein Minimum zu beschränken, hat man sich in der BRD für eine in 3 Stufen gegliederte Untergrenze der Nahverkehrsbereiche entschieden (Bild 14):

Sektor A: 1000 Fuß über Grund
Sektor B: 1700 Fuß über Grund
Sektor C: 2500 Fuß über Grund.

7.3. Untergrenze der Luftstraßen

Bei der Festlegung der Untergrenze der IFR-Streckenführungen hat man ebenfalls einen Kompromiß zwischen den Forderungen der Verkehrs- und der Sportluftfahrt finden müssen. Es fliegen mehr und mehr blindflugtaugliche Reiseflugzeuge, die keine Druckkabine besitzen, in den unteren Streckenhöhen. Die Flugverkehrskontrolle kann ihnen lediglich die Flughöhen bis zu der Flugfläche 100 zuweisen (ca. 10 000 Fuß oder 3000 m). Um die Streckenkapazität in diesem Bereich nicht über Gebühr einzuschränken, soll die Flugfläche 50 (ca. 5000 Fuß oder 1500 m) noch für den Streckenverkehr verfügbar bleiben.

Bei den Überlegungen mußte auch das meteorologische Problem einbezogen werden. Bei Flügen nach Sichtflugregeln müssen bestimmte Abstände von Wolken eingehalten werden (Bild 15, Sichtflugregeln). Die Höhe der Wolkenuntergrenze ist daher von erheblichem Einfluß auf den Sichtflug-Betrieb.

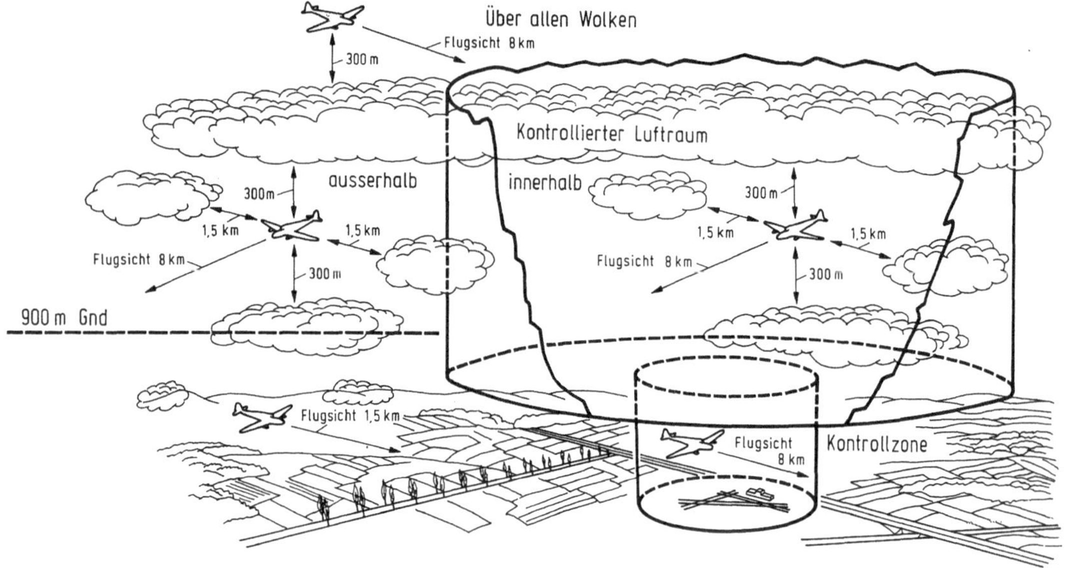

Bild 15: Sichtflugregeln (BFS)

Nun sind nach den statistischen Erhebungen des Deutschen Wetterdienstes Wetterlagen mit mehr als 4/8 Bedeckung gegeben

in 2000 Fuß über Grund in 21 % aller Fälle im Jahr
" 2500 " " " " 54 % " " " "
" 3000 " " " " 82 % " " " "

Man muß also ab etwa 2500 Fuß über Grund aufwärts mit einer wesentlichen Einschränkung des Sichtflugbetriebs rechnen.

Die Festlegung der Untergrenze der Strecken auf 2500 Fuß über Grund erscheint daher sinnvoll.

7.4. Die Breite der Luftstraße bzw. Breite der Schutzstreifen beiderseits der Flugstrecken

Die Breite der Schutzstreifen wurde - wie erwähnt - gemäß einer Empfehlung der ICAO ursprünglich auf ±5 NM beiderseits der Mittellinie der Strecken festgelegt.

Man hat sie seinerzeit mit Rücksicht auf die relativ geringe Genauigkeit der - auch heute teilweise noch betriebenen - rundstrahlenden Mittelwellenfunkfeuer bestimmt.

Neuere Flugversuche zeigten, daß sich die Genauigkeiten in der Strecken-Navigation verbessert haben. Bei Verwendung von Kursrechnern mit Kartensichtgeräten (PD/CLC)[1] und VORTAC-Bodenanlagen ergaben Flugversuche im Raum Frankfurt/M. (1966) daß bei 60 % der Fälle die Genauigkeit der Positionsmeldungen besser als 1 NM und bei 100 % der Fälle mit einer Ausnahme die Genauigkeit besser als 2 NM war [28].

Die BFS hat daher in ihrer Betriebsanweisung für den Flugverkehrskontrolldienst (BA-FVK)-in Übereinstimmung mit neueren ICAO-Empfehlungen - die Mindestbreite der Schutzstreifen mit 4 NM festgelegt. Dies gilt unter der Voraussetzung, daß die Entfernung zwischen den beiden Navigationsanlagen (welche die Strecke festlegen) nicht größer als 50 NM ist, wenn eine oder beide Anlagen NDB's sind. Sind beide Anlagen VOR, darf die Entfernung bis zu 80 NM betragen (Bild 16).

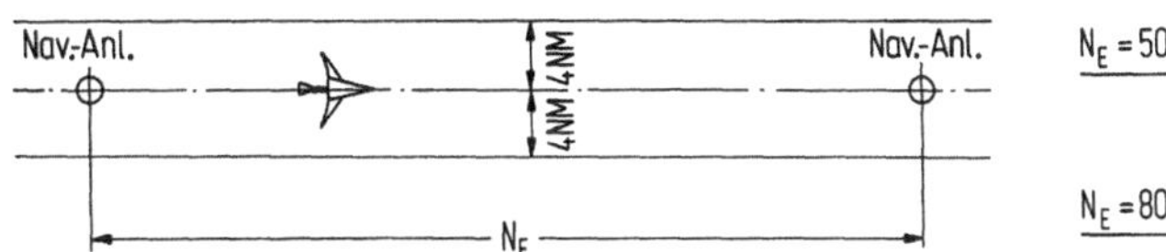

N_E = 50 NM oder weniger, wenn als Navigationsanlagen eingesetzt sind: NDB / VOR, VOR / NDB, NDB / NDB

N_E = 80 NM oder weniger, wenn als Navigationsanlagen eingesetzt sind: VOR / VOR

Bild 16: Breite der Schutzstreifen (NDB: non directional beacon, ungerichtetes (Mittelwellen-)Funkfeuer; VOR: very high frequency omnidirectional radio range, Ultrakurzwellen-Drehfunkfeuer)

8. Begriff der Flugfläche

8.1. Der QNH-Wert

Stellt man an Bord des Luftfahrzeuges den barometrischen Höhenmesser - vor dem Abflug - so ein, daß er die Höhe des Flughafens (auf dem man sich gerade befindet) über NN (Normal Null oder Seehöhe) anzeigt, dann fliegt man nach QNH-Werten. Der QNH-Wert ist der auf Meereshöhe reduzierte Luftdruckwert eines Ortes, unter der Annahme, daß an diesem Ort die Temperaturverhältnisse der "Normalatmosphäre" herrschen. Die von der ICAO festgelegte Normalatmosphäre enthält folgende wesentlichen Werte:

Der Luftdruck in Meereshöhe: 1013,2 mbar

Die Temperatur in Meereshöhe: + 15° C

Die Temperaturänderung pro 100 m Höhendifferenz 0,65° C.

---

[1] PD = pictorial display; Bildanzeige, Kartensichtgerät
CLC = course line computer; Kursrechner

Da der Luftdruck örtlich verschieden ist und sich zeitlich ändert, muß der Höhenmesser während des Fluges wiederholt neu eingestellt werden. Der QNH-Wert ist also umso ungenauer

je weiter man sich vom Meßort entfernt,

je mehr Zeit seit der Messung verstrichen ist.

In der Praxis verfährt man so, daß man den in bestimmten Bezirken einer Flugstrecke von den Wetterdienststellen gemessenen und auf die Normalatmosphäre umgerechneten Luftdruck dem Flugzeugführer über Sprechfunk als sogenannten QNH-Wert mitteilt.

Entsprechend dem in aufeinanderfolgenden Bezirken vorliegenden Druckgefälle - bzw. Druckanstieg - muß der Pilot an den Bezirksgrenzen mehr oder minder große Höhendifferenzen ausgleichen (Bild 17). Es können dabei Höhensprünge vorkommen, die die Höhenstaffelung, also den Sicherheitsabstand, beeinträchtigen. Auch wenn man die QNH-Bezirke stark unterteilt, kann man diese Nachteile nie ganz vermeiden, außerdem wird dann das häufige Nachstellen sehr lästig und kann - bei Irrtümern in der Sprechfunkübertragung - zu einer neuen Quelle der Unsicherheit werden.

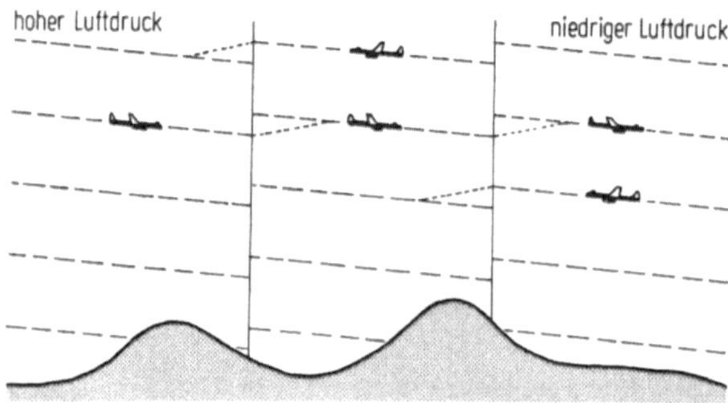

Bild 17: Streckenflug nach dem QNH-Verfahren

8.2. Das Flugflächensystem

Alle diese geschilderten Nachteile lassen sich durch das Flugflächensystem (flight level system) weitgehend vermeiden.

Dabei erhält jedes Luftfahrzeug beim Start eine bestimmte Flugfläche zugewiesen. Flugflächen sind Flächen konstanten Drucks, die auf den Druckwert 1013,2 mbar bezogen und durch bestimmte Druckabstände voneinander getrennt sind. Die Abstände zwischen den festgelegten Druckflächen betragen 500 Fuß (150 m). Die Bezeichnung der Flugfläche erhält man, wenn man die von einem auf 1013,2 mbar (29,92 Zoll Hg) eingestellten Höhenmesser angezeigten Höhenwerte in Fuß um die

Einer- und Zehnerstellen kürzt, z.B.:

Flughöhe 5000 Fuß = Flugfläche 50
Flughöhe 5500 Fuß = Flugfläche 55

Bei der untersten, zugelassenen Flugfläche einer Flugstrecke ist möglichen Druckschwankungen durch einen Sicherheitsabstand von Bodenerhebungen Rechnung getragen.

Der Luftfahrzeugführer braucht jetzt den Höhenmesser nur einmal auf das Bezugs-Druckniveau, 1013,2 mbar, einzustellen und kann dann auf der zugeteilten Flugfläche bleiben (Bild 18).

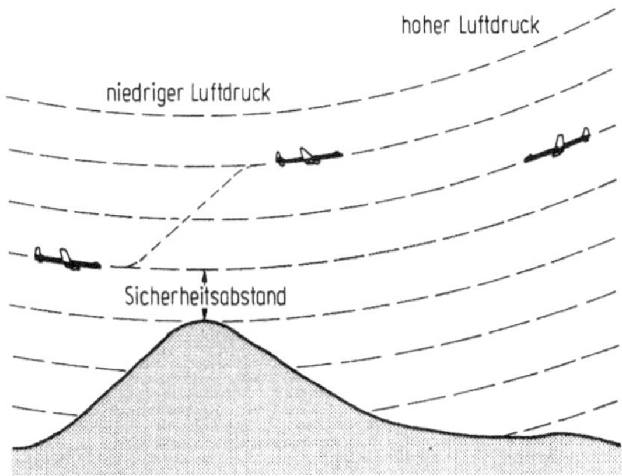

Bild 18: Streckenflug nach dem Flugflächen-System

Beim Starten und Landen werden die Höhen allerdings nach wie vor über NN gemessen, hier muß die QNH-Einstellung angewendet werden.

Für den Nahbereich eines Flughafens ist eine sogenannte Übergangshöhe festgelegt; beim Fliegen in dieser Höhe oder tiefer muß nach QNH geflogen werden [29].

Das Flugflächensystem - oder das Standard-Höhenmesser-Verfahren - ist aufgrund der Empfehlungen der IV. Regionalen Luftfahrkonferenz der ICAO am 1. Oktober 1959 weltweit eingeführt worden.

9. Aufbau des Streckennetzes

9.1. Allgemeines; das Netz im unteren Luftraum

Beim Einrichten neuer Verkehrsbeziehungen ist der Verkehrsbedarf von entscheidender Bedeutung. Linienführung, Zeitlage und Häufigkeit des Befliegens müssen dem

Verkehrsbedarf angepaßt werden. Als Grundlage für die Ermittlung des Verkehrsbedarfs kann die Methode der Netzanalyse benutzt werden. Die Anwendung der Netzanalyse mit Hilfe der Verkehrsgleichung erlaubt es, mit relativ guter Genauigkeit zu berechnen, wieviel Fluggäste zwischen jeweils zwei Knotenpunkten eines Luftverkehrsnetzes zu erwarten sind, auch wenn die untersuchte Strecke noch nicht oder noch nicht zureichend durch geeignete Kurse bedient worden ist. Die Grundlage für die Berechnungen bilden die Luftverkehrspotentiale der Einzugsgebiete der in Betracht gezogenen Knotenpunkte [30, 31].

Der Europäische Luftverkehr wird in der Regel von nationalen Luftverkehrsgesellschaften betrieben, deren Einzelnetze sternstrahlförmig von bestimmten Zentralpunkten ausgehen. Diese Zentralpunkte sind meist die Hauptstädte des Landes und zugleich die Anfangs- und Endpunkte der Interkontinentalstrecken.

Wenn man z.B. die Netze der westeuropäischen Luftverkehrsgesellschaften überlagert, so ergibt sich das Bild 19, es zeigt die Summe aller "Wünsche" als direkte Verbindungen, ihre Bestandsaufnahme im Rahmen der ICAO.

Ein derartiges "Netzwerk" kann natürlich nicht als S t r e c k e n n e t z benutzt werden.

Die volle Freiheit der Bewegung ohne jede Einschränkung, ohne Bindung an ein festgelegtes Streckennetz ist nicht zu realisieren. Eine Flugsicherung wäre in diesem Falle unmöglich.

Man hilft sich damit, daß man den Verkehr "kanalisiert", in einem System optimal geführten Strecken konzentriert.

Das Streckensystem bietet den Vorteil:

eines geordneten Ablaufs und einer einfacheren Kontrolle des Verkehrsflusses;

einer einwandfreien Sicherung der Luftfahrzeuge gegen Zusammenstöße;

des wirtschaftlichen Aufbaus der Bodennavigationsanlagen und

einer einfachen Navigation - von Punkt zu Punkt - auf der Bordseite.

Zum letzten Punkt läßt sich, im Hinblick auf die Planungen im Bereich der "Flächennavigation" manches einwenden; hierzu werden in einem besonderen Abschnitt weitere Ausführungen gebracht (Abschn. VII. 2.3.12.).

Der Luftraum über der BRD ist im Laufe der letzten Jahre fast vollständig in einen kontrollierten Luftraum verwandelt worden. Von "Luftstraßen" kann daher - wie bereits ausgeführt - im eigentlichen Sinne des Wortes nur in einzelnen, wenigen Fällen

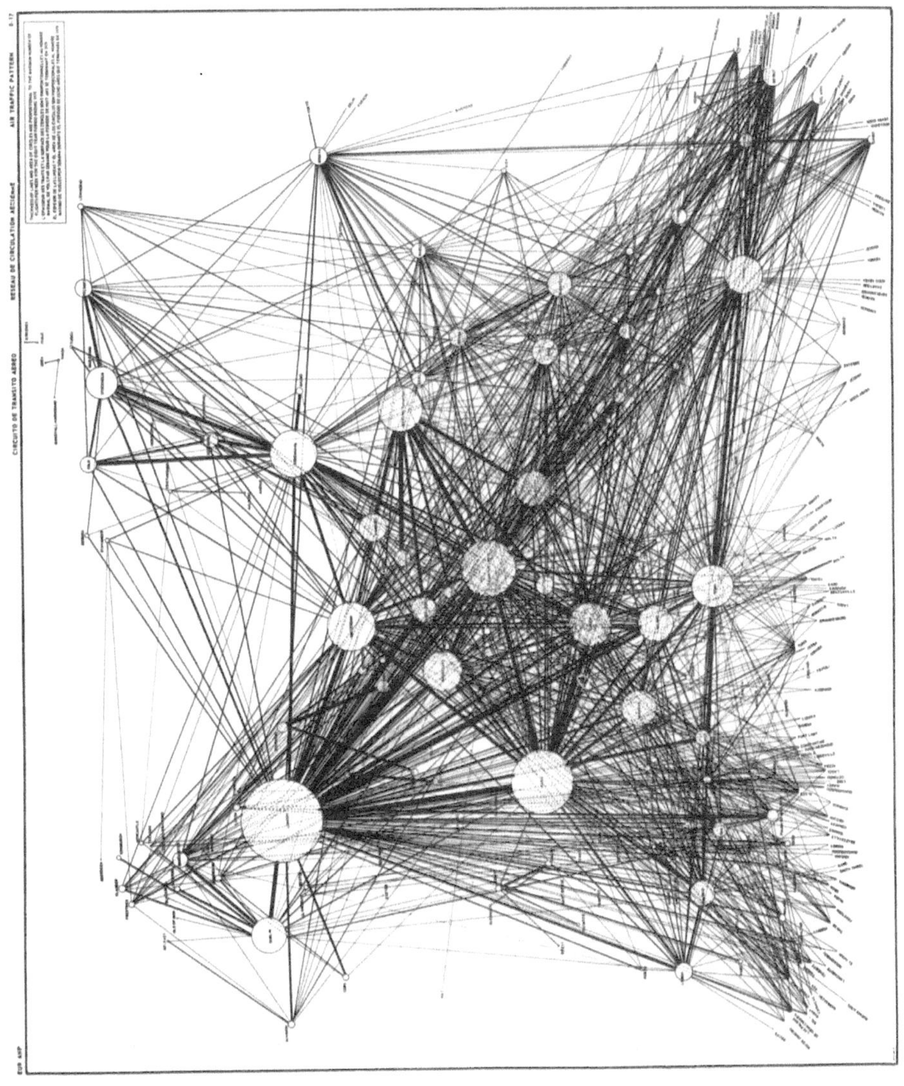

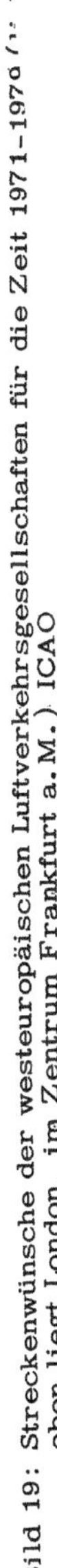

Bild 19: Streckenwünsche der westeuropäischen Luftverkehrsgesellschaften für die Zeit 1971-197[illegible] ([illegible] oben liegt London, im Zentrum Frankfurt a.M.) ICAO

gesprochen werden; wir reden daher von Flugstrecken. Im wesentlichen liegt das Flugstreckennetz im kontrollierten Raum eingebettet (Bild 20).

Die Strecken werden mit Farben und Zahlen gekennzeichnet, z.B. Grün Eins-G 1.

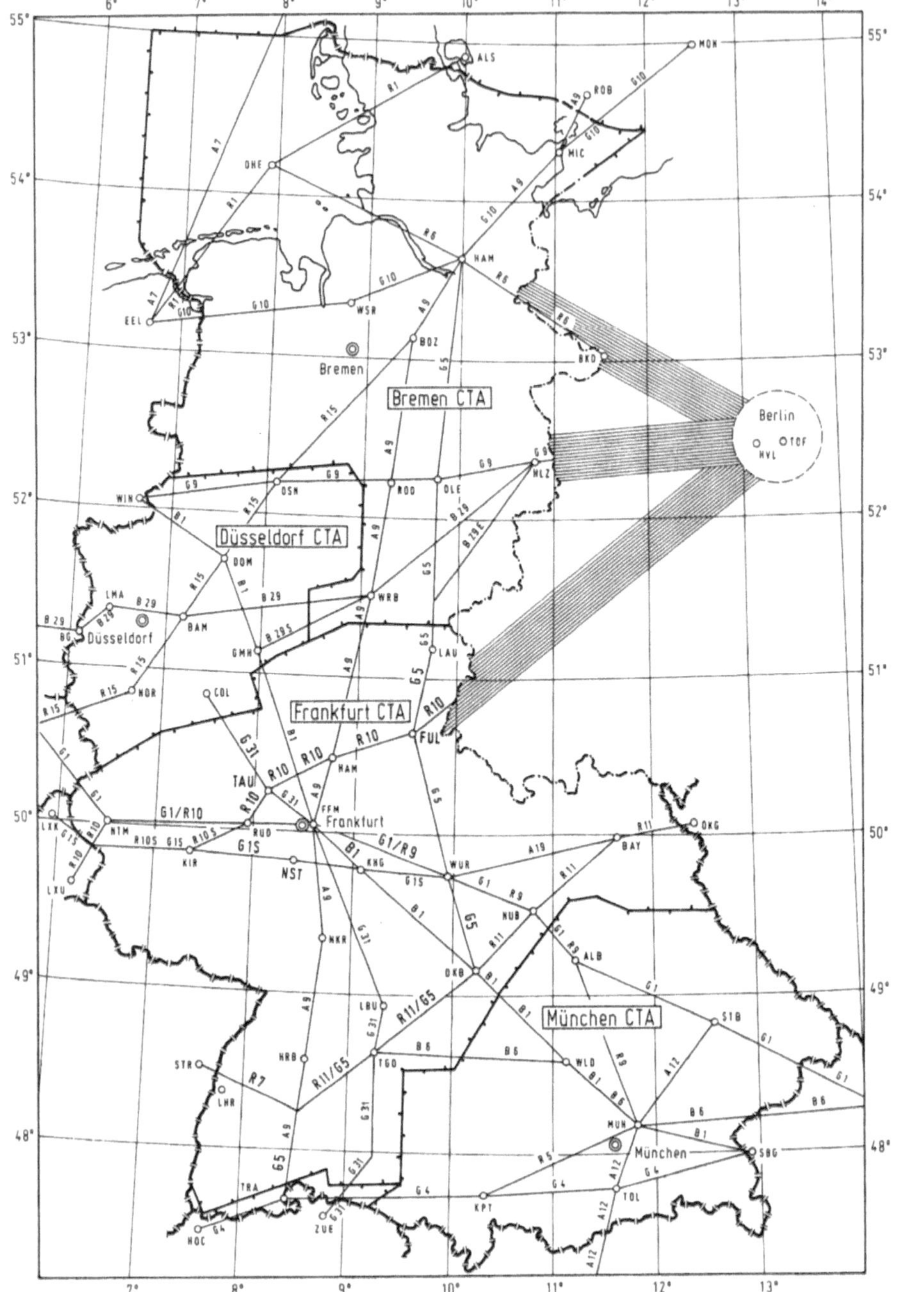

Bild 20: Streckensystem im unteren Luftraum und Regionalkontrollbereiche, Stand: Januar 1970 (BFS) (CTA: Control Aerea, Kontrollbereich)

9.2. Streckennetz im oberen Luftraum

Es unterscheidet sich von dem Netz im unteren Bereich lediglich durch die weitgehend direkte Führung der Strecken und ein großmaschiges Verknüpfen der Verbindungen; es dient den längeren Inlands-, den europäischen und den Auslands-Flügen. Auf den Strecken dieses Netzes, welches von Strahlflugzeugen benützt wird, haben die Flugzeuge bereits - oder noch - hohe Unterschallgeschwindigkeit. Eine Tatsache, die es erforderlich machte, den gesamten oberen Luftraum in einen kontrollierten Raum zu verwandeln.

9.3. Anschluß der Flughäfen an das Flugstreckennetz

Innerhalb der BRD befindet sich eine große Zahl von Flugplätzen. Die Nutznießer der Flughäfen, Landeplätze und Segelfluggelände nehmen am Luftverkehr teil; die Flugplätze müssen entweder permanent an das Streckensystem angeschlossen werden, oder es müssen Verfahren festgelegt werden, nach denen z.B. Reiseflugzeuge das Streckensystem verlassen, zum Sichtflug übergehen und den gewünschten Landeplatz mit Sicht anfliegen können.

Bei Flughäfen mit IFR-Verkehr muß man darauf achten, daß genügend Luftraum vorhanden ist für

unabhängige Standard-An- und Abflugstrecken für Instrumentenflugverkehr (IFR-Verkehr);

An- und Abflugstrecken für den Sichtflugverkehr (VFR-Verkehr);

Warteräume im unteren und oberen Luftraum;

Fehlanflugverfahren für beide Abflugrichtungen.

9.3.1. Standard- An- und Abflugstrecken

Um das Erteilen der Flugsicherungsfreigaben zu vereinfachen, die Sprechfunkkanäle zu entlasten und dem Luftfahrzeugführer genaue Einzelheiten bezüglich der Streckenführung und bestimmter Flughöhen während des Steigfluges zur Reiseflughöhe geben zu können, schuf man für Flüge, die nach Instrumentenflugregeln (IFR) ausgeführt werden, Standard-An- und Abflugstrecken.

Der Flugverkehrskontrolldienst erteilt die Freigabe und fügt dann die Nummer der zu benutzenden Standardstrecke hinzu. Wenn es die Verkehrslage zuläßt, kann man die Flugstrecke durch Radarführung abkürzen. Die Verfahren sind in Karten niedergelegt und veröffentlicht, damit die Luftfahrzeugführer sich vor dem Flug mit den Einzelheiten vertraut machen können.

Bei der Festlegung der Führung der Standardstrecken hat man folgende Grundsätze zu beachten:

a) Abflüge sollen von Anflügen getrennt sein, beide müssen von Verfahren benachbarter Flugplätze möglichst unabhängig sein;
der Steigflug muß unbehindert von dem entgegenkommenden Sinkflug durchgeführt werden können, um die Verkehrslenkung flüssig und möglichst frei von Verzögerungen durchführen zu können;
b) es muß eine einfache innerbetriebliche Koordination zwischen den jeweils zuständigen Kontrollbeamten bestehen, damit die Flugverkehrskontrolle auch steigenden Verkehrsanfall meistern kann;
c) dicht besiedelte Gebiete sollen im Interesse der Bevölkerung (Lärmschutz) umflogen werden;
d) die Verfahren müssen von allen Luftfahrzeugtypen geflogen werden können.

Sind Verfahren festgelegt, bedeutet das nicht, daß sie starr und unabhänderlich sind. Sie müssen immer wieder an die sich ändernden Verhältnisse angepaßt werden.

9.3.2. An- und Abflugstrecken für den Sichtflugverkehr (VFR)
Um den Sichtflugverkehr vom Instrumentenflugverkehr zu trennen, hat man an einer Reihe von Flughäfen besondere An- und Abflugstrecken für den Sichtflugverkehr eingerichtet. Sie dienen gleichzeitig dem Zweck, auch den Verkehr der leichteren Flugzeuge so zu lenken, daß Lärmbelästigungen der Bevölkerung in dicht besiedelten Gebieten auf ein Mindestmaß beschränkt bleiben.

10. Warteraum

10.1. Verfahren

Die nachfolgend beschriebenen Verfahren beruhen auf Richtlinien der ICAO [17]. Sie werden, örtlich mit Modifikationen, bei den ICAO-Mitgliedstaaten weltweit angewendet.

Jedes anfliegende Luftfahrzeug erhält eine besondere Freigabe vom Kontrolldienst zu einem festgelegten W a r t e r a u m , sobald die Zahl der anfliegenden Luftfahrzeuge die Aufnahmekapazität des Flughafens übersteigt. Alle Luftfahrzeuge haben Höhenstaffelung auf dem Wege zum gleichen Warteraum, wobei das erste die unterste Wartehöhe erhält.

Der Luftfahrzeugführer fliegt beim "Warten" Schleifen, die die Form einer Rennbahn haben (Bild 25), wobei ihm als Navigationshilfe zumeist ein UKW-Drehfunkfeuer (VOR) dient, das ihm den Beginn der "inneren" - d.h. dem Flughafen nächst gelegene - Kurve anzeigt.[1] Die zu fliegende Schleife besteht aus den beiden geraden Seiten von je einer Minute[2] in oder unterhalb 4250 m (14000 Fuß) Höhe und je 1 1/2 Minuten oberhalb 4250 m (14000 Fuß) Höhe. Für die Benutzer der Warteräume gelten bestimmte Regeln:

Wartende Luftfahrzeuge dürfen die festgelegten Warteraum-Grenzen nicht überschreiten. Während der Warteverfahren sind die Luftfahrzeugführer verpflichtet, in bestimmten Höhen festgelegte Fluggeschwindigkeiten zu beachten, wie sie Tabelle 9 zeigt.

Tabelle 9. Fluggeschwindigkeit in bestimmten Wartehöhen (ICAO)

Wartehöhen	Angezeigte Eigengeschwindigkeit/vkt	
	Propellerluftfahrzeuge	Strahlluftfahrzeuge
bis einschl. 6000 Fuß MSL	170	210
6000 - 14000 Fuß MSL	170	220
oberhalb 14000 Fuß MSL	175	240

Sie haben ferner eine Kurvengeschwindigkeit von 3° je Sekunde bzw. einen Querneigungswinkel beim Kurvenflug von 25° einzuhalten. Über die Einordnung in die Warteschleife - je nachdem aus welcher Richtung der Anflug durchgeführt wird - und für das Warteverfahren innerhalb der Warteschleife gelten besondere - veröffentlichte - Bestimmungen [17]. Während der Einordnung in das Verfahren und während des Warteverfahrens selbst soll der Luftfahrzeugführer die Einwirkungen des Windes auf Kurs und Flugzeit korrigieren. Wenn er die Freigabe zum Verlassen des Warteraumes erhält, soll er seinen Flug innerhalb des Warteraumes so einrichten, daß er den Wartepunkt zu dem in der Freigabe festgelegten Zeitpunkt verläßt.

Innerhalb des Warteraumes werden die Luftfahrzeuge höhenmäßig, wie üblich, d.h. mit 300 m (1000 Fuß) Abstand gestaffelt. Wird das in der untersten Höhe wartende Luftfahrzeug zur Landung abgerufen, so erhält das darüber fliegende die Anweisung, die nächst niedrige Höhenschicht einzunehmen. Oberhalb FL 290 ist die Vertikalstaffelung 2000 Fuß.

---

[1] VOR: very high frequency omnidirectional radio range, Drehfunkfeuer

[2] Ausnahmen sind möglich; so sind für Nürnberg, Röthenbach-Hdg., 1,5 Minuten festgelegt.

10.2. Form und Größe des Warteraumes

Die Form des Warteraumes und seine Größe berechnet man nach einer umständlichen Methode [17]. Für alle in Betracht kommenden Wartehöhen müssen die - von der Höhe abhängigen - Windgeschwindigkeiten und Lufttemperaturen sowie die Eigenschaften der Luftfahrzeugtypen in der Rechnung berücksichtigt werden (Bild 21).

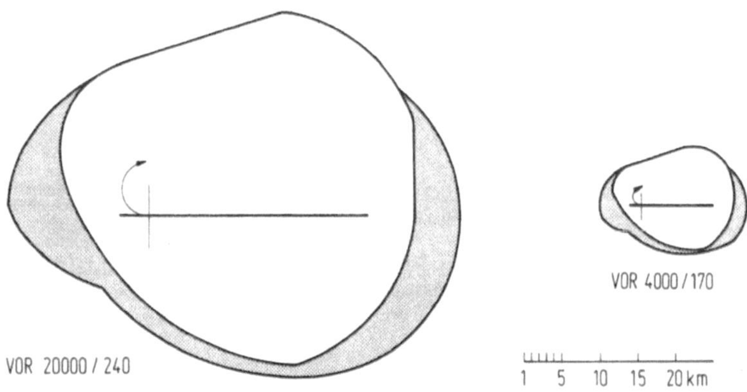

Bild 21: Warteraumgröße (BFS)

Die Berechnung ergibt, daß Warteräume sich mit der Höhe vergrößern. Die Vergrößerung ist eine Folge der höheren Fluggeschwindigkeiten, der größeren Kurvenradien und der mit der Höhe nicht unbeträchtlich zunehmenden Windkomponenten. Der Warteraum für ein Strahlflugzeug in 20 000 Fuß Höhe ist etwa doppelt so groß wie der Warteraum eines Kolbentriebwerkflugzeuges in 10 000 Fuß Höhe. Die schraffierten Teile der in Bild 21 dargestellten Warteräume sind durch das "Einordnungsverfahren" bedingte Zuschläge.[1]

[1] Vergl. Weber, Otto: Untersuchungen über den Schutzbereich von VOR/DME-Holdings. Deutsche Luft- und Raumfahrt Mitteilung 74-30, Braunschweig 1974.

IV. Anflugverfahren; Kapazität des Start- und Landebahnsystems

1. Allgemeines

Der Luftfahrzeugführer benutzt für den Anflug eines Flughafens vom Streckennetz her Funknavigationshilfen, in erster Linie das UKW-Drehfunkfeuer (VOR), in selteneren Fällen das ungerichtete Mittelwellenfunkfeuer (NDB).[1] Für den "Endanflug", d.h. für den letzten Abschnitt vor dem Aufsetzen auf der Landebahn stehen auf allen großen Flughäfen sogenannte Instrumenten-Lande-Systeme (ILS: instrument landing system) zur Verfügung. Man kann hierfür auch das UKW-Drehfunkfeuer oder das ungerichtete Mittelwellenfunkfeuer (NDB) benutzen. Schließlich können Anflug und Endanflug mit Hilfe der Radaranlagen vom Boden her geleitet werden (SRE- und PAR-Anlagen).[2] Für den jeweiligen Flughafen sind bestimmte Anflug- und Landeverfahren im Rahmen der ICAO-Richtlinien und Empfehlungen festgelegt und in den sogenannten I n s t r u m e n t e n a n f l u g k a r t e n veröffentlicht. Diese, in dem Luftfahrthandbuch des betreffenden Landes enthaltenen Karten zeigen den Standort der für das Anflugverfahren erforderlichen Navigationshilfe, den Anflugweg, die Anflughöhe, das Verfahren, das bei einem mißglückten Anflug einzuhalten ist, d.h. das "Fehlanflugverfahren"[3] und die Luftfahrthindernisse in der Umgebung des Flughafens (Bild 22).

2. Die Abschnitte eines Instrumenten-Anflugverfahrens

Ein LFZ, das einen Instrumentenanflug durchführt, muß gegen Zusammenstöße mit natürlichen und künstlichen Erhebungen geschützt werden. Dieses geschieht dadurch, daß unter Berücksichtigung aller Umstände und Faktoren für die einzelnen Abschnitte eines Intrumentenverfahrens Flughöhen vorgeschrieben werden, die in festgelegten

---

[1] NDB: non directional beacon, ungerichtetes Funkfeuer

[2] SRE : surveillance radar equipment, Rundsicht-Radargerät;
PAR: precision approach radar, Präzisions-Anflug-Radar.

[3] In Bild 22 mit „missed approach procedure" im unteren Kartenteil angegeben.

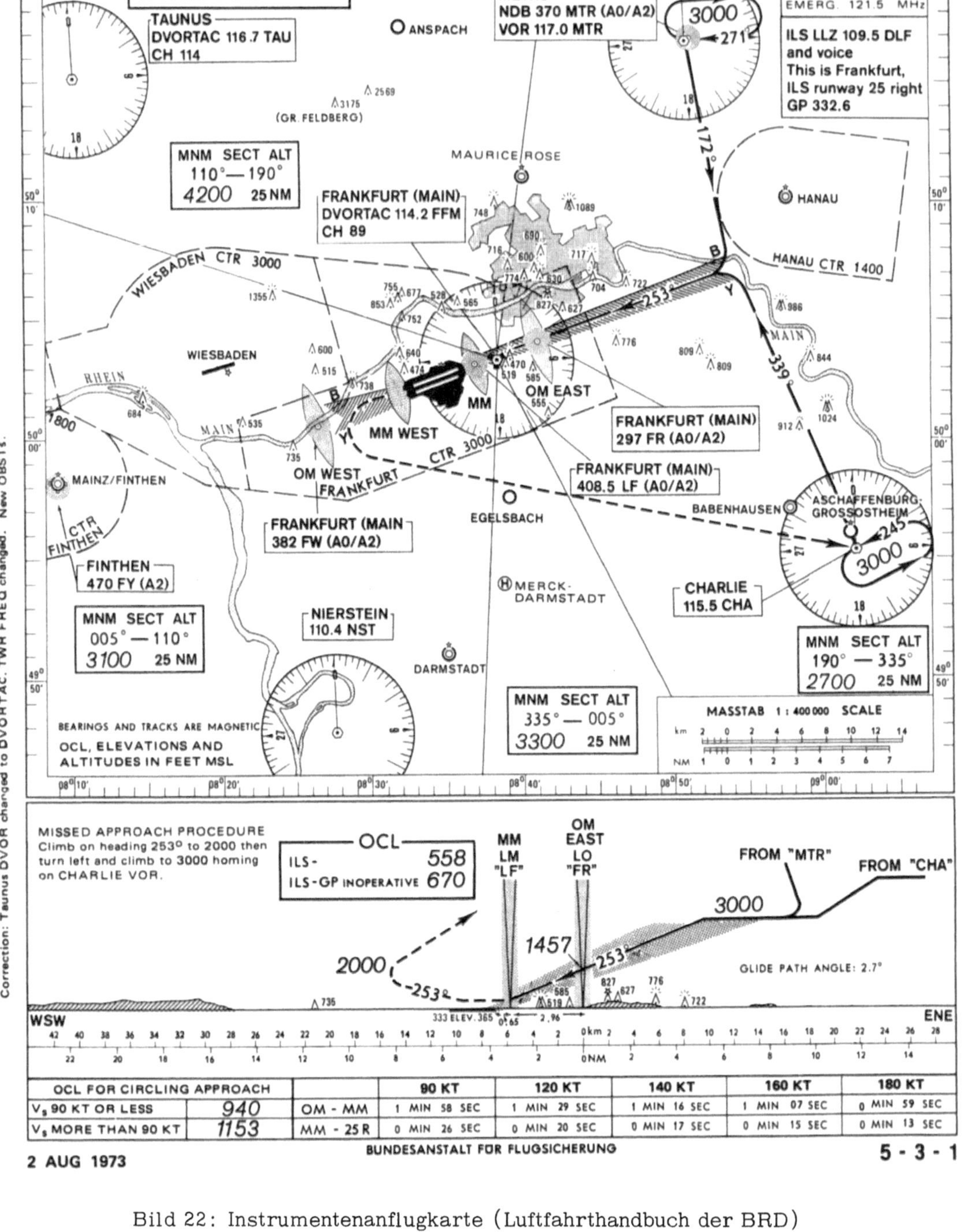

Bild 22: Instrumentenanflugkarte (Luftfahrthandbuch der BRD)

Bereichen bestimmte senkrechte Abstände über den Hindernissen sicherstellen. Dieses ist naturgemäß besonders wichtig für den letzten Teil eines Anflugverfahrens, in welchem sich das LFZ im Sinkflug dem Flughafen nähert. Unterhalb einer bestimmten Höhe ist ein ausreichender Abstand von den Hindernissen nicht mehr gegeben.

In dieser Höhe, der Hindernisfreigrenze (OCL, obstacle clearance limit), muß das Anflugverfahren abgebrochen werden, wenn der weitere Sinkflug (auf dem Gleitpfad, siehe Abschn. VII 2.3.13.) nicht nach Sicht forgesetzt werden kann (Bild 22).

Bei einem Instrumenten-Anflugverfahren unterscheidet man mehrere Abschnitte:

2.1. Platzanflug (initial approach),

der Anflug auf die erste Funknavigationseinrichtung, die für das Verfahren verwendet wird (oder auf einen festen Kontrollpunkt);
Von der ICAO ist hierfür kein besonderer Bereich festgelegt, die Anflüge kommen aus allen Richtungen. Hindernisfrei ist die Flughöhe (300 m über allen Hindernissen) 5 NM beiderseits der Kurslinie (wie beim Streckenflug). Diese Breite kann bei Vorhandensein genauer Navigationseinrichtungen auf 4 NM reduziert werden.

Während des Platzanflugs wird die Flughöhe auf die Platzanflughöhe (initial approach altitude) reduziert. Der Sinkgradient liegt zwischen 250 und 500 Fuß pro NM.

Von den festgelegten Streckenführungen kann unter Radarführung abgewichen werden, wenn es die Sicherheit oder die flüssige Abwicklung des Luftverkehrs fördert. Zu diesem Zweck sind in den Anflugkarten Mindest-Sektorflughöhen in einem Umkreis von 25 NM um eine geeignete Navigationsanlage angegeben, die innerhalb des jeweils definierten Sektors eine Hindernisfreiheit von 300 m (1000 Fuß) garantieren (In Bild 22 mit der abgekürzten Bezeichnung: „MNM SECT ALT" angegeben).

2.2. Zwischenanflug (intermediate approach),

der alle Flugbewegungen zwischen dem vorhergehenden Platzanflug und dem Beginn des Endanflugs umfaßt.

In dieser Phase wird die Flughöhe nur noch geringfügig herabgesetzt; der Sinkgradient sollte 150 Fuß pro NM nicht überschreiten.

Der Übergang auf den Endanflugkurs kann in drei Formen erfolgen:

nach dem Verfahren "A" mit Verfahrenskurve (procedure turn; Bild 24);

nach dem Verfahren "B" mit Grundkurve (base turn; Bild 23);

mit direktem Anflug (Bild 25).

Für die Verfahren "A" und "B" hat man Bereiche festgelegt, die den unterschiedlichen Forderungen Rechnung tragen [17], auch hier gelten minimale Flughöhen von 300 m über allen Hindernissen.

Wird - bei hohem Verkehrsaufkommen - ein Warteverfahren zwischengeschaltet, ist auch im Wartebereich eine hindernisfreie Flughöhe von 300 m vorzusehen.

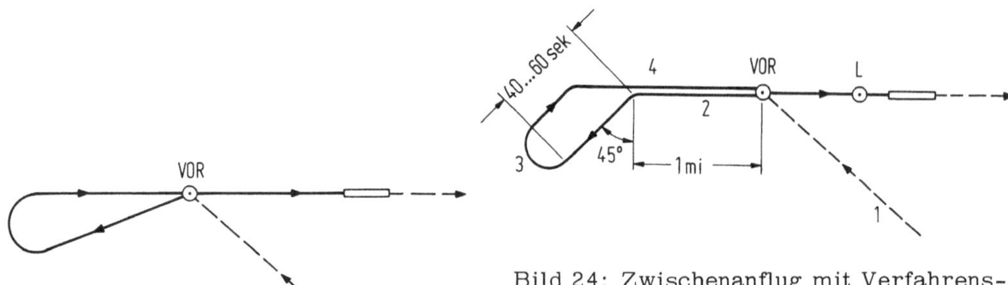

Bild 23: Zwischenanflug mit Grundkurve (B)

Bild 24: Zwischenanflug mit Verfahrenskurve (A)
Platzanflug (1); Abflugkurs (2); Verfahrenskurve (3); Endanflug (4). L: Locator=Haupteinflugzeichen

Die Anflüge mit der Verfahrens- bzw. Grundkurve beanspruchen viel Zeit, eine hohe Landefolge kann daher nicht erreicht werden, man bevorzugt daher abgekürzte Verfahren, Geradeaus-Anflüge (straight in approach):

2.2.1. Anflug aus dem Warteverfahren

Von einem Funkfeuer in einer Entfernung von etwa 4-5 NM vom Platz (auf der verlängerten Anfluggrundlinie) wird aus der Warteschleife heraus der direkte Anflug zum Platz eingeleitet (Bild 25).

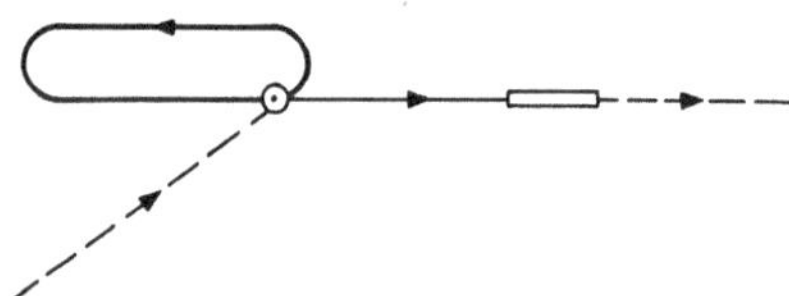

Bild 25: Anflug aus dem Warteverfahren

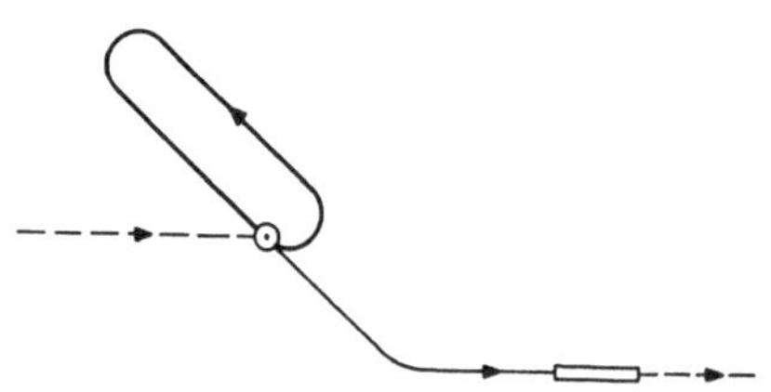

Bild 26: Anflug aus dem Warteverfahren von einem abgesetzten Funkfeuer

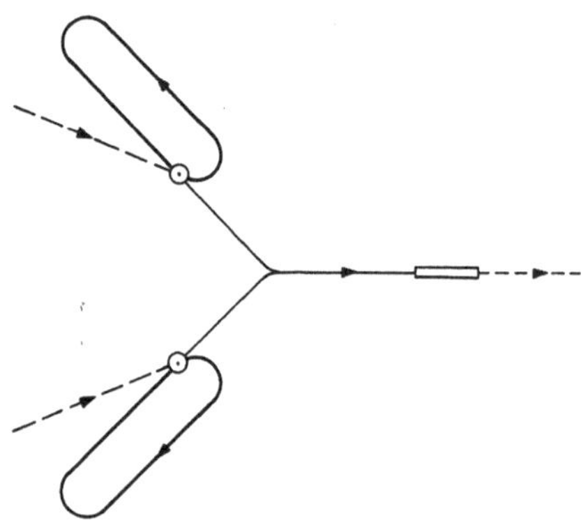

Bild 27: Abwechselnde Anflüge aus den Warteräumen von zwei abgesetzten Funkfeuern; Doppeleinspeisung

2.2.2. Anflug aus dem Warteverfahren von einem abgesetzten Funkfeuer

Bei diesem Verfahren fliegt man aus der Warteschleife zu einem "Tor" auf der Anfluggrundlinie (Funkfeuer, z.B. voreinflugzeichen VEZ) und führt von hier aus den Endanflug aus. Dieses Verfahren hat u.a. den Vorteil, daß die Identifizierung der Luftfahrzeuge auf dem Radarschirm - bei Radarführung - erleichtert wird. Das Luftfahrzeug, das die Landefreigabe erhalten hat, löst sich aus dem Pulk der wartenden Luftfahrzeuge, es erscheint azimutal eindeutig getrennt vom Warteraum (Bild 26).

2.2.3. Abwechselnde Anflüge aus den Warteräumen von zwei abgesetzten Funkfeuern; Doppeleinspeisung

Die Anflüge werden wir vorstehend beschrieben ausgeführt. Dieses Verfahren bietet den Vorteil, daß Luftfahrzeuge gleichzeitig in denselben Höhen über zwei Funkfeuern am Platz gehalten und unter Radarbeobachtung abwechselnd an die Anfluggrundlinie herangeführt werden können. Die Verlustzeit, die bei der Überwindung der Staffelungshöhe (300 m) im Sinkflug auftritt, wird bei der Doppeleinspeisung auf die Hälfte reduziert (Bild 27).

Die Ablaufpunkte nehmen den Verkehr aus geographisch aufgeteilten Bereichen auf; die Vorordnung wird erleichtert.

2.3. Endanflug (final approach),

der beginnt, nachdem das LFZ entweder die letzte Verfahrenskurve durchgeführt hat, wenn eine solche vorgeschrieben ist, oder einen vorgeschriebenen Kontrollpunkt überflogen hat, oder den letzten für das Verfahren vorgeschriebenen Kurs aufgenommen hat, der dort endet, wo das LFZ - in der Nähe des Flughafens - einen Punkt erreicht, von dem aus die Landung nach Sicht durchgeführt werden kann, oder ein Fehlanflugverfahren eingeleitet werden muß.

Der Luftfahrzeugführer ist nun auf der Anfluggrundlinie und führt den Endanflug aus, er vermindert die Flughöhe in dem Umfange, daß das Luftfahrzeug die Funkhilfen auf der Anfluggrundlinie (homing beacon, locator beacon) in der vorgeschriebenen Höhe überfliegt (final approach altitude).

Nach Überfliegen der zweiten Funkhilfe (locator, Bild 24) vermindert der Luftfahrzeugführer die Flughöhe auf die Hindernisfreigrenze (OCL: obstacle clearance limit).

Wenn ein "Leitstrahl" in Richtung der Landebahn zur Verfügung steht, wird dieser zur Anflugführung benutzt. Andernfalls steuert der Luftfahrzeugführer den aus der Anflugkarte zu entnehmenden Kurs ohne Leitstrahlführung im letzten Abschnitt des Anfluges. Dabei wird es bei ungenauem Anflug erforderlich sein, nach Aufnahme der Erdsicht zunächst eine Platzrunde auszuführen, ehe die Landung vorgenommen wird.

2.4. Weitere Verfahren:

Platzrundenanflug (circling approach), wenn beim Instrumentenanflug nach Durchstoßen der Wolkendecke eine Platzrunde vorgeschrieben ist;

Fehlanflug (missed approach), wird dann durchgeführt, wenn eine Landung nicht zustande kommt; das LFZ geht auf festgelegtem Kurs auf eine vorgeschriebene Flughöhe um erneut in die Landefolge eingereiht zu werden oder einen Ausweichflughafen anzufliegen.

3. Anflugverfahren und Hindernisfreiheit in den Anflugsektoren

Für den Zwischenanflug- und Endanflugteil eines Instrumenten-Anflugverfahrens sind von der ICAO mit internationaler Geltung Bereiche festgelegt worden, in denen bestimmte Höhen über Hindernissen eingehalten werden müssen. Beim Festlegen der Abmessungen wurden folgende Faktoren zugrundegelegt bzw. berücksichtigt:

a) wahre Eigengeschwindigkeit des Luftfahrzeuges maximal 150 Knoten (NM pro Stunde), minimal 90 Knoten;

b) Windgeschwindigkeiten bis zu 60 Knoten aus allen Richtungen;

c) Toleranzen für Funknavigations-Einrichtungen (Boden- und Bordgeräte) wie im ICAO-Anhang 10 festgelegt;

d) Leistungsfähigkeit und physische Belastbarkeit des Luftfahrzeugführers;

e) Einwirkung der Böigkeit;

f) Standort der Funknavigationshilfe;

g) Kurvengeschwindigkeit von 3°/sek;

h) Sinkgeschwindigkeit von 2,5 m/sek mit einer Toleranz von ± 0,5 m/sek;

i) Mindest-Steiggeschwindigkeit von 1:40 bei der Ausführung von Fehlanflugverfahren.

Die Werte unter c) und f) sind besonders wichtig. Der Standort der Funkhilfe (bezogen auf die Anfluggrundlinie und auf die Schwelle der Start- und Landebahn) bildet die Grundlage für die Längenausdehnung der Bereiche und die Toleranzen der verwendeten Funkhilfen beeinflussen ihre seitliche Ausdehnung.

3.1. Endanflug- und Fehlanflugbereich für das ILS-Verfahren

Die Bilder 28-30 zeigen als Beispiele die horizontalen und vertikalen Ausmaße des ILS-Endanflug- und Fehlanflugbereich s. Durch die funkelektrische Anzeige des Landekurses und Gleitweges an Bord des Luftfahrzeuges im Kreuzzeigerinstrument (oder ihre Aufschaltung auf den Autopiloten) kann man - in der Betriebsstufe I - Landungen

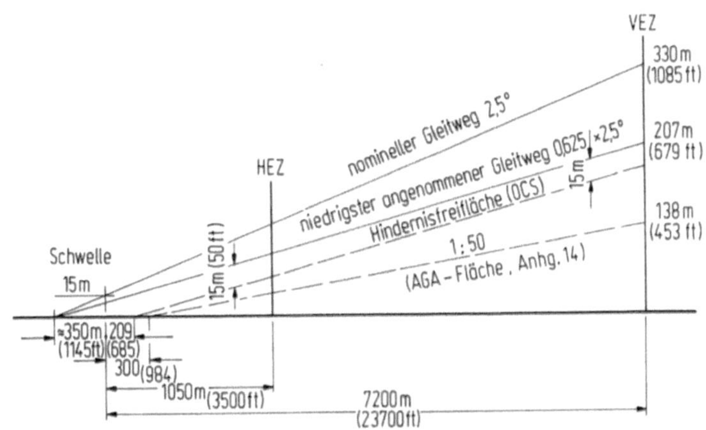

Bild 28: Hindernisfreiheit im Endanflugbereich (BFS; Betr.-St.II). (OCS: Obstacle clearance surface, Hindernisfreifläche)

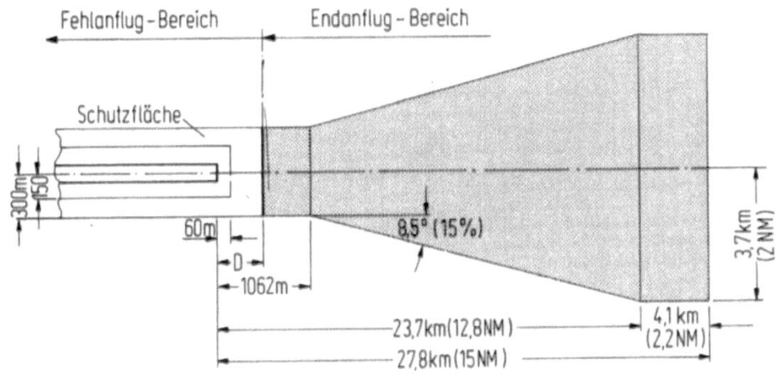

Bild 29: Endanflug-Bereich (BFS; Betr.-St. II)

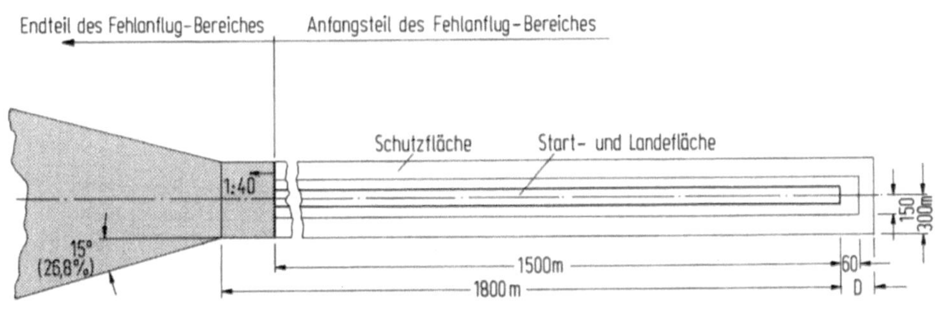

Bild 30: Fehlanflug-Bereich (BFS; Betr.-St.II)

bis zu Wolkenuntergrenzen von 60 m und einer Horizontalsicht von 800 m ausführen[1], wenn die für dieses Verfahren festgelegte Hindernisfreifläche nicht von einem Hindernis durchstoßen wird.[2]

Die Lage dieser Hindernisfreifläche wird wie folgt ermittelt. Der festgelegte Erhebungswinkel des ILS-Gleitweges θ wird nach Multiplikation mit dem Faktor 0,6 (Berücksichtigung aller Bord- und bodenseitigen Toleranzen)[3] als der ungünstigste Gleitweg angenommen. Es wird nun unterhalb dieses mit dem Wert $0{,}6\ \theta$ gekennzeichneten ungünstigsten Gleitweges durchweg eine Hindernisfreiheit von 30 m gefordert. Durch Parallelverschieben des ungünstigsten Gleitweges um einen senkrechten Abstand von 30 m findet man die sogenannte Hindernisfreifläche.[4] Der Endanflugbereich beginnt in der Entfernung D vor der Schwelle mit einer Breite von je 300 m beiderseits der verlängerten Anfluggrundlinie und setzt sich in dieser Breite 1060 m (3500 Fuß) fort. Daran anschließend erweitert sich der Endanflugbereich mit einem Winkel von 15°. Weitere Einzelheiten zeigt das Bild 29.

Um sicherzustellen, daß ein Luftfahrzeug auch im Falle eines Fehlanfluges nicht gefährdet wird, legt man auch in diesem Bereich eine Hindernisfreiheit von 30 m bei Betriebsstufe I und 15 m bei Betriebsstufe II unterhalb des ungünstigsten Steigflugweges von 1:40 fest.

Da in der Praxis die völlige Hindernisfreiheit im Endanflugbereich zumeist nicht erreichbar ist, muß ein Anflug nach dem ILS-Verfahren in der Höhe abgebrochen werden, in der eine Fortsetzung des Sinkfluges zur Unterschreitung des 30 m-Sicherheitsabstandes führen würde. Diese "Abbruchhöhe" bezeichnet man als Hindernisfreigrenze (OCL: obstacle clearance limit). Eine Fortsetzung des Sinkfluges ist nur möglich, wenn in der Zwischenzeit Bodensicht aufgenommen werden konnte.

3.2. Endanflug- und Fehlanflugbereich für den Präzisions-Radaranflug

Beim Präzisions-Anflug-Radar-Verfahren müssen dem FS-Lotsen sowohl das Rundsichtradargerät (SRE: surveillance radar equipment) als auch das Präzisions-Anflug-Radargerät (PAR: precision approach radar) zur Verfügung stehen.

---

[1] Einzelheiten über die Betriebsstufen II und III siehe Abschn. VII. 2.3.14 "Allwetterlandung".

[2] Die Forderungen, die bei der Festlegung dieser Fläche an die Hindernisfreiheit gestellt werden, sind höher als die gem. ICAO-Anhang 14 verlangten Voraussetzungen.

[3] Für die Betriebsstufen II und III ist der Faktor 0,625 zu nehmen.

[4] Für die Betriebsstufe II ist der Abstand 15 m, vergl. Bild 28.

Die Verhältnisse liegen beim PAR sonst ähnlich wie beim ILS-Anflug. Bis zum Schnittpunkt des Flugweges mit dem PAR-Gleitweg verläuft die Begrenzungsfläche horizontal 150 m über dem höchsten in Betracht kommenden Hindernis. Die Bestimmungen hinsichtlich hindernisfreier Flughöhen für das Fehlanflugverfahren sind ähnlich wie für das ILS-Verfahren [17].

3.3. Endanflugbereiche für andere Verfahren

Alle anderen Funknavigationseinrichtungen ermöglichen lediglich eine Kursführung, eine Leitebene für den Gleitweg strahlen sie nicht aus. Die vorgeschriebenen hindernisfreien Flughöhen sind daher für alle diese Verfahren gleich. Die Bereichsabmessungen jedoch unterscheiden sich; die mögliche Genauigkeit der Kursführung und die Art des Verfahrens bestimmen seitliche Ausdehnung und Form des Bereiches. Der Endanflugbereich wird in zwei Abschnitte aufgeteilt: der erste umfaßt den Teil von der äußeren Grenze bis zur Funkhilfe, der zweite umfaßt den Teil von der Funkhilfe bis zum Beginn des Fehlanflug-Bereiches.

Zur Zeit werden Anflugverfahren mit Hilfe folgender weiterer Funknavigations-Einrichtungen durchgeführt:

UKW-Drehfunkfeuer (VOR);

Ungerichtetes Funkfeuer (NDB);

Bodenfunk-Peilstellen (DF: direction finder, Funkpeilgerät).

Für VOR- und NDB-Anflugverfahren werden sowohl das Verfahren "A" mit Verfahrenskurve wie auch das Verfahren "B" mit Grundkurve angewendet; DF-Verfahren führt man stets mit Grundkurve aus (Bild 23). Funkpeilgeräte benutzt man an kleinen Flughäfen, an großen Flughäfen nur bei Ausfall der ILS-Einrichtung.

Die Bedeutung der PAR-Anlage. Die Präzisions-Anflug-Radaranalge (PAR: precision approach radar) hat an Bedeutung sehr verloren. Beschaffungskosten und die laufenden Betriebskosten sind hoch,[1] die Kapazität der Anlage ist gering und der Einsatz unterhalb der Betriebsstufe I nicht möglich.

4. Weitere Entwicklung der Anflugverfahren

4.1. TERPS

Die angewandten Anflugverfahren beruhen - wie bereits ausgeführt - auf ICAO-Richtlinien [17]. Die USA haben in den von ihnen veröffentlichten sog. TERPS[2] diese Richt-

[1] Eine PAR-Anlage kostet ca. 4 Mio. DM; eine ILS-Anlage dagegen nur 0,6 Mio. DM. In den USA hat man von den früher vorhandenen 86 Anlagen 80 Einrichtungen abgebaut. (Stand: 1973).

[2] TERPS: terminal instrument procedures (FAA, USA).

linien weiterentwickelt. Sie enthalten in standardisierter Form Methoden zur Planung von Flugsicherungsverfahren bei Flügen nach Instrumentenflugregeln, im besonderen Anflug-, Fehlanflug- und Abflugverfahren.

Die Verfahren wurden unter Berücksichtigung der boden- und bordseitigen Gerätetechnik und insbesondere der Fliegbarkeit entwickelt und sollen einer verbesserten Technik laufend angepaßt werden.

Stellt man Vergleiche zwischen den ICAO-Richtlinien und den TERPS an, so kann man folgende Unterschiede feststellen:

Das zusätzliche Festlegen von Mindest-Sichtweiten für alle Anflugverfahren verdient besondere Beachtung. Hierbei wird ein bestimmter Mindestwert der Sicht vorgeschrieben, unterhalb dessen ein Anflug nicht begonnen werden darf. Damit wird eine gewisse Wahrscheinlichkeit für eine erfolgreiche Landung erreicht und die Zahl der Fehlanflüge, die den Verkehrsfluß empfindlich stören, wird herabgesetzt.

Neu ist auch die Einführung von Sekundärflächen bei der Festlegung der Hindernisfreiheit. Abhängig von der Wahrscheinlichkeit, mit der ein LFZ vom Sollflugweg abweicht, werden "Primärflächen" bestimmt, in welchen ein bestimmter Abstand zu Hindernissen eingehalten werden muß (Richtlinie der ICAO), sowie "Sekundärflächen", in denen der

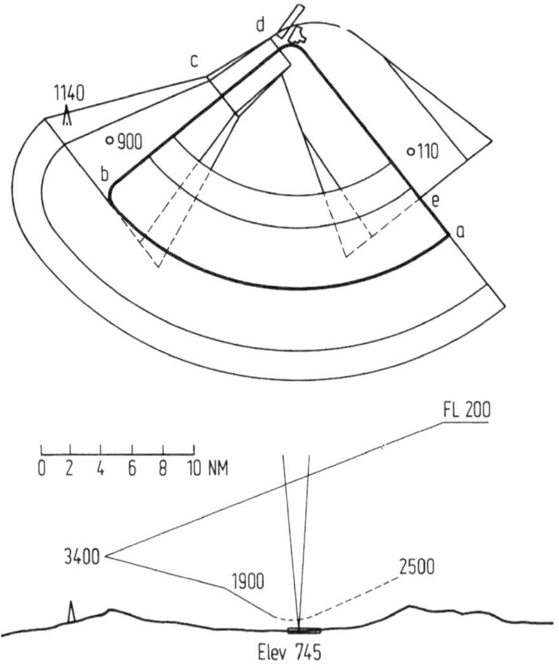

Bild 31: TACAN-Anflug (FAA; TACAN: Tactical air navigation)

geforderte Abstand zum Rande hin auf Null abfällt. In der Praxis bedeutet dieses, daß die Sekundärflächen an die Mindestflächen gemäß ICAO anschließen und daher einen sinnvollen zusätzlichen Schutz- und Übergangsbereich schaffen.

Beispiel: TACAN-Höhenanflug mit Fehlanflugverfahren um 90° gegenüber der Anflugrichtung gedreht.[1] Der Anflug setzt sich aus einem Kreisbogenanflug (arc approach) und einem geradlinigen Teil zusammen (Bild 31).

4.2. Neue Vorschläge des OCP-Ausschusses der ICAO für den Endanflug- und Fehlanflugbereich

Die Einführung der Allwetterlandung und ihre schrittweise Verwirklichung über die Betriebsstufen I bis III (A,B,C) machte es erforderlich, die Kriterien für die Hindernisfreiheit in den einzelnen Stufen neu zu überarbeiten und sie den Gegebenheiten anzupassen. Bereits im Jahre 1968 trat ein besonderer Ausschuß der ICAO zusammen (OCP: Obstacle Clearance Panel; Ausschuß für die Festlegung der Hindernisfreiheit), um einheitliche betriebliche Anforderungen festzulegen, die mit einem vertretbaren Risiko an die Hindernisfreiheit im Anflug-, Lande- und Fehlanflugbereich gestellt werden können.

In der Folge hat man durch ausgedehnte praktische Anfluguntersuchungen in mehreren Ländern (England, Schweiz, Holland, BRD, USA) Daten über die Genauigkeit von ILS-Anflügen, d.h. über die horizontale und vertikale Ablage der Flugzeuge vom Soll-Anflugkurs zusammengetragen (allein in der BRD hat man - am Flughafen Frankfurt/M. - im echten Flugbetrieb über 1000 Anflüge vermessen). Die Ergebnisse dieser Flugvermessungen bildeten die Grundlage für die Ableitung mathematischer Modelle, mit deren Hilfe die möglichen Abweichungen vom Soll-Anflugkurs bei 10^6, 10^7 und 10^8 Anflügen ermittelt werden können.

Ein bemerkenswertes Ergebnis der Arbeiten war der Vorschlag, einen Anflugsektor mit V-förmigem (später mit _/-trapezförmigem) Querschnitt einzuführen. Aus den Anflugvermessungen - die ja die Grundlage für alle Überlegungen bildeten - hatte sich ergeben, daß die Abweichungen der anfliegenden Luftfahrzeuge vom Sollkurs in horizontaler und vertikaler Richtung - qualitativ - gemäß Bild 32 auftreten. Die Ellipsen umschließen die Bereiche der gleichwahrscheinlichen Ablagen; diese Abweichungen werden in 10^{-6}, 10^{-7} und 10^{-8} Fällen überschritten. Das Bild 33 zeigt quantitative Ergebnisse, die mit Hilfe der mathematischen Modelle erzielt wurden. Ausgehend von diesen Angaben hat man den Anflugsektor berechnet; er ist in den Bildern 34 und 35 dargestellt.

---

[1] TACAN: tactical air navigation, militärisches Navigationssystem

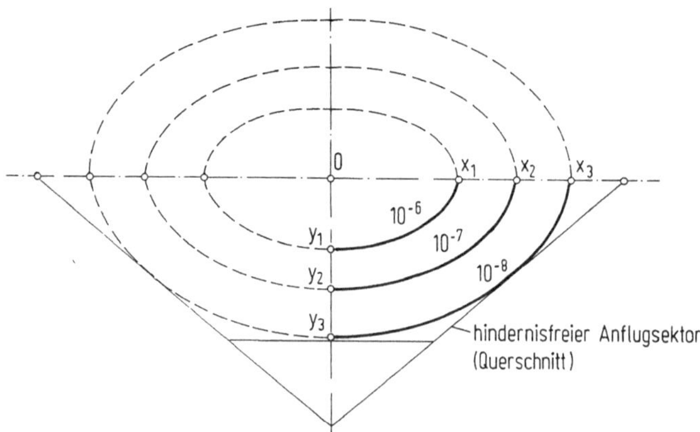

Bild 32: Die Ablagen der anfliegenden Flugzeuge in horizontaler (x) und vertiakler Richtung (y) [32]

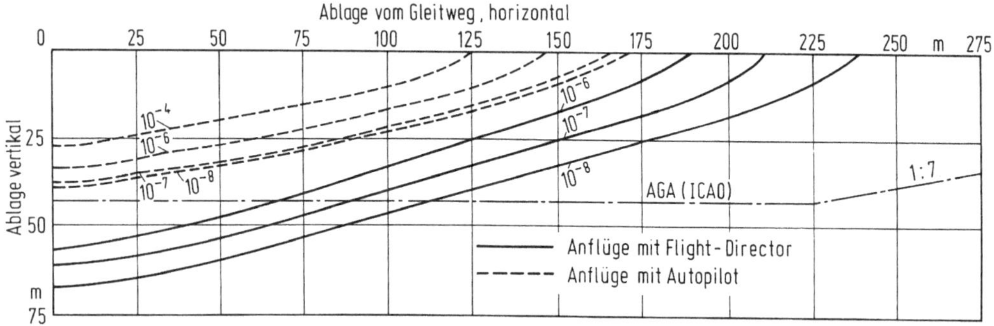

Bild 33: Konturen der Flugablagen gleicher Wahrscheinlichkeit (ISO-Probability Contours)
Betriebsstufe II; Gleitweg 3 Grad; Entfernung von der Schwelle: 1200 m [32]

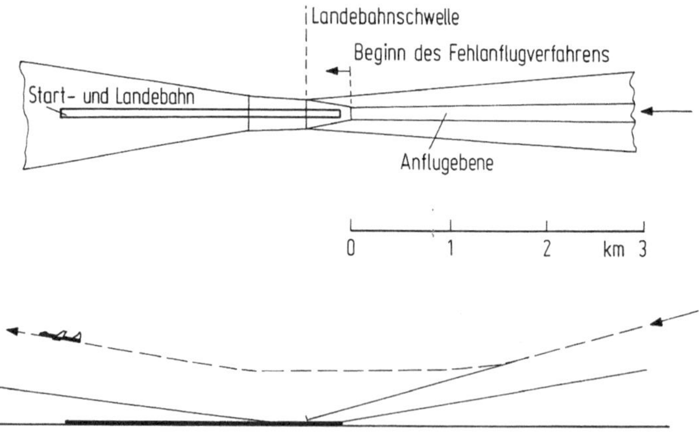

Bild 34: Endanflug- und Fehlanflugbereich (neuer Vorschlag des OCP-Ausschusses; Betriebsstufe II) [32]

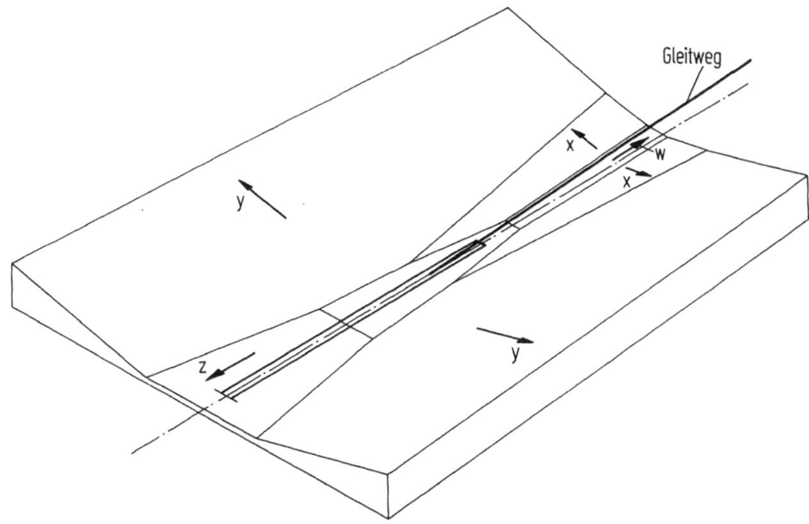

Bild 35: Endanflug- und Fehlanflugbereich, perspektivisch (BFS, Goeller)

4.3. IFR-Anflug eines Landeplatzes; Wechselverfahren

IFR-Anflüge werden in der üblichen Weise über das FS-System zu einem geeigneten Ablaufpunkt (Standort einer Navigationsanlage, z.B. NDB-Mittelwellenfunkfeuer) geführt;

von dort im Sinkflug - und festgelegtem Anflugkurs - bis zur Aufnahme von Bodensicht und Landung nach Sicht.

Um Kollisionen mit LFZ'en zu vermeiden, die unterhalb der Wolken nach Sicht fliegen, ist es erforderlich, daß etwa 2,5 NM beiderseits des Anflugkurses - vom Boden bis zur Untergrenze des darüberliegenden kontrollierten Luftraums - ein Luftraum festgelegt wird, in dem nur mit einem Wokenabstand von mindestens 500 Fuß, vertikal, und 1,5 km horizontal geflogen werden darf (vergl. Abschn. II. 3.1.3.3, Flugsicherung an Landeplätzen).

4.4. Ein Hochanflug-Verfahren aus Sicherheitsgründen

Die sogenannten gefährlichen Begegnungen und Fastzusammenstöße führten die US-amerikanische Luftfahrtbehörde (FAA: Federal Aviation Administration) dazu, durch eine Studiengruppe ein neues Anflugverfahren entwickeln zu lassen, das unter dem Namen: "Keep'm high" bekannt wurde. Seit seiner Einführung - ab September 1970 - soll sich die Zahl der gefährlichen Begegnungen im Bereich der fünf größten Flughäfen der USA[1] vermindert und zu einer erheblichen Reduzierung der Fluglärmbeschwerden geführt haben.

[1] New York J.F. Kennedy, Washington, Chikago, La Guardia und Newark.

Das Verfahren umfaßt im Kern folgende Maßnahmen:

a) Strahlflugzeuge sollen vor dem Landeanflug so lange wie möglich in Höhen über 10 000 Fuß (3000 m) gehalten werden; sie sollen nach dem Start so schnell wie möglich auf Höhen über 10 000 Fuß steigen.

b) Die An- und Abflugverfahren sollen so standardisiert werden, daß die LFZ'e im Anflug über dem Hauptanflugfeuer stets in gleicher Höhe, mit der gleichen Geschwindigkeit und mit der gleichen Staffelung ankommen. Dies erfordert

c) eine Geschwindigkeitsregelung im Streckenflug, damit die Längsstaffelung der LFZ'e zueinander nicht erst im Landeanflug in der Umgebung des Flughafens, sondern schon vorher auf der Strecke erfolgen kann.

d) Die Sinkflüge sollten auf bestimmte Sektoren verteilt werden, damit eine Mischung des nach IFR anfliegenden Luftverkehrs während der kritischen Sinkflugphase mit dem unkontrollierten VFR-Verkehr vermieden wird.

e) Wichtig ist ferner das Einführen einer allgemeinen Geschwindigkeitsbeschränkung auf maximal 250 Knoten (450 km/h) bei Flügen unterhalb 10 000 Fuß (3000 m), um bei Sichtwetterbedingungen das Prinzip: "Sehen und gesehen werden" einhalten zu können.

Für die BRD hat die BFS das vorstehend geschilderte Verfahren in einer Simulation des Nord-Sektors der Bezirkskontrolle Frankfurt/M. mit Hilfe des Radar-Simulators der FS-Schule in München überprüft. Das Ergebnis war positiv. Erleichterungen sind außerhalb der VFR-Beschränkungsgebiete und nach Wegfall unterer Wartehöhen zu erwarten.

4.5. Anflüge mit V/STOL-Flugzeugen[1]

Beim Anflug auf kurze - vielleicht auch von hohen Hindernissen umgebenen - Landebahnen sind steile Anflugprofile notwendig (Bild 36). Steile Anflüge vermindern außer-

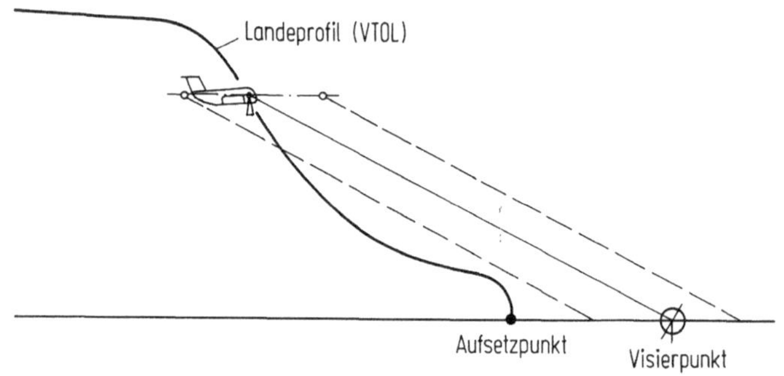

Bild 36: Landeprofil bei stabilisierter Sichtlinie [33]

[1] V/STOL: vertical/short take-off andlandind, Senkrecht- bzw. Kurzstarter

dem den Lärm in flughafennahen Gebieten wesentlich, da sich sowohl die Lärmquelle in größerer Höhe bewegt als auch die Triebwerksleistung erheblich reduziert wird. Der Anteil der Lärmminderung resultiert zu etwa gleichen Teilen aus der Schubreduktion und der größeren Höhe. Der Anteil der Lärmminderung durch eine um 2^0 steilere Flugbahn entspricht etwa dem Wert, den man durch leisere Triebwerke in Zukunft zu erreichen hofft [33, 34].

In Bild 37 wird ein Anflugprofil gezeigt, bei dem der Übergang vom Horzontalflug in den Steilanflug und weiter auf den flachen Anflugteil in Bodennähe durch gekrümmte Übergangsbahnen ermöglicht bzw. erleichtert werden kann. Aus Gründen der notwendigen Aufsetzgenauigkeit muß das Anflugprofil in einem Leitstrahlsystem geführt werden.

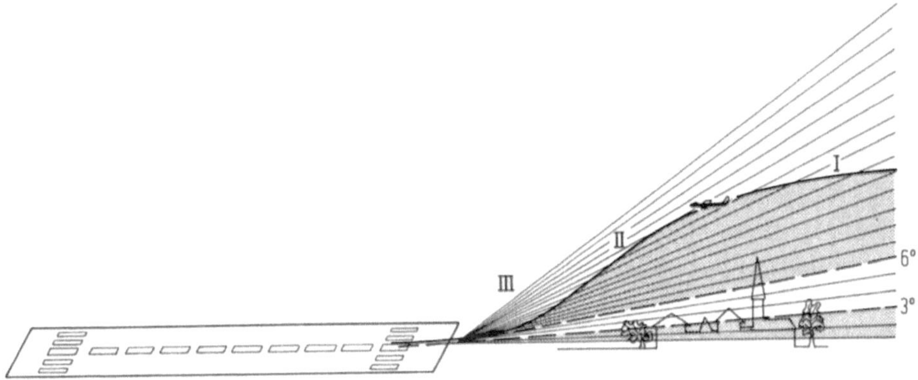

Bild 37: V/STOL-Anflug; nicht-lineares Anflugprofil [34]

Bekanntlich führt der STOL-Anflug zu einer Verschlechterung der Flugeigenschaften (er ist steil, langsam, gekrümmt, schwach gedämpft, böenempfindlich). Die damit verknüpfte erhöhte Pilotenbelastung kann nur durch erheblich größeren technischen Aufwand am Fluggerät oder durch ein geeignetes Flugregelungssystem beseitigt werden.[1]

4.5.1. Versuchsergebnisse

In der BRD hat man eine größere Zahl von Versuchsanflügen und Landungen durchgeführt.[2] In über 500 vollautomatischen Landungen hat man den Anflug, Abfangen und

[1] Es gibt integrierte Flugregelsysteme, in denen alle wesentlichen Zustandsvariablen gemessen und stark verkoppelt auf alle Stellgrößen zurückgeführt werden. Sie sind den konventionellen Flugregelsystemen, die aus Dämpfer, Autopilot und Vortriebsregler bestehen, in Bezug auf Flugleistungen, Genauigkeit, Schubruhe, Passagierkomfort und Sicherheit überlegen.

[2] Das Flugzeug war vom Typ DO-28 D Skyservant, ausgerüstet mit einem vom Bodenseewerk entwickelten Flugbahnführungsgerät GCU 70 und integriertem STOL-Flugregelungssystem FRg 70/2. Als Bodenanlage diente ein Leitstrahlsystem vom Typ SETAC.

Rollen bis herab zu Geschwindigkeiten von 12 m/sek durchgeführt. Damit können also Landungen entsprechend der Betriebsstufe der Kategorie III A (Entscheidungshöhe 0 m, Landebahnsicht 200 m) automatisch durchgeführt werden [34]. Bei mittlerer Böigkeit und Scherwind von 0,1 sek^{-1} (7 km/100 Fuß) betrugen die maximalen Flugbahnabweichungen im Anflug weniger als 3 m und beim Abfangen weniger als 1 m. Diese Genauigkeiten wurden bei großer Schubruhe und hohem Passagierkomfort erreicht. Es konnten steile, gekrümmte Anflugprofile bei kleinen Flugbahngeschwindigkeiten sicher geflogen werden.

4.5.2. Sind CTOL- und V/STOL-Anflugverfahren kompatibel?[1]

Eine von der FAA durchgeführte Simulationsstudie über Anflugverfahren mit V/STOL-LFZ'en brachte u.a. folgende Ergebnisse [35]:

Solange die V/STOL-Flugzeuge mit der Geschwindigkeit konventioneller LFZ flogen und wie diese mit einem Gleitwinkel von 3° landeten, ergaben sich für die Flugverkehrskontrolle keine Probleme.

Wenn die V/STOL-Flugzeuge dagegen im Endanflug mit den für sie typischen Geschwindigkeiten flogen, d.h. die Kurzstarter mit etwa 65 und die Senkrechtstarter mit etwa 45 Knoten, und Gleitwinkel von 12° benutzten, ergaben sich bei einer Mischung der V/STOL-Flugzeuge mit konventionellen Flugzeugen naturgemäß Staffelungsprobleme. Wenn auch getrennte, aber nicht unabhängige S/L-Bahnen benutzt wurden, mußte eine Staffelung von mindestens 3 NM eingehalten werden.

Der günstigste Fall lag vor, wenn die V/STOL-LFZ'e gesondert auf einer S/L-Bahn landeten, die ausreichende Seitenstaffelung von der Bahn aufwies, auf der die konventionellen LFZ'e landeten. Nun konnten die beiden Verkehrsgruppen - auch im Maßstab des gesamten Nahverkehrsbereiches gesehen - unbehindert, geordnet und zügig zur Anfluggrundlinie und zur Landung geführt werden.

Der Manövrierraum, der für die optimale Staffelung der V/STOL-LFZ'e an den Transitionspunkten[2] erforderlich ist, kann vermindert werden, wenn die Streckenkontrolle die V/STOL sorgfältig geplant in den Nahverkehrsbereich einspeist.

An- und Abflug von konventionellen (CTOL) und V/STOL-Flugzeugen sind daher zu trennen, wie z.B. Bild 38 es zeigt, da sonst Staffelungsschwierigkeiten auftreten. Beim

---

[1] CTOL: conventional take off and landing, konventionell startende und landende Luftfahrzeuge.

[2] An den Transitionspunkten wird die Geschwindigkeit herabgesetzt, sie sind etwa 6 NM vom Aufsetzpunkt entfernt.

V/STOL-Verkehr besteht zwischen zeitlicher und räumlicher Staffelung kein proportionaler Zusammenhang zufolge der instationären Vorwärtsgeschwindigkeit.

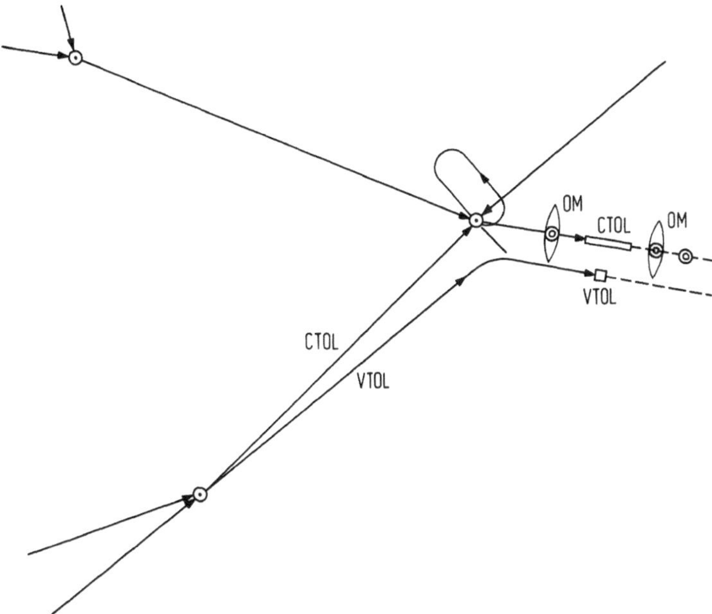

Bild 38: Trennung von CTOL- und VTOL-Verkehr in Flughafennähe [33]

4.5.3. Staffelung der V/STOL untereinander

Abfliegende V/STOL-Flugzeuge konnten von anfliegenden V/STOL-LFZ'en im Endanflug mit einem minimalen Abstand von 1 NM gestaffelt werden, wenn diese Staffelung sich innerhalb einer Minute nach dem Start auf mindestens 3 NM vergrößern ließ.

Für anfliegende V/STOL-Flugzeuge war eine Radarstaffelung von 2 NM zureichend, sobald sie auf ihre Endanfluggeschwindigkeit verlangsamt waren und sich auf dem Endanflug befanden. Das Herabsetzen der Geschwindigkeit führte man - wie erwähnt - etwa 6 NM vom Aufsetzpunkt entfernt durch.

Das Festlegen von Hindernisfreigrenzen, Fehlanflugverfahren usw. muß für die V/STOL-Anflugverfahren noch erfolgen. Hinsichtlich der Technik neuartiger Boden-Landeanlagen und der betrieblichen Anforderungen seitens der ICAO siehe Abschn. VII. 2.

4.6. Instrumentenanflug mit Hubschraubern

Mit einem Hubschrauber kann man bereits sei längerer Zeit (seit etwa 1953) - mit entsprechender Ausrüstung - Instrumentenflüge durchführen. Man kann auch im Nebel starten und theoretisch im Nebel landen; z.Zt. sind noch bestimmte Wetterminima festgelegt. Die erforderliche Mindest-Sichtweite beträgt 600 m am Tage und 5 km bei Nacht. Die Hauptwolkenuntergrenze soll nicht unter 100 Fuß (30 m) sein, entsprechende Bodenausrüstung vorausgesetzt. Plantiko beschreibt ein Anflugverfahren, das in einfacher Weise mit einem NDB (ungerichtetes Funkfeuer) durchgeführt werden kann [36]. Der Landeraum weist eine Größe von 2 × 4 km auf. Es können auch UHF-Funkfeuer oder die Systeme TALAR oder State [36] benutzt werden, wobei Letztere einen noch kleineren Landeraum zulassen.[1]

Dem Hubschrauber-Pilot wird die Endanflugrichtung und die Mindesanflughöhe mitgeteilt. Sobald er das Anflugfunkfeuer erreicht hat, führt er einen Sinkflug in der Form einer "8" aus (Bild 39, Phase 1). Im Sinkflug hält er eine Eigengeschwindigkeit von 60 Knoten und eine Sinkgeschwindigkeit von 500 Fuß pro Minute ein. Wenn er die Höhe von 1000 Fuß über Grund erreicht hat, fliegt er das in Bild 39, Phase 2 dargestellte

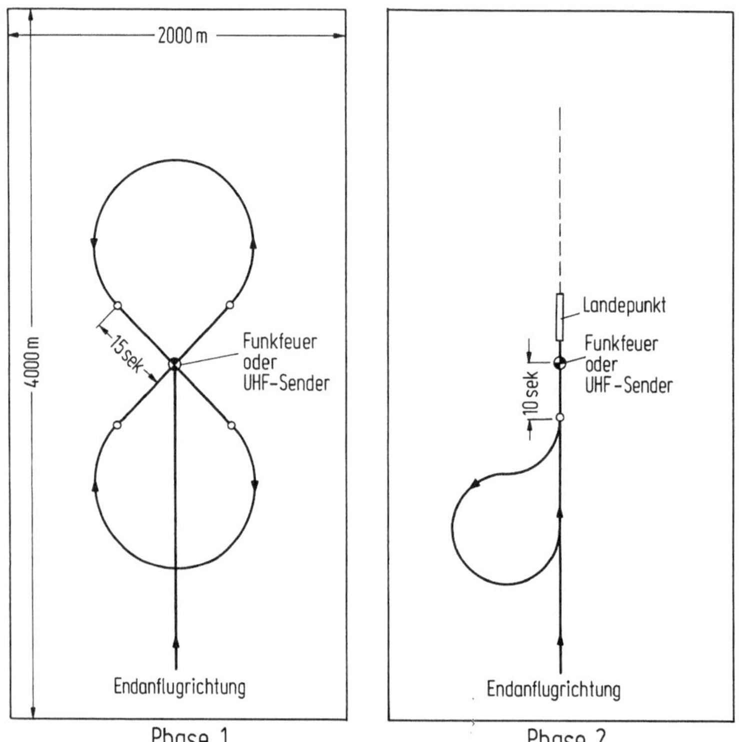

Bild 39: Instrumentenanflug mit Hubschraubern [36]

---

[1] Das Instrumentenanflugverfahren wurde mit dem (in der Bundeswehr eingesetzten) Hubschrauber des Typs UH-1 Iroquois durchgeführt.

Verfahren mit 40 Knoten Eigengeschwindigkeit und sinkt mit 400 Fuß pro Minute auf die Mindestanflughöhe. Mit dieser Höhe überfliegt er das Ansteuerungsfunkfeuer und landet auf dem kurz dahinter liegenden Landepunkt, der zur besseren Orientierung beleuchtet ist.[1]

5. Überschallflug und Flugverkehrskontrolle

Nach den zur Verfügung stehenden Daten sieht das Flugprofil der Concorde wie folgt aus [37-39] (Bild 40):

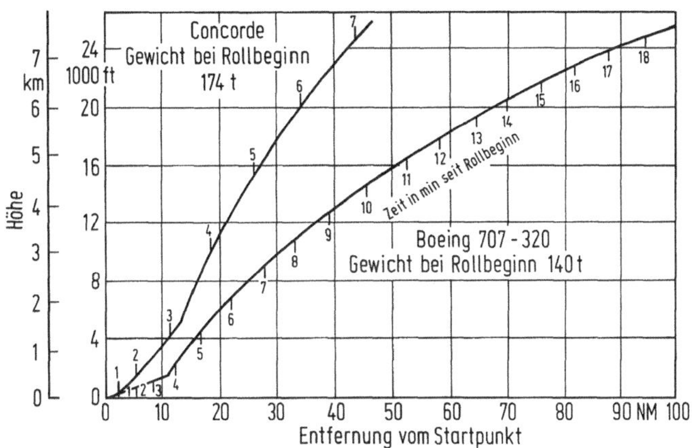

Bild 40: Steigprofile für Concorde und Boeing 707-320 [38]

5.1. Der Steigflug

Der Steigflug geht bis zum Erreichen der Anfangsreisehöhe über eine Strecke von 400 bis 500 NM. Der Höhenbereich für den Reiseflug liegt bei den derzeit vorgesehenen Typen mit Reisegeschwindigkeiten von Mach 2,0 bis 2,3 zwischen 50 000 und 65 000 Fuß, d.h. im Höhenband der Flugflächen FL 500 bis FL 650. Wichtig ist die FL 250 oder etwas höher; sie eignet sich

a) für einen Unterschallflug (nach dem Start, d.h. bei hohem Gewicht, sonst höher) oder

b) für den Beginn der Beschleunigung auf die Überschallgeschwindigkeit.

---

[1] Das Verfahren war früher unter dem Namen "Roland-Verfahren" bekannt; z.Zt. werden bei der Bundeswehr im Normalfall nur die für Hubschrauber eingeführten Verfahren - z.B. ILS-Verfahren mit einem Gleitwinkel von maximal 4,8° - benutzt.

Der Pilot wird in jedem Falle versuchen, diese Höhe aus Wirtschaftlichkeitsgründen möglichst schnell zu erreichen, er benötigt hierzu etwa 7 bis 8 Minuten nach dem Start.

Während der Beschleunigungsphase ist ein Eingreifen in den Flugablauf - z.B. um die Staffelung zu ändern - höchst unerwünscht, vor allem im Hinblick auf den Treibstoffhaushalt. Für die Flugsicherung ist daher die Frage wichtig, wie die Kontrollsektoren - und damit die Verantwortlichkeiten - aufgeteilt und wie weit im voraus, unter Berücksichtigung von Entfernung und Flugzeit, Freigaben erteilt weden können und ob die Koordination bzw. welcher Teil zwischen den beteiligten Sektoren und Zentralen vor oder nach dem Abflug erfolgen soll.

In den Flughöhen zwischen FL 250 und FL 400, d.h. in dem vom Unterschallverkehr bevorzugten Reiseflugbereich ist die Steiggeschwindigkeit der Überschall-Verkehrsflugzeuge noch immer beträchtlich (2400 bis 3600 m/min); die laufende Anzeige der Höhe ist daher wichtig.

Der Übergang von der Unterschall- zur Überschallgeschwindigkeit kann verschieden lang sein; dies hängt von der Lufttemperatur und dem Fluggewicht ab. Der Kraftstoffverbrauch kann bis zu etwa 1/3 des Gesamtverbrauchs eines Langstreckenfluges betragen. Während der Beschleunigungsphase können zwar Kurven geflogen werden; sie sollten aber möglichst vermieden werden. Einmal würde die Steigleistung herabgesetzt und damit die Zeit bis zum Erreichen wirtschaftlicher Höhen verlängert, zum andern bestünde die Gefahr, den Überschallknall (nach der Innenseite der Kurve hin) zu verstärken. Von der Flugsicherung wird angestrebt, Beschleunigungs- und Steigflugwege so anzulegen, daß sie a) geradlinig, b) in der gewünschten Richtung verlaufen. Der geradlinige Verlauf sollte wenigstens die ersten 100 bis 150 NM nach dem Beginn der Beschleunigung einschließen.

Im Bereich Mach 1,14 bis 1,18 tritt bekanntlich eine Verstärkung des Überschallknalls auf; mit zunehmender Höhe wird der Knall schwächer (Nach Versuchsergebnissen der FAA und NASA). Dafür zu sorgen, daß bevölkerte Gebeite hiervon verschont werden, dürfte eine kaum lösbare Aufgabe sein. Vorab ist daher ein Überschallflug einzig über Seegebieten und - in der UDSSR - entlang festgelegter Landstrecken vorgesehen, die über dünn besiedelte Gebiete führen.[1] Die Streckenführung bis zu einem unter diesen Umständen geeigneten Standort für den Beginn der Beschleunigung und von dort weiter bietet wegen der mitgeführten Inertial-Navigationssysteme und deren hoher Genauigkeit auch dort keine Schwierigkeiten, wo keine VOR/DME-Überdeckung vorhanden ist.

---

[1] Die Ausdehnung des "Knallteppichs" hat man bisher grob mit 1:5 zwischen Flughöhe und Seitenausbreitung (Gesamtbreite) angegeben; nach neuerer, französischer Darstellung wird für die Ausbreitung des Knalls, soweit er von Belang ist, als Grundlage für Berechnungen ein Zeitwert angegeben; dieser beträgt für den Überschall-Reiseflug 100 Sekunden.

5.2. Der Reiseflug

Nach Erreichen der Reisegeschwindigkeit ist die Fortsetzung des Fluges im Steig-Reiseflugverfahren am wirtschaftlichsten. Die Anfangshöhe läge für Mach 2,0 bei FL 500, und der Höhengewinn im Reiseflug wäre von der Außentemperatur und der Gewichstabnahme, d.h. von der Flugdauer abhängig. Der ständig ansteigende Reiseflug ist bei geringer Verkehrsdichte in den betreffenden Höhen für die Flugsicherung problemlos. Erst bei größerem Verkehrsaufkommen und bei vermehrten Kurskreuzungen muß auf konstante Flughöhen zurückgegriffen werden.

Bei kreuzenden SST-Strecken kann Vertikalstaffelung angewendet werden. Längs- oder Seitenstaffelung muß vor Erreichen der betreffenden Strecke hergestellt sein; für den Atlantikverkehr rechnet man mit 10 Flugminuten (rund 200 NM bei Mach 2) Längs- und 60 NM- Seitenstaffelung (gegenüber heute 120 NM).

Seitliche Ausweichmanöver mit Radarführung müssen entsprechend früh eingeleitet werden. Kurvenradien betragen bis zu 100 NM, Kurvengeschwindigkeiten etwa 20°/min im Überschall-Reiseflug.

Entsprechend groß sollten auch die Kontrollsektoren sein im Luftraum, in dem sich der Überschallverkehr abspielt, d.h. oberhalb des Reisehöhenbandes der Unterschallflugzeuge. Eine Sektorenausdehnung von 600 NM oberhalb FL 400 hat die FAA nach ihren Untersuchungen für den seinerzeit geplanten Mach 2,7 - Verkehr als angemessen erachtet.

Für den Atlantikverkehr denkt man an ein System von Parallelstrecken mit angenähertem Großkreisverlauf. Ob bei Sonneneruptionswarnung ein Ausweichen in niedrigere Flughöhen notwendig ist scheint noch strittig zu sein.

5.3. Der Anflug

Der Anflug sollte in etwa 200 NM Entfernung vom Zielflughafen beginnen. Um im Falle voraussehbarer Verzögerung der Landung einen zu langen Aufenthalt im Warteraum des Nahverkehrsbereichs zu vermeiden, wird ein vorzeitiger Sinkflug und anschließender Weiterflug mit Unterschallgeschwindigkeit bis zur Landung bevorzugt. Der Treibstoffverbrauch pro NM ist im Überschall- und Unterschallbereich annähernd gleich, optimale Höhe vorausgesetzt. Die Anwendung eines solchen Verfahrens ist dennoch problematisch: Sie setzt frühzeitiges Koordinieren über große Entfernungen voraus und eine gerechte Anrechnung der "entlang der Reisestrecke verbrachten Wartezeit" beim Einreihen in die Wartefolge.

Die Probleme des Anflugs ähneln sonst denen der Beschleunigungsphase. Der Endanflug entspricht etwa dem großer Unterschallflugzeuge.

6. Anflug einer Raumfähre

Der erste Start einer wiederverwendbaren Raumfähre (space shuttle) wird aus finanziellen Gründen frühestens Ende 1978 erfolgen können [40]. Wie aus Bild 41 entnommen werden kann, hat die Raumfähre in etwa 20 km Höhe noch eine Fluggeschwindigkeit von 0,5 km/sek., d.h. 1800 km/h; der Übergang in die Unterschallgeschwindigkeit dürfte im Bereich zwischen 15-18 km, oder im Band der Flugflächen 450 bis 540 möglich sein [41].

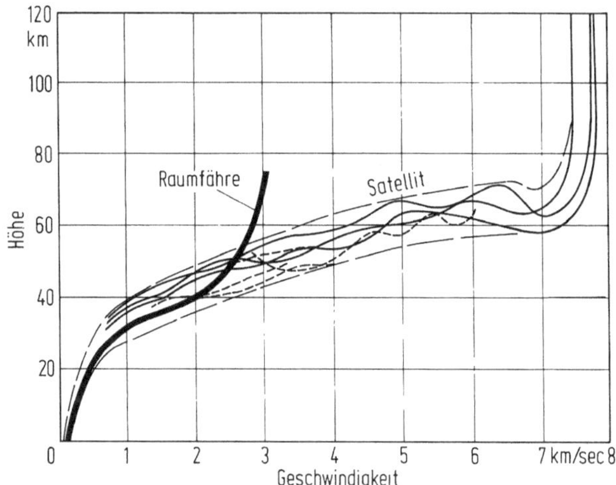

Bild 41: Eintrittskorridor einer Raumfähre [41]

7. Die Kapazität des Start- und Landebahnsystems

7.1. Die Einflußfaktoren

7.1.1. Allgemeines

Im Rahmen der Anflugverfahren haben wir auch die Kapazität eines Doppel-Einspeisesystems behandelt. In diesem Zusammenhang wäre es wichtig, einmal die Aufnahmefähigkeit des Flughafens, genauer: die Kapazität des Start- und Landebahnsystems, zu betrachten. [1]

---

[1] Die Kapazität eines Flughafens wird durch Faktoren bestimmt, die man in drei Gruppen zusammenfassen kann:
i) Kapazität des Start- und Landebahnsystems,
ii) Kapazität der Flugsicherung,
iii) Kapazität des Abfertigungssystems
Uns interessiert hier die Kapazität des Start- und Landebahnsystems.

Die Kapazität des Start- und Landebahnsystems (S/L-S) eines Flughafens wird bestimmt durch die Anzahl der Flugbewegungen pro Zeiteinheit, die auf dem S/L-S abgewickelt werden können, ohne daß die durchschnittliche Wartezeit einen bestimmten Wert überschreitet [42, 43].

7.1.2. IFR- und VFR-Kapazität

Allgemein unterscheidet man

a) die IFR-Kapazität, für deren Berechnung nur die für IFR-Betrieb ausgerüsteten und voneinander unabhängigen Bahnen berücksichtigt werden;

b) die VFR-Kapazität; hier werden alle Bahnen berücksichtigt.

7.1.3. Die Hauptfaktoren

Die Hauptfaktoren in der Berechnung der Kapazität sind:

a) Anzahl,

b) Anordnung und

c) Länge der Bahnen,

d) Ausstattung der Bahnen mit Landehilfen und Befeuerung,

e) bei sich schneidenden Bahnen die Lage des Schnittpunktes, je nachdem, ob auf den Schnittpunkt hin oder von ihm weg gestartet oder gelandet wird, erhöt sich die Kapazität gegenüber einer Einzelbahn um den Faktor 1 bis 1,7; in abgewandelter Form gilt dies auch für offene V-Bahnen, die im günstigen Fall gegenüber einer Einzelbahn die doppelte Kapazität haben.

f) Das Vorhandensein von Schnellabrollwegen, die die Landebahn-Belegungszeit wesentlich beeinflussen;

g) Überholflächen an den Startbahnköpfen, die eine freie Wahl der Startreihenfolge erlauben.

h) Bei Parallelbahnsystemen die Lage des Abfertigungsgeländes, da hierdurch das Problem des Rollverkehrs beeinflußt wird.

Die Vielgestaltigkeit der möglichen Bahnsysteme kann man auf einige Grundtypen zurückführen:

Einzelbahnen,

zwei sich schneidende Bahnen,

drei sich schneidende Bahnen,

offene V-Bahnsysteme,

Parallelbahnsysteme.

7.1.4. Die variablen Faktoren

Zu den variablen nicht direkt beeinflußbaren Faktoren gehören:

a) Die Zusammensetzung des Verkehrs; um die Verkehrszusammensetzung erfassen zu können, werden für die größeren Strahlflugzeuge bis zu den kleinen, einmotorigen Kolbenflugzeugen fünf Gruppen gebildet. Der Einfluß der Verkehrszusammenfassung kann die Kapazität bis zu 60 % verändern.

b) Das Verhältnis der Landungen zu den Starts;
Die Startkapazität einer Bahn kann etwa doppelt so hoch sein wie die Landekapazität. Die Kapazitätsberechnung muß also auf ein bestimmtes Verhältnis von Starts zu Landungen bezogen werden, z.B. während der

Anflugspitze:	Landungen/Starts	= 2:1
Zeit gemischten Verkehrs:	"	= 1:1
Abflugspitze:	"	= 1:2

Die angegebenen Verhältnisse: 2:1, 1:1, 1:2 sind vereinfachende Annahmen.

Die Kapazität während der Anflugspitze beträgt nur etwa 60 % der Kapazität während der Abflugspitze.

7.2. Die Berechnungsansätze der Kapazität des S/L-S

Bekanntlich hat der Luftverkehr in seinem zeitlichen Ablauf weitgehend zufälligen Charakter, d.h. daß an beliebig gewählten Punkten, im Streckennetz, an Flughäfen, an Startbahnköpfen usw. Luftfahrzeuge in regellosen Abständen eintreffen. Auch wenn man versucht, den Zufalls-Charakter durch lenkende Einflüsse (Planung) auszuschließen, bleibt diese Charakteristik weitgehend erhalten, wie die Praxis lehrt. Die zeitliche Verteilung der Ereignisse entspricht einer Poissonschen Verteilung.

Ähnlich wie im Straßenverkehr, kommt es zu Warteschlangen. Durch Vorhalten einer hohen Systemkapzität können Wartezeiten und Verzögerungen klein gehalten, aber nicht vermieden werden.

Für die Behandlung von Problemen im Luftverkehr hat man Modelle entwickelt, die zu Berechnungsformeln führen, z.B. das Modell "FIM", eine Abkürzung für: "first come, first served", ein Modell, bei dem die Abfertigung entsprechend der Reihenfolge der Ankünfte erfolgt. Mit der aus dem Modell entwickelten Formel kann man die Länge der Warteschlange, die Wartezeiten usw. berechnen.

Man hat sich die Arbeit dadurch erleichtert, daß man mit Hilfe eines Elektronenrechners hunderte von Kurvenscharen unter ständigem Verändern der Parameter berechnete und diese in einem Handbuch vereinigte.

Diese Arbeit wurde im Auftrage der Federal Aviation Agency - FAA - von Airborne Instruments Laboratory durchgeführt. Anschließend hat man sie durch umfangreiche Untersuchungen auf amerikanischen Flughäfen überprüft. Dabei wurde eine Übereinstimmung zwischen den vorher berechneten und dann gemessenen Wartezeiten von über 95 % festgestellt (gilt nur für den eingeschwungenen Zustand, "steady state"). In der Tabelle 10 sind für die Kapazität verschiedener Start- und Landebahnsysteme Grundwerte angegeben, die unter normalen Gegebenheiten gelten; im Einzelfall müssen besondere, lokale Faktoren berücksichtigt werden [43].

Tabelle 10. Start- und Landebahnsystem-Kapazität [42]

Start- und Landebahn-system		Kapazität in Bewegungen pro Stunde IFR	VFR
Einzelbahn	———	32-40	40- 60
Parallelbahn	═══		
Abstand	< 1500 m	42-48	80-120
	> 1500 m	64-80	80-120
2 kreuzende Bahnen		32-68	40-120
Offene V-Bahn	Startrichtung →	64-80	52-120

8. Maßnahmen zur Verminderung des Fluglärms

8.1. Allgemeines

Der Fluglärm ist wohl die unerfreulichste Begleiterscheinung des Luftverkehrs. Zwar ist eine begrenzte Geräuschbelästigung als unvermeidbar im Interesse des Luftverkehrs, der einen Faktor im öffentlichen Leben darstellt, zu akzeptieren; die Luftverkehrsordnung prägt in § 1 Abs. 2 den Begriff des unvermeidbaren Lärms. Doch ist es andererseits eine Aufgabe der Luftfahrtbehörden bei der Bewegungslenkung von Luftfahrzeugen Gefahren für Dritte abzuwehren (§ 29 Abs.1 LuftVG).

Es ist also ein Kompromiß, ein Interessenausgleich zwischen der innerstaatlichen Freiheit des Luftverkehrs (§ 1 Abs. 1 LuftVG) und dem berechtigten Bedürfnis der Bevölkerung nach Abwehr von Gefahren für die öffentliche Sicherheit zu finden.

Hinsichtlich der Bodenorganisation bedeutet dies, daß man einen Mittelweg zwischen der allgemeinen Forderung der Luftverkehrsgesellschaften nach verzögerungsfreien Verfahren einerseits und Vermeiden von Fluglärm andererseits wählen muß. Eine gewisse Kapazitätseinbuße des Gesamtsystems - Flugsicherung und Start- und Landebahnsystem - wird man in Kauf nehmen müssen.

8.2. Wie kann man den Fluglärm reduzieren?

Es gibt eine Reihe von Maßnahmen, die geeignet sind, den Fluglärm zu vermindern:

a) Das Lärmschutzgesetz;

b) Festlegen von lärmmindernden An- und Abflugstrecken (durch die BFS);

c) Einführen von lärmreduzierenden Start- und Landeverfahren;

d) Festlegen von Fluglärmgrenzwerten;

e) Entwicklung leiser Luftfahrzeug-Triebwerke.

Generell ist zu sagen, daß die Maßnahmen unter a) bis c) als passive Maßnamen anzusehen sind.

zu a): Gesetz zum Schutz gegen Fluglärm (vom 30.3.1971). Auch dieses Gesetz sieht im wesentlichen nur passiven Lärmschutz vor, nämlich Bauverbote sowie Erstatten von Kosten für Schallschutzeinrichtungen auf Grundstücken innerhalb sogenannter Lärmschutzbereiche [44].

Der Geltungsbereich umfaßt Verkehrsflughäfen, militärische Flugplätze, auch Regionalflughäfen, die dem Betrieb von Strahlflugzeugen zu dienen bestimmt sind. Für alle genannten Plätze werden zum Schutze der Allgemeinheit zwei Lärmschutzzonen festgelegt: in der Zone 1 dürfen Krankenhäuser, Wohnungen und Schulen nicht gebaut werden; in der Zone 2 nur dann, wenn sie den festgesetzten Schallschutzanforderungen genügen (§ 7). Zur Ermittlung der Lärmbelastung ist im Lärmschutzbereich die Gesamtentwicklung des Flugbetriebs zu berücksichtigen, die sich über den Zeitraum von zehn Jahren hinaus ergibt [45].

Für die Lärmschutzbereiche hat man als äquivalente Dauerschallpegel festgelegt: für die Zone 1 75 dB(A)[1] und für die Zone 2 67 dB(A) [46].

Das Gesetz bekämpft - wie erwähnt - in erste Linie die Auswirkungen des Fluglärms, nicht die eigentlichen Ursachen. Lediglich im §15 Ziffer 5 (als Ergänzung des § 32

[1] dB(A) bedeutet äquivalenter Dauerschallpegel; das in der BRD angewandte Q-Verfahren berücksichtigt verfeinert alle Parameter des Fluglärms und drückt den äquivalenten Dauerschallpegel in einer Indexziffer aus [48].

Abs. 1 des LuftVG durch Nr. 15) werden die zuständigen Ressorts ermächtigt eine Rechtsverordnung über den Schutz der Bevölkerung vor Fluglärm zu erlassen, insbesondere durch Maßnahmen zur Geräuschminderung "am Flugzeug" (BM Verkehr und Inneres).

Das Gesetz verpflichtet schließlich die Flughafengesellschaften zur Einrichtung und zum Betrieb von Fluglärmüberwachungsanlagen.[1] Der Deutsche Normenausschuß (DNA) befaßte sich mit den notwendigen Anforderungen, die an derartige Anlagen zu stellen sind [47].

Zu b): Festlegen von lärmmindernden An- und Abflugstrecken durch die BFS. Es ist Aufgabe der BFS, an allen Verkehrsflughäfen der BRD An- und Abflugstrecken so festzulegen, daß nach Möglichkeit nur dünn besiedelte Gebiete in der Umgebung von Flughäfen überflogen werden (Bild 42). Wo es möglich ist, werden aus Lärmgründen bevorzugte Start- und Landebahnen zugeteilt [49]. In Übereinstimmung mit der Lärmkommission des Flughafens Frankfurt/M. hat die BFS für alle Anflüge des Flughafens Frankfurt/M. eine Begrenzung der Fluggeschwindigkeit auf maximal 250 Knoten (ca. 450 km/h) im Umkreis von ca. 30 NM festgelegt. Da ja ein direkter Zusammenhang zwischen Lärmintensität und der Leistungsabgabe von Luftfahrzeugtriebwerken besteht, trägt diese Reglung zur weiteren Reduzierung des Fluglärms bei.

Zu c): Einführen von Lärmmindernden Start- und Landeverfahren. Einen wichtigen, grundlegenden Beitrag leistete - erstmals in der BRD - das Institut für Flugmechanik der DFVLR mit Versuchen zur Erprobung lärmmindernder Anflugverfahren [50]. Die nationale Luftverkehrsgesellschaft (DLH), Luftfahrtbehörde (BFS) und Flughafengesellschaft entwickelten ein neues, lärmreduzierendes Start- und Landeverfahren, das am Flughafen Frankfurt/M. mit Erfolg praktiziert wird. Es umfaßt einen Steilabflug und einen Hochanflug [51].

Steilabflug. Beim Start benötigt ein Strahlflugzeug naturgemäß die größte Leistung seiner Triebwerke; hierbei erzeugt es entsprechend Lärm (Bild 43) Intensität und Dauer des Lärms können verringert werden, wenn das Luftfahrzeug so schnell wie möglich auf größere Höhe geht; d.h. der Luftfahrzeugführer behält die Steigleistung der Triebwerke für längere Zeit bei, nicht, wie früher bis ca. 1500 Fuß, sondern bis in eine Flughöhe von 3000 Fuß, bevor er die Schubkraft zurücknimmt und die Startklappen einzieht. In Bild 43 stellt die schraffierte Fläche die Verringerung der Lärmwahrnehmung am Boden dar (A neues, B altes Verfahren) [51].

---

[1] In diesem Zusammenhang kann auf die Erfahrungen hingewiesen werden, die am Flughafen Frankfurt/M. gewonnen wurden; Huxhorn berichtete auch über die in Frankfurt/M. entwickelten Meßverfahren [48].

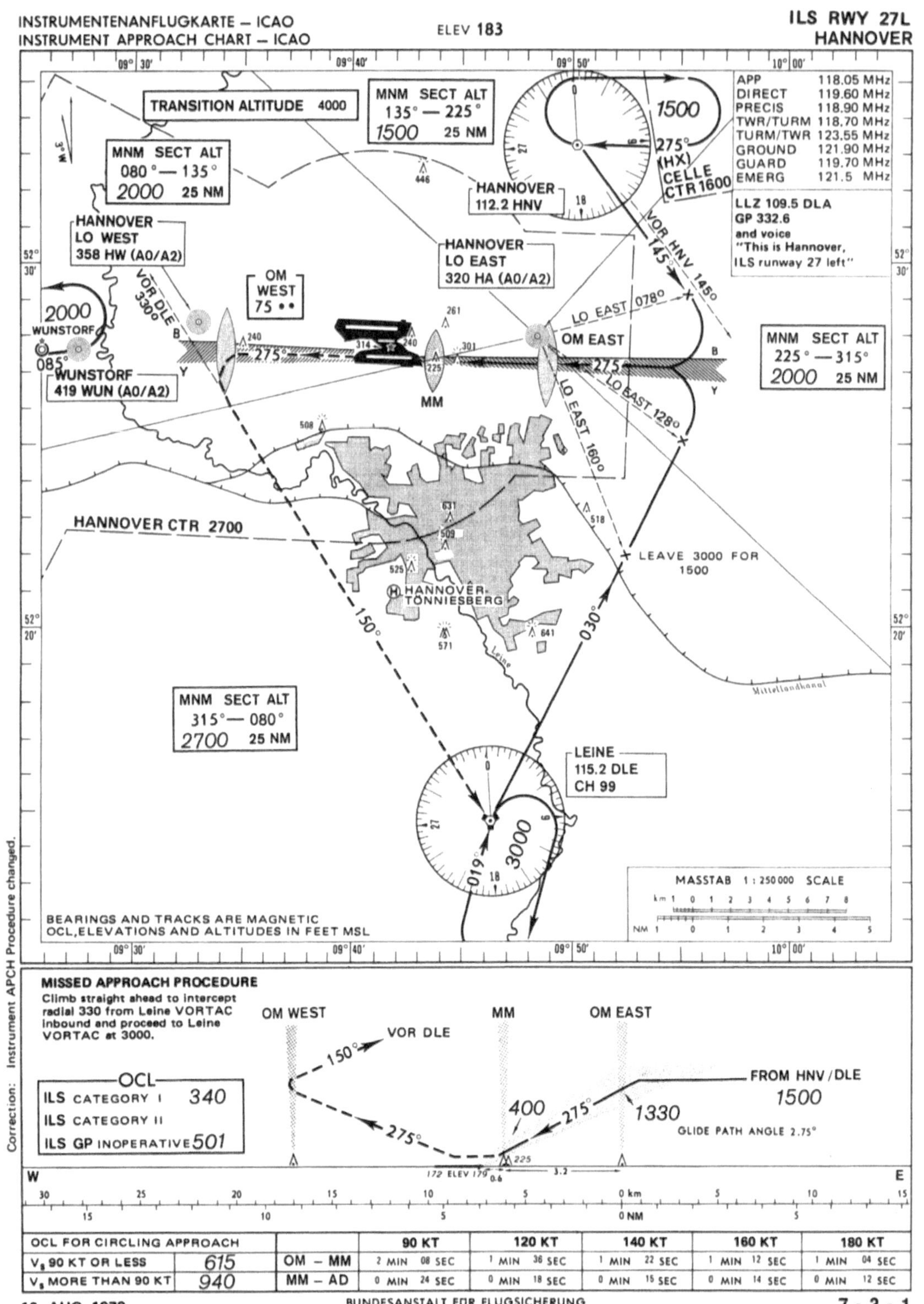

Bild 42: Lärmmindernde An- und Abflugstrecken (um den Stadtkern von Hannover; BFS)

Hochanflug. Das Ausfahren des Fahrwerks und das In-Position-bringen der Landeklappen vor der Landung erzeugt hohen Luftwiderstand. Um ihn auszugleichen, ist eine erhöhte Triebwerksleistung erforderlich, das bedeutet größeren Lärm. Seine Dauer kann man herabsetzen, indem man diese Phase des Fluges möglichst kurz hält. Das Bild 44 zeigt das neue Verfahren (A) im Vergleich zum bisherigen (B). Der Anflug wird in 3000 Fuß (bisher in 2000 Fuß) ausgeführt, die Landeklappen stehen auf 5° (bisher auf 40°). Nach dem Durchstoßen des Gleitwegs wird die Klappenstellung auf 15° vergrößert. Die schraffierte Fläche in Bild 44 zeigt die Reduzierung des Lärms am Boden nach dem neuen Verfahren [51].

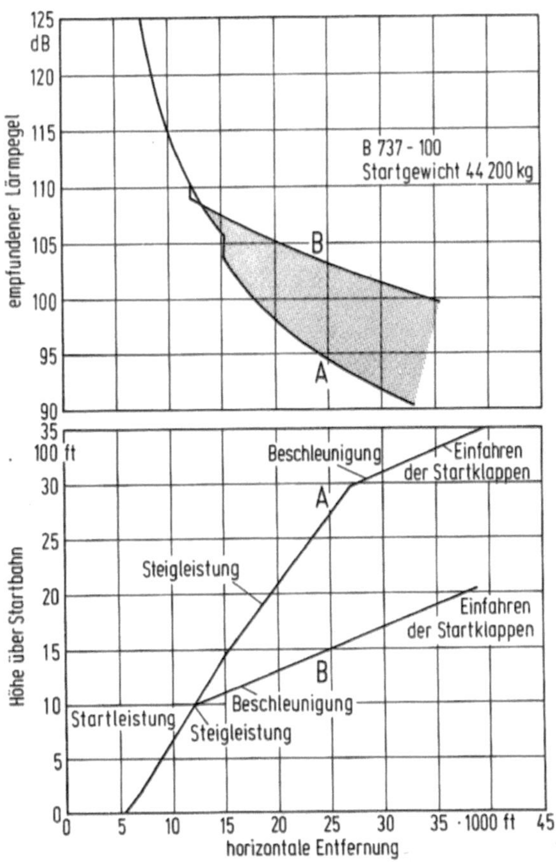

Bild 43: Steilabflug [51]

Zu d): Festlegen von Fluglärm-Grenzwerten. Im Jahre 1968 beauftragte der Kongreß der USA die FAA (Federal Aviation Agency, die Luftfahrtverwaltung), Fluglärm-Grenzwerte festzulegen. Seit dem 1.12.1969 gilt die Reglung FAR Part 36, die im

Luftfahrzeug-Zulassungsverfahren Lärmgrenzwerte vorschreibt; sie liegen zwischen 93 und 108 EPN dB (Effective Perceived Noise dB) in Abhängigkeit vom maximalen Startgewicht [52].

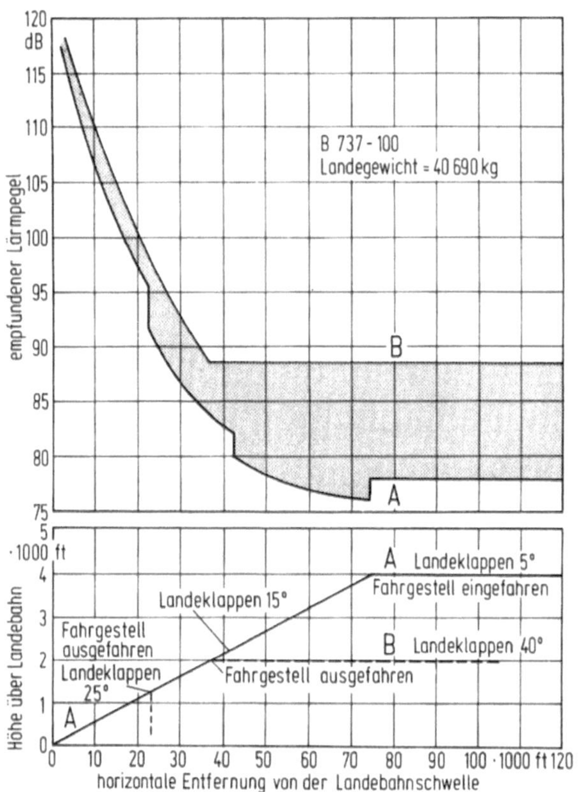

Bild 44: Hochanflug [51]

Im Rahmen der ICAO hat man im Dezember 1969 ein international verbindliches Verfahren beraten, das am 6.1.1972 im Anhang 16 zur Konvention, als ICAO-Dokument (ICAO-DOC 8857) in Kraft trat. Im Sofortprogramm der Bundesregierung für den Umweltschutz wurde nun auch in der Bundesrepublik die Forderung nach der Entwicklung lärmarmer Luftfahrzeug-Triebwerke und einer Festlegung von Emmissionsgrenzwerten für zivile Luftfahrzeuge erhoben [45]. Das Luftfahrt-Bundesamt (LBA) wurde beauftragt, auf der Basis der ICAO-Empfehlung vom Dezember 1969, Lärmgrenzwerte bekanntzugeben. Die Bekanntmachung des LBA erfolgte am 31.7.1970 [53].

Zu e): Entwicklung leiser Luftfahrzeug-Triebwerke. Der ständig wachsende Druck auf die Flugzeugfirmen führte zu ersten Efolgen; die Lärmgrenzwerte wurden inzwischen von folgenden Luftfahrzeugmustern unterschritten: McDonnell Douglas DC 10-10; Boeing B 747 B; L-1011-355; Fokker F 28 MK 1000; Boeing B 727-200 adr. (Stand Oktober 1972). Bild 45 zeigt die Höchstwerte gemäß FAR-36 und die - als Beispiel - am Typ McDonnell Douglas DC 10-10 gemessenen Werte.

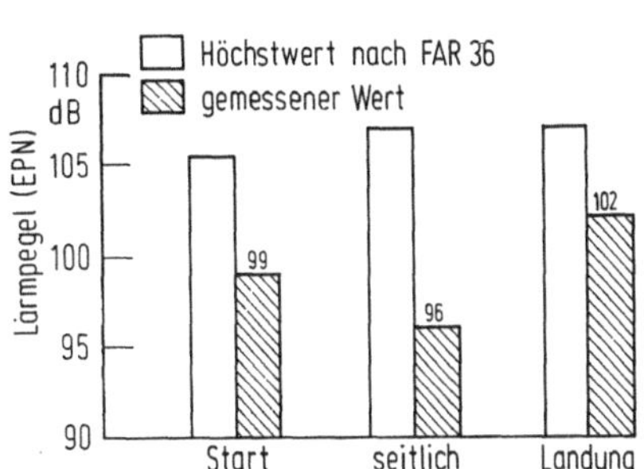

Bild 45: DC-10-10, Meßwerte bei der Lärmzulassung (EPN dB: Effective Perceived Noise dB) [52]

Ein Erfüllen der Lärmzulassung setzt nicht nur den Schallpegel in der Flughafenumgebung herab, gleichzeitig werden die Flächen, die einem bestimmten Fluglärm ausgesetzt sind, wesentlich verringert. In dem in Bild 46 gezeigten Beispiel wird die Fläche bei der DC 10-10 - trotz des höheren Abfluggewichtes von 195 t gegenüber 147 t der DC 8 auf rund ein Achtel reduziert [52].

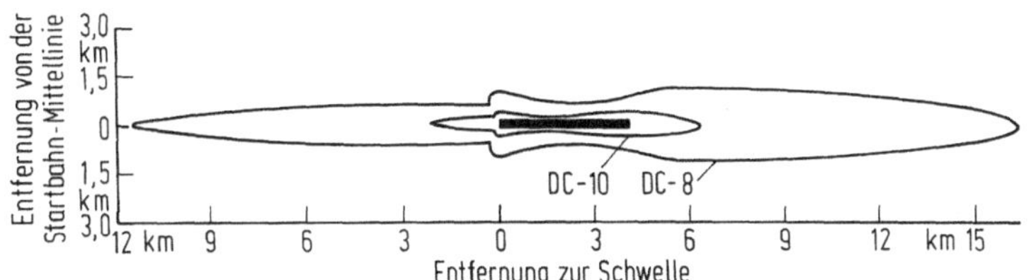

Bild 46: 100 EPN dB - Lärmkonturen bei Start und Landung mit max. Startgewicht der DC-8 und DC-10-10 [52]

8.3. Der Fluglärm und seine Quellen

Den Fluglärm nimmt man über zwei Komponenten wahr; den Schalldruck und die Schallfrequenz; je höher der Schalldruck, desto lauter, je höher die Schallfrequenz, desto unangenehmer wird der Fluglärm empfunden. In der Messung werden beide Komponenten erfaßt [48]. Der Lärm eines Strahltriebwerks kommt hauptsächlich aus zwei Quellen: Das Aufprallen der mit hoher Geschwindigkeit eintretenden, angesaugten Luft auf die Einlaßschaufeln oder Kompressorschaufeln verursacht das "Heulen"; Die Verwirbelung der mit großer Geschwindigkeit austretenden Abgase mit der umgebenden Luft verursacht das "Knattern".

Bei den älteren Triebwerken wird die gesamte angesaugte Luftmenge durch einen Auslaß am Triebwerksende ausgestoßen. Bei den neuen "Mantelstrom"-Triebwerken wird ein Teil der Luft an der Turbine vorbeigeführt und über besondere Kanäle herausgeleitet. Abgasgeschwindigkeit und Abgaslärm werden so vermindert. Den Gebläselärm hat man dadurch reduziert, daß man die Einlaßschaufeln wegließ und das Gebläse - bei erheblich vergrößertem Durchmesser der Einlaßöffnung - mit niedrigerer Geschwindigkeit umlaufen läßt. Das bedeutet, daß die eintretende Luft nicht mehr mit so hoher Geschwindigkeit auf die Schaufeln trifft. Ferner verkleidet man bei den neuen Triebwerken Einlaß und Auslaß mit geräuschabsorbierendem Material (Bild 47) [54].

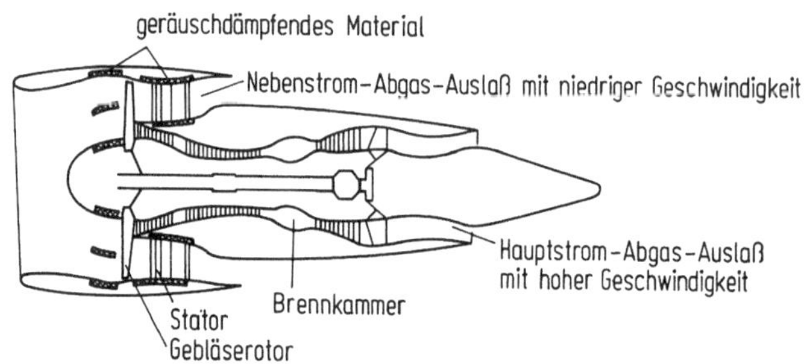

Bild 47: Geräuscharmes Mantelstrom-Triebwerk [54]

Bei der DC 10-10 gehen durch technische Einrichtungen zur Verminderung des Fluglärms 1,5 t Nutzlast verloren; das entspricht etwa 15 Fluggästen mit Gepäck (von 280 bis 350 Fluggästen nominal).

V. Flugsicherungsbetriebsdienste

1. Allgemeines; Einteilung der Dienste

Der Begriff Flugsicherungsbetriebsdienste umfaßt folgende Bereiche:

Flugverkehrskontrolldienst (air traffic control service)
Fluginformationsdienst (flight information service)
Flugverkehrsberatungsdienst (air traffic advisory service)
Flugalarmdienst (alerting service)
Flugberatungsdienst (aeronautical information service)
Flugfernmeldedienst (aeronautical telecommunication service)
Flugnavigationsdienst (aeronautical navigation service)

Die Hauptaufgabe dieser Dienste (Bild 48) ist die Abwehr von Gefahren für die Sicherheit des Luftverkehrs und für die öffentliche Sicherheit oder Ordnung durch die Luftfahrt.

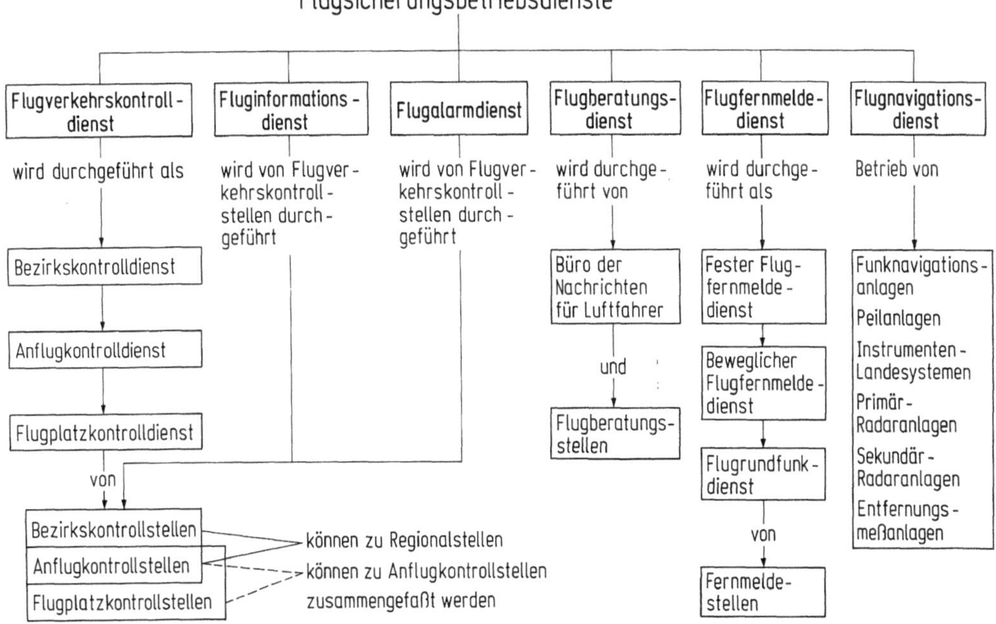

Bild 48: Einteilung der Flugsicherungsbetriebsdienste (BFS-FSS)

Die Grundlagen für die Durchführung der Flugsicherungsbetriebsdienste in der BRD sind die Allgemeinen Verwaltungsvorschriften (AVV) des Bundesministers für Verkehr zum Gesetz über die Bundesanstalt für Flugsicherung[1] und die von der BFS nach § 29 AVV erlassenen Betriebsanweisungen.

2. Der Flugverkehrskontrolldienst

Die wesentliche Aufgabe des Flugverkehrskontrolldienstes ist die Bewegungskontrolle der Luftfahrzeuge:

> Zusammenstöße zwischen Luftfahrzeugen in der Luft und auf dem Rollfeld der Flugplätze, sowie zwischen Luftfahrzeugen und anderen Fahrzeugen sowie sonstigen Hindernissen auf dem Rollfeld der Flugplätze sind zu verhindern;
>
> der Luftverkehr ist möglichst schnell und flüssig abzuwickeln.

Flugverkehrskontrolldienste sind zu leisten für

- Flüge nach Instrumentenflugregeln im kontrollierten Luftraum;
- Flugplatzverkehr an kontrollierten Flugplätzen;
- Sonderflüge nach Sichtflugregeln innerhalb von Kontrollzonen;
- Flüge nach Sichtflugregeln in den von der BFS festgelegten Teilen des kontrollierten Luftraums.[2]

2.1. Arten der Flugverkehrskontrolldienste und der Kontrollstellen; Zuständigkeitsbereiche

Aus der jeweiligen Aufgabe der Flugverkehrskontrolle im Ablauf eines kontrollierten Fluges ergibt sich mehr oder weniger organisch eine Aufteilung in Bezirks-, Anflug- und Flugplatzkontrolldienst.

Entsprechende Dienststellen:

- Bezirkskontrollstellen
- Anflugkontrollstellen
- Flugplatzkontrollstellen

hat man für die Durchführung der Dienste eingerichtet. Sie üben ihre Dienste in festgelegten Zuständigkeits- und Verfahrensbereichen aus; generell sind die in der Tabelle 11 aufgezeigten Zuständigkeitsbereiche gegeben.

---

[1] in der Fassung vom 23.10.1972.

[2] gemäß § 6 und § 7 der AVV

Tabelle 11. Zuständigkeitsbereiche (BFS)

Lufträume	Dienststellen
Kontrollbezirke (control areas = CTA)	Bezirkskontrollstellen
Nahverkehrsbereiche	Bezirkskontrollstellen
(terminal control areas = TMA)	Anflugkontrollstellen
Kontrollzonen	Anflugkontrollstellen
(control zones = CTR)	Flugplatzkontrollstellen

2.2. Personelle Besetzung, Aufgaben und Verfahren der Flugverkehrskontrolldienste

2.2.1. Allgemeines

Die folgenden Ausführungen gehen von der "Betriebsanweisung für den Flugverkehrskontrolldienst (BA-FVK)" aus, die von der BFS für den Bereich der BRD herausgegeben wurde. Sie beruht auf Richtlinien und Empfehlungen der ICAO; auf der "Allgemeinen Verwaltungsvorschrift zum Gesetz über die BFS", stützt sich auf Erfahrungen in der BRD und auf Regelungen und Auslegungen der BFS. [1]

Die BA-FVK regelt den Betrieb der Flugverkehrskontrollstellen der BFS und schreibt die von den FS-Lotsen anzuwendenden Verfahren vor. Die BA enhält alles, was der Lotse für die Betriebsdurchführung wissen muß, wie: Begriffsbestimmungen, Formulierungsschlüssel, Flugverkehrsfreigaben, Koordination, Kontrollübergabe, Sprechfunkverfahren, Sprechgruppen, Betriebsabsprachen, Übername eines Arbeitsplatzes und die Kontrollverfahren, um die wichtigsten Reglungen zu nennen.

2.2.2. Die Flugplatzkontrollstelle

An verkehrsreichen Flugplätzen soll eine Flugplatzkontrollstelle eingerichtet werden; in der BRD trifft dieses für alle Verkehrsflughäfen zu. In den USA hat man, um die

[1] Neben der BA-FVK sind ferner zu beachten:
a) Nationale luftverkehrsrechtliche Vorschriften, wie Luftverkehrsordnung (LuftVO); Durchführungsverordnungen hierzu; Verfügungen und Anordnungen der BFS; Nachrichten für Luftfahrer und Notams., Kl. I; Luftfahrthandbuch der BRD;

b) ICAO-Veröffentlichungen [13, 14, 16, 55 bis 58, 17];

c) Ferner: Betriebsabsprachen, z.B. mit benachbarten, ausländischen Flugverkehrsstellen; mit der Bundeswehr; mit dem Wetterdienst; Betriebsreglungen, Betriebsbestimmungen (z.B. für Modellfluggruppen); Dienstanordnungen (Dienstpläne, Ausbildung u.a.) siehe auch BA-FVK Abschn. 212 bis 218.3.

Investitionen in Grenzen zu halten, festgelegt, daß eine Flugplatzkontrollstelle an einem Flughafen erst dann erforderlich und begründet sei, wenn jährlich mindestens 24000 Bewegungen, d.h. Überlandflüge, zu verzeichnen sind.

Sie ist bei starkem Verkehr mit einem Platzverkehrslotsen, einem Rollverkehrslotsen, einem Abflug- und einem Anflugdaten-Assistenten sowie einem Freigabeübermittlungs-Assistenten besetzt. Die Aufgaben der Lotsen und ihrer Helfer, der Assistenten einer Flugplatzkontrollstelle sowie die Verfahren sollen im Folgenden nach der BA-FVK möglichst vollständig aufgeführt werden, um so die Rolle und die Bedeutung einer Flugplatzkontrollstelle - als Beispiel - sichtbar zu machen.

2.2.2.1. Aufgaben des Platzverkehrslotsen[1] - Arbeitsbereich -
VFR-Flüge innerhalb der Kontrollzone, soweit sie nicht an die Anflugkontrolle übergeben wurden; ankommende IFR-Flüge, die von der Anflugkontrolle übergeben wurden; abfliegende IFR-Flüge bis zur Übergabe an die Anflug- oder Bezirkskontrollstelle; Luftfahrzeuge auf den in Benutzung befindlichen Start- und Landebahnen.

Aufgaben: Ständiges Beobachten aller sichtbaren Luftfahrzeugbewegungen in der Umgebung des Platzes und auf dessen Start- und Landebahnen; Erteilen der für eine sichere und zügige Abwicklung des Verkehrs notwendigen Anweisungen und Freigaben, d.h. Freigaben zum Einflug in die Kontrollzone, zum Einflug in die Platzrunde und Landefreigabe für ankommende LFZ'e; Startfreigaben und Freigaben zum Startpunkt für abfliegende LFZ'e; Anweisungen zum Herstellen einer optimalen Lande- und Startfolge.

Ferner: Erteilen von Informationen, z.B. örtliche Verkehrsinformationen, Informationen über den Flugplatzzustand; Wetterinformationen; Festlegen der zu benutzenden Start- und Landebahn je nach der Windrichtung bzw. mit Rücksicht auf Zustand und evtl. Behinderungen auf den Start- und Landebahnen; Alarmieren von Rettungseinheiten; Schalten der Flugplatzbefeuerung; Kontakt zur örtlichen Flughafengesellschaft hinsichtlich der täglichen Inspektionen des Rollfeldes, der Flugplatzbefeuerung und der Hindernismarkierung.

2.2.2.2. Aufgaben des Rollverkehrslotsen - Arbeitsbereich -
Lenkung des Verkehrs auf dem Rollfeld; mit Ausnahme der Start- und Landebahnen.

Aufgaben: Rollfreigaben und Anweisungen für abfliegende und gelandete LFZ'e; Genehmigungen für Fahrzeuge und Personen zum Aufenthalt auf dem Rollfeld oder in der Nähe (Bewegungen im Landebereich müssen mit dem Platzverkehrslotsen koor-

---

[1] BA-FVK Abschn. 231 bis 232.333.

diniert werden); Erteilen von Informationen, z.B. örtliche Verkehrsinformationen; Informationen über den Flugplatzzustand; Wetterinformationen; Veranlassen, daß erforderliche Bodensignale ausgelegt werden.

2.2.2.3. Aufgaben der Assistenten

Abflugdaten-Assistent: Bearbeiten von Flugdaten zur Unterstützung des Rollverkehrslotsen, d.h. Flugpläne für abfliegende LFZ'e entgegenzunehmen und auf Kontrollstreifen zu übertragen (sofern dieses nicht durch einen Rechner erfolgt); Flugplanangaben an andere, betroffene Flugverkehrsstellen weiterzuleiten; die Streifenhalter der Abflugfolge entsprechend zu ordnen; Startmeldungen zu veranlassen; Freigaben für abfliegende LFZ'e anzufordern; ggf. Eintragen dieser Freigaben in Kontrollstreifen und ihre Weitergabe an den Freigabe-Übermittlungsassistenten.

Anflugdaten-Assistent: Bearbeiten der Flugdaten zur Unterstützung des Platzverkehrslotsen; d.h. Flugpläne für ankommende VFR-Flüge und voraussichtliche Ankunftszeiten für IFR-Flüge sowie Änderungen dazu entgegenzunehmen; bestimmte Flugplandaten in Kontrollstreifen einzutragen, diese der Landefolge entsprechend zu ordnen; Lande- und Umleitungsmeldungen zu veranlassen; Freigaben für ankommende LFZ'e anzufordern - soweit notwendig; Annehmen von Informationen über Bewegungen ankommender IFR- und VFR-Flüge von der Anflugkontrollstelle. Ferner sind Standortmeldungen und Informationen über Fehlanflüge anzunehmen; der Verkehrsablauf ankommender LFZ'e ist - nach Anweisung - mit der Anflugkontrolle zu koordinieren. Freigabeübermittlungs-Assistent: Übermitteln von Streckenfreigaben an abfliegende kontrollierte Flüge; sorgfältiges Prüfen der Freigabe-Wiederholung (durch den LFZ-Führer), ggf. Übermitteln von Berichtigungen; Bestätigen der Richtigkeit der Freigabe-Wiederholung.

2.2.2.4. Die Platzkontroll-Verfahren; Hilfsmittel

Der Flugplatzkontrollstelle stehen als Hilfsmittel im einfachsten Fall Signalscheinwerfer und Signalpistolen zum Abschießen von Leuchtkugeln zur Verfügung. Eine Bewegungslenkung mittels optischer Zeichen hat nur begrenzte Möglichkeiten und muß sich auf wichtigste Anweisungen wie Roll-, Start- und Landefreigaben oder Verbote beschränken. An Flugplätzen mit starkem Verkehr kann eine sichere Bewegungskontrolle nur durch einen unmittelbaren, schnellen und direkten Nachrichtenaustausch über Sprechfunk gewährleistet werden. Auf diesen Plätzen, z.B. auf den Verkehrsflughäfen, herrscht daher Funkzwang.

Unsichtiges Wetter erschwert die Bewegungskontrolle auf ausgedehnten Flugplätzen, hier kann das Rollfeldüberwachungsradar helfen.

Zur schnellen Ortung - insbesondere bei dunstigem Wetter - dient der Sichtpeiler. Ferner das Tageslicht-Radargerät, das DFTI (distance from touch-down indicator), das dem Platzverkehrslotsen laufend Standortinformationen über Luftfahrzeuge liefert, die in Kürze in seinen Wirkungsbereich einfliegen werden. Das Gerät ist an die Nahbereichsanlage der Anflugkontrolle - ASR - angeschlossen. Ist dieses Gerät in Betrieb, dann können Luftfahrzeuge, die sich im Anflug befinden, bei einer Entfernung von 10 NM vom Aufsetzpunkt von der Anflugkontrollstelle an die Platzkontrollstelle übergeben werden. Normalerweise darf nur die Übergabe eines Luftfahrzeuges erfolgen und der Platzkontrollstelle müssen Standortangaben übermittelt werden, sobald die mit Radar kontrollierten LFZ'e eine Entfernung von 10 und 6 NM vom Aufsetzpunkt erreicht haben[1]. Die Standortangabe der Anflugkontrolle kann bei 6 NM entfallen, wenn ein DFTI-Gerät vorhanden ist. Es kann auch die Forderung entfallen, daß der Pilot vor der Übergabe Landebahnsicht gemeldet haben muß.

Aufteilung der Zuständigkeit. Die Zuständigkeit der Flugplatzkontrollstelle ist auf die Kontrolle des Betriebes auf den Start- und Landebahnen und auf den Rollbahnen beschränkt. Sie endet in der BRD an der Grenze zum Vorfeld, hier üben Beauftragte des Flughafenunternehmens Bewegungskontrolle aus; Das Einweisen von LFZ'en in die Abstellpositionen kann vom Kontrollturm - zumeist mangels Sicht - nicht erfolgen.

Erteilen von Freigaben. Ein LFZ erhält normalerweise an den folgenden Positionen in der Platzrunde oder in der Rollroute (festgelegter Rollweg von der Abstellposition auf dem Vorfeld zu den Rollbahnen) Flugverkehrskontroll-Freigaben (Bild 49)

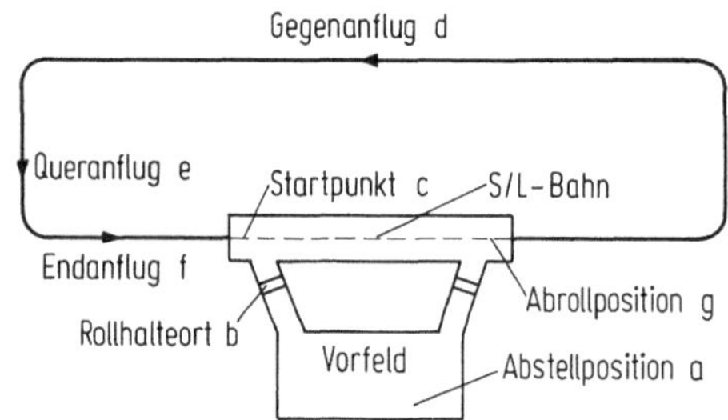

Bild 49: Erteilen von Freigaben

a) Abstellposition: LFZ fordert Rollfreigabe zum Start

b) Rollhalteort: LFZ meldet: Startklar!

c) Startpunkt: falls nicht am Rollhalteort bereits erteilt, erfolgt hier die Startfreigabe;

d) Gegenanflug: LFZ meldet sich auf dem Gegenanflug

e) Queranflug: LFZ meldet sich im Queranflug: die Landefreigabe soll erteilt werden, falls nicht beim Gegenanflug möglich;

---

[1] Diese Information ist wichtig, damit die Flugplatzkontrollstelle die Landefreigabe rechtzeitig erteilen kann, d.h. bevor das Luftfahrzeug die Entfernung von 2 NM vom Aufsetzpunkt erreicht hat.

f) Endanflug: LFZ meldet sich - falls dazu aufgefordert - im Endanflug; die Landefreigabe wird hier erteilt, falls dies nicht bereits im Queranflug geschehen ist;

g) Abrollposition: Rollfreigabe zum Vorfeld.

Allgemein gilt, daß Freigaben erteilt werden sollen, bevor das LFZ sie anfordert.

Auf die Handhabung der Flugplatzbefeuerung kann im Rahmen dieser Ausführungen nicht eingegangen werden, es wird auf die BA-FVK 350 bis 356.12 verwiesen.

Bewegungen in der Platzrunde. Luftfahrzeuge, die nach Sichtflugregeln fliegen, gehören beim Einfliegen in die Kontrollzone zum Platzverkehr und müssen die Anweisungen der Platzverkehrskontrolle befolgen.

Für LFZ'e, die nach Instrumentenflugregeln fliegen, ist die Flugplatzkontrolle tätig, sobald ihr die Anflugkontrolle die Verantwortung dafür überträgt. Es geschieht, wenn das LFZ in Platznähe ist und der Pilot Bodensicht hat, oder wenn das LFZ gelandet ist. Startende, nach IFR fliegende LFZ'e, unterstehen der Flugplatzkontrolle bis sie - bei Sichtwetterbedingungen - die Platznähe verlassen haben. Bei Instrumentenwetterbedingungen erfolgt die Übergabe an die Anflugkontrolle entsprechend früher; entweder kurz nach dem Start oder vor Beginn des Startanlaufs. Der Übergabepunkt wird vom Wetter bestimmt oder von der Verkehrslage am Platz bzw. an eng benachbarten Plätzen.

Der Platzverkehrslotse gewinnt das Bild der Luftverkehrslage aus direkter Beobachtung, aus Meldungen der Piloten und aus Durchsagen des Anfluglotsen.

Die Staffelung der Luftfahrzeuge beim Starten und Landen. Die Aufgabe des Platzverkehrslotsen, die für eine sichere und zügige Abwicklung des Verkehrs notwendigen Anweisungen und Freigaben zu erteilen, schließt das Anwenden der Staffelungsverfahren ein. Man kann diese Verfahren in folgende Gruppen einteilen:

a) Luftfahrzeuge benutzen die gleiche Start- und Landebahn;
b) Luftfahrzeuge auf parallelen Start- und Landebahnen;
c) Luftfahrzeuge auf kreuzenden Start- und Landebahnen;
d) Staffelung von Hubschraubern;
e) Örtlich stationierte Luftfahrzeuge.

Im Rahmen dieser Ausführungen können nur einige Beispiele der Staffelungsverfahren gebracht werden (weitere Einzelheiten sind in der BA-FVK 320 bis 325.1 nachzulesen).

Beispiele

Zu Fall a): Luftfahrzeuge benutzen die gleiche Start- und Landebahn; dieser Fall der herabgesetzten Staffelung ist bemerkenswert, da er von der BFS (innerhalb der BRD) erstmalig eingeführt wurde.

1) Einem landenden Luftfahrzeug kann gestattet werden, den Anfang der Landebahn zu überfliegen

wenn die Sicht nicht unter 5 km ist und

das vorher gestartete LFZ abgehoben und einen mindestens 1500 m von der Startposition entfernten Punkt überflogen hat oder

das vorher gelandete LFZ einen mindestens 1500 m von der Schwelle entfernten Punkt überquert hat und in Bewegung ist.

2) Einem startenden LFZ kann der Startbeginn gestattet werden,

wenn Sichtwetterbedingungen herrschen,
das LFZ nach Sichtflugregeln oder mit einer nach dem Start wirksamen VMC-Beschränkung startet und
das vorher gestartete LFZ abgehoben und einen mindestens 1500 m vom Startpunkt des nachfolgenden LFZ entfernten Punkt überflogen hat (Bild 50).

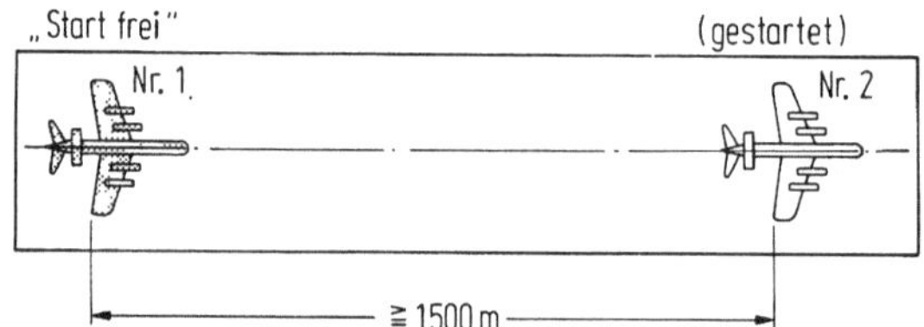

Bild 50: Luftfahrzeuge benutzen dieselbe Start- und Landebahn

3) Diese herabgesetzte Staffelung auf Start- und Landebahnen dar nicht angewendet werden zwischen einem startenden und einem vorher gelandeten LFZ und auch dann nicht, wenn das nachfolgende landende oder startende LFZ ein Strahltrieb- oder Propellerturbinenwerk ohne umkehrbare Luftschrauben besitzt.

4) Wenn es sich bei dem nachfolgenden landenden oder startenden LFZ um ein Strahlflugzeug oder ein Propellerturbinenflugzeug ohne umkehrbare Luftschrauben handelt, sind die Mindestentfernungen von 1500 m auf 2400 m zu erhöhen, außerdem müssen folgende Bedingungen erfüllt sein:

das Verfahren ist nur am Tage und bei Sichtwetterbedingungen anzuwenden;
die Start- und Landebahn ist trocken, die Bremswirkung gut;
der Pilot des nachfolgenden LFZ ist über das vorhergehende LFZ informiert.

5) Das Verfahren ist zwischen einem startenden und einem vorher gelandeten LFZ nicht anzuwenden.

6) Die genanten Entfernungen sind in geeigneter Weise zu markieren.

2.2.3. Die Anflug- und Bezirkskontrollstellen

2.2.3.1. Allgemeines

Anflug und Bezirkskontrollstellen bestehen als getrennte und als kombinierte Stellen; Anflug- und Flugplatzkontrollstellen können zu Nahverkehrskontrollstellen, Anflugkontroll- und Bezirkskontrollstellen zu Regionalkontrollstellen zusammengefaßt werden.

Die Notwendigkeit der Einrichtung einer Anflugkontrollstelle wird durch eine entsprechende Zahl von Anflügen unter Instrumentenwetterbedingungen (IMC) begründet. In den USA hat man festgelegt, daß mindestens jährlich 5000 Anflüge unter IMC-Bedingungen an einem Flugplatz erreicht sein müßten, ehe dort eine Anflugkontrollstelle eingerichtet werden kann.

2.2.3.2. Aufgaben und Verfahren der Anflug-, Abflug- und Streckenlotsen in Kontrollstellen *ohne* Radar; Aufgabe des Verbindungslotsen (Planungs-Lotsen)

Die weitgehende Übereinstimmung in den Tätigkeitsmerkmalen und in den Grundaufgaben läßt es zu, daß in der Beschreibung der Funktionen der Anflug-, Abflug- und Streckenlotsen diese drei Kategorien zusammengefaßt werden. Ihre Hauptaufgabe besteht darin, kontrollierte, d.h. bekannte Flüge *ohne Radarhilfe* sicher zu staffeln und den Verkehr zügig abzuwickeln. Sie wenden Höhen-, Längs- oder Seitenstaffelung an und stellen sicher, daß die Mindestwerte nicht unterschritten werden. Für einen sicheren und zügigen Verkehrsfluß erteilen sie die erforderlichen Freigaben und Anweisungen.

So ist abfliegenden LFZ'en eine *Streckenfreigabe* zu erteilen; diese enthält neben dem Funkrufzeichen des LFZ'es die Freigabegrenze, das Abflugverfahren, die Flugstrecke, die Flughöhe für die gesamte Strecke oder für Streckenteile, Änderungen der Flughöhe (falls nötig), und sonstige Informationen.

Die Absicht des Piloten kommt im beantragten Flugplan zum Ausdruck; die Streckenfreigabe bedeutet, das die Bezirkskontrolle ihn genehmigt hat, es sei, daß durch die Verkehrslage Abänderungen erforderlich sind. Nimmt der Pilot die Freigabe an, verpflichtet er sich, den Flug in Übereinstimmung mit der Freigabe durchzuführen und Flugverlaufsmeldungen abzugeben; aus dem beantragten Flugplan wird der "geltende" Flugplan.

Eine Koordination mit der benachbarten Bezirkskontrollstelle ist *vor* dem Abflug des LFZ durchzuführen, wenn die Flugzeit bis zur Grenze weniger als 30 Minuten bei ausländischen, und weniger als 15 Minuten bis zu einer BFS-Dienststelle beträgt.

Wichtig ist die Übermittlung von Informationen über zu beachtenden Verkehr. Sie enthalten die Flugrichtung des betreffenden LFZ's, das LFZ-Muster, die benutzte Flugfläche, ggf. Flughöhenänderungen und den relativen Standort des LFZ's.

Die Lotsen können Standortmeldungen auch über Punkten verlangen, die keine Pflichtmeldepunkte sind; außerdem können sie die LFZ'e anweisen, vorgegebene Geschwindigkeiten zeitweilig einzuhalten, um einen homogenen Verkehrsfluß zu erreichen.

Luftfahrzeuge benötigen im Endanflug, bei Start und Landung, im Steigflug eilige, wichtige Hinweise, u.a. Wetterinformationen,[1] Meldungen über Änderungen im Zustand von Flugplätzen und in der Betriebsfähigkeit von Navigationsanlagen; über die Wetterlage auf der Flugstrecke. Gelegentlich müssen auch Wettermeldungen von im Flug befindlichen LFZ'en eingeholt werden, wenn sie für die Erteilung künftiger Freigaben von Bedeutung sein können.

Anfliegende LFZ'e benötigen eine Einflugstreckenfreigabe, diese soll frühzeitig erteilt werden. Sie enthält die Standardanflugstrecke, ggf. Flughöhenänderungen event. Warteanweisungen, die voraussichtliche Anflugzeit, die Freigabegrenze (z.B. die Haupt-Funknavigationsanlage des Flughafens).

Zur vollständigen Ausführung eines Anflugverfahrens soll in der Freigabe auch die Art des Anfluges (in Anflugkarten des Luftfahrthandbuchs veröffentlicht) angegeben werden. Nähere Anfluganweisungen müssen dann gegeben werden, wenn der Pilot mit dem Instrumentenanflugverfahren nicht zureichend vertraut ist. Zusammen mit der Freigabe für einen Instrumentenanflug sind dem Piloten genaue Einzelheiten über das Fehlanflugverfahren mitzuteilen, wenn ein solches nicht veröffentlich oder wenn es geändert wurde.

Die Lotsen haben auch dafür zu sorgen, daß die Verfahren unter Berücksichtigung der Lärmminderung eingehalten werden; sie haben ggf. den Flugalarmdienst wahrzunehmen.

Der Verbindungslotse (Planungslotse) hat wichtige Flugdaten mit benachbarten Sektoren oder Kontrollstellen auszutauschen, um die Übergabe kontrollierter LFZ'e zwischen Lotsen ohne Radar vorzubereiten. Er muß also Informationen von dem übergebenden Lotsen einholen und sie an den übernehmenden Lotsen weiterleiten. Ferner soll er zwischen verschiedenen Arbeitsplätzen koordinieren und sie unterstützen.

2.2.3.3. Luftlagebild und Verfahren in der Anflugkontrolle (ohne Radar)

Für den Aufbau eines Luftlagebildes steht dem Lotsen in einer konventionellen Anflugkontrolle kein Radargerät zur Verfügung. Hierfür dienen ihm Flugplandaten,

---

[1] Über die automatische Ausstrahlung von Lande- und Startinformationen (ATIS: automatic terminal information service) siehe BA-FVK 414.6 und Abschn. V.3.1.

Standortmeldungen der Piloten, Anzeigen des Sichtpeilgerätes und telefonische Durchsagen der Bezirkskontrolle über Anflüge.

Zu den wichtigsten Flugplandaten wie Rufzeichen der LFZ'e, Muster, Geschwindigkeit, Abflughafen, Bestimmungsflughafen, geplante Startzeit, geschätzte Flugzeit, Start- oder Landezeit und Freigaben (in Kürzelform) erhält der Anfluglotse vom Bezirkskontrolldienst noch Daten über Flughöhe, Freigabegrenze, geschätzte Ankunftszeit über der Hauptfunknavigationsanlage des Platzes, Warteanweisungen, Sinkflug- und Anflugfreigaben sowie den Übergabepunkt der Verantwortung von der Bezirkskontrolle an die Anflugkontrolle.

Der Assistent überträgt die wesentlichen Informationen auf Kontrollstreifen (u.a. Freigabegrenze; Ankunftszeit; Höhenangaben; Flugstrecke, Luftfahrzeugmuster, Rufzeichen). Aus ihnen leitet der Lotse ein Bild der Verkehrslage ab, prüft die Sicherheitsabstände der LFZ'e; plant die Anflugfolge, die zeitgerechte Höhenverteilung (Nr. 1 in der Anfangsanflughöhe; Nr. 2 Tausend Fuß darüber u.s.w.). Achtet darauf, daß Strahlflugzeuge keine niedrigen Wartehöhen erhalten und einen stetigen Sinkflug durchführen dürfen. Sichert den Steigraum für Abflüge, hält die unteren Höhen für Abflüge frei, um sie unter den Anflügen weg und heraus zu bekommen; ermöglicht rasches und stetiges Steigen für Strahlflugzeuge auf ihre Reisehöhe.

Während anfliegender Verkehr in erster Linie vertikal gestaffelt wird, finden beim abfliegenden Verkehr alle Staffelungsarten Anwendung. Noch vor dem Startanlauf erhält der Pilot von der Rollkontrolle (Teil der Platzverkehrskontrolle) die Streckenfreigabe, die vom Bezirkskontrolldienst fernmündlich eingeholt wurde. Der Anfluglotse ergänzt die Streckenfreigabe durch Steiganweisungen. Diese müssen so spezifiziert sein, daß auch bei Ausfall der Bordfunkgeräte nach erfolgtem Start, das abfliegende LFZ von allen anderen LFZ'en ausreichenden Abstand hält. Unter der Voraussetzung einer vollständigen Radarkontrolle kann eine "dummy clearance" gegeben werden. Dies bedeutet, daß die Streckenfreigabe nach dem ungeänderten Flugplan abgegeben wird. Eine Beschränkung oder Änderung der Freigabe erfolgt erst nach dem Start, wenn die Verkehrslage es erfordert.

Die Verantwortung der Anflugkontrolle für Verkehr nach Sichtflugregeln beschränkt sich auf das Erteilen von Freigaben für Sonder-VFR-Flüge (Flüge nach Sicht, die im kontrollierten Luftraum bei Instrumentenwetterbedingungen durchgeführt werden sollen; Voraussetzung: Bodensicht wenigstens 1,5 km, für Hubschrauber nicht unter 0,8 km).

Die Planungen von An- und Abflügen sind häufig mit einer gewissen Unsicherheit verbunden, da der Ablauf des Fluges in dieser Phase schwieriger abzuschätzen ist als beim Reiseflug. Das Vorausbild muß daher in der Anflugkontrolle öfter geändert werden; die einbezogenen Zeitspannen sind zumeist kurz, sofortiges Handeln ist daher unerläßlich.

Die Verantwortung wird dem Anfluglotsen vom Bezirkskontrolldienst am Übergabepunkt des LFZ übertragen; dieser Punkt kann eine Zeit, eine Flughöhe oder ein Funkfeuer sein.

2.2.3.4. Das Luftlagebild durch den Kontrollstreifen in der Bezirkskontrolle

Während in der Anflugkontrolle der Flugweg eines Luftfahrzeugs durch eine zeitliche Folge räumlicher Punkte, d.h. mit vier Koordinaten beschrieben wird (z.B. Steig- und Sinkflüge), kann ein Flugweg in der Bezirkskontrolle gewöhnlich durch drei, im Horizontalflug durch nur zwei Koordinaten angegeben werden. Die Extrapolation des Standorts in die Zukunft hat großen Wahrscheinlichkeitswert.

Handschriftlich - oder automatisch durch den Rechner - werden die wesentlichen Informationen aus den Flugplänen in Kontrollstreifen übertragen; während in der Anflugkontrolle nur ein Streifen je Flug ausgefüllt wird, sind im Bezirkskontrolldienst zwei Methoden bekannt; das "Ein-Streifen-je-Flug-Verfahren", und das "Ein-Streifen-je-Meldepunkt-Verfahren", wie es der FVK-Dienst in der BRD praktiziert. Der Assistent ordnet in den Buchten des Kontrollpultes unter jedem Meldepunkt, für jeden darüber führenden Flug, einen Kontrollstreifen ein (Bild 51). Er ordnet sie nach der

02	130 110	CV44	B1		16
16 8		LH-130	DKB	EDDL B1 WLD B1	16 14
		210	WLD	EDDM	

1602	vorausberechnete (geschätzte) Überflugzeit (GMT) für den Bezugsmeldepunkt Dinkelsbühl (DKB)
8	Flugzeit vom vorangehenden Meldepunkt zum Bezugsmeldepunkt, ausgedrückt in Minuten
130	vom Kontrolldienst freigegebene Flughöhe (FL 130)
110	vom Piloten gewünschte Flughöhe (FL 110)
CV44	Luftfahrzeugmuster (Convair 440)
LH 130	Funkrufzeichen
210	Geschwindigkeit in Knoten
Neunerfeld:	Der Flugweg über Grund wird durch Angabe des Bezugsmeldepunktes (DKB in der Mitte) und des zurück- und vorausliegenden Streckenabschnittes (B1=Luftstraße Blau Eins, woher-Information - WLD = Meldepunkt Walda, wohin-Information) analog auf den Kontrollstreifen übertragen. Die woher- und wohin- Informationen werden entsprechend der relativen Richtung zum Bezugsmeldepunkt in einem der acht Richtungssektoren eingetragen, und zwar die wohin- Information in rot.
EDDL	Starthafen Düsseldorf
B1 WLD B1	Flugweg über Luftstraße Blau Eins im Kontrollgebiet Frankfurt, Abschlußpunkt des programmierten Streckennetzes Walda, weiterführende Strecke Luftstraße Blau Eins
EDDM	Zielhafen München
1616	vorausberechnete Überflugzeit (GMT) für den Streckenabschlußpunkt WLD (Meldepunkt 2. Art)
14	Flugzeit vom Bezugsmeldepunkt DKB zum Meldepunkt WLD, ausgedrückt in Minuten

Bild 51: Kontrollstreifen für die Bezirkskontrolle

voraussichtlichen Überflugzeit für den Meldepunkt übereinander (d.h. der Streifen mit der frühesten Überflugzeit kommt an die unterste Stelle) und in der zeitlichen Folge der Meldepunkte nebeneinander ein.

Die "Ein-Kontrollstreifen-pro-Flugzeug-und-Sektor-Methode" ist u.a. in den Streckenkontrollen Paris und Amsterdam eingeführt. Der Kontrollstreifen enthält alle Fixpunkte und "estimates", die geschätzten Überflugzeiten für die betreffende Route innerhalb des Sektors. Bei diesem Verfahren wirkt sich in Paris ein Radarausfall, in Amsterdam ein Rechnerausfall besonders störend aus.[1] Die unterschiedlichen Auswirkungen sind auf die Besonderheiten im Systemaufbau zurückzuführen ("Cautra" in Paris und "Satco" in Amsterdam).

In der BRD wird - wie bemerkt - je ein Kontrollstreifen je Fixpunkt der Route im Sektor angelegt. Dieses System liefert eine wirkliche Übersicht über die Flugbewegungen im Sektor, da es den zeitlichen Ablauf über den Meldepunkten anzeigt. Außerdem bietet es mehr Sicherheit, da der Verkehr auch bei Radar- und Rechnerausfall gut kontrolliert, also echt auf das konventionelle System als allein tragendes, zurückgestuft werden kann.

Die Streifen geben eine räumliche und zeitliche Darstellung der Luftverkehrsanlage, wobei die tatsächlichen bzw. voraussichtlichen Überflugzeiten für etwa den Zeitraum der vergangenen zehn und der kommenden zwanzig Minuten benötigt werden. Weiter zurückliegende Zeiten sind nicht mehr interessant, weil die größte, anzuwendende Längsstaffelung normalerweise 10 Minuten beträgt. Weiter in die Zukunft reichende Zeiten sind zu wenig zuverlässig, weil sich der Flugverlauf nicht sicher genug vorausbestimmen läßt, daher sind sie für den Lotsen noch nicht wichtig. Zudem kann ein Flugweg erst nach Vorliegen der tatsächlichen Ablfugzeit berechnet werden; ein vollständiges Verkehrsbild kann nicht beliebig weit in die Zukunft berechnet werden.

Die meisten Fälle einer sich anbahnenden Konfliktsituation werden ohne Rechnung, einfach durch Vergleich der Überflug-Zeiten auf den Kontrollstreifen unter einem Meldepunkt sichtbar. Ist die zeitliche Differenz mindestens 10 Minuten (bei Bewegungen in gleicher Höhe 20 Minuten), dann besteht keine Konfliktgefahr. Ergibt sich an einem Meldepunkt eine Differenz unter 10 Minuten, dann müssen die Höhen der beteiligten Flugzeuge geprüft werden, auch die Höhe in der vorhergegangenen Positionsmeldung, da das Luftfahrzeug sich dem Meldepunkt evtl. sinkend oder steigend nähert. Ferner ist eine Prüfung erforderlich ob sich die Flugzeuge zwischen den Meldepunkten treffen. Kontrollstreifen müssen stets auf dem Laufenden gehalten, alle Fakten und Freigaben müssen eingetragen werden, damit der Lotse sich nicht auf sein Gedächtnis abzustützen hat.

---

[1] Die Methode ist also für eine konventionelle Kontrolle besonders ungünstig.

2.2.3.5. Staffelungsverfahren ohne Radar[1]

Allgemeines. Im Bereich der IFR-Kontrollverfahren nimmt die Staffelung einen wichtigen Platz ein. Wie bereits ausgeführt, ist es die Hauptaufgabe der Anflug-, Abflug- und Streckenlotsen, daür zu sorgen, daß von den Luftfahrzeugen zureichende Sicherheitsabstände eingehalten werden. Die Mindeststaffelungswerte bestimmen u.a. die Leistungsfähigkeit der Flugverkehrskontrolle, d.h. sie begrenzen die Zahl der Flüge, die gleichzeitig in einem gegebenen Luftraum aktiv sein können. Die Weiterentwicklung der Staffelungsverfahren muß daher darauf gerichtet sein, die Sicherheitsabstände, d.h. die Staffelungsminima zu verkleinern.

Generell ist die Staffelung herzustellen zwischen:

kontrollierten IFR-Flügen;
kontrollierten IFR-Flügen und kontrollierten VFR-Flügen einschl. Sonder-VFR-Flügen;
Sonder-VFR-Flügen.

2.2.3.6. Staffelungsarten

Man unterscheidet

1) Höhenstaffelung;
2) Längsstaffelung nach zeitlichem Abstand;
3) Längsstaffelung nach räumlichem Abstand;
4) Seitenstaffelung;
5) Staffelung abfliegender LFZ'e unmittelbar nach dem Start;
6) Freigabe zum Fliegen in Sichtwetterbedingungen;
7) Herabsetzung der Staffelungsmindestwerte in der Platzrunde eines Flugplatzes;
8) Staffelung von Sonder-VFR-Flügen.

Beispiele

Aus der großen Zahl der Verfahren können nur wenige Beispiele zitiert werden; weitere Einzelheiten sind in der BA-FVK nachzulesen.[1]

1) Höhenstaffelung. IFR-Flüge sind im kontrollierten Luftraum durch Zuweisen von Flugflächen oder Höhen über NN zu staffeln, die durch einen Abstand von mindestens 1000 Fuß voneinander getrennt sind.

---

[1] BA-FVK 420 bis 428.2

IFR-Flüge in Flugverkehrsberatungsbezirken[1] sind durch Zuweisen folgender vertikaler Abstände zu staffeln:

1000 Fuß bei Flügen unterhalb Flugfläche 290

2000 Fuß bei Flügen oberhalb Flugfläche 290

2) Längsstaffelung nach zeitlichem Abstand. Diese Art der Längsstaffelung beruht auf den gemeldeten Überflugzeiten über bezeichneten Meldepunkten. Sie ist so anzuwenden, daß der Abstand zwischen den voraussichtlichen Standorten der gestaffelten LFZ'e niemals geringer als der vorgeschriebene Mindestwert ist.

Verkehr in gleicher Richtung beim Durchfliegen der gleichen Flughöhe ist durch Anwenden eines der folgenden Mindestwerte zu staffeln:

i) Drei Minuten für das nachfolgende Luftfahrzeug - in jedem der nachstehenden Fälle - vorausgesetzt, das vorausfliegende Luftfahrzeug ist mindestens 40 Knoten schneller:

zwischen zwei Luftfahrzeugen auf Strecke, die dieselbe Navigationshilfe oder denselben - für diese Zwecke zugelassen - Meldepunkt überflogen haben (Bild 52);

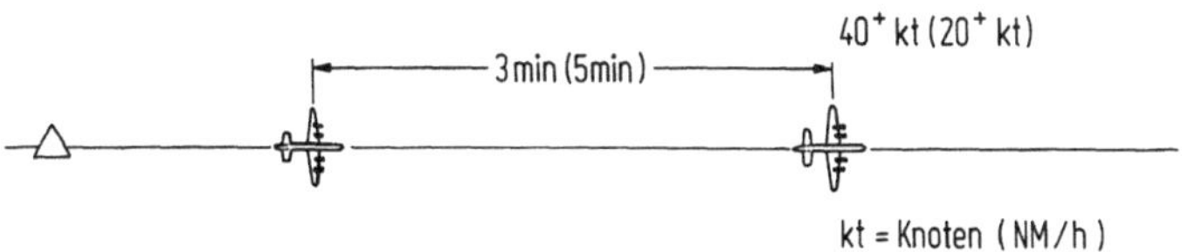

Bild 52: Längsstaffelung mit zeitlichem Abstand

zwischen zwei Luftfahrzeugen, die vom selben Fluplatz gestartet sind (Bild 53);

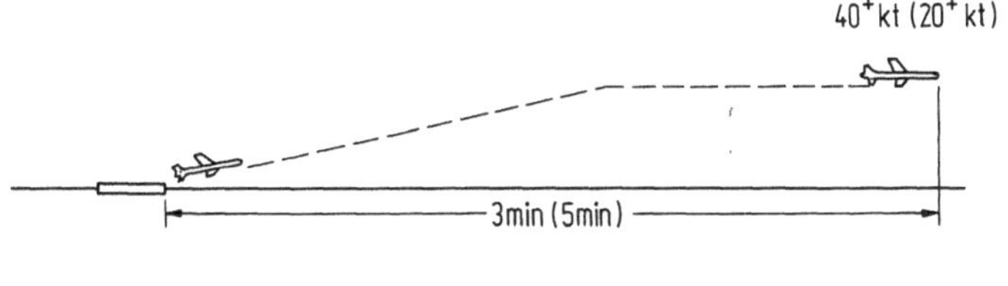

Bild 53

[1] vergl. Abschn. III. 2, Einteilung des Luftraums.

zwischen einem Luftfahrzeug auf Strecke und einem startenden Luftfahrzeug, nachdem das LFZ auf Strecke sich über einem Fixpunkt gemeldet hat, dessen Lage zum Startflugplatz gewährleistet, daß die erforderliche Staffelung hergestellt ist, wenn das startende Luftfahrzeug die Flughöhe des LFZ 's auf Strecke erreicht oder durchfliegt (Bild 54).

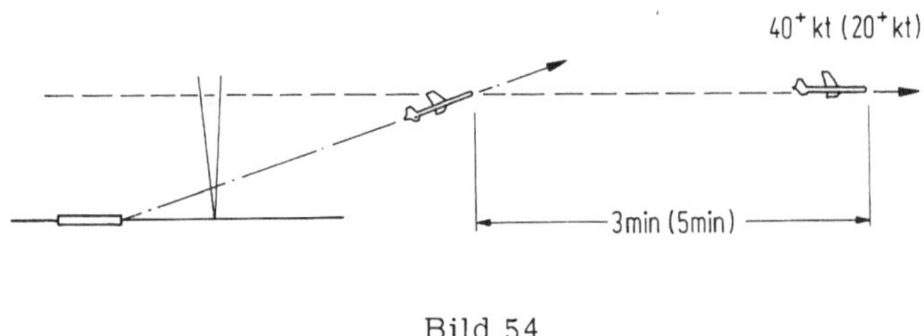

Bild 54

ii) Fünf Minuten Flugzeit für das nachfolgende Luftfahrzeug in den vorstehend genannten drei Fällen, vorausgesetzt, das vorausfliegende LFZ ist 20 Knoten schneller.

Kreuzender Verkehr in der gleichen Flughöhe ist durch Anwenden eines der folgenden Mindestwerte zu staffeln:

10 Minuten Zeitabstand über demselben Meldepunkt, wenn die Flugzeit vom vorherigen Meldepunkt für jedes LFZ weniger als 30 Minuten beträgt;

15 Minuten Zeitabstand über demselben Meldepunkt, wenn die Flugzeit vom vorherigen Meldepunkt für mindestens ein Luftfahrzeug 30 Minuten oder mehr beträgt.

2.2.4. Radarverfahren[1]

2.2.4.1. Allgemeines

Das Benutzen von Radargeräten in der Flugverkehrskontrolle ist in mehrfacher Hinsicht vorteilhaft. Von einer Sicherheitsstaffelung der Luftfahrzeuge nach Zeit und Kurs kann man zu einer reinen Entfernungsstaffelung übergehen. Die Folge ist eine bessere Nutznng des Luftraums. Das Radarschirmbild zeigt alle Luftfahrzeugbewegungen geographisch richtig; Kursführung und navigatorische Unterstützung sind möglich, da die Auswirkungen auf benachbarte, andere Bewegnngen übersehen werden können.

[1] BA-FVK 500-552.2

2.2.4.2. Aufgaben der Radarlotsen; Allgemeines

Die dem Flugverkehrskontrolldienst gestellte Aufgabe der Luftverkehrs-Überwachung fordert vom Radarlotsen die volle Nutzung der im Radargerät steckenden Möglichkeiten. Er greift, über die mehr passive Radar-Beobachtung hinausgehend, aktiv in den Verkehrsablauf mit seiner Radar-Führung ein.

Die vielfältigen Aufgaben beginnen mit dem Erfassen der Luftfahrzeuge, der Identifizierung, für die es mehrere Verfahren gibt[1]. Mit Freigaben und Anweisungen stellt der Radarlotse sicher, daß die Radar-Staffelungsmindestwerte nicht unterschritten werden; er gibt den kontrollierten LFZ'en ggf. Informationen über wesentliche Abweichungen gegenüber den in den Freigaben erteilten Auflagen.

Ferner führt er die LFZ'e mit Radar - als navigatorische Unterstützung - zur Beschleunigung des Steigens auf die Reisehöhe; bringt sie an einen für den Anflug günstigen (festgelegten) Standort; führt sie bei der Lösung möglicher Konflikte, beim Umfliegen von Schlechtwettergebieten und unbekannten Radarzielen.

Außerdem sind mit dem Rundsicht-Radar und mit dem Präzisions-Anflug-Radar (PAR) Anflüge durchzuführen und es ist dafür zu sorgen, daß bei den Anflügen die Lärmminderungsverfahren eingehalten werden.

a) Radarabflug- und Radaranfluglotse. Radarabflug- und -anfluglotsen überwachen und führen (kontrollierte) Flüge, die von einem Flugplatz oder mehreren benachbarten Flugplätzen abfliegen oder diese anfliegen.

Falls der Umfang des Verkehrs es erfordert, wird die Aufgabe des Anfluglotsen geteilt und von Lotsen ausgeübt, die man als Erfasser (pick up) und als Einspeiser (feeder) bezeichnet.

b) Aufgaben des Erfassers: übernimmt die Radarkontrolle über ankommende Luftfahrzeuge mit Hilfe der Identifizierung oder nach Übergabe von einem Streckenlotsen;

Identifizierungsverfahren: Pilot meldet Standort über einer Navigationsanlage; vorgeschriebene Kurve wird beobachtet; Auswerten einer Peilinformation; Pilot meldet DME-Fixpunkt;[2] Anwenden von Sekundärradar; das LFZ wird vom Streckenlotsen übergeben (Radarübergabe);

ordnet die Luftfahrzeuge für eine optimale Landefolge durch Zuweisen von bestimmten Steuerkursen und Flughöhen;

---

[1] BA-FVK 500-552.2

[2] DME: distance measuring equipment, Entfernungsmeßgerät, siehe Abschn. VII. 2.3.10.

unterrichtet die Piloten über das beabsichtigte Landeverfahren;

legt die Anflugfolge fest;

erteilt Anflugfreigaben und Warteanweisungen, falls notwendig;

übergibt das LFZ an den Einspeiser.

c) Aufgaben des Einspeisers: übernimmt die Luftfahrzeuge vom Erfasser;

bestimmt die Endanflugfolge, unterrichtet die Piloten und führt die LFZ'e mit Radar;

erteilt die Freigabe für einen - Instrumenten - oder - Sichtanflug, je nach Wetterlage und Verkehr;

übermittelt Standort-Meldungen an die Platzverkehrskontrolle;

führt einen Rundsichtradaranflug durch, falls gewünscht, oder übergibt das LFZ an die Platzverkehrskontrolle.

d) Radarführung des Erfassers und des Einspeisers. Die Radarführung des Erfassers und des Einspeisers sollen am Beispiel des Flughafens Frankfurt/M. demonstriert werden. Das Bild 55 gibt einen Überblick über die geographische Lage der Streckenführungen, der minimalen Flughöhen und der Übergabepunkte, an denen der Erfasser die Luftfahrzeuge vom Streckenlotsen übernimmt (Limburg, Nauheim, Fulda, Würzburg, König, Rüdesheim).

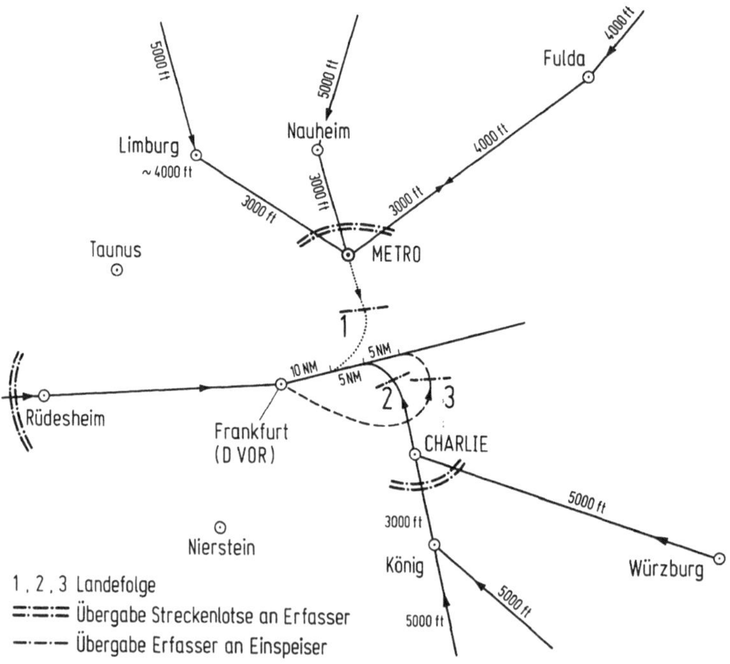

Bild 55: Anflug mit Radarführung

Die Nr. 1 in der Landefolge kommt vom Norden, die Nr. 2 vom Süden, die Nr. 3 vom Westen; die Nr. 1 kann entweder von Limburg, von Nauheim oder Fulda kommen, dieses hängt ab von der Verkehrssituation, vom Flugzeugtyp, vom Übergabepunkt (Streckenkontrolle → Anflugkontrolle) und von der Entfernung von Metro, bzw. "Estimate" für Metro, d.h. der voraussichtlichen Zeit des Erreichens von Metro.

Der Erfasser übernimmt die LFZ'e an den genannten Punkten in einer Höhe von ca. 4000 Fuß; er betreut maximal 6 bis 8 LFZ'e, sie können sich unterscheiden durch ihre Flughöhe, Geschwindigkeit, Flugrichtung und den Typ. Der Erfasser übergibt die LFZ'e konfliktfrei und gestaffelt - in Bezug auf Flughöhe und Geschwindigkeit - an den Einspeiser.

Die Übergabe-Bereiche sind im Bild 55 durch gestrichelte Linien gekennzeichnet. Die Staffelungsabstände sind bei schlechtem Wetter 5 NM, bei gutem Wetter 3 NM. In Bild 56 wird ein Radar-geführter Anflug mit den zugehörigen Radar-Vektoren und Anweisungen gezeigt.

Bild 56: Radarvektoren für den Anflug. (HEZ, VEZ: Haupt- und Voreinflugzeichen der ILS-Landeanlage)
1 "This is a Radar Vector for ILS (PAR, NDB, SRE), approach Runway 25 R (25L), maintain 230 Kts".
2 "Turn right, Heading 160, maintain 3000 Feet, maintain airspeed".
3 "Turn right Heading 230, reduce to 190 Kts".
4 "Turn right, Heading 250, cleared to make ILS approach, reduce to 160 Kts to outer Marker".
Zeit von 1 bis zur Anfluggrundlinie etwa 2 - 3 mi (bei 240 Kt : 4 Kt/min bei 180 KT : 3 Kt/min Strecke ~ 11 NM)

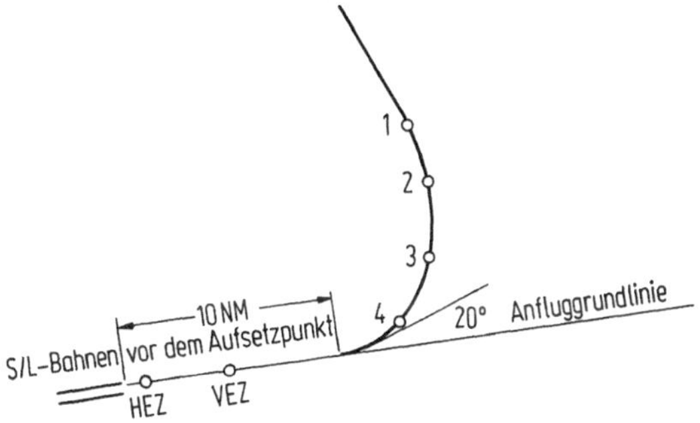

1
2
3
4
10 NM
vor dem Aufsetzpunkt
20°
Anfluggrundlinie
S/L-Bahnen
HEZ
VEZ

Die Geschwindigkeitsreglung in der Anflugkontrolle; Ergebnisse einer Untersuchung.
Sander hat in der Anflugkontrolle Frankfurt/M. Untersuchungen über die Geschwindigkeitsreglung (speed control) durchgeführt (Oktober 1971); im Folgenden sollen einige Ergebnisse aufgeführt werden [59]. Etwa 25 bis 40 % der Luftfahrzeuge flogen schneller als 250 Knoten, wenn sie in den 30-NM-Bereich Frankfrut/M. einflogen (Bild 57; in diesem Bereich gilt die Reglung, daß die maximale Fluggeschwindigkeit nur 250 Knoten betragen darf); 30 bis 40 % hielten die 250 Knoten ein, 20 bis 30 % flogen langsamer;

die Übergabe Streckenkontrolle-Anflugkontrolle erfolgte normal in einer Entfernung von 30 NM ± 5 NM von der Hauptnavigationshilfe (Doppler-Drehfunkfeuer, östlich des Flughafens);

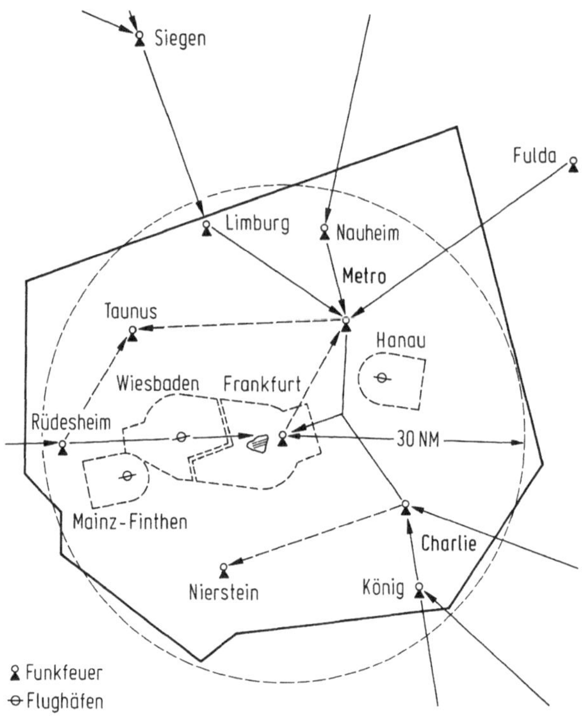

Bild 57: Zuständigkeitsbereich der Anflugkontrolle Frankfurt; Geschwindigkeitsbeschränkungsbereich [59]

der Erfasser arbeitete im Geschwindigkeitsbereich von 170 bis 210 Knoten; bei schwachem Verkehr verzichtete er auf einen Eingriff;

die Übergabe Erfasser-Einspeiser erfolgte in einer Entfernung von 23 bis 25 NM von der Landebahnschwelle;

der Einspeiser arbeitete fast immer mit der Geschwindigkeitsreglung; er bevorzugte Werte von 160 und 170 Knoten, die meist bis zum Voreinflugzeichen vorgeschrieben waren. Er führte die Luftfahrzeuge in 11 bis 21 NM von der Landebahnschwelle entfernt an die verlängerte Anfluggrundlinie;

der Abstand zwischen zwei Luftfahrzeugen änderte sich während des Anflugs in einigen Fällen zwischen + 1 NM und - 2 NM;

bei Abflügen wurde die Geschwindigkeitsreglung nicht angewandt.

Einsetzen von Rechnern zur Steigerung der Anflugkapazität (CAAS: Computer aided approach sequencing). Zur Herstellung einer Anflug-Reihenfolge führt der Lotse die Luftfahrzeuge von einem Punkt, der 20 bis 40 NM von der Landebahnschwelle entfernt ist, an die Anfluggrundlinie (hier ca. 10 bis 20 NM vom Aufsetzpunkt entfernt).

Hierbei muß der Lotse:

den Staffelungsabstand und die relativen Geschwindigkeiten der Luftfahrzeuge gegeneinander visuell - auf dem Radarschirm - abschätzen;
darauf achten, daß er dem Luftfahrzeugführer zur rechten Zeit den richtigen Kurs (heading) übermittelt, damit die Staffelung einen minimalen Wert erreicht;
mehrere Luftfahrzeuge gleichzeitig betreuen;
in Rechnung stellen, daß die Luftfahrzeugführer verschieden auf die Kontrollanweisungen reagieren [59, 60].

Gerade dieser letzte Punkt erschwert den Einsatz von Rechnern: Voraussetzung ist ja das exakte Einhalten eines bestimmen Anfluges der im Rechner vorprogrammiert ist.

Untersuchungen in London-Heathrow ergaben für die Staffelungszeiten zwischen landenden Luftfahrzeugen einen Durchschnittswert von 1,9 Minuten. Man glaubt, daß nur noch mit Unterstützung eines Rechners dieser Wert reduziert werden kann; man hofft, ihn dann auf 1,5 Minuten vermindern zu können. Die Basis der theoretischen Betrachtungen bildet die 3-Meilen-Radarstaffelnng. Wesentlich für ein Gelingen ist, wie bemerkt, ein sehr genauer Anflug und für die einzelnen Flugzeugtypen festgelegte Anflugverfahren, die im Rechner programmiert sind [61-64; 3]. Ältere Versuche in den USA lehrten, daß der Rechnereinsatz die Landefolge um maximal 10% erhöhte.

e) Rundsichtradaranflug. Zunächst führt der Lotse das LFZ an die Anfluggrundlinie heran. Das eigentliche Verfahren beginnt, sobald das LFZ auf der Anfluggrundlinie und innerhalb von 10 NM vom Aufsetzpunkt ist.

Der Pilot soll den Aufsetzpunkt auf der Landebahn mit konstantem Kurs unter einem Gleitwinkel von 3 Grad ansteuern.

Der Lotse beobachtet den Anflug auf dem Radarschirm und spricht dem Piloten, zusammen mit den Entfernungen zum Aufsetzpunkt, die den jeweiligen Entfernungen zugeordneten, vorausberechneten Flughöhen zu. Die in der Tabelle 12 angegebenen Flughöhen hat man unter der Annahme eines Gleitwinkels von 3° berechnet. Die Flughöhen gelten über Flugplatzhöhe. Die Flughöhen dienen dem Piloten zur Kontrolle des von ihm einzuhaltenden, richtigen Gleitwinkels.

Da bei diesem Verfahren die Flughöhe vom Boden her nicht festgestellt werden kann, ist es wesentlich ungenauer als der PAR-Anflug.

Die Anflug-Unterstützung wird beendet, sobald der Pilot meldet, daß er die Landebahn oder die Anflugfeuer sieht (weitere Einzelheiten siehe BA-FVK 544).

Tabelle 12. Rundsichtradaranflug (ICAO)

Beim Abstand vom Aufsetzpunkt von	Soll die Flughöhe über Flugplatzhöhe betragen
6 NM	1800 Fuß
5 NM	1500 Fuß
4 NM	1200 Fuß
3 NM	900 Fuß
2 NM	600 Fuß
1 NM	300 Fuß

f) Präzisionsradaranflug. Das Luftfahrzeug wird durch den Flugverkehrslotsen mit Hilfe der Flughafenrundsicht-Radaranalge (ASR) auf die Anfluggrundlinie geführt. Sobald der FS-Lotse am Rundsichtschirm erkennt, daß das Flugzeug seinen Kurs gut auf die Anfluggrundlinie einkorrigiert hat, überantwortet er es seinem Kollegen am PAR-Schirm. Ein Blick auf den Leuchtschirm seines Nachbarn überzeugt ihn davon, daß das herankommende Luftfahrzeug bereits vom 10-Meilen-Bereichs-Schirm erfaßt wurde. Nun übernimmt der PAR-Lotse die Führung. Er beobachtet den Sinkflug auf beiden Bildschirmen des Präzisionsanflugradargerätes (3 NM-Bereich und 10 NM-Bereich) in dreidimensionaler Darstellung. Es wird hierbei sowohl das Azimut (Anflugkurs) als auch die Elevation (Gleitwinkel) des anfliegenden Luftfahrzeuges in Bezug auf eine in den Leuchtschirm eingeblendete Karte angezeigt (Bild 58). Im letzten Abschnitt, im Endanflug, spricht der PAR-Lotse dem Luftfahrzeugführer laufend Informationen über den Standort des Luftfahrzeuges zu, die die seitliche Versetzung von der Anfluggrundlinie, die senkrechte Abweichung vom Gleitweg nach oben oder nach unten und die Entfernung vom Aufsetzpunkt enthalten. Für die Übermittlung der Informationen hat die ICAO besondere Sprechgruppen (in englischer Sprache) festgelegt. Es gilt die Bestimmung, daß der Luftfahrzeugführer die übermittelten Angaben nicht bestätigt und daß der PAR-Lotse seine Durchsage bis zum Schluß nicht mehr unterbricht (Sprechpausen dürfen 5 Sekunden nicht überschreiten). Für den Fall, daß die Funkverbindung abreißt, werden dem Luftfahrzeugführer gleich bei Aufname des Sprechverkehrs besondere Anweisungen übermittelt. Falls der Luftfahrzeugführer nach Erreichen des für den betreffenden Platz festgelegten Landeminimum keine Bodensicht aufnehmen kann, ist er gemäß allgemeiner Anordnung gehalten durchzustarten. Dieses teilt er dem PAR-Lotsen mit, der ihm dann besondere Anweisungen für

Kurs und Flughöhe nach dem Durchstarten erteilt. Auch der PAR-Lotse kann dem Luftfahrzeugführer die Anweisung durchzustarten geben, wenn er auf seinem Sichtgerät feststellt, daß das Luftfahrzeug zu weit vom Landekurs bzw. vom Gleitweg abgekommen ist. Die eigentliche Landung muß mit Bodensicht ausgeführt werden.

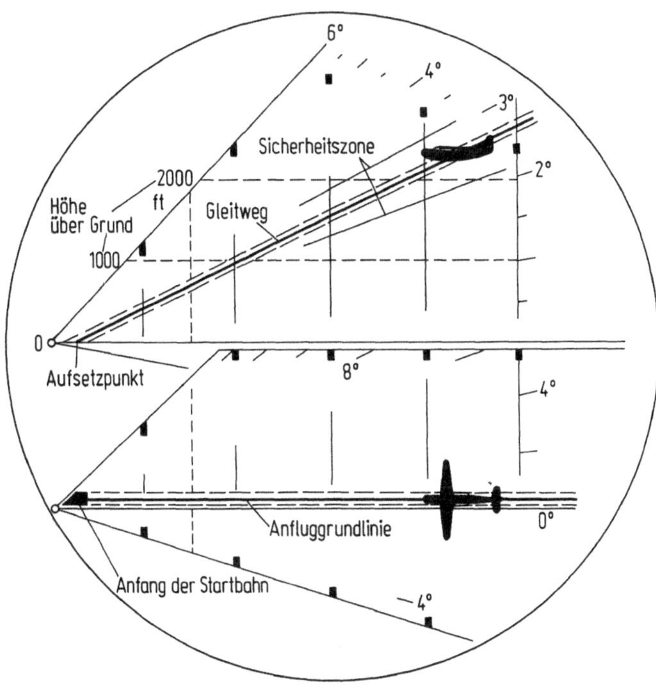

Bild 58: Schirmbild eines PAR-Gerätes

g) Der Radarlotse in der Bezirkskontrolle oder Streckenkontrolle. In der Bezirkskontrolle sind Radarstreckenlotsen eingesetzt, deren Tätigkeitsmerkmale sich mit den im Abschn. 2.2.4.2. angegebenen "Aufgaben der Radarlotsen" deckt. Die Funktionen des Radarübergabelotsen entsprechen etwa denen des bereits genannten Verbindungslotsen. Ferner sind in der Bezirkskontrolle noch Fluginformationslotsen, Assistenzlotsen (bearbeiten für die Streckenlotsen, u.a. Flugdaten und Kontrollmeldungen) und Assistenten tätig (Flugdatenassistent, Fluginformationsassistent, Fernschreibassistent).[1]

[1] Weitere Einzelheiten siehe BA-FVK 242-245

Eine Radarführung auf der Strecke ist u.a. notwendig bei Überholmanövern (Bild 59) und beim Wechsel der Flughöhe.

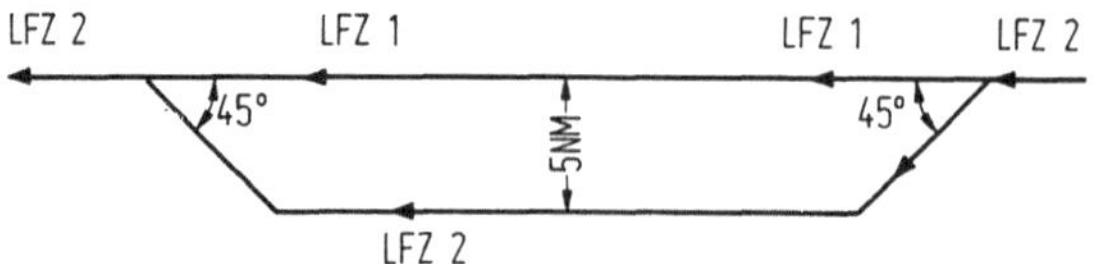

Bild 59: Überholmanöver auf der Strecke mit Radarführung (LFZ: Luftfahrzeug)

2.2.4.3. Staffelung mit Radar

Identifizierte IFR- und Sonder-VFR-Flüge sind durch folgende Mindestwerte zu staffeln (Bild 60):

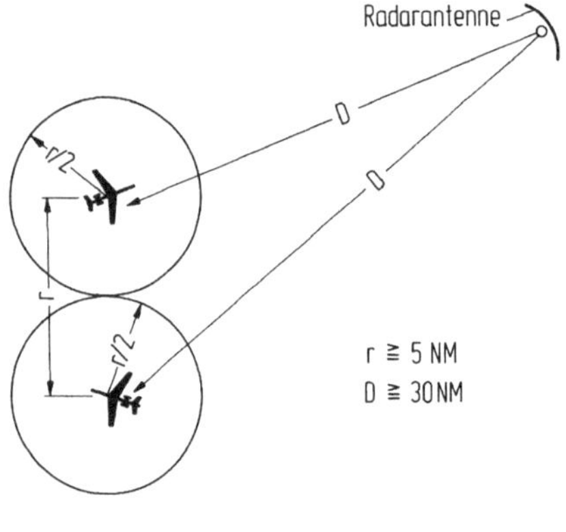

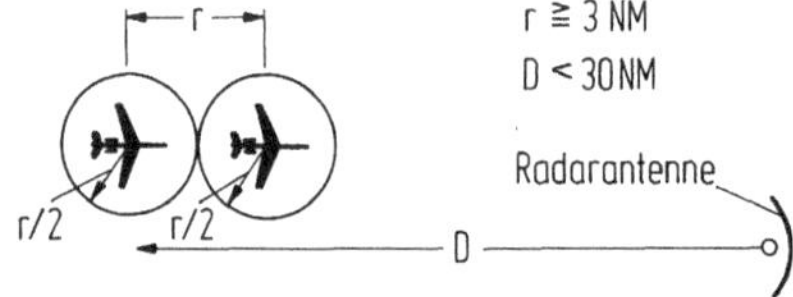

Bild 60: Radarstaffelung (BFS)
(r: Staffelungsabstand)

Bei einem Abstand von der Radar-Antenne von weniger als 30 NM: drei NM

Bei einem Abstand von der Antenne von 30 NM oder mehr: fünf NM

Die Höhenstaffelung für Gegenverkehr kann beendet werden, nachdem festegestellt worden ist, daß die Luftfahrzeuge einander passiert haben.[1]

[2] Weitere Reglungen siehe BA-FVK 520 bis 522.3

2.2.4.4. Besondere Staffelungsmindestwerte und Verfahren beim Einsatz von Großflugzeugen

Bekanntlich treten während des Fluges an den Tragflächenenden von Flugzeugen Luftwirbelschleppen auf, die sich ablösen und anderen, leichteren Luftfahrzeugen gefährlich werden können. Wie Bild 61 es zeigt, weisen die rotierenden Luftmassen einen gegenläufigen Drehsinn auf. Ihre Energie ist dem Gewicht des LFZ direkt, der Spannweite und Geschwindigkeit umgekehrt proportional. Mit maximalem Gewicht startende und dabei noch relativ langsam fliegende Großflugzeuge erzeugen also Luftwirbel mit maximaler Energie. Noch drei Minuten nach dem Vorbeiflug (nach Meldungen von Piloten auch noch länger) sind starke Turbulenzen festzustellen.

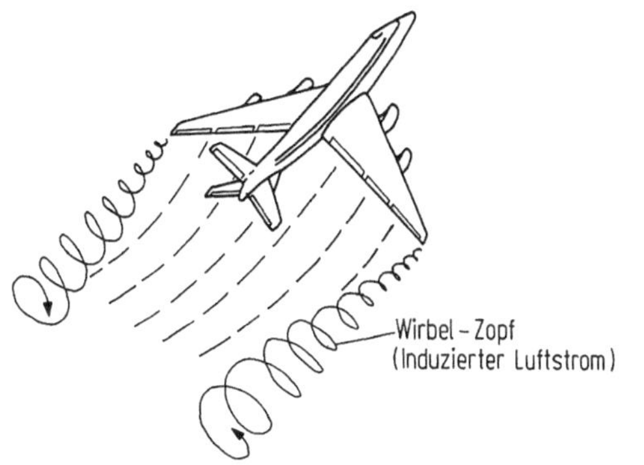

Bild 61: Luftwirbelschleppen hinter Großflugzeugen (FAA)

Unter Berücksichtigung der von der FAA bekanntgegebenen Untersuchungsergebnisse wendet man beim Einsatz von Großflugzeugen (z.B. Boeing 747 bzw. Lockheed C 5A) mit einem Startgewicht von über 150 000 kg von den normalen Werten abweichende Staffelungsmindestwerte und Verfahren an: [1]

Zwischen einem Großflugzeug und einem anderen LFZ, das sich im Flug genau hinter dem Großflugzeug befindet, ist ein Mindestabstand von 5 NM einzuhalten (Radarverfahren).

Zwischen einem landenden Großflugzeug und einem Luftfahrzeug, das anschließend auf derselben, oder einer parallelen, oder einer kreuzenden Start- und Landebahn landet, ist ein zeitlicher Abstand von mindestens 2 Minuten einzuhalten.

Derselbe Abstand gilt, wenn das Großflugzeug startet.

Startet dagegen das nachfolgene LFZ hinter einem gelandeten Großflugzeug oder landet es nach einem gestartetem Großflugzeug auf derselben oder einer parallelen Bahn, dann gilt die normale Staffelung.

---

[1] Einsatz von Großflugzeugen; zusätzliche BA der BFS; BFS/Z-I 3a AZ. 062 1 (23.3.1970)

Bei kreuzenden Bahnen ist ein Abstand von 2 Minuten einzuhalten; dieser Abstand gilt auch, wenn beide LFZ'e auf derselben oder auf paralleln, bzw. kreuzenden Bahnen starten.

Für Großflugzeuge untereinander sind keine besonderen Mindestwerte oder Verfahren erforderlich.

3. Fluginformation, Flugverkehrsberatung, Flugalarm, Flugberatung, Flugfernmelde- und Flugnavigationsdienst

3.1. Fluginformationsdienst

Piloten sind beim Start und im Steigflug, im Endanflug und bei der Landung darauf angewiesen, bestimmte Hinweise und Informationen zu erhalten. Es kann sich um wichtige Wettermeldungen, Nachrichten über Ausfall von Navigationsanlagen und über den Zustand der Start- und Landebahnen handeln. Es können Informationen über bekannten Verkehr, oder - für IFR-Flüge - Meldungen über das Wetter auf der Flugstrecke sein.

In der automatischen Ausstrahlung von Lande- und Startinformationen (ATIS) werden folgende Informationen gegeben: Ort und Art der Information, Kennbuchstabe, Betriebslandebahn, Übergangsfläche, Beobachtungszeit, Windrichtung und -Stärke sowie wesentliche Änderungen, Sicht, ggfs. Start- und Landebahnsicht, gegenwärtiges Wetter, Wolkenbedeckungsgrad, Wolkenart, Höhe der Wolkenuntergrenze, Temperatur, Taupunkt, QNH, Trend, zusätzliche Informationen, z.B. Landebahn-Zustand, Bremswirkung, Einschränkung in der Benutzbarkeit der Anflughilfen, Bauarbeiten an oder in der Nähe der Startbahn; SSR-Codes für abfliegende LFZ'e, Sigmet-Meldungen des Nahverkehrsbereichs.[1]

Falls nötig, können von der Wetterwarte u.a. eingeholt werden: Landwettervorhersagen, Höhenwindvorhersagen, Sigmet-Meldungen.

Die Bezeichnung: Kaf-oh-kee oder "Cavok" bedeutet:

Sicht:	10 km oder mehr
Bewölkung:	Keine Bewölkung unter 5000 Fuß
Wetter:	Kein Niederschlag und kein Gewitter

Der Fluginformationsdienst wird von allen Flugverkehrskontrolldienststellen geleistet, es sind hierfür besondere Arbeitsplätze vorgesehen; der Flugverkehrskontrolldienst hat jedoch Vorrang.

---

[1] Sigmet: significant meteorological messages, besonders wichtige Wettermeldungen (z.B. über Gewitter, Wirbelstrum, Hagel, Vereisung u.a.).

3.2. Flugverkehrsberatungsdienst

Im oberen Luftraum wird entweder ein Flugverkehrskontroll- oder ein Flugverkehrsberatungsdienst (air traffic advisory service) durchgeführt.[1] Man hat dafür in der BRD zwei Bereiche festgelegt: die oberen Flugberatungsbezirke (UDA = upper advisory area) Hannover und Rhein (vergl. Abschn. III. 2, Einteilung des Luftraums).[2]

Es ist die Aufgabe dieses Dienstes - über den Fluginformations- und Flugalarmdienst hinaus - eine Staffelung zwischen bekannten Flügen herzustellen. Dieses ist aufgrund von Standortmeldungen und von Radarinformationen möglich.

Die Verfahren:

da oberhalb FL 200 Flüge nach Sichtflugregeln untersagt sind, müssen sie generell nach IFR durchgeführt werden (§ 30 LuftVO);

der zuständigen Flugverkehrskontrollstelle ist ein Flugplan zu übermitteln (§ 25 (1) Nr. 1 LuftVO);

eine Flugverkehrsfreigabe ist einzuholen (§ 26 LuftVO);

Streckenführung und Flugfläche sind einzuhalten, außer bei Steig- und Sinkflug und in genehmigten Ausnahmefällen;

dauernde Hörbereitschaft ist aufrechtzuerhalten;

Standortmeldungen sind über Pflichtmeldepunkten abzugeben.

3.3. Flugalarmdienst, Such- und Rettungsdienst

Der Flugalarmdienst gehört in den Aufgabenbereich aller Flugverkehrskontrollstellen; er umfaßt alle Flüge, die über Flugpläne oder sonstwie bekannt geworden sind. Die Flugverkehrskontrollstellen alarmieren den Such- und Rettungsdienst und unterstützen diesen. Der Ablauf einer Aktion erfolgt nach Alarmstufen (Notverfahren, BA-FVK 600-645).

Sie sind unterteilt in die

Ungewißheitsstufe:	INCERFA
Bereitschaftsstufe:	ALERFA
Notstufe:	DETRESFA

---

[1] Die Europäische Organisation zur Sicherung der Luftfahrt Eurocontrol führte ab 1.6.1967 für den Bereich der BRD, der Niederlande, Belgien und Luxemburg im Oberen Luftraum einen Flugverkehrsberatungsdienst ein. Er dient zur Vorbereitung einer Flugverkehrskontrolle im Oberen Luftraum.

[2] In der BRD soll - wie erwähnt - demnächst ein Flugverkehrskontrolldienst auch im oberen Luftraum eingeführt werden.

Die Ungewißheitsstufe (INCERFA) ist z.B. gegeben, wenn mindestens eine der folgenden Bedingungen erfüllt ist:

a. Ein Luftfahrzeug hat sich innerhalb von dreißig Minuten nach dem Zeitpunkt, an dem eine Meldung hätte abgesetzt werden müssen oder an dem der erste erfolglose Versuch zur Herstellung der Verbindung mit dem Luftfahrzeug unternommen wurde, nicht gemeldet.

b. Ein Luftfahrzeug landet nicht innerhalb von dreißig Minuten nach der zuletzt an eine Flugverkehrsstelle gemeldeten oder von dieser errechneten voraussichtlichen Ankunftszeit, je nachdem welche später ist.

Für die Feststellung der verschiedenen Alarmstufen sind in der BRD die Regionalstellen Bremen, Frankfurt/M. und München und die Kontrollstelle für den oberen Luftraum, Frankfurt/M., zuständig. Diese Dienststellen sind gleichzeitig die zentralen Sammelstellen für alle Informationen über Notlagen von Luftfahrzeugen, die sich innerhalb ihres Fluginformationsgebietes befinden. Sobald eine Reginalstelle oder die Kontrollstelle für den oberen Luftraum Informationen über einen Notfall erhält, hat sie die Notstufe zu bestimmen. Nachdem über die Notstufe entschieden ist, hat sie unverzüglich die zuständige SAR-Leitstelle (RCC)[1], das Luftfahrt-Bundesamt (LBA), die betroffenen Flugverkehrskontrollstellen und andere betroffene Stellen zu benachrichtigen.

Für den Such- und Rettungsdienst (SAR) stehen SAR-Leitstellen zur Verfügung, die für die Einleitung, Koordinierung und Überwachung von Such- und Rettungsmaßnahmen in den ihnen zugeteilten SAR-Bereichen verantwortlich sind:

für den nördlichen Teil der FIR Bremen die SAR-Leitstelle Glücksburg;

für den übrigen Teil der FIR Bremen, für die FIR Frankfurt/M. und München die SAR Leitstelle Porz-Wahn.

Die SAR-Leitstellen alarmieren die ihnen zur Verfügung stehenden Rettungseinrichtungen.

3.4. Flugberatungsdienst (Aeronautical Information Service = AIS)

3.4.1. Allgemeines

Die Aufgaben des Flugberatungsdienstes sind folgende:

wichtige Nachrichten für den Luftverkehr zu sammeln, auszuwerten und bekanntzugeben;

---

[1] SAR: search und rescue, Such- und Rettungsdienst
RCC: rescue coordination center, SAR-Leitstelle.

Flugpläne anzunehmen, zu prüfen und an die Flugverkehrskontrollstellen weiterzuleiten;

Luftfahrzeugführer bei der Flugvorbereitung zu unterstützen;

Luftfahrtkarten herzustellen und zu veröffentlichen;

Sie werden durchgeführt vom

a) Büro der Nachrichten für Luftfahrer (Büro NfL) und den

b) Flugberatungsstellen an bestimmten Flugplätzen.

Die Grundlage für den Flugberatungsdienst bildet der Anhang 15 zur Konvention der ICAO; mit seinen Richtlinien und Empfehlungen sorgt er für eine weltweit einheitliche Handhabung der Dienste.

Hiernach sollen alle Mitgliedstaaten Büros NfL einrichten, die auch als zentrale Austauschstelle ausländische Luftfahrtnachrichten beschaffen und im eigenen Staatsgebiet verbreiten.

Die Veröffentlichungen des Büros NfL werden nach Form und Inhalt unterschieden zwischen

Nachrichten für Luftfahrer (NfL), dem
Luftfahrthandbuch Deutschland und den
Luftfahrtkarten.

3.4.2. Nachrichten für Luftfahrer (NfL)

NfL sind nach der ICAO-Begriffsbestimmung Nachrichten über Errichtung, Betriebszustand oder Änderung von Luftfahrtanlagen, Luftfahrtdiensten und Betriebsverfahren, sowie über Gefahren, deren rechtzeitige Kenntnis für das Luftfahrtpersonal wichtig ist.

Wir unterscheiden:

a) Veröffentlichungen in den "Nachrichten für Luftfahrer (NfL)" in deutscher Sprache; hier erscheinen Anordnungen, wichtige Informationen und Hinweise für die Luftfahrt; als NfL I (Betriebsangel.) und NfL II (Personal, Luftfahrtgerät);

b) Veröffentlichungen unter a), für die eine internationale Verbreitung erforderlich ist, werden als "Notam Class II" in deutscher und englischer Sprache bekanntgemacht;

c) Anordnungen, wichtige Informationen und Hinweise deren sofortige innerstaatliche und/oder internationale Verbreitung aus Sicherheitsgründen notwendig ist, werden über das Feste Flugfernmeldenetz (AFTN) als "Notam Class I" in englischer Sprache bekanntgegeben. Sie werden zusätzlich in den "NfL" und als "Notam Class II" bekanntgemacht, wenn sie für einen längeren Zeitraum gültig sind;

d) neben einer Veröffentlichung nach a) werden Informationen und Hinweise für die Luftfahrt, die nicht unmittelbar für die Betriebsdurchführung wichtig sind, aber deren Verbreitung zweckmäßig erscheint, als "AIC" (Aeronautical Information Circular) herausgegeben;

e) abrufen von Nachrichten für Luftfahrer aus dem Rechner; NFL GB (d.h. "gezielte Beratung"). Es können für die Beratung der Bordbesatzungen abgerufen werden:

1) Zusammenstellungen (summaries), die alle Sachgebiete enthalten:

Flughafen-Informationen;
Navigationseinrichtungen;
Flugverkehrskontrollverfahren;
Navigationswarnungen, Schießgebiete usw.;
supra-nationale Bereiche

2) Sachgebiete einzeln;
3) einzelne Notams;
4) Beratung für bestimmte Planquadrate nach einem bestimmten System; ein Quadrat hat die Größe von 1° geographische Länge mal 1° geogr. Breite;
5) gezielte Beratung, z.B. für bestimmte Flugstrecken, nach verschiedenen Kriterien.

3.4.3. Luftfahrthandbuch

Das Luftfahrthandbuch enthält Anordnungen, Informationen und Hinweise für die Luftfahrt, die für einen längeren Zeitraum gültig sind (Loseblattsammlung in deutsch und englisch); Band II enthält Karten, z.B. die Funknavigationskarte, Flughafenkarten, Instrumentenanflugkarten u.a.; Band III enthält Sichtanflug- und Landekarten für alle Flughäfen, Landeplätze und Hubschrauberplätze. Dieser Band ist für den VFR-Flieger bestimmt (DIN A5-Format).

3.4.4. Luftfahrtkarten

An Luftfahrtkarten werden in der BRD herausgegeben: Luftfahrtkarte ICAO 1:500 000 (8 Blätter) mit und ohne Flugsicherungsaufdruck; Arbeits- und Planungskarte 1:5 000 000; Flugsicherungsarbeitskarte 1:500 000 und die Funknavigationskarte 1:1 000 000.

3.5. Flugfernmeldedienst (aeronautical telecommunication service)

Der Flugfernmeldedienst übermittelt die für den Luftverkehr erforderlichen Nachrichten.

Man unterscheidet:

Fester Flugfernmeldedienst (aeronautical fixed service, AFS).

Die Durchführung ist in der BRD der

a) Flugfernmeldezentrale (FFZ) in Frankfurt/M. und den
b) Flugfernmeldestellen auf den zehn Verkehrsflughäfen

übertragen. Die genannten Stellen benutzen das feste Flugfernmeldenetz (aeronautical fixed telecommunication network, AFTN), ein weltweites System zusammengeschlossener fester Flugfernmeldeverbindungen (Fernschreibnetz mit Duplex-Betrieb; weitere technische Einzelheiten siehe Abschn. VII. 1.4).[1]

Zum festen Flugfernmeldedienst, jedoch nicht zum AFTN, gehören die direkten Fernsprechverbindungen, die dem Nachrichtenaustausch zwischen den Flugverkehrskontrollstellen dienen; bei Ausfall der AFTN-Verbindungen dürfen wichtige AFTN-Meldungen auf diesen Fernsprechleitungen übermittelt werden.

Beweglicher Flugfernmeldedienst (aeronautical mobil service);

er umfaßt den Sprechfunk zwischen Boden- und Luftfunkstellen sowie zwischen Luftfunkstellen (Technische Einrichtungen siehe Abschn. VII. 1.2.). Flugrundfunkdienst (aeronautical broadcasting service): Rundausstrahlung von Informationen für Luftverkehrsteilnehmer (ATIS).

Die Richtlinien und Empfehlungen der ICAO für das Fernmeldewesen sind im Anhang 10 zum Vertrag der ICAO enthalten. (Annex 10, Aeronautical Telecommunications; Band I, Teil I: Equipment and Systems; Teil II: Radio Frequencies; Band II: Communication Procedures).

Der Flugfernmeldeverkehr wird schriftlich (Fernschreibmeldungen) oder auf Tonbändern aufgezeichnet. Die schriftlichen Aufzeichnungen sollen aufgrund internationaler Vereinbarung mindestens 90 Tage, elektromagnetische Aufzeichnungen mindestens 30 Tage aufbewahrt werden. Aufzeichnungen, deren Inhalt Gegenstand einer behördlichen oder gerichtlichen Untersuchung ist, sind bis zum Abschluß der Untersuchung aufzubewahren.

---

[1] Neben dem AFTN gibt es das weltweite Fernschreibnetz der SITA (Societé Internationale de Télécommunication Aéronautiques). Der SITA können alle Luftverkehrsgesellschaften beitreten.

Für den Austausch von Flugwettermeldungen zwischen Wetterdienststellen besteht seit 1960 das "meteorological Operational Telecommunication Network Europe", MOTNE, eine Fernschreibnetz.

3.6. Der Flugnavigationsdienst

Der Flugnavigationsdienst bedeutet praktisch die Bereitstellung von Flugnavigationseinrichtungen, mit denen die Piloten Standort- und Richtungsbestimmungen durchführen.

Die BFS hat hierfür entsprechende Anlagen errichtet, insbesondere:

UKW-Drehfunkfeuer und Doppler-Drehfunkfeuer;
Elektronische Entfernungsmeßanlagen;
ungerichtete Mittelwellenfunkfeuer;
UKW-Peilanlagen;
Instrumente-Lande-Systeme (ILS);
Primär- und Sekundär-Radaranlagen.

VI. Der Arbeitsplatz des Lotsen; die Belastung des Lotsen

1. Allgemeines

Bei der Konstruktion eines Fluglotsen-Arbeitstisches müssen viele Parameter berücksichtigt werden.

Ausgangspunkt ist die Forderung, daß eine synthetische Luftlagedarstellung als wichtigstes Kontrollmedium so in das Zentrum des Arbeitsfeldes gelegt wird, daß ein Fluglotse sie in optimaler Sehhöhe sitzend beobachten kann. Die übrigen Bedienelemente sind um das Schirmbild herum in der Weise anzuordnen, daß die wichtigsten am besten zugänglich sind. Wie schwierig diese Aufgabe ist, erhellt aus der Tatsache, daß die zweiundfünfzig (52) Geräte und Bedienelemente eine "oberhalb der Gürtellinie" liegende Bedienfläche von 1,70 × 1,70 m benötigen. So kam man auf die Konstruktion von Seh- und Bedienkreisen.[1]

1.1. Die anthropometrische Arbeitsplatzgestaltung

Der Lotse arbeitet an einem sog. Kontrollplatz, der durch seine besondere, "Cockpit"-ähnliche Anordnung der verschiedenen Informationsmittel gekennzeichnet ist (Bild 62). Die Tätigkeit wird sitzend, wie bemerkt, vor dem Radarschirm bzw. Kontrollstreifenbord ausgeführt; die Bedienung erfolgt jeweils von zwei Seiten: von der Rückseite durch die Assistenten (häufig Frauen), von der Vorderseite durch den Lotsen (Bild 63). Die Ausrüstung des Platzes variiert, je nachdem ob er von einem Streckenlotsen, Übergabelotsen, Erfasser, Einspeiser oder Informationslotsen besetzt wird.

---

[1] Als Kriterien für die Gestaltung von Flugverkehrskontroll-Arbeitsplätzen standen in der BRD lediglich für die Festlegung von „Bein"-raum und Tischhöhe einige Maßangaben des Deutschen Normenausschusses (DNA) zur Verfügung. Die Erprobungsstelle der BFS hat mit Hilfe von Modellen im Maßstab 1:1 und unter Mitwirkung von 100 Fluglotsen einen "körpergerechten" Arbeitsplatz für Regionalstellen entwickelt, der durch seinen Modul-Aufbau Variationen zuläßt und Raumreserve bietet. Die Chassisteile, Geräte und Bedienteile des Arbeitsplatzes sind genormt und in der jeweiligen Gruppe austauschbar.

Die Gestaltung eines Arbeitsplatzes ist von wesentlicher Bedeutung, da optimale Sehbedingungen für die Beobachtung mehrerer Anzeigeräte und die leichte Bedienung von Kipphebeln und Einstellknöpfen in "Greif"-Reichweite gewährleistet sein muß. Auch der freie Raum um die Bedienteile muß der Anthropometrie der Hand bzw. der Finger entsprechen [65].

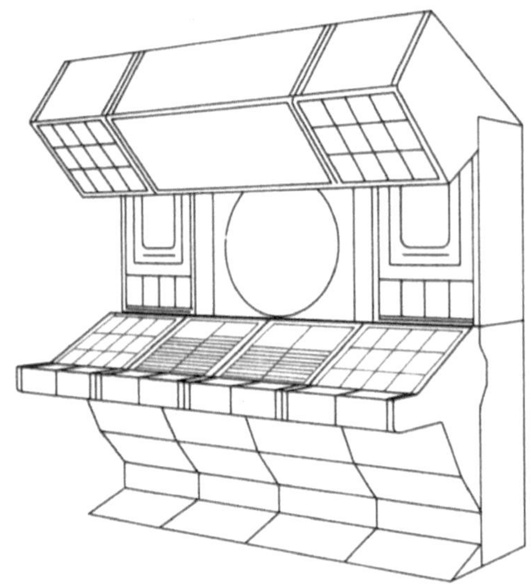

Bild 62: Kontrolltisch; Arbeitsplatz-Grundform (BFS)

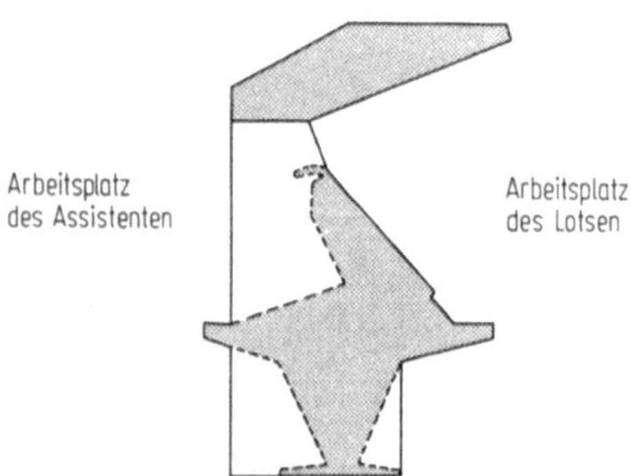

Bild 63: Kontrolltisch (Querschnitt, [65])

Der ganze Komplex gehört zur anthropometrischen Arbeitsplatzgestaltung, da hier die geometrischen Beziehungen zwischen der menschlichen Gestalt und den Betriebsmitteln im Zentrum der Probleme stehen (Rohmert).[1]

[1] Anthropometrie [grch.]: Messung des menschlichen Körpers.

Für die Beurteilung der Arbeitsplatzgestaltung ist die Somatographie anzuwenden (Jenik) [66].[1]

Es ist einzusehen, daß man einen Arbeitsplatz, der im Wechsel von einer ganzen Reihe von Personen mit verschiedenen Körpergrößen besetzt wird, nicht einer konkreten Gestalt "maßgeschneidert" anpassen kann [65], solche Plätze sollen auf einen gewissen Körpergrößenbereich und nicht auf einen "Durchschnittsmenschen" zugeschnitten sein. Das allgemeine Prinzip für die Arbeitsplatzgestaltung lautet:

a) die inneren Maße des Bewegungsraumes, z.B. die lichte Höhe unter der Tischplatte und die Tiefe des Beinraumes sind den Körpermaßen der größten Gestalt anzupassen;

b) die äußeren Abmessungen des Arbeitsplatzes, zum Beispiel die maximal zulässige Armreichweite und Seh-Höhe über der Tischplatte werden von den Körpermaßen der kleinsten Gestalt bestimmt.

Nach der Statistik liegt der Körperhöhenbereich für Männer bei einer Häufigkeit von 90 % zwischen 1630 bis 1900 mm; Mittelwert 1760 mm [65]. Nach einem Hauptprinzip der Somatographie kann man davon ausgehen, daß die Proportionalität der Körpermaße, d.h. das Verhältnis einzelner Maße zur Körperhöhe, im ganzen Körperhöhenbereich (ohne Unterschied des Geschlechts und Alters - zwischen 15 und 65 Jahren) Geltung hat.[2]

1.2. Die Beleuchtung am Arbeitsplatz

1.2.1. Allgemeines

Welche Bedeutung das Licht für den Menschen besitzt kann durch zwei Zahlenangaben besonders eindrucksvoll belegt werden. Einmal, durch die Tatsache, daß mehr als 80 % aller Sinneseindrücke optischer Natur sind und daher des Lichts und des Auges als Mittler bedürfen. Fast unglaublich aber mutet das Ergebnis einer neueren Forschung an, wonach - unter normalen Bedingungen - 25 % des gesamten menschlichen Energiehaushalts allein für den Sehprozess, d.h. optische Reize aufzunehmen, zu verarbeiten und auszuwerten, verbraucht werden [67].

Bild 64 zeigt den Einfluß der Beleuchtungsstärke auf geistige Arbeit und Denkvermögen. Es handelt sich um das Ergebnis einer Untersuchung, bei der eine große Zahl von Schülern einem Inteligenztest unterworfen wurden. Man sieht, daß z.B. Merkfähigkeit und logisches Denken stark anstiegen, wenn die Beleuchtungsstärke

---

[1] Somatographie [grch.]: Beschreibung des menschlichen Körpers.

[2] Unter der Anwendung somatographischer Methoden hat Rohmert einzelne Arbeitsplätze der Fluglotsen im Flugverkehrskontrolldienst untersucht [65].

im Testraum von 90 Lux auf 500 Lux erhöht wurde, obwohl die zu merkenden Worte im Test akustisch dargeboten wurden und verbal wiedergegeben werden mußten. Man kann daraus schließen, daß das Licht einen positiven Einfluß auf mentale Tätigkeiten des Menschen ausübt, auf eine Steigerung seines Konzentrationsvermögens und eine Anhebung der Gesamtkondition [68]. Welcher Unterschied im Lichtbedarf zwischen jüngeren (ca. 20-jährigen) und älteren Personen (ca. 60-jährigen) besteht, stellt Bild 65 dar, es zeigt aber auch, daß der Mehrbedarf von über 100 % bei einer mittleren Beleuchungsstärke von 100 Lux auf 22 % absinkt, wenn die Beleuchtungsstärke auf 900 Lux gesteigert wird [68].

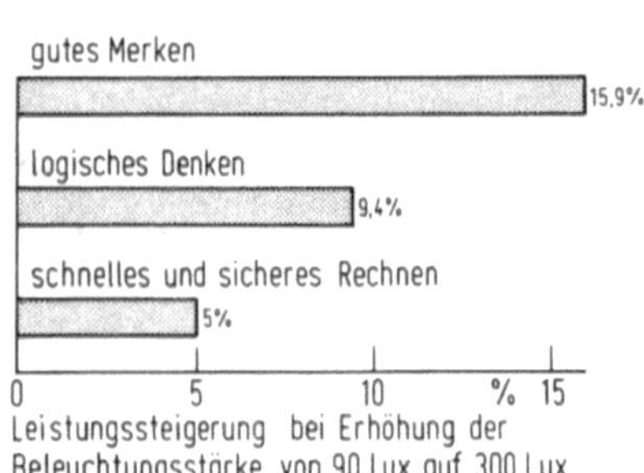

Bild 64: Einfluß der Beleuchtungsstärke auf geistige Arbeit und Denkvermögen [68]

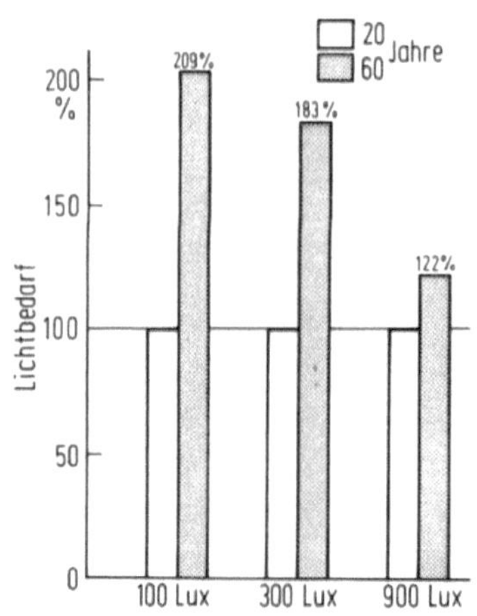

Bild 65: Unterschied im Lichtbedarf zwischen jungen und alten Personen bei verschiedenen Beleuchtungsstärken [68]

1.2.2. Die Ausleuchtung von Radararbeitsräumen

Die Ausleuchtung von Arbeitsräumen der Flugverkehrskontrolle, in denen Radarschirme zur Aufstellung kommen, ist im Hinblick auf die Beleuchtungsstärke und die auf der Schutzscheibe des Radarschirms auftretenden Spiegelungen problematisch.[1]

---

[1] Bemühungen um die "Entspiegelung" der Röhre und der Abdeckscheibe blieben nicht ohne Erfolg. Zunächst versuchte man, den Anteil des reflektierten Lichts an der Abdeckscheibe herabzusetzen. Ursprünglich betrug er 15 % ; er setzt sich zusammen aus: 2 mal 4 % an der Glas-Grenzschicht und ca. 7 %, die von der elektrisch leitenden Zinksulfidschicht herrühren, die das Abführen der elektrostatischen Aufladungen ermöglicht. Mit Hilfe einer $\lambda/4$-dicken aufgedampften Metallschicht konnte man den reflektierten Lichtanteil von 15 % auf 0,3 % herabsetzen (Bericht der BFS-Erprobungsstelle). Es bleibt der Anteil, der durch die Röhre selbst verursacht wird; er beträgt 6-7 %. Durch einen sog. Anti-Reflex-Spray (2 Hg) soll er - zufolge einer Lichtstreu-Wirkung - reduziert werden können.

Versuche der Erprobungsstelle (EST) der BFS führten zu dem Ergebnis, daß ein Optimum - auch wirtschaftlich - erreicht werden kann mit einer vorwiegend indirekten Beleuchtung durch abgehängte, linienförmige Deckenleuchten [69].

Große Betriebsräume lassen sich am günstigsten durch Leuchtbänder ausleuchten. Die unter der Lampe befindliche Abschirmung muß soweit lichtdurchlässig sein, daß eine äquivalente Leuchtdichte gegenüber der Decke erzielt wird: zwischen Decke und Reflektorunterfläche soll keiner bzw. nur ein geringer Leuchtdichteunterschied bestehen. Durch homogenes diffuses Licht im ganzen Betriebsraum können die Arbeitsplätze gleichmäßig und fast schattenfrei ausgeleuchtet werden.

Bei der Verwendung von Hellsichtgeräten soll die Umfeldhelligkeit maximal 160 Lux betragen.[1] Versuche in der BRD, die man unter Mitwirkung von Fluglotsen der Bezirkskontrolle in Frankfurt/M. durchführte, ergaben Umfeldhelligkeiten, die zwischen 60 und 230 Lux schwankten; gemessen in 0,85 m Höhe über dem Fußboden (normale Meßebene) [69].

Da sich der Lampenlichtstrom im Betrieb allmählich verringert und eine Verschmutzung von Lampe und Raum zu berücksichtigen ist, müßte bei einem Verminderungsfaktor von 0,8 eine Anfangsbeleuchtungsstärke von etwa 320 Lux vorhanden sein, um eine maximale Beleuchtungsstärke von 250 Lux in der Meßhöhe des Arbeitsraumes gewährleisten zu können.

Eine Spiegelung der Lampen auf den Radarschirmen tritt nicht störend in Erscheinung, wenn Horizontalsichtgeräte benutzt werden; für Schräg- oder Vertikalsichtgeräte ist das Ergebnis ungünstiger. Da bei Hellsichtgeräten die Umfeldhelligkeit ohnehin höher ist, wirkt sich dieser Störeffekt geringer aus als bei den älteren Geräten.

In einer umfassenden Untersuchung der psychophysischen Belastung und Beanspruchung von Fluglotsen hat Rohmert u.a. auch die Beleuchtungsverhältnisse an verschiedenen Arbeitsplätzen der Fluglotsen gemessen (vgl. die Tabellen 13 und 14) [65].

Das Problem in der Beleuchtung von Arbeitsräumen der Flugverkehrskontrolle liegt darin, daß im gleichen Raum nebeneinander der Radarschirm mit der geringen Helligkeit seiner Echos und eng benachbart das Bord mit mäßig hell beleuchteten (Papier-) Kontrollstreifen angebracht ist. Erst die Umsetzung des Radarbildes mit Hilfe der Speicherröhre in ein Fernsehrasterbild brachte eine Erhöhung der Echo-Helligkeit auf ca. 200 Lux.

---

[1] Nach Auflagen der FAA (USA-Luftfahrtbehörde).

Tabelle 13. Beleuchtungsstärke in Lux an den Arbeitsplätzen der Streckenkontrolle (Frankfurt/M.) [65]

Sektor	Uhrzeit 7.00	12.00	23.00
Süd	150-200	175-225	100-150
Nord	200-230	200	125-175
West	200	200-230	125-150

Tabelle 14. Beleuchtungsstärke in Lux an Arbeitsplätzen der An- und Abflugkontrolle (Frankfurt/M.) [65]

Platz	Uhrzeit 7.00	12.00	23.00
FIS	100	120	120
TÜ1	40	60	60
TÜ2	75	80	110

Bei einer in der Nähe des Radarschirms gemessenen - herabgesetzten - Raumbeleuchtung von etwa 180 Lux wies das Radarbild eine Grundhelligkeit von 7 Lux und eine mittlere Objekthelligkeit von ca. 200 Lux auf. Die Objekthelligkeit hängt dabei von verschiedenen Einflüssen ab: von der Einstellung der Grundhelligkeit des Bildes; von der Nachleuchtdauer des betrachteten Objekts bezogen auf die Phase des Antennenumlaufs. Geht man davon aus, daß das Kontrollstreifen-Papier einen Reflexionswert von 75 % besitzt, dann ergibt sich im ungünstigsten Fall einer Messung am Arbeitsplatz FVK/N TÜ 1 (Tabelle 14) ein Helligkeitskontrast von etwa 1:6 zwischen den beiden von Lotsen wahrzunehmenden Seh-Objekten. Dieser Kontrast führt nach Grandjean bei häufigem Wechsel zu einer peripheren Ermüdung; er sollte das Verhältnis von 1:3 nicht übersteigen. Um dieses zu gewährleisten, müßte am Kontrollstreifenbord eine von der Raumbeleuchtung unabhängige variable Beleuchtungsregelung vorgesehen werden.

1.3. Lärmmessungen

Die von Rohmert u.a. im Bezirkskontrolldienst Frankfurt/M. durchgeführten Lärmmessungen sind in ihren Ergebnissen in Bild 66 und in der Tabelle 15 wiedergegeben. (Die Bestimmung des Beurteilungspegels L_{ges} aus dem in dB (A) gemessenem A-Schallpegel LA wurde gemäß VDI-Richtlinie 2058 durchgeführt). Bild 66 zeigt den am Arbeitsplatz SR3 (Radarlotsenplatz 3 am Südsektor) aufgezeichneten Lärmpegel.

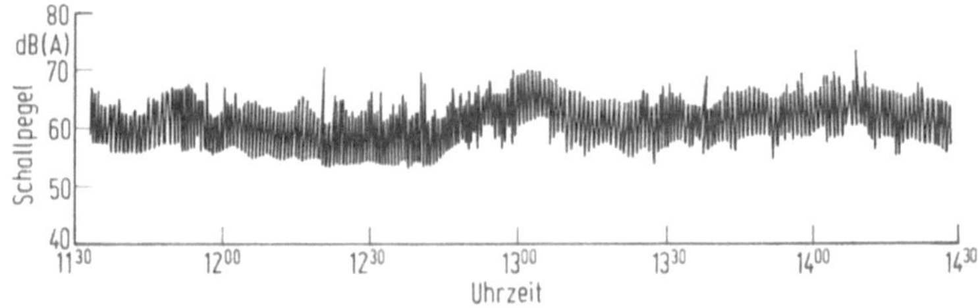

Bild 66: Schallpegelmessung am Arbeitsplatz SR3 der Streckenkontrolle Frankfurt/M. (Ausschnitt) [65]

Die VDI-Richtlinien 2058 empfiehlt, bei vorwiegend geistiger Tätigkeit den Beurteilungspegel von 50 dB (für einen Bezugszeitraum von 8 Stunden) nicht zu überschreiten.

Tabelle 15. Schallpegelmessungen am Arbeitsplatz (SR3) der Streckenkontrolle Frankfurt/M. [65]

Zeit	Beurteilungspegel L ges in dB(A)
6^{00}-23^{00}	64
23^{00}- 6^{00}	53
0^{00}-24^{00}	62,5

2. Untersuchung der psycho-physischen Belastung und Beanspruchung von Fluglotsen

Arbeitswissenschaftliche Untersuchungen an Fluglotsen während der Ausübung ihrer Flugverkehrskontrolltätigkeit sollen mit ihren Ergebnissen u.a. dazu dienen, Fragen der Arbeitszeit, Pausenreglung, Arbeitsverteilung, Arbeitsplatzbeurteilung und -Gestaltung lösen zu helfen. Untersuchungen der genannten Art sind durch arbeitsmedizinische Untersuchungen zu ergänzen, deren Zielsetzung u.a. auch Erkenntnisse für eine Neufestsetzung von Altersgrenzen und für die Durchführung von Rehabilitationsmaßnahmen gewinnen lassen [65, 70-72].

Aus den Ergebnissen umfassender Belastungs- und Beanspruchungsermittlungen, die man in der Bundesrepublik durchführte, kann gefolgert werden, daß unter Benutzung bestimmter, ausgewählter Meßgrößen eine hohe Vorhersagesicherheit der Beanspruchung aus Belastungsgrößen erreicht wird [65].[1] Es ist also möglich, aus der objektivierbaren Belastung auf die Beanspruchung zu schließen.[2]

---

[1] Erstmals in der BRD sind Untersuchungen in der Flugsicherung hinsichtlich der Verknüpfung von gemessenen Belastungsgrößen mit Beanspruchungsgrößen im Sinne eines Ursache-Wirkungszusammenhanges durchgeführt worden - außer für die Belastungskomponente "Arbeitszeit" (Grandjean).

[2] Als Belastung ist - im Sinne der Arbeitswissenschaft - die Summe aller auf den Menschen einwirkenden Arbeitsparameter zu verstehen, die überwiegend rezeptorisch aufgenommen werden. Beanspruchung ist die Summer aller, durch verschiedene individuelle Eigenschaften bedingten unterschiedlichen Auswirkungen der Belastung im Menschen. Sie hängt sowohl von der Stärke der Belastung als auch von der individuell verschiedenen Leistungsfähigkeit, Qualifikation u.a. ab. Für die Bestimmung der Beanspruchung ergibt sich der formale Ansatz:
Beanspruchung = f (Belastung, individuelle Eigenschaften).

Rohmert hat folgende geeignete Belastungsgrößen im einzelnen nachgewiesen:

Anzahl der Luftfahrzeuge unter Kontrolle (mit entsprechender Bewertung der begleitenden Schwierigkeiten;

Ununterbrochene Tätigkeitsdauer am Arbeitsplatz (unter Berücksichtigung der relevanten Zeitarten);

Aus dem Verkehrsgeschehen und der Informationsverarbeitung abgeleitete Größen, z.B. Informationsflußdichte, Konfliktzahl;

Maßzahlen zur Beschreibung physikalischer Umgebungsbedingungen (z.B. Beleuchtung am Arbeitsplatz, Lärm, Klima u.a.);

Kriterien zur Beschreibung des Zustandes der Systemgestaltung (z.B. technisch, ergonomisch, organisatorisch).

Als geeignete Beanspruchungsgröße wird die Pulsfrequenz angesehen [73], ferner die Arrythmie der Pulsfrequenz [74] (bei Einzelereignissen) und die Augenaktivität; die Atmungskenngrößen zeigen zwar einen Einfluß auf die Pulsfrequenz, der Einfluß der Sprache wirkt sich jedoch störend auf eine regelmäßige Ausprägung des Atemverlaufs aus. Die Messung der Hirnaktivität (Elektroencephalographie) erbrachte in den Untersuchungen keine statistisch gesicherten Ergebnisse, die auf eine Ermüdung im Sinne einer nachlassenden Vigilanz hinwiesen; die zwischen den Messungen liegende Kontrollfähigkeit weist generell so viele Weckreize auf, daß eine Ermüdung, d.h. verringerte Vigilanz, nicht nachzuweisen war.

Arbeitsmedizinische Reihenuntersuchungen erstrecken sich vornehmlich auf Langzeit-Elektrokardiagramme (EKG), die sich jeweils über die Dauer einer Schicht ausdehnen; sie sollen Aussagen über die Auswirkungen mental belastender beruflicher Situationen auf Herz und Kreislauf ermöglichen (pathologische EKG-Veränderungen in Abhängigkeit vom Lebensalter und von der vorliegenden Beanspruchung). Die Bestimmung der Katecholaminausscheidung unter Arbeits- und Ruhebedingungen liefert Aussagen über die emotionelle Beanspruchung während des Arbeitsprozesses. Untersuchungen über den Einfluß der Schichtform sind einzubeziehen; die Schichtform bestimmt die zeitliche Verteilung zwischen Arbeits- und Erholungszeit. Eine kombinierte Erhebung spezifischer soziodemographischer Daten und der Tagesaufteilung kann als Methode zur Gewinnung objektiver Beurteilungskriterien für Schichtformen dienen.

Untersuchungen zeigten, daß bei quantifizierten Einflüssen verschiedener Belastungsgrößen der Schluß auf die tatsächliche, komplexe Beanspruchung möglichst durch die gleichzeitige Analyse mehrerer Beanspruchungsgrößen bestätigt werden sollte.

Aus dem schon genannten analytischen Ansatz Beanspruchung = f (Belastung) folgt ein direkter Zusammenhang zwischen Belastung und Beanspruchung (unter der Annahme normierter Leistung und Qualifikation des Fluglotsen). Der Ansatz ist daher nach Rohmert für Vergleiche geeignet:

a) innerhalb einer Kontroll-Position zwischen
verschiedenen Verkehrskonstellationen,
Zeitabschnitten einer Schicht,
Schichten;

b) innerhalb einer Kontrollstelle zwischen
verschiedenen Arbeitspositionen eines Sektors,
Arbeitspositionen verschiedener Sektoren;

c) innerhalb eines Kontrollbezirks
zwischen verschiedenen Kontrollstellen;

d) zwischen den gleichen Kontrollstellen innerhalb verschiedener Kontrollbezirke.

3. Ermittlung der Kontrollbelastung und der Kontrollkapazität

3.1. Allgemeines

Die Feststellung des Kontrollaufwands, der Kontrollbelastung und der Kontrollkapazität ist erforderlich für einen angemessenen Personaleinsatz und für eine optimale Auslegung der Kontrollsektoren.

Den Kontrollaufwand kann man generell an zwei Stellen bestimmen:

a) Man kann den Aufwand am Arbeitsplatz über eine Analyse der Verkehrssituation bestimmen. Man geht hierbei davon aus, daß das Gesamt-Verkehrsgeschehen ein Maßstab für die Kontrollbelastung darstellt.

b) Es läßt sich ferner die tatsächlich geleistete Arbeit am Platz des Lotsen bestimmen.

Zu a): B. Arad entwickelte (1965) eine Methode zur Quantifizierung der Kontrollbelastung durch die Analyse der Verkehrssituation [75]. Dieses Verfahren zur Berechnung der Belastung des Lotsen und Sektorauslegung geht - wie erwähnt - von der Definition aus, daß der erforderliche Kontrollaufwand dem Gesamt-Verkehrsaufkommen proportional ist. Anstatt am Kontrollplatz die tatsächlich geleistete Arbeit zu messen, sollen die Verkehrsveränderlichen einem Meßvorgang unterworfen und es soll die Arbeit des Lotsen in ihrer Relation zum Verkehrsgeschehen bestimmt werden. Die Überprüfung der Methode von Arad in den folgenden Jahren erbrachten unbefriedigende Ergebnisse [76-78].

Zu b): Die Messung der Arbeit des Lotsen an seinem Platz

Die Tätigkeit der Lotsen: Luftverkehrskontrolle und Bewegungslenkung sind durch zwei Komponenten charakterisiert:

Empfangen und Verarbeiten von Informationen anderer Kontrollstellen oder von Luftfahrzeugen bzw. das Übermitteln von Informationen;

planerische Tätigkeit und Gedankenarbeit als Voraussetzung für die Ausführung der Bewegungslenkung [79].

Die im letzten Absatz genannten planerischen Tätigkeiten und die Gedankenarbeit sind nicht meßbar, es bleibt somit die Kommunikationsbelastung, die z.B. am Arbeitsplatz des "Erfassers" (Anflugkontrolle) oder eines Radarlotsen der Streckenkontrolle registriert und zum kontrollierten Luftverkehr in Beziehung gesetzt werden kann. Die Kommunikation bedeutet für den Lotsen eine vorwiegend psychische (geistige) Belastung. Diese Belastung kann zwei Bedeutungen haben, einmal als

ein Ausgefülltsein oder Inanspruchgenommensein; wesentlich ist hierbei was und wieviel - dem Umfang nach - ein Mensch z u g l e i c h beachten und bearbeiten kann [80]; das Inanspruchgenommensein kann nur mittelbar gemessen werden;

außerdem kann die Belastung im Sinne einer Abnutzung, eines Ermüdens verstanden werden [81]; dies ist der unmittelbaren Messung zugänglich.

Bei der letzteren, der u n m i t t e l b a r e n Messung pflegt man die mit der psychischen Anspannung korrelierenden physiologischen Erscheinungen zu untersuchen; ferner stellt man die spezifischen Nachwirkungen der psychischen Beanspruchung fest, um auf die vorangegangene Belastung schließen zu können (Näheres zu diesen Methoden siehe Abschn. VI. 2, Untersuchung der psycho-physischen Belastung und Beanspruchung von Fluglotsen; vergl. auch Zetzmann, H.J.: Workload and performance limiting factors of air traffic control radar operators. AGARD-Bericht-CP-74-70, 9-1 bis 9-12).

3.2. Die Messung der Kommunikationsbelastung

Im Folgenden wollen wir uns mit der mittelbaren Messung der Kommunikationsbelastung des Lotsen in dem bereits erwähnten Sinne als Inanspruchgenommensein näher befassen. Insbesondere sollen die Ergebnisse von Messungen aus neuerer Zeit, die im Flugverkehrskontrolldienst durchgeführt wurden, zitiert werden.

Schichholz wählte Zeitverteilung und Dauer der Informationsaufnahme und Informationsausgabe als Ausgangspunkt der Untersuchungen [79].

In einem bestimmten Sektor wurden für alle Arbeitsplätze die Funk- und Ferngespräche nach Dauer- und Zeitverteilung über jeweils 6 Stunden registriert (Mehrkanalschreiber). Gleichzeitig wurde der in diesen Zeitabschnitten kontrollierte Luftverkehr festgehalten, einmal durch Überwachung der Lotsentätigkeit (mit Hilfe genauer Aufzeichnungen über Art und Verlauf des Verkehrs und die durchgeführte Kommunikation), zum anderen durch nachträgliche Auswertung der Kontrollstreifen und Abhören von Tonbändern. Die Kommunikationsbelastung wurde dann zu dem entsprechenden Luftverkehr in Beziehung gesetzt. Der Stichprobenzeitpunkt wurde so gewählt, daß - wie z.B. in der Zeit von 7 bis 14 Uhr GMT - mehrere Verkehrsspitzen während der Messungen auftraten. Einige der von Schichholz erzielten Meßergebnisse werden in Bild 67 gezeigt; die Messungen wurden an den Radararbeitsplätzen WR 2 und WR 1 im Westsektor der Regionalstelle Frankfurt/M. durchgeführt. Schichholz kommt zum Ergebnis, daß nicht die Gesamtsprechzeit, sondern besser, aufschlußreicher die Zahl der Funkkontakte je Minute in Abhängigkeit von der Zahl der gleichzeitig kontrollierten

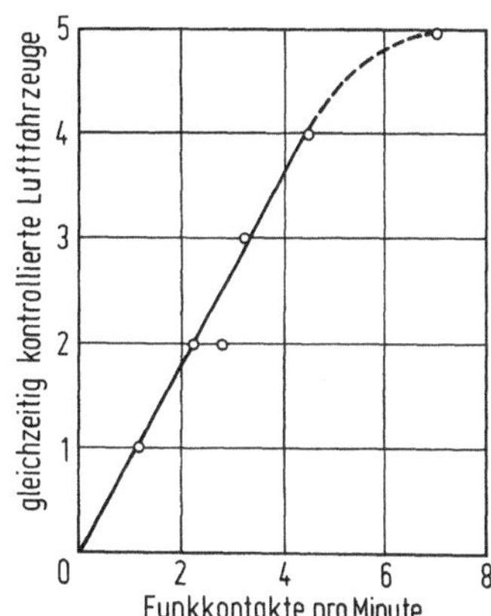

Bild 67: Zahl der Funkkontakte pro Minute in Abhängigkeit von der Zahl der gleichzeitig kontrollierten Luftfahrzeuge (Arbeitsplatz: WR 2) [79]

Luftfahrzeuge dargestellt werden muß. Zwischen der Zahl der Funkkontakte pro Minute und der Zahl der gleichzeitig kontrollierten Luftfahrzeuge besteht bis zur Zahl von vier Luftfahrzeugen ein linearer Zusammenhang. Der für zwei gleichzeitig kontrollierte Luftfahrzeuge gemessene Wert liegt aufgrund besonderer Erschwernisse abseits von der angenommenen Geraden (Bild 67). Von diesem Wert abgesehen ist die Streuung der übrigen Werte nicht allzugroß, die Kommunikationszeit in Sekunden pro Minute für fünf gleichzeitig kontrollierte Luftfahrzeuge betrug 24,7 sek pro Minute, oder, anders ausgedrückt: der Anteil der Kommunikationsbelastung des Lotsen erreicht 41,1 % der Gesamtzeit. In Anlehnung an andere Untersuchungsergebnisse (USA, [3]), die besagen, daß ein Lotse ausgelastet ist, wenn er 45 % der Zeit mit der Durchführung von Nachrichtenverkehr beschäftigt ist, kann man annehmen, daß im obigen Fall der Lotse bei fünf (bis sechs) gleichzeitig kontrollierten Flügen in die Nähe seiner Kapazitätsgrenze gekommen ist. Vielleicht ist darauf auch der Übergang der Geraden (Bild 67) in eine abknickende Kurve zurückzuführen.

Die Darstellung der Zahl der Funkkontakte pro Minute in Abhängigkeit von der Zahl der gleichzeitig kontrollierten Luftfahrzeuge für den Radarstreckenlotsen WR 1 zeigt einen sehr ähnlichen Verlauf.

Die Steigung in der Anfangsgeraden ist bei WR 2: M = 1,1; bei WR 2: M = 1,23. Als mittlere Dauer eines Funkkontakts fand Schichholz in den beiden untersuchten Sektoren die Werte 3,64 bzw. 4,12 sek.

3.3. Neuere Untersuchungen; Grenzkapazität

Im Rahmen einer neueren Systemstudie über die Flugsicherung hat man die Kontrollkapazität verschiedener FVK-Arbeitsplätze in der BRD bestimmt; die benutzten Verfahren werden nachfolgend beschrieben [22].

3.3.1. Verfahren

Während einer Meßzeit von einer oder zwei Stunden registrierte man die Zeitdauer aller beobachtbarer Tätigkeiten, die zur Kontrolle des gerade anfallenden Verkehrs notwendig waren, und zwar:

Sprechzeiten (Sprechfunkverkehr; Fernsprechverkehr; mündlicher Informationsaustausch zwischen dem Kontrollpersonal);

Tätigkeitszeiten (Eintragen von Daten in Kontrollstreifen; Ordnen von Kontrollstreifen);

freie Zeiten (mit Bourdontest gemessen);

Informationsverarbeitungszeiten (visuelle Wahrnehmung, Denk- und Entscheidungszeiten).

Die zuletzt genannten Informationsverarbeitungszeiten konnten weder beobachtet noch direkt gemessen werden. Man hat sie mittelbar bestimmt: subtrahiert man von der Gesamtzeit die drei gemessenen Anteile (Sprech-, Handlungs- und freie Zeiten), dann bleibt eine Restzeit, die als Informationsverarbeitungszeit gerechnet werden kann.

Nach Auswertung einer Reihe von Messungen konnte ein vereinfachtes Verfahren zur Ermittlung der Kapazität von FVK-Positionen entwickelt werden. Es beruht auf der Erkenntnis, daß die Zahl der Gesprächskontakte, die ein Radarlotse in der Zeitspanne von 6 Minuten mit den von ihm kontrollierten LFZ'en hat, ein zuverlässiges Maß für seine Arbeitsbelastung darstellt.

3.3.2. Meßergebnisse

Von den Ergebnissen der Betriebsmessungen, die in der Regionalstelle München durchgeführt wurden sollen einige charakteristische Beispiele betrachtet werden.

3.3.2.1. Position des Radaranfluglotsen. Das Bild 68 zeigt den Zeitbedarf für die Informationsverarbeitung (ausgezogene Kurven; zweite Skala, deren Werte von unten nach oben ansteigen) und Sprechfunk (gestrichelte Kurven; erste Skala, Werte steigen von oben nach unten an) in Abhängigkeit von der Zahl der in 6-Minuten-Intervallen kontrollierten LFZ'e. Der Gesprächs- und Informationszeitbedarf steigt generell bei allen Arbeitspositionen mit der Zahl der (in einem 6-Minuten-Intervall) zu bearbeitenden Luftfahrzeuge an. Bei einer bestimmten Zahl von LFZ'en (pro 6-Minuten-Intervall) wird die gesamte zur Verfügung stehende Zeit für Gespräche und für die Verarbeitung von Informationen verbraucht. An der Stelle, an der sich die beiden Kurven treffen

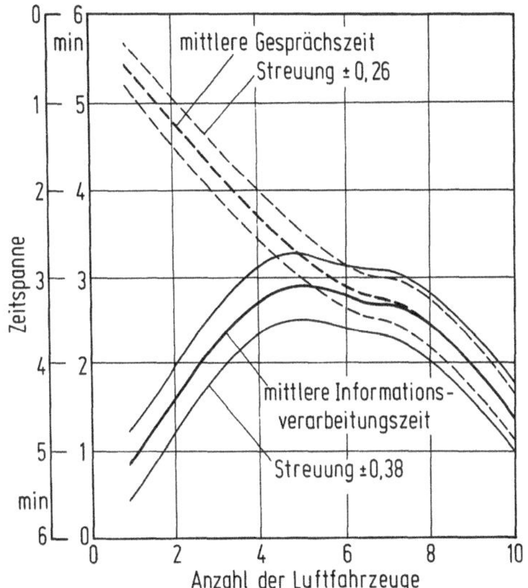

Bild 68: Kontrollkapazität des Anfluglotsen (RK München) [22]

(von **oben** die Sprechzeit-Kurve, von **unten** die Informationsverarbeitungszeit-Kurve), liegt die **Kapazitätsgrenze**. Für die Position des Radaranfluglotsen beträgt sie 4,5 bis 6,5 LFZ'e, die maximal in einer Zeitspanne von 6 Minuten gleichzeitig von einem Lotsen kontrolliert und bedient werden können. Dieses bedeutet, daß 6 LFZ'e in einem Zeitintervall von 6 Minuten für irgendeine - individuelle - Zeitdauer auf der Sprechfunk-Frequenz des Radaranfluglotsen waren. Wenn in der Anflugkontrolle der Sprechzeitbedarf 50 % der verfügbaren Zeit überstieg, war die Kapazität dieser Position ausgeschöpft.

3.3.2.2. Position des Streckenlotsen (Alpen- und Donausektor). Das Bild 69 stellt Die Verhältnisse in der Streckenkontrolle derRSt München dar. Die Kapazität des Streckenlotsen im Alpen- bzw. im Donausektor liegt bei 5 bis 7 LFZ'en maximal im 6-Minuten-Intervall. Der Sprechzeitbedarf ist geringer als bei der Anflugkontrolle (weniger Gespräche pro LFZ). Bei 40 % Sprechzeitbedarf ist die Kapazitätsgrenze erreicht.

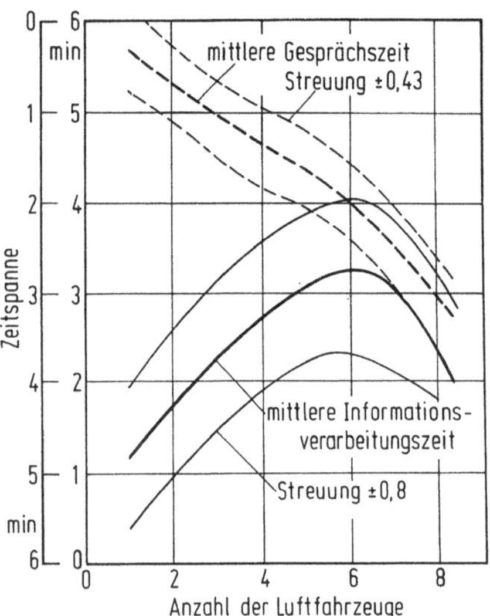

Bild 69: Kontrollkapazität des Radarstreckenlotsen (Alpen-Donausektoren, RK München) [22]

3.3.2.3. Zusammenstellung von Ergebnissen. Die Tabelle 16 zeigt eine Zusammenstellung der in den einzelnen Arbeitspositionen gemessenen Kontrollkapazitäten. Ausschlaggebend ist die Kapazität des Radarlotsen.

Tabelle 16. Kontrollkapazitäten, Rk. München [22]

Arbeits-position	Vorwiegende Flugart in %			Zivil-Milit.	Maximale Belasung in
	An-	Ab-	Überflug	LFZ'e	LFZ'e/6 min
Anflug	100	-	-	Zivil	4.5-6.5
Abflug	-	100	-	"	5 - 6
Alpensektor	25	25	50	"	5 - 7
Donausektor	40	40	20	"	5 - 7
Oberer Luftraum	10	10	80	Zivil, in Stoßzeiten militärisch	3 - 5

Die Streuung des Zeitbedarfs für Gespräche und für Informationsverarbeitung hat verschiedene Ursachen: unterschiedliche Flugleistungen der LFZ'e; unterschiedliche Flugabsichten; der individuelle Schwierigkeitsgrad einer bestimmten Kontrollaufgabe; Streckenführung; Brauchbarkeit der technischen Mittel; Leistungsfähigkeit des Lotsen; Sprachbeherrschung und Sprechdisziplin der Piloten und Lotsen.

Die Werte für die Kontrollkapazität pro 6-Minuten-Zeitspanne können nicht unmittelbar in die Kontrollkapazität pro Stunde umgerechnet werden; es müssen u.a. die

Durchflugzeit oder Verweilzeit im Sektor und die mittlere Gesprächszeit pro Kontakt berücksichtigt werden. Für die RSt München ergab sich eine Streckenlotsenkapazität von 44 LFZ'en pro Stunde. Die Tabelle 17 zeigt Werte verschiedener Kontrollstellen des In- und Auslandes. Die Tabellenwerte weisen Unterschiede in der Kontrollkapazität bis zu 30% auf.

Tabelle 17. Streckenkontrollkapazität pro Stunde [22]

FS-System	Paris	Amsterd.	London	Frankf.	München
Max. Kapazität (100%) LFZ'e/h	56	46	46	46	44
F_i (Gespr. pro LFZ)	2,85	3,48	3,48	3,48	3,64

Bemerkenswert in den Ergebnissen ist, daß - fast unabhängig vom FS-System - die Grenze der Kontrollkapazität erreicht ist, wenn maximal 50% der verfügbaren Zeit durch Gesprächszeit belegt ist (Vergl. Abschn. 3.2).

Für die meisten Streckensektoren ergab sich, daß in einem Zeitintervall von 6 Minuten = 360 sek dieser Wert von 50% = 180 sek bei ca. 16 Gesprächen erreicht wird.[1] Es entfallen demnach 180:16 ± 1 = 11,3 ± 0,7 sek im Durchschnitt auf ein Gespräch (Bild 70 und 71). Es gibt Radarpositionen, vor allem in der Anflugkontrolle, bei

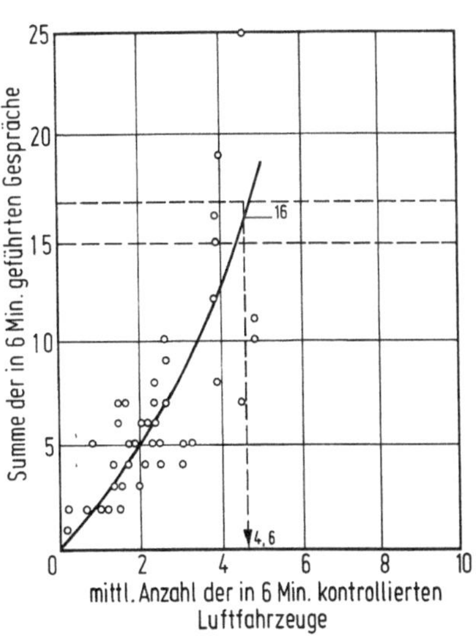

Bild 70: Streckenkontroll-Stelle Amsterdam-Schiphol, Zahl der Gespräche in Abhängigkeit von der mittleren Verkehrsdichte (Lfz/6 Minuten) Selbsteinschätzung für 100% Belastung: 46 Lfz/h [22]

---

[1] Ein Gespräch ist ein Zyklus: a) Anruf des LFZ bei der Bodenstelle (oder umgekehrt) und Durchgabe von Daten; b) Bestätigung durch die angerufene Stelle und Wiederholung des Übermittelten: c) Beendigung des Gesprächs durch die anrufende Stelle und Bestätigung der Richtigkeit der wiederholten Daten.

denen die durchschnittliche Gesprächsdauer weniger Zeit in Anspruch nimmt. Bei der Anflugkontrolle in Frankfurt beträgt die mittlere Gesprächsdauer nur 6,2 ± 0,2 sek.

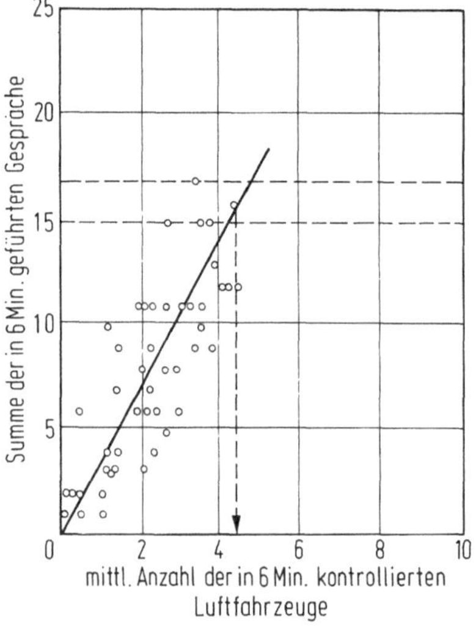

Bild 71: Streckenkontroll-Stelle München, Zahl der Gespräche in Abhängigkeit von der mittleren Verkehrsdichte (Lfz/6 Minuten) Selbsteinschätzung für 100 % Belastung: 44 Lfz/h [22]

Hier wird die Kapzitätsgrenze entsprechend bei 29 ± 1 Gesprächen erreicht. Es liegt in der Strategie der FV-Lotsen, die Gesprächsdauer bei sehr starkem Verkehr abzukürzen. Für die Differenz der mittleren Gesprächsdauer zwischen der Anflug- und Streckenkontrolle ist jedoch ein Unterschied in Art und Flußrichtung der Informationen verantwortlich. Tabelle 18 zeigt für die Anflugkontrolle und den Alpensektor der RSt-München, die relative Häufigkeit der Gespräche, die eine Information für den Radarlotsen bzw. für den Piloten enthalten.

Tabelle 18. Die relative Häufigkeit der Gespräche, die eine Information für den Radarlotsen bzw. für den Piloten enthalten (RSt München) [22]

	Anflug-kontrolle in %	Strecken-kontrolle in %
Information für den Radarlotsen	27,8	59,4
Information für den Piloten	35,1	7,4
Fluganweisung an den Piloten	37,1	33,2
Summe	100,0	100,0

3.3.3. Erhöhung der Kapazität

Die zitierte Systemstudie empfiehlt folgende Maßnahmen zur Erhöhung der Radarlotsenkapazität:

Reduzierung der Zahl der Gesprächskontakte selbst und Herabsetzung der mittleren Gesprächsdauer;

Unterstützung des Lotsen bei der Informationsverarbeitung (visuelle Wahrnehmung, Beurteilung der Luftverkehrssituation, Entscheidung) durch technische Maßnahmen.

Für eine Erhöhung der Kapazität des FS-Systems werden technische Verbesserungen und organisatorische Änderungen empfohlen. Gemeint sind u.a. die stärkere Nutzung der EDV, eine Veränderung in der Verteilung der Verantwortlichkeit ohne die Subsektoren zu verkleinern, Erhöhung der Zahl der Radarlotsen und Koordinatoren, Einführung von besonderen Planungslotsen. Man hofft die Kontrollkapazität des Radarlotsen auf einen Wert von 7-8 Luftfahrzeugen im Mittel über das 6-Minuten-Intervall steigern zu können.

3.3.4. Grenzkapazität

Auch bei Einsatz aller notwendigen Hilfsmittel und nach organisatorischen Verbesserungen wird ohne Zweifel eine Kapazitätsgrenze erreicht; man glaubt, daß die Grenze mit dem Wert von 7-8 LFZ im Mittel pro 6-Minuten-Intervall angenommen werden muß.[1] Der Lotse kann sich 7 bis 8 LFZ-Positionen nebst einigen Grunddaten (Flugrichtung, Höhe) merken und sie behalten, wenn er sie laufend beobachtet. Wendet der Lotse seinen Blick vom Schirm weg (- z.B. bei einer Kontrollmaßnahme -) und prüft einen Kontrollstreifen, dann wird der "visuelle" Radardatenfluß unterbrochen. Sobald der Lotse die Schirmbeobachtung wieder aufnimmt, muß er sich über die LFZ-Position und die Zuordnung der entsprechenden Daten reorientieren. Dieses gelingt, wenn seine Verarbeitungskapazität für simultane Informationen nicht überfordert wird. Eine weitere Steigerung der Kapazität des Lotsen über 7-8 LFZ'e pro 6-Minuten-Intervall hinaus wäre nur dann denkbar, wenn der Rechner alle Ziele überwachte und nur solche LFZ'e zur Anzeige brächte, für deren Flugablauf kritische Tendenzen errechnet würden.

Bei allen Verbesserungen sollte man hinsichtlich eines Kapazitätswertes im Mittel von einem Dauerlastwert von 6 LFZ'en pro 6-Minuten-Intervall ausgehen, wobei die Grenzkapazität mit 7-8 LFZ angenommen wird, es bliebe eine "Pufferkapazität" von 1-2 LFZ'en.

---

[1] Diese Zahl hängt mit der Informationsverarbeitungskapazität des Menschen zusammen [82]. Nach Miller liegt die Verarbeitungskapazität (T_{max}) des Menschen sowohl für das Identifizieren als auch für das unmittelbare Behalten (Merken) von Informationen in der Größenordnung von 3 bit bzw. von 7 gleichwahrscheinlichen Alternativen.

3.4. Untersuchungen in den USA

Die in den USA durchgeführten Untersuchungen zur Ermittlung der Arbeitsbelastung der Lotsen gingen u.a. ebenfalls von der Tatsache aus, daß die Beschäftigung des Lotsen mit dem Nachrichtenverkehr ein Kriterium für seine Belastung darstellt und außerdem relativ leicht meßbar sei.

Man hatte 24 Arbeitspositionen der New Yorker Streckenkontrolle für die Ermittlungen ausgewählt.

An über 70 % der untersuchten Arbeitsplätze ergab sich, daß ein Lotse "ausgelastet" war, wenn er 46 % der Zeit, d.h. 27 min pro Stunde mit der Durchführung von Nachrichtenverkehr beschäftigt war [3]. Dieses Ergebnis stimmt sehr gut mit den deutschen Ermittlungen überein, die Werte von 40 bis 50 % feststellten [79, 22]. In den USA stellte man ferner fest, daß von der gesamten Kommunikationszeit an den untersuchten Streckenkontrollplätzen in Anspruch genommen wurden:

a)	für die Höheninformation	ca. 17 %
b)	für die Radaridentifizierung	ca. 4 %
c)	für Konfliktlösung, Staffelung und Vorordnen	ca. 50 %
d)	für Routinemeldungen	ca. 20 %

Im Rahmen des ATCRBS (air traffic control radar beacon system) wird der weitere Ausbau der EDV den Lotsen entlasten; u.a., wird später ein "data link", eine Datenübertragungseinrichtung Boden - Bord zur Verfügung stehen. Man rechnet damit, daß die verstärkte Automatisierung die Belastung der Lotsen durch den Nachrichtenverkehr erheblich reduzieren wird (Bild 72).

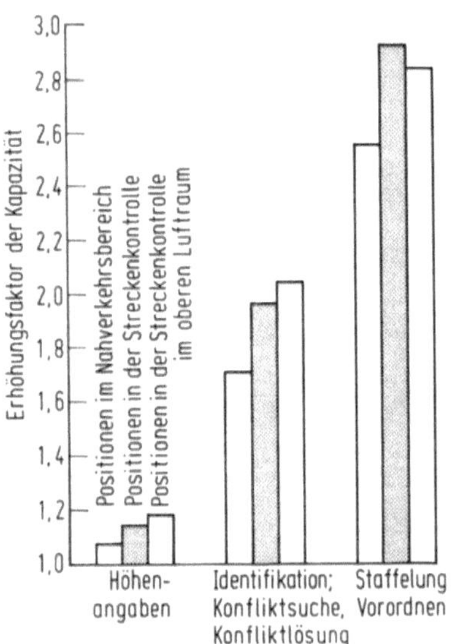

Bild 72: Die Erhöhung der Kapazität des Lotsen durch Steigerung der Automatisierung [3]

3.5. Eine in Großbritannien entwickelte Methode, die Kapazität von Kontrollsektoren abzuschätzen

Die in Großbritannien entwickelte Methode zur Abschätzung der Kapazität von Kontrollsektoren beruht auf einer umfassenden Beurteilung der Arbeitslast des Lotsen durch Fachleute, die in der Flugverkehrskontrolle sehr gründliche Erfahrungen erworben haben.

3.5.1. Verfahren

Während der Untersuchungen nimmt der "Beurteiler" seinen Platz knapp hinter dem agierenden Lotsen ein (2 Beurteiler arbeiten unabhängig voneinander). Er hört den Sprechfunk ab, beobachtet den Radarschirm, nimmt den Inhalt und die späteren Eintragungen in den Kontrollstreifen zur Kenntnis, er verfolgt alle sonstigen für den Arbeitsablauf wichtigen Dinge und erfaßt den mündlichen Nachrichtenaustausch des Lotsen mit seinen Kollegen.

Das Abschätzen der Arbeitsbelastung des Lotsen nimmt der Beobachter alle zwei Minuten vor und trägt das Ergebnis nach einer Vier-Punkte-Skala in ein Formblatt ein (siehe Tabelle 19). Sprechfunk und Fernsprechverkehr registriert man auf Tonband, das Radar-Schirmbild wird mit einer Filmkamera festgehalten. Falls erforderlich, trägt der Beurteiler erläuternde Kommentare, z.B. über besondere Erschwernisse im Verkehrsablauf ein. Die Beobachtungszeit beträgt jeweils drei bis vier Stunden.

Tabelle 19. Die für das Abschätzen der Arbeitslast des Lotsen benutzte Skala [83]

Skalenwert	Kennzeichnung des beurteilten Belastungsgrades
A +	Völlig ausgelastet - es kann kein weiteres Luftfahrzeug auf der Frequenz des beobachteten Lotsen angenommen werden
A	Sehr beschäftigt, aber mit einer kleinen Restkapazität
A -	beschäftigt, aber ohne besondere Schwierigkeiten in der Abwicklung der Tätigkeit
B	Die Arbeitslast liegt etwas unter der von A -

Der Grundgedanke hierbei ist, die Arbeitslast des Lotsen lückenlos zu erfassen und sie zum Verkehrsgeschehen in Beziehung zu setzen. Bei der Entwicklung des Verfahrens kam es darauf an, einen Parameter aus dem Verkehrsgeschehen zu wählen, der einerseits leicht gemessen werden kann und der andererseits mit der Arbeitslast des Lotsen, die wir vorhersagen wollen, eng verknüpft ist. Es bot sich an, als Parameter die unter Kontrolle befindlichen Luftfahrzeuge zu wählen [83].

3.5.2. Ergebnisse

Aus den Ergebnissen sollen zwei Beispiele gezeigt werden; Bild 73 stellt die Verhältnisse im Sektor TMA-SW des LATCC (London Air Traffic Control Centre) dar. Beim Wert "Vier Luftfahrzeuge unter Kontrolle" sind z.B. 50 % der Beobachtungen dem Skalenwert B (Mittelwert der beiden Beobachtungen), 45 % dem Wert A - und 5 % der Kategorie A oder A + zuzurechnen.

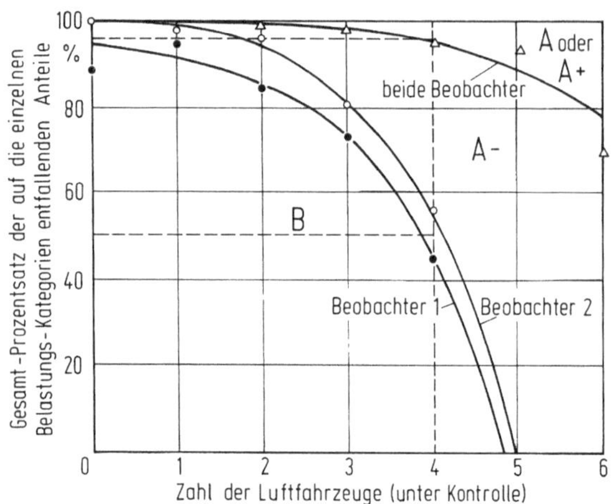

Bild 73: Abhängigkeit der Belastung der Lotsen von der Zahl der unter Kontrolle stehenden Luftfahrzeuge [83]

Die B/A-Grenze liegt für beide Beobachter eng beieinander für die (A-)/A, (A+)-Grenze stehen relativ wenige Daten zur Verfügung, sie ist nicht eindeutig bestimmt.

Bild 74 zeigt für denselben Kontrollbereich die Belastung der Lotsen in Abhängigkeit vom Verkehrsfluß, ausgedrückt in Luftfahrzeugen pro Stunde. Die Einzelheiten über

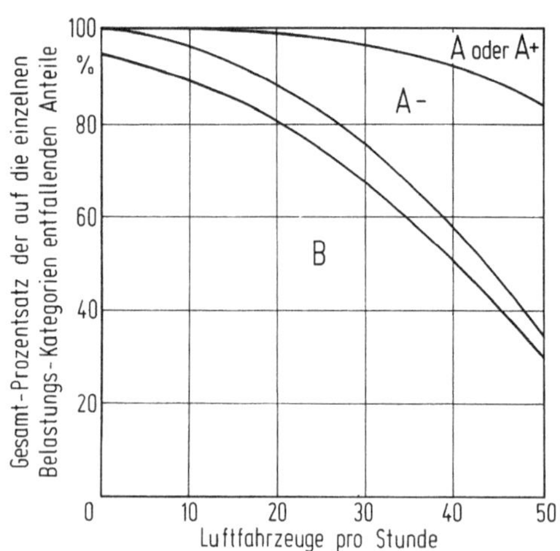

Bild 74: Abhängigkeit der Belastung der Lotsen vom Verkehrsfluß [83]

die Art der Umrechnung sind dem Bericht zu entnehmen [83]. Als Kapazität des Sektors TMA-SW wurden 35 bis 40 Luftfahrzeuge pro Stunde ermittelt. Dieser Wert basiert auf den Daten des Daventry-Sektors, der restriktiv auf 33 Luftfahrzeuge pro Stunde festgelegt wurde. Diesem Wert entsprechen (im Diagramm für den Daventry-Sektor) ein B-Anteil von 55 %, ein (A-)-Anteil von 35 % und ein A oder (A+)-Anteil von 10 %.

Die Autoren gehen davon aus, daß das Festlegen einer oberen Belastungsgrenze für die Sektoren Sache der zuständigen Behörden sei. Aus der festgelegten Grenzbelastung könne dann die Kapazität der Sektoren ermittelt werden. Die restriktive Festlegung des Daventry-Sektors wird von den Autoren benutzt, um durch ein Ansetzen gleicher Belastungswerte im TMS-SW-Sektor die Kapazität dieses Sektors zu bestimmen; nach Bild 74 ergeben sich folgende Kapazitätswerte:

wenn - wie beim Daventry-Sektor - ca. 55 % einer Stunde auf die Arbeitslastkategorie B entfallen sollen, dann entspräche dieses einem Verkehrsfluß von 38 bis 42 Luftfahrzeugen pro Stunde - je nach Beobachter;

wenn ca. 10 % auf den Bereich A oder A+ entfallen sollen, dann käme man auf eine Kapazität von 44 Luftfahrzeugen pro Stunde.

4. Personalbemessung

Die Zahl der jeweils für einen bestimmten Arbeitsplatz benötigten Lotsen und Assistenten (Gehilfen) kann auch mit Hilfe eines Personal-Multiplikators - PM - berechnet werden.

Die Formel lautet:

$$PM = \frac{B \cdot W}{S} \cdot \frac{1}{1 - A} \cdot$$

Hierin bedeuten:

PM Personal-Multiplikator;
B Besetzungsdauer des Arbeitsplatzes;
W Besetzungstage pro Woche;
S wöchententliche Netto-Arbeitszeit;
A Ausfall-Faktor

Zu B: Die Besetzungsdauer des Arbeitsplatzes in Stunden pro Tag richtet sich nach dem Verkehrsanfall;

Zu W: Die Zahl der Besetzungstage kann 7 unterschreiten, wenn (wie z.B. in Süddeutschland) bestimmte Arbeitsplätze am Samstag und Sonntag nicht besetzt werden müssen, da militärische Flugplätze am Wochenende keinen Flugbetrieb durchführen.

Zu S : Die wöchentliche Netto-Arbeitszeit in Stunden beträgt z.Zt. gemäß Tarif in der BRD 42 Stunden (ab 1.10.1974 wird sie in der BRD 40 Stunden betragen); hiervon sind abzuziehen:

1. bei den Bezirkskontrollstellen Frankfurt/M., Hannover und München 9 Stunden für Pausen in der Woche;
2. bei den Anflugkontrollstellen aller Verkehrsflughäfen 8 Stunden;
3. bei den Platzverkehrskontrollstellen (mit Ausnahme von Frankfurt/M.) 6 Stunden;
4. bei Assistenten (Gehilfen) 5 Stunden.

Zu A : Der Ausfall-Faktor A setzt sich für Lotsen aus folgenden als Durchschnittswerte errechnete Einzelbeiträge - pro Jahr - zusammen:

1. Für Urlaub	25	Tage
2. Fortbildung und Sonderaufgaben	10	"
3. Regeneration (25 Tage alle 5 Jahre; pro Jahr 5 Tage	5	"
4. Abordnungen	3	"
5. Dienstbefreiung	2	"
6. Ärztliche Untersuchung (alle 2 Jahre 1 Tag)	0,5	"
7. Streckenerfahrungsflug (alle 2 Jahre 1 Tag)	0,5	"
8. Wochenfeiertage	10	"
9. Krankheit	12	"
Insgesamt................................	68	Tage

Für die Assistenten ergeben sich insgesamt 63 Tage.

Die Zahl der Arbeitstage pro Jahr beträgt nach Abzug der Samstage und Sonntage: 365 - 104 = 261 Arbeitstage; 68 Ausfall-Tage bedeuten einen Verlust von 26 %; 1 - A wird dann 1 - 0,26 = 0,74.

Der Ausdruck: 1/(1 - A) ergibt somit

für den Fluglotsen den Wert 1,351
und für den Assistenten 1,315

Ein Beispiel für die Berechnung des Personal-Multiplikators:

angenommen: B = 16 Stunden pro Tag; W = 7 Tage pro Woche; S = 33 wöchentliche Netto-Arbeitsstunden; dann ergibt sich ein Personal-Multiplikator

$$PM = \frac{16 \cdot 7}{33} \cdot \frac{1}{1 - 0{,}26} = 4{,}59\,,$$

d.h. für 10 gleichartige Fluglotsenplätze wären daher 45,9, abgerundet 46 Fluglotsen erforderlich.

Ist der Arbeitsplatz 24-stündig besetzt, dann wird noch eine halbe Stunde Übergabezeit hinzuaddiert: B = 24 1/2 Stunde; ist der Platz weniger als 24 Stunden besetzt, entfällt die zusätzliche halbe Stunde.

5. Sektoren und Subsektoren in der Streckenkontrolle

Der Radarstreckenlotse überwacht und steuert bekanntlich den Luftverkehr in seinem Bereich, er trifft seine Entscheidungen, unterstützt von seinem Übergabe- bzw. Verbindungslotsen und dem Assistenten; ein Drei-Mann-Team als kleinste, selbständig handelnde Einheit. Eine Verstärkung durch einen zweiten Streckenlotsen wäre keine Hilfe, da nur e i n Lotse die offiziell zugeteilte Frequenz, die Sprechfunkverbindung zum Piloten benutzen, bzw. bedienen kann und sofort seine Weisungen geben muß. Ein zweiter Übergabelotse dagegen wird in verschiedenen Sektoren mit Vorteil eingesetzt.

Da der Kapazität eines solchen Teams natürliche Grenzen gesetzt sind, muß der Überwachungsbereich mit seinem Verkehrsaufkommen eben dieser Kapazität angepaßt werden.

In Frankfurt/M. hat man den Kontrollbereich der Regionalstelle z.B. in vier Sektoren eingeteilt: Nordsektor, Westsektor, Südsektor und Nahverkehrsbereich. Der Norsektor - er soll als Beispiel herausgegriffen werden - muß zufolge seines starken Verkehrsanfalls (dies trifft auch für die anderen Sektoren zu) nochmals in (drei) Subsektoren unterteilt werden, damit er von den Subksektor-Teams gemeistert werden kann (Bild 75 und 76). Bei der Aufteilung soll darauf geachtet werden, daß Flugstrecken so wenig wie möglich geschnitten werden.

Nach erheblichen Änderungen in der Aufgabenstellung und in der Oganisation sollte eine erneute Überprüfung der Belastung aller Arbeitsplätze erfolgen; Belastung und Arbeitsplatzkapazität müssen einander entsprechen.

Hinsichtlich der Kontrollkapazität sind im Abschn. VI. 3 gewisse Grundwerte angegeben. Die Belastung des Lotsen und seiner Mitarbeiter resultiert aus dem Verkehrsaufkommen. Zur Ermittlung brauchbarer Werte für das Verkehrsaufkommen stehen zwei Quellen zur Verfügung: statistische Angaben und Schätzung der kommenden Verkehrsentwicklung. Aus dem Bereich der Flugsicherungsstatistik interessieren insbesondere:

das Verkehrsaufkommen in allen Streckenabschnitten für jede Stunde des Tages;
die wöchentliche Periodizität (Wochentage mit maximalen und minimalem Verkehr);
das Verkehrsaufkommen des 90 % - Tages (busy day: ein Tag, dessen Verkehrsaufkommen nur von 10 % der Tage des zurückliegenden Jahres überschritten wurde);[1]

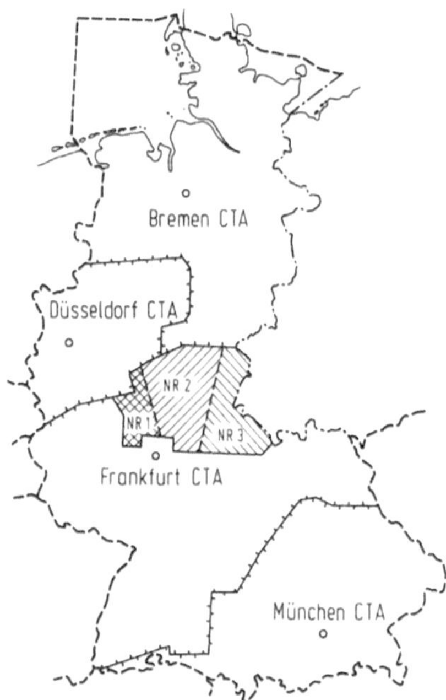

Bild 75: Kontrollbereich des Nord-Sektors der RSt Frankfurt/M. mit den Subsektoren NR1, NR2 und NR3 (BFS)

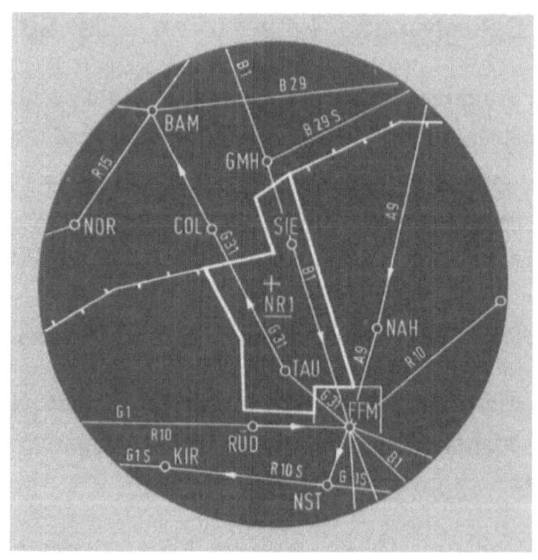

Bild 76: Kontrollbereich des Subsektors NR1 (ein Ausschnitt, wie er im Radarschirm erscheint); (Arbeitsplatz des Radarstreckenlotsen NR1 (BFS)

[1] Studien in den USA zeigten, daß eine recht starre Beziehung zwischen dem jährlichen Verkehrsaufkommen und dem Verkehrsaufkommen des 90 % - Tages, der Spitzenstunde des Tages usw. besteht.

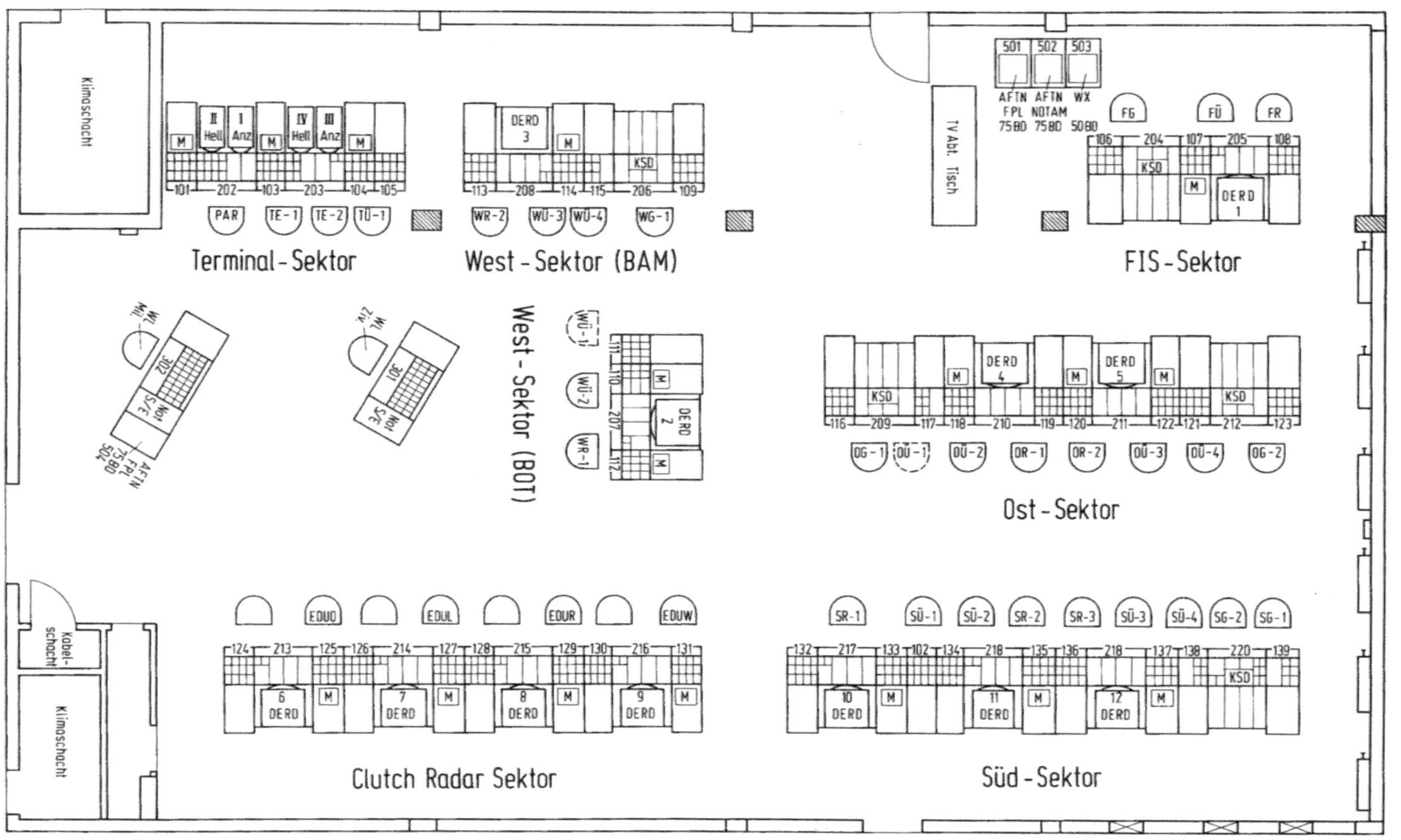

Bild 78: Betriebsraum der Flugverkehrskontrolle, RSt Düsseldorf (BFS). (Clutch Radar Sektor: Sektor für mil. Flugplätze)

Es interessiert ferner: die Verkehrsentwicklung in den nächsten fünf Jahren (siehe Abschn. II. 2.2.5); die Besetzungsdauer der Plätze und die erforderliche Befähigung für den, der die betreffene Arbeitsposition einnehmen soll. Bild 77 zeigt einen kompletten Sektor mit allen Arbeitsplätzen; Bild 78 stellt den Betriebsraum der Flugverkehrskontrolle der RSt Düsseldorf dar.

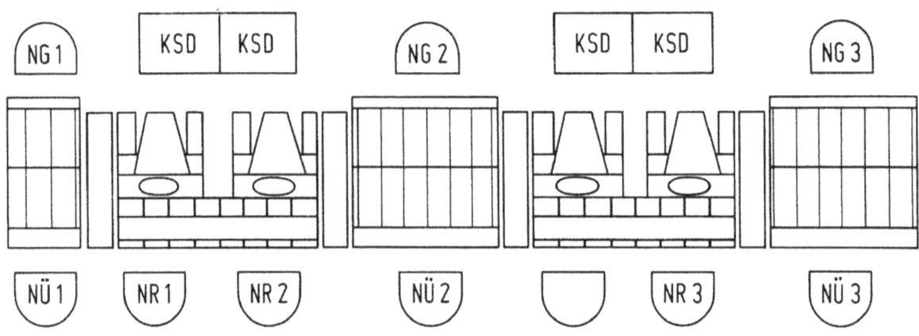

Bild 77: Der Nordsektor der RSt Frankfurt/M. (BFS).
(NR1, NR2 und NR3: Arbeitsplätze der Radarstreckenlotsen der drei Sub-Sektoren; NÜ1 bis NÜ3: Übergabelotsen-Arbeitsplätze; NG1 bis NG3: die Plätze der Assistenten; KSD: Kontrollstreifendruck-Gerät)

VII. Technische Einrichtungen der Flugsicherung

Aus der Aufgabe der Flugsicherung, den Luftverkehr vom Boden her zu überwachen, zu lenken und ihn flüssig abzuwickeln, Navigationshilfen bereitzustellen und die Nachrichtenübermittlung durchzuführen resultiert die Notwendigkeit, eine Vielfalt technischer Einrichtungen zu beschaffen, zu bedienen und zu warten.

Man kann die Geräte und Anlagen in vier Gruppen einteilen:

1) Einrichtungen für die Nachrichtenübermittlung;
2) Navigationsanlagen einschließlich der Landeanlagen;
3) Ortungsgeräte, d.h. Radaranalgen;
4) Elektronische Datenverarbeitung in der Flugverkehrskontrolle; Automatisierung einiger ihrer Hilfsmittel.

Im Rahmen dieser Einführung in die Grundlagen soll und kann nur eine Übersicht über die Hauptformen gebracht werden. Es sollen insbesondere neuere Geräte und Einrichtungen beschrieben werden, die man in der BRD entwickelt bzw. eingeführt hat. [1]

1. Einrichtungen für die Nachrichtenübermittlung

1.1. Allgemeines; der Arbeitsplatz des Lotsen

Im Abschn. VI. 1 ist der Arbeitsplatz des Lotsen unter dem Gesichtspunkt der anthropometischen Arbeitsplatzgestaltung beschrieben worden. Hierbei wurde betont, daß die Luftlagedarstellung als wichtigstes Kontroll-Mittel so in das Zentrum des Arbeitsfeldes gelegt wird, daß der Fluglotse sie in optimaler Sehhöhe sitzend beobachten

[1] Die sehr umfangreichen und komplizierten technischen Einrichtungen der Flugsicherung werden durch den Technischen Dienst laufend überwacht, periodisch überprüft und bei Störungen instand gesetzt. Zu den Kontrollmessungen am Boden kommen Messungen in der Luft mit Hilfe besonders ausgerüsteter Meßflugzeuge. Auf die Tätigkeiten der Angehörigen des Technischen Dienstes wird im Rahmen dieser Darstellung nicht eingegangen, es wird auf entsprechende Veröffentlichungen verwiesen [85, 109].

kann[1]. Alle übrigen Seh-Objekte und Bedienelemente werden um das Schirmbild herum angeordnet; sie müssen in "Greif-Reichweite" sein (Bild 62).

Die Luftlagedarstellung wird in den Abschn. VII. 3 und 4.5 näher behandelt. Im Folgenden sollen die Einrichtungen für die Nachrichtenübermittlung betrachtet werden.

1.1.1. Nachrichtentechnische Baugruppen und Einschübe am Arbeitsplatz des Lotsen

Für die Kontrolltische der Lotsen hat man eine einheitliche Einschub-Bauweise gewählt; es gibt Einschübe als Fernsprech-, Sprechfunk-, Lautsprecher-, Regler- oder Anzeige-Baugruppen (u.a. für Windgeschwindigkeit, Windrichtung, Uhrzeit) (Bild 79)

Bild 79: Kontrollarbeitstische der RSt Düsseldorf (Foto Siemens A.G.)

Bild 80 zeigt, an welchen Stellen der Kontrolltische diese Baugruppen untergebracht sind. Schaltfelder, akustische Sender und Empfänger, d.h. Mikrofone, Lautsprecher, Kopfhörer, Summer bilden die eigentlichen Hilfsmittel des Lotsen an seinem Arbeitsplatz.

Eine zweite Gruppe stellt Einrichtungen dar, die für die Auswahl der Frequenzen bzw. der Fernsprechleitungen (Relaissteuerungen) und für die Übertragung der Informa-

---

[1] Das Radarsichtgerät bzw. die synthetische, rechnergesteuerte Luftlagedarstellung ist entweder horizontal - mit ca. 10° Neigung - oder vertikal angeordnet. Die vertikale Anordnung ist für die Sehbedingungen und für die Bedienung günstiger.

tionen benötigt werden (Verstärkereinrichtungen). Diese Teile sind überwiegend in zentral zusammengefaßten Gestellen in Nebenräumen untergebracht. Die Transistorierung hat es neuerdings ermöglicht, einige dieser Elemente, z.B. Mikrofon-, Platz- Kopfhörer- und Fernsprechverstärker in dem beschränkten Raum der Kontrolltische unterzubringen.

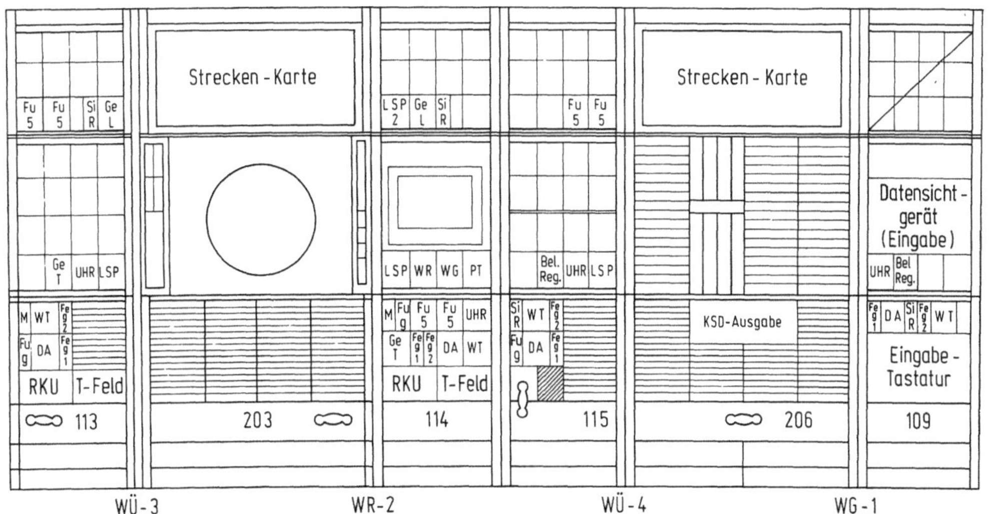

Bild 80: Kontrollarbeitstische; nachrichtentechnische Baugruppen und Einschübe, Teil des Westsektors der RSt Düsseldorf; WÜ-3: Platz des Übergabelotsen; WR-2: Platz des Streckenlotsen; WG-1: Platz des Gehilfen bzw. Assistenten (BFS)

<u>Erläuterung der Abkürzungen in Bild 80</u>

FU	= Funkschaltfrequenzkanäle
Si R	= Signallampenhelligkeitsregler für Funk- und Fernsprechschaltfelder
Ge L	= Gegensprechanlageneinschub, Lautsprecher
Ge T	= Gegensprechanlageneinschub, Tastenfeld
LSP	= Lautsprecherverstärkereinschub für Funksprechkanäle
M	= Mikrofoneinschub für Gegensprechanlage
WT	= Wähltasteneinschub für AWF 400
Fe g	= Fe g1 und Fe g2 Fernsprechgemeinsameinschübe zur Anzeige des jeweiligen Sprechvorganges von Abfrage 1 und Abfrage 2
Fu g	= Funksprechgemeinsameinschub zur Anzeige des Funksprechvorganges
DA	= Direkttasteneinschub für AWF 400 (Festziele)
RKU	= Rollkugelfeld für DERD o. Hellsichtgerät

T-Feld	= Tastenfeld für DERD
WR	= Windrichtungseinschub
WG	= Windgeschwindigkeitseinschub
PT	= Programmwahltastenfeld für Datensichtgerät
Bel Reg.	= Helligkeitsregler für Platzbeleuchtung
KSD	= Kontrollstreifendrucker

1.2. Sprechfunkeinrichtungen

Der Sprechfunk ist das wichtigste und derzeit einzige Mittel für den Nachrichtenaustausch zwischen dem FS-Lotsen und dem Luftfahrzeugführer. Die Beeinflussung der Bewegungsvorgänge im Luftraum erfordert eine ständige Nachrichtenverbindung; allerdings stellt die Sprache ein sehr redundantes Mittel dar; man bildet daher Worte bzw. Wortgruppen mit umfassenden Bedeutungen, um die Redundanz zu begrenzen.

Für den Nachrichtenaustausch Boden/Bord wird für alle Luftfahrzeuge jeweils in einem festgelegten Bereich eine diskrete Sprechfunkfrequenz benutzt, alle Luftfahrzeuge dieses Bereiches "stehen" auf der gleichen Frequenz. Dieses setzt Sprechdisziplin voraus. Jeder Luftfahrzeugführer ist somit über die Vorgänge im Kontrollbereich unterrichtet, da er alles mithört; er muß andererseits ständig in Empfangsbereitschaft sein und die ihn betreffenden Nachrichten durch Erkennen seines Rufzeichens aussortieren.

Die benutzten Sender und Empfänger bringt man in Sende- und Empfangsstellen unter, die zur Vermeidung von Störungen und um eine volle Nutzung der Empfängerempfindlichkeit zu erreichen ca. 5 bis 6 km vom Flughafen und gegeneinander abgesetzt werden. Empfangsstellen und kleine Sendestellen laufen unbemannt. In größeren bemannten Sendestellen (Götzenhain, Deister) sind Betriebs- und Reservesender in einem großen Senderaum übersichtlich aufgestellt; in der Raummitte befindet sich der Überwachungstisch. Über diesen Tisch führt man die Leitungen, die zum Besprechen der Sender notwendig sind; hier können sie überwacht und es kann Ersatz geschaltet werden. Der Sprechfunkverkehr wird im VHF-Bereich von 118-136 MHz und im UHF-Bereich von 225-400 MHz durchgeführt.[1] Der UHF-Bereich ist für den Sprechfunk mit den militärischen Luftverkehrsteilnehmern vorgesehen.

1.2.1. VHF-Sender

Der Aufbau eines VHF-Sprechfunk-Senders beginnt - wie bei anderen Sendern - mit dem frequenzbestimmenden Teil, dem Frequengenerator oder Oszillator (Bild 81).

[1] VHF: very high frequency, Ultrakurzwelle; UHF: ultra high frequency, Dezimeterwelle.

Er kann - im Prinzip - mit oder ohne Quarz betrieben werden. Der Vorteil des stufenlosen Durchstimmens aller Frequenzen beim quarzlosen Betrieb wird mehr als aufgewogen durch die höhere Frequenzstabilität eines Quarz-Generators; neue Sendertypen - vergleiche den folgenden Abschnitt - arbeiten daher quarzoszillator-stabilisiert. Die Frequenzstabilität kann mit $\leq \pm 2 \cdot 10^{-5}$ angegeben werden. An den Oszillator schließen sich Frequenz-Vervielfacher und Verstärker an. In der nachfolgenden Leistungsendstufe erfolgt die Modulation; das anschließende Filter unterdrückt die störenden Oberwellen.

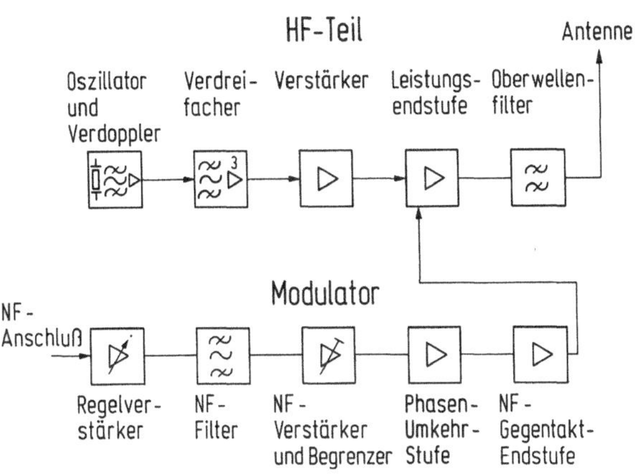

Bild 81: Blockschaltbild eines VHF-Senders

Der Modulator-Teil enthält direkte Anschlüsse für ein Mikrophon sowie für eine Fernleitung; der Regelverstärker gleicht Pegelschwankungen aus. Über ein Filter, Verstärker und Begrenzer gelangt die Sprachfrequenz in die Phasenumkehrstufe, die wegen der Gegentakt-Endstufe benötigt wird.

In der Leistungsendstufe des Senders erfolgt - wie bemerkt - die Modulation der Trägerfrequenz; das Umsetzen der Sprachfrequenzen, der "Nachricht", auf die Senderfrequenz durch Amplitudenmodulation.

1.2.1.1. Kurzbeschreibung eines VHF-Senders, 50 Watt (Typ SU 156 R & S) [84].

Der Frequenzbereich dieses Sender ist 117 - 144 MHz. Die Leistung an einem 50 Ω-Widerstand beträgt 50 Watt. Es können sechs Kanäle voreingestellt wahlweise betrieben werden.

Der Sender ist ausschließlich mit Transistoren bestückt und daher ohne Vorheitzung sofort sendebereit; er ist für den Dauerbetrieb vorgesehen.

Das Hochschalten des Senders, d.h. das Einschalten des Hochfrequenz-Trägers erfolgt durch Schließen eines Stromkreises mittels Sprechtaste am Mikrophon; die Stromquelle ist im Sender. Für ein Hochschalten des HF-Trägers über eine gleichstromfreie Fernleitung steht ein Tonschaltempfänger zur Verfügung (Schaltton 2040 Hz).

Sowohl am Ort als auch von fern kann man den Sender ein- und ausschalten: am Gestell den gewünschten Sendekanal (aus 6 vorhandenen Kanälen) auswählen; das Umschalten "Senden/Empfangen" mit Hilfe der Sprechtaste am Mikrophon bewirken; den Sendebetrieb mithören. Der Sender kann abgesetzt betrieben werden.

Die Verstärkerstufen sind als Breitbandverstärker dimensioniert, sie erfordern daher für den ganzen Frequenzbereich kein Nachstimmen. Der Sender besteht aus folgenden Baugruppen: Modulator, Oszillator, Kanalwahl, Breitbandverstärker 10 Watt, Breitbandverstärker 50 Watt, Spannungsstabilisierung und Einschaltteil.

Es bestehen vom Sender zwei Versionen: das Einkanalgerät und das Sechs-Kanal-Gerägt; in einem Gestelleinbau werden sechs Einkanal-Sender und zwei Sechs-Kanal-Sender als Reserve aufgestellt, d.h. die Reserve beträgt 33 1/3 %.

Fällt ein Sender aus, dann schaltet die Ablöseautomatik die Leitungen für die Modulation und die Trägerhochschaltung auf einen Reservesender; Kriterium: Vergleich der Spannungen v o r und n a c h der Modulation bzw. Zustandsprüfung: "Träger vorhanden". Der Ausfall wird automatisch dem Überwachungsraum gemeldet.

1.2.2. UHF-Sender

Der UHF-Sender ähnelt im Aufbau dem VHF-Sender, er besitzt zusätzlich einen Verdoppler, einen Verstärker und einen Tiefpaß.

1.2.3. Senderantennen

Der Sender ist mit einem koaxialen Kabel ($Z = 50\,\Omega$) entweder direkt oder mittelbar über ein Filter mit einem vertikalen geraden oder geknickten $\lambda/2$-Dipol verbunden. Das Einfügen eines Filters, das aus Topfkreis und $\lambda/4$-Leitung besteht, ermöglicht es, vier Sender an eine Antenne anzuschließen (jeder Speiseleitung ist ein eigener Topfkreis zugeordnet). Zur Verbesserung der Reichweite benutzt man eine Rundstrahl-Antennen-Anordnung mit Bündelung. Wenn die Hauptkeule um 4° bis 7° angehoben wird, kann eine Überlagerung der direkten mit der indirekten Welle und ein Einziehen des Diagramms weitgehend vermieden werden. Ein geknickter $\lambda/2$-Dipol, dessen Schenkel in Dipolmitte mehr oder weniger stark abgewinkelt ist, besitzt ein Strahlungsdiagramm, das senkrecht zur Äquatorebene n i c h t auf Null einzieht. Das bedeutet, daß der Empfang nicht abreißt, wenn das LFZ die Antenne überfliegt.

Die Verbindungskabel zu den auf Gittermasten angeordneten Antennen faßt man am Filtergestell zusammen, so daß bei Ausfall einer Antenne eine Reserveantenne sowohl an das Filter als auch direkt an den Sender angesteckt werden kann [85].

1.2.4. VHF-Empfänger

1.2.4.1. Allgemeines

Ein Empfänger hoher Selektivität und Empfindlichkeit erfordert eine zureichende Zahl von Schwingkreisen sowie Filtern und eine hohe Verstärkung in mehreren Stufen.

Bei einem Geradeaus-Empfänger bedeutet es, daß eine große Zahl von Schwingkreisen über einen größeren Frequenzbereich kontinuierlich abstimmbar sein müssen, dieses erfordert einen großen Aufwand. Auch eine hohe Verstärkung ist bei hohen Frequenzen schwierig, da der Wirkwiderstand der Anodenschwingkreise relativ gering ist.

Man benutzt daher das Prinzip des Überlagerungsempfängers, bei dem die Zwischenfrequenz-Verstärker, die die Selektivität bestimmen, mit einer größeren Zahl von Schwingkreisen auf die Zwischenfrequenz fest abgestimmt sind. Außerdem läßt sich die herabgemischte, niedrigere Zwischenfrequenz leichter verstärken.

Die Empfänger sollen hohe Empfindlichkeit und Störfestigkeit gegen Nachbarkanalstörungen (infolge Kreuzmodulation und Intermodulation), geringen Klirrfaktor und große Betriebssicherheit aufweisen und leichte Wartung erfordern.

1.2.4.2. Aufbau eines VHF-Emfängers (Pfitzner, Teletron, VKE 04) [85] in vereinfachter Darstellung. Das von der Antenne kommende HF-Eingangssignal wird über einen abgestimmten Eingangskreis zum Vorverstärker und von diesem über ein 3-stufiges Bandfilter zur Mischstufe geführt (Bild 82). Der Vorverstärker trennt die Mischstufe von der Antenne und verhindert eine Ausstrahlung der Oszillatorfrequenz. Außerdem erhöht sie die Empfindlichkeit des Empfängers und verringert das Rauschen. Die HF-Vorstufe wird in die Regelung einbezogen. In der Mischstufe wird eine Zwischenfrequenz von 10,7 MHz gewonnen. Der Misch-Stufe folgt ein Quarzfilter, das die Selektion des Empfängers bestimmt. Es schließt sich ein 3-stufiger Zwischenfrequenzverstärker an, der für zureichende Verstärkung, weitere Erhöhung der Trennschärfe und für eine wirksame Regelung sorgt. Auf diesen folgt die Demodulator-Stufe und dann ein Tiefpaß, der das demodulierte Niederfrequenzband auf 3400 Hz begrenzt. Diesem ist ein NF-Vorverstärker angeschaltet, der die NF-Endstufe aussteuert.

Ein Rauschspannungsverstärker steuert die Schaltstufe, die den Niederfrequenz-Weg öffnet, wenn eine ausreichende HF-Spannung am Antenneneingang liegt. Eine Verstärkungsregelung erfolgt in der HF- und ZF-Stufe; die erforderliche Gleichspannung wird im Modulator gewonnen und über einen Regelspannungsverstärker geführt.

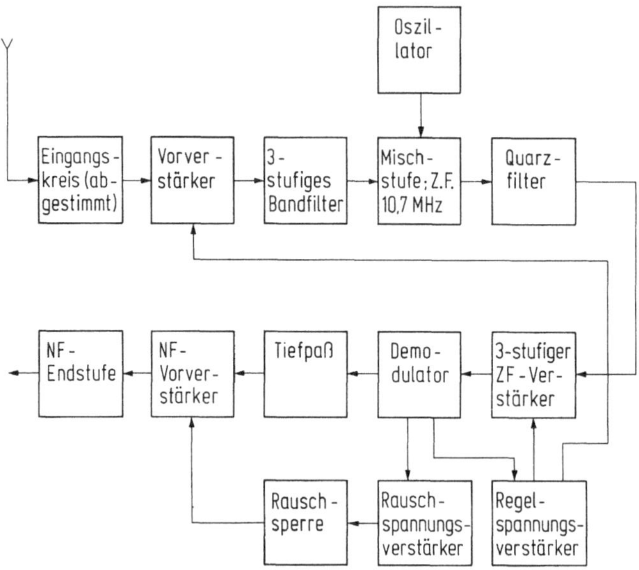

Bild 82: Blockschaltbild eines VHF-Empfängers

Ein Antennen-Entkopplungsverstärker leitet das von der Antenne kommende HF-Signal über 12 voneinander entkoppelte 50-Ω-Ausgänge an die Einzelempfänger. Am Eingang dieses Entk.-Verstärkers liegt ein Bandpaß mit einer auf 118-142 MHz eingestellten Breite; dem Bandpaß folgt eine Diodenanordnung, die das Gerät gegen atmosphärische Überspannungen schützt. Die Verstärkung ist so bemessen, daß für jeden der (zu den 12 Empfängern führenden) Ausgänge der gleiche Pegel zur Verfügung steht, wie er am Antenneneingang vorhanden ist.

Das Netzgerät liefert zwei entkoppelte Ausgangsspannungen von 15 Volt; die eine versorgt die 12 Einkanalempfänger, die andere lädt die Versorgungsbatterie.

Die gesamte Schaltung des Empfängers ist auf einer Druckplatte untergebracht und in einen Einschub montiert.

1.2.5. UHF-Empfänger

Der UHF-Empfänger wird allgemein als Dreifach-Überlagerungsempfänger ausgeführt; es ist ein voll transistoriertes Einkanalgerät für den Frequenzbereich von 220-405 MHz und ähnelt im Aufbau einem VHF-Empfänger.

1.2.6. Empfangsstellen

In den Empfangsstellen, die - wie erwähnt - unbemannt laufen, stellt man 2 Gestelle auf: ein Gestell mit Empfängern für den Betrieb, ein zweites mit der gleichen Zahl von Geräten als Reserve; für jede Frequenz stehen also 2 Empfänger zur Verfügung (100 % Reserve). Einige Empfänger stehen im Überwachungsraum der Flugsicherung am Flughafen für den Notfall (z.B. Ausfall aller Leitungen).

Empfangsantennen werden auf Masten und Türmen in etwa 15 bis 20 m Höhe angebracht und über HF-Kabel mit den Empfängern verbunden, wobei jede Antenne über einen Trennverstärker mehrere Empfänger speist.

Die Ausgänge der Empfänger liegen über ein Klinkenfeld an Fernleitungen, die über den Gestellraum und den technischen Überwachungsraum zum Flugverkehrskontrollraum, an die Bedienfelder der Kontrolltische geführt sind. Das Klinkenfeld erlaubt: Austausch der Leitungen; Austausch der Empfänger (Reserve); Kontrolle des Empfangs; Messen des Pegels.

1.2.7. Überdeckungsnetz

Die Flugverkehrskontrollstellen müssen - das bedarf keiner näheren Erläuterung - alle in ihrem Bereich unter Kontrolle befindlichen LFZ'e jederzeit und in allen Höhenbereichen ansprechen und empfangen können. Dies ist aber in mittleren und größeren Kontrollbereichen von e i n e r Sende - bzw. Empfangsstelle aus - zufolge der quasioptischen Ausbreitung der Ultrakurzwellen - nicht möglich [85].

Alle Sender und Empfänger werden daher nicht nur in der Nähe der Regionalstelle, sondern an weiteren Orten aufgestellt, die so gewählt sind, daß eine vollständige Bedeckung des Kontrollbezirks mit derselben Frequenz erreicht wird. Das gleichzeitige Hochschalten und Besprechen dieser an entfernten Punkten aufgestellten Sender erfolgt über ermietete Postleitungen von der Kontrollstelle aus, in der auch die zugehörigen Empfänger - in ebenfalls abgesetzten Emfangsstellen - über Postleitungen abgehört werden.

Um hörbare Interferenzen in Gebieten zu vermeiden, in denen mehrere Sender einfallen, sind die Sender der einen Nebenstelle in ihren Frequenzen um + 7,5 kHz und die der anderen um - 7,5 kHz gegen die Nominal-Frequenz der Flugverkehrskontrollstelle verstimmt. Die Frequenzkonstanz der Sender ist hoch genug, um diese Ablage genau einhalten zu können und die Bandbreite der Empfänger ist groß genug um alle Sender ohne Nachstimmung zu empfangen [85].

1.3. Fernsprechtechnik

1.3.1. Betriebsfernsprechanlage

1.3.1.1. Allgemeines

Die Forderung nach einer ständigen Betriebsbereitschaft der Fernsprecheinrichtungen und ihrer sicheren, schnellen Funktion führte zu einem eigenen Betriebsfernsprechnetz. Man achtete besonders auf einen einfachen Aufbau der Gespräche, möglichst ohne Zwischenschaltung einer Vermittlung.

In den älteren Anlagen hat sich als Schaltelement der Kelloggschalter in Verbindung mit einer Relaissteuerung bewährt. Relaiseinrichtungen, Verstärker und zentrale Teile des OB-System hat man im Gestellraum untergebracht. In neueren Anlagen konnten die transistorierten Verstärker und weitere Elemente in den Arbeitstischen der Lotsen untergebracht werden.

1.3.2. Kleine OB-Anlagen

Bei kleineren Fernsprechanlagen, z.B. für die Kontrolltürme, liegen die Leitungen parallel auf den Arbeitsplätzen; eine Grundeinheit des Schaltfelds besitzt 10 Anschlüsse. Der Anruf erscheint auf allen Plätzen. Da jede Leitung einem Arbeitsplatz fest zugeordnet ist, ignorieren die anderen Teilnehmer zunächst den Anruf und treten erst nach Aufforderung in die Leitung ein. Abgehend steht jedem der Plätze die Leitung gleichberechtigt zur Verfügung; Besetzt-Lampen kennzeichnen den Zustand der Leitung. Das Verfahren findet seine Grenze, wenn die Zahl der Arbeitsplätze ein bestimmtes Maß übersteigt und - bei großer räumlicher Trennung der Teilnehmer - eine Koordination durch direkten Zuruf unmöglich wird.

1.3.3. Handvermittlung

In größeren Kontrollstellen führte man daher die von außen kommenden Leitungen zu einer handbedienten OB-Vermittlung. Um die Verzögerungen durch eine Vermittlung zu reduzieren, werden Hauptleitungen mit Tastendruck zum betreffenden Platz geschaltet. Leitungen mit weniger wichtigen Meldungen verbindet man über Klinken und Schnurpaare.

Das Betriebsfernsprechnetz wird durch Wählanschlüsse ergänzt, über die jeder Kontrollplatz an die Nebenstellenanlage des Flughafens angeschlossen ist, in Sonderfällen auch an das öffentliche Fernsprechnetz. So sind zu jeder anderen FS-Dienststelle mehrere voneinander unabhängige Verbindungsmöglichkeiten sichergestellt.

1.3.4. Einheitliche Einschübe

Der Aufbau einheitlicher Einschübe und Steckvorrichtungen lassen folgende Möglichkeiten zu:

OB-Fernleitungen mit "Belegt"-Anzeige;
Umwegverbindungen;
Unfallalarmleitungen;
Dienstleitungen;
Wählanschlüsse.

Zum Anschalten an die Fernsprechleitungen dienen Kippschalter, zum Rufen Drucktasten, die auch eine Belegt-Lampe enthalten. Wähl-Leitungen lassen sich während eines Gesprächs in den "Warte"-Zustand schalten, damit vorrangige Anrufe über Fern- und Dienstleitungen entgegengenommen werden können. Der nun "wartende" Wählteilnehmer kann derartige Gespräche nicht mithören. Während der Wartezeit leuchtet die der Wählleitung zugeordnete Belegt-Lampe.

1.3.5. Die automatische Wählvermittlung

1.3.5.1. Allgemeines

Eine neue Lösung bedeutet die automatische Wählvermittlung mit Tastenwahl; sie ist in erster Linie für die vier Regionalstellen vorgesehen.

Der Fernsprechverkehr in der Flugsicherung ist gekennzeichnet durch hohe Belegungshäufigkeit bei kurzen Gesprächszeiten. Die Zeit vom Beginn der Belegung bis zum Melden ist oft länger als die Gesprächszeit. Unter diesen Umständen ist die zusätzliche Hand-Vermittlungs-Zeit betrieblich nicht immer tragbar. Bild 83 zeigt die

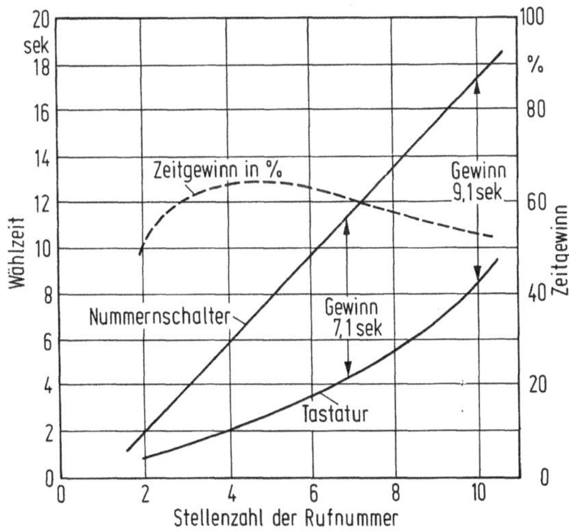

Bild 83: Verkürzung der Wählzeit durch Tastwahl [88]

Verkürzung der Wählzeit durch Tastwahl [88]. Durch Wählvermittlungseinrichtungen kann man alle Arbeitsplätze und alle angeschlossenen Leitungen ohne jede Einschränkung und ohne Mitwirkung von Vermittlungspersonen erreichen. Jeder Arbeitsplatz kann jeden anderen Arbeitplatz der eigenen oder einer anderen Kontrollstelle anwählen, wenn diese mit einer Wählvermittlung ausgerüstet ist. Das selbsttätige Wählen über Tasten erfordert nur kurze Aufbauzeiten für eine Verbindung; durch optische und akustische Zeichen gibt die Vermittlungseinrichtung Auskunft über den Betriebszustand des gerufenen Arbeitsplatzes.

Dieses System ist speziell an den Flugsicherungsdienst angepaßt; es bietet ferner folgende Möglichkeiten:

Direktanrufe ankommend und abgehend, Warten,
Aufschalten, Konferenz, Weitervermittlung;

Optische und akustische Anrufanzeige; es werden bis max. 3 wartende Gespräche angezeigt;

den Arbeitsplätzen wird nur die Zustandsinformation angeboten, die sie selbst benötigen, Parallelsignalisierungen - wie früher - werden vermieden;

auch über OB-Leitungen angeschlossene Außenteilnehmer werden in der gleichen Weise angewählt wie jeder ferne Arbeitsplatz;

der Nachtbetrieb wird an zentraler Stelle, z.B. vom Wachleitertisch aus eingeschaltet; danach werden Anrufe zu den verschiedenen Arbeitsplätzen automatisch umgewertet und dem neuen Nachtarbeitsplatz zugeführt. Die Zuteilung zu einem oder mehreren Nachtarbeitsplätzen kann leicht, ohne Lötarbeiten, vorbereitet werden. Ist eine wahlweise Zuteilung der Anrufe erforderlich, so steht hierfür eine tastengesteuerte Anrufumleitung zur Verfügung;

das System ermöglicht eine bessere Ausnutzung der Postleitungen durch Bilden von Leitungsbündeln;

bei vollständiger Besetzung oder Ausfall von Leitungen führt die Vermittlung selbständig Umwegschaltungen durch; Leitungsausfälle werden signalisiert;

Gespräche mit hoher Dringlichkeit schaltet die Vermittlung nach einer einstellbaren "Warnzeit" bevorzugt durch (5 Prioritäten);

Fehler innerhalb der Vermittlungsanlage werden durch Prüfprogramme erkannt und signalisiert [89].

1.3.5.2. Das Konzept der automatischen Wählvermittlung

Aufgrund der Forderungen hat man das Konzept mit folgenden, besonderen Merkmalen entwickelt [90]:

a) Die Platz-Steuerung nimmt die Funktionsbefehle vom Arbeitsplatz auf, speichert sie und gibt sie programmgerecht in das Vermittlungssystem ein. Sie steuert die

Speicher, schaltet die Anruf- und Zustandssignalisierungen am Arbeitsplatz und gibt Funktionsquittungen und Zustandsmeldungen an die Steuerung ab.

Alle Funktionen des Verbindungsaufbaus, d.h. Wahl, Wahlmarkierung, Anfordern der Programmsteuerung, Speicherung, Bewertung, Frei- und Besetztsignalisierung, automatische Anrufwiederholung, Melden und weitere Vorgänge werden von den Platz-Steuerungen der Arbeitsplätze eingeleitet oder ausgeführt.

Auf diese Weise wird ein großer Teil der Funktion und der Logik in dem, dem Arbeitsplatz zugeordneten Teil, dezentral, vorverarbeitet. Das bedeutet, daß kurze Zeiten für Verbindungsaufbau und für die Belegungszeiten der Steuerung sowie ein übersichtlicher Programmablauf ermöglicht werden.

b) Erst beim Melden des gerufenen Gesprächsteilnehmers schaltet die Vermittlung die Sprechwege durch; Ziel-, Herkunfts- und Prioritätsinformation werden also - innerhalb der Vermittlungseinrichtung vom Beginn der Belegung bis zum Zustandekommen des Gesprächs - gespeichert und für den Verbindungsaufbau elektronisch verarbeitet. Das Speichern der Ursprungsinformation ermöglicht in diesem zentral gesteuerten Wartesystem das automatische Wiederholen des Anrufs nach Freiwerden des Teilnehmers von allen Arbeitsplätzen aus.

Die Ursprungs-, Ziel- und Prioritätenspeicher bestehen aus ESK-Relais (Edelmetall-Schnellkontakt-Relais) und Diodenmatrixen.[1]

c) Zum Übertragen der Ziel- und Ursprungsinformation innerhalb der Vermittlungseinrichtung und über die Verbindungsleitungen wird einheitlich der 2-aus-5-Code angewendet. Die Umwertung der Tastwahlinformation in den 2-aus-5-Code erfolgt in der Platz-Steuerung. Der Code bietet die Codesicherung bei Informationsübertragungen. Die Signalisierung auf den Verbindungsleitungen zwischen den Kontrollzentralen im nationalen und grenzüberschreitenden Verkehr wird mit dem Mehrfrequenzcode (MFC) im Zwangslauf-Verfahren nach CCITT-R2 ausgeführt.

d) Die Kriterien für den Verbindungsaufbau und den Verbindungszustand sind innerhalb der Vermittlungseinrichtung - unabhängig vom Sprechwegenetz - zu übertragen.

e) Das Kennzeichen des Anrufs und Durchschalten der Sprechwege erfolgt mit den drei genannten Merkmalen der Ziel-, Herkunfts- und Prioritätsinformation.

---

[1] Die Palladium-Silber-Legierung soll als Kontaktmaterial Funktionssicherheit über Jahrzehnte - auch bei ungünstigen Umgebungseinflüssen garantieren. Die Ansprechzeit des ESK-Relais beträgt weniger als 2 Tausendstel Sekunden; diese Relais kann man daher mit elektronischen Schaltvorgängen verknüpfen.

1.3.5.3. Die Vermittlungseinrichtung am Arbeitsplatz des Lotsen
Am Arbeitsplatz des Lotsen stehen zur Verfügung:

ein Direkttasteneinschub für 10 - 24 häufig anzurufende Arbeitsplätze, die der Lotse durch Tastendruck erreicht (die Zahl der Teilnehmer kann erweitert werden);

ein Wähltasteneinschub, mit 10-er Tastatur, mit dem der Lotse andere Teilnehmer ohne Vermittlungsperson, anwählen kann;

je ein gemeinsamer Bedienungseinschub für die 1. und 2. Abfrage;

der Arbeitsplatz des Wachleiters erhält einen Wähleinschub mit Nummernschalter für Notverbindungen über die Nebenstellenanlage des Flughafens und ein Lampenfeld für die Anzeige von überlasteten Arbeitsplätzen sowie von Prioritätsbelegungen mit Nottastendruck.

Zur Dokumentation erhalten die 1. und die 2. Abfrage je einen Kanalanschluß bei der VMG-Anlage (Vielspur-Magnetton-Geräte).

1.4. Fernschreibtechnik

1.4.1. Allgemeines
Der ständig wachsende Luftverkehr führte zu einem hohen Verkehrsaufkommen im Flugfernmeldedienst (im Jahre 1972 mußten fast 16,8 Millionen Fernschreib-Meldungen befördert werden). Ein schnelles und sicheres Übertragen der Nachrichten erfordert daher eine weitgehende Automatisierung der Fernmeldeeinrichtungen.[1]

Voraussetzung für einen Nachrichtenaustausch auf dem Fernschreibweg über die Landesgrenzen hinweg sind internationale Vereinbarungen hinsichtlich der Verfahren und technischen Details.

Die Richtlinien und Empfehlungen der ICAO sind im Anhang 10 (Band I und II) zur Konvention [13, 91] und im DOC. 7030 enthalten [92]. In der BRD gilt die vorläufige Betriebsanweisung für den Flugsicherungsdienst, Teil III, FS-Fernmeldedienst.

Für die praktische Durchführung des Festen Flugfernmeldedienstes in der BRD ist der Flugfernmeldedienst (FF) zuständig; er wird ausgeführt durch die

---

[1] Man unterscheidet folgende Dienste:
a) Fester Flugfernmeldedienst (Aeronautical Fixed Service, AFS);
b) beweglicher Flugfunkdienst (Aeronautical Mobil Service, AMS);
c) Flugnavigationsdienst (Aeronautical Radionavigation Service);
d) Flug-Rundfunkdienst (Aeronautical Broadcasting Service);
Hier soll uns in erster Linie der Dienst unter a) beschäftigen.

a) Flugfernmeldezentrale (FFZ) in Frankfurt/M. (International Telecommunication Centre; AFTN COM. Centre)[1] und den

b) Flugfernmeldestellen (FFSt) auf den Verkehrsflughäfen.

Die Flugfernmeldestellen sind mit der Zentrale durch Duplex-Fernschreibverbindungen verbunden und gehören zum Festen Flugfernmeldenetz. Zum Festen Flugfernmeldenetz jedoch nicht zum AFTN, gehören auch direkte Fernsprechverbindungen (interphone lines); sie dienen in erster Linie dem Nachrichtenaustausch zwischen den Flugverkehrskontrollstellen.[2]

Im AFTN-Netz wird mit Fernschreibmaschinen (im Weitverkehr auch mit Funkschreibmaschinen) gearbeitet. Man überträgt die Meldungen auf Fernschreiblochstreifen (im Fünferalphabet gelocht oder geprägt) und sendet sie normal mit einer Telegrafiergegeschwindigkeit von 400 Zeichen pro Minute (50 Baud).[3] Zur Kontrolle schreibt ein parallel geschalteter Blatt-Fernschreiber die Sendung als Mitlesemaschine mit.

1.4.2. Das AFTN-Format

Der Aufbau einer Meldung im AFTN-Format besitzt folgende Teile:

a) Meldungsvorsatz;
b) Adresse(-n) nebst Dringlichkeitsvermerk;
c) Aufgabestelle und Aufgabezeit;
d) Inhalt; es sollen nicht mehr als 200 Gruppen zu 5 Zeichen sein, sonst ist der Inhalt in zwei oder mehrere Meldungen zu unterteilen. Der Text soll ferner möglichst in zugelassenen Abkürzungen abgefaßt sein;
e) Schlußteil.

Zur Beförderung im AFTN-Netz sind in der BRD folgende Meldungsarten in der angegebenen Reihenfolge zugelassen:

a) Notmeldungen und Notverkehr;
b) Dringlichkeitsmeldungen;
c) Flugsicherheitsmeldungen;
d) Wettermeldungen;
e) Flugbetriebsmeldungen;

---

[1] AFTN: Aeronautical Fixed Telecommunication Network

[2] Es bestehen ferner: Fernschreibnetz der Luftverkehrsgesellschaften (für "Class B"-Meldungen, innerbetriebliche Nachrichten), das "SITA"-Netz; und das MOTNE-Netz für Flugwettermeldungen.

[3] Es sind $400 \times 7{,}5 = 3000$ Schritte pro Minute oder 50 pro Sekunde = 50 Baud.

f) Verwaltungsmeldungen;

.
.
.

j) Staatstelegramme;

k) BFS/Z-Verwaltungsmeldungen.

1.4.3. Die automatische Fernschreib-Speichervermittlung (Typ A 300, Siemens AG.), Funktions-Kurzbeschreibung

Die Flugfernmeldezentrale in Frankfurt/M. befördert

AFTN-Meldungen zwischen den angeschlossenen ausländischen Flugfernmeldezentralen und den Flugfernmeldestellen in der BRD;

leitet alle vom In- und Ausland kommenden Flugpläne - soweit sie für eine Rechnerauswertung vorgesehen sind, dem Rechner zu (Doppel-TR4-System).

Benutzt wird eine automatische Fernschreib-Speichervermittlung mit folgenden Merkmalen:

1) Jede Eingangsleitung besitzt einen eigenen Eingangsspeicher;

2) Ankommende Meldungen werden im Eingangsspeicher (ES) bis zur Schlußzeichengruppe aufgezeichnet. Nach Eingang der Schlußzeichengruppe meldet sich der ES beim zentralen Einstellplatz (CE), hier werden Dringlichkeit, Adressen und Leitwegverantwortlichkeit ausgewertet.

3) Nach der Auswertung geht die Meldung vom Eingangsspeicher an so viele Zwischenspeicher wie aufgrund der Adressen Ausgangsleitungen erforderlich sind;

4) Sobald die Ausgangsleitung frei ist, wird die Meldung vom Zwischenspeicher abgerufen und gesendet;

5) Eingangs- und Zwischenspeicher haben eine Kapazität von 30 000 Fernschreibzeichen, d.h. etwa 100 Meldungen;

6) Jeder Ausgangsleitung ist eine Ausgangskontrollmaschine (Fernschreibmaschine) T 100) parallelgeschaltet, auf der die Aussendung jeder Meldung mitgeschreiben wird;

7) Die Zwischenspeicherung ermöglicht es, daß dringende Nachrichten andere Meldungen innerhalb der Anlage überholen;

8) Empfangene Meldungen, die wegen Format-Fehler von der Automatik nicht ausgewertet werden können (abgewiesen werden), werden automatisch an einen der Sonderarbeitsplätze (S, Überlaufplatz) übermittelt. Hier werden sie berichtigt und, wie beim halbautomatischen Betrieb, an den oder die entsprechenden Zwischenspeicher übermittelt;

9) Die Vermittlungszeit beträgt bei vollautomatischem Betrieb 20 Sekunden;

10) Es können Teilnehmer- und Amtsverbindungsleitungen für Duplex-Betrieb mit Schrittgeschwindigkeiten von 50, 75, 100, 600 und 1200 Baud angeschaltet werden; um die Durchlaufzeiten klein zu halten, arbeitet die A 300 mit einer Inneramtsgeschwindigkeit von 1200 Baud;[1]

11) Als besondere Vorteile kann man die Möglichkeit einer bevorzugten Weiterleitung vorrangiger Meldungen vor anderen wartenden Meldungen und die einfache Abwicklung von Mehrfachadressen hervorheben;

12) Ein Überwachungsplatz ermöglicht die betriebliche und technische Kontrolle der A 300; Störungen und Unregelmäßigkeiten werden hier sofort angezeigt.

1.4.4. Die automatische Fernschreiber-Teilnehmerstelle (Typ ATS 91, Siemens AG), Funktions-Kurzbeschreibung

Die automatische Fernschreiber-Teilnehmerstelle ATS 91 erleichtert und beschleunigt das Aufsetzen der Meldungen nach dem von der ICAO festgelegten AFTN-Schema. Die ATS 91 besteht aus einem Vorbereitungsplatz und einer Sendestelle. Die Meldung muß zunächst in einen Lochstreifen gestanzt und dann mit einem Lochstreifensender zur Flugfernmeldezentrale bzw. über diese weitergegeben werden.

Das Stanzen

a) des Dringlichkeitsvermerks (priority indicator),
b) der Adresse (adressee indicator) und
c) der Aufgabestelle (origin)

in den Lochstreifen wird einfach durch Betätigen der entsprechenden Tasten bewirkt. Der

d) Text der Meldung

wird auf der Arbeitsplatzmaschine geschrieben - parallel dazu erfolgt das Stanzen des Lochstreifens; der

e) Schlußteil der Meldung

wird wieder durch Betätigen der entsprechenden Taste (ending) in den Lochstreifen gestanzt.

Der vorbereitete Lochstreifen wird dann in einen Lochstreifensender eingelegt und gesendet; eine angeschlossene Kontrollmaschine schreibt den Text mit.

---

[1] Die DBP schaltet z.Z. nur Amtsleitungen bis 200 Baud; Schrittgeschwindigkeiten über 100 Baud erfordern sog. Abflacher, die zwischengeschaltet werden; sie fangen die Oberwellen ab.

1.5. Dokumentationsgeräte

Der gesamte Sprechfunk- und Fernsprechverkehr muß nach internationalen Vereinbarungen (ICAO, Anhang 2) aufgezeichnet, dokumentarisch festgehalten und für mindestens 30 Tage aufbewahrt werden, um dieses Material bei der Aufklärung von besonderen Vorkommnissen und Unfällen heranziehen zu können.

Für diese Dokumentation benutzt man Magnettonbandgeräte; die gute Qualität der Schallaufzeichnung kann sichergestellt und die Tonbänder können nach Ablauf der Aufbewahrungszeit wiederholt und ohne Qualitätseinbuße verwendet werden. Da der Flugsicherungsdienst ohne Unterbrechung, tags und nachts, durchgeführt wird, muß auch die Aufzeichnung laufend erfolgen. Zunächst hat man Mehrfachgeräte mit automatischer Umschaltung und entsprechenden Überwachungsgeräten eingesetzt. Die Tonbänder können - bei einer Laufzeit von 8 1/2 Stunden - gleichzeitig 24 Tonspuren aufnehmen. Neue Geräte sind volltransistoriert; die wichtigen zentralen Baugruppen sind aus Sicherheitsgründen doppelt vorhanden. Bei Störungen schaltet sich z.B. ein Ersatz-Aufsprechverstärker automatisch an die Stelle eines ausgefallenen Betriebsverstärkers. Die Dokumentation erfordert neben der Aufzeichnung der Gespräche auch die Festlegung der Zeit für jeden Augenblick. Hierfür hat man die Spur 1 vorgesehen: die Zeitmarken folgen im Minuten- und 10-Sekundenabstand.

Die Sprechverbindungen liegen an den regelbaren Eingängen der Aufnahmeverstärker, die Ausgänge führen zu den Aufnahmeköpfen der Laufwerke. Das Tonband läuft erst an einem Löschmagneten und an einem HF-Löschkopf vorbei, so daß der alte Inhalt gelöscht wird; dann wird es an den Aufnahmeköpfen des im Betrieb befindlichen Laufwerks vorbeigeführt. Ein Überwachungskopf dient zur Kontrolle der Bandbewegung, er kann auf jede Spur eingestellt werden. Die Bandgeschwindigkeit beträgt 4,76 cm/sek (Typ MS 124, Fa. W. Assmann AG.).

Für die Wiedergabe der Aufzeichnungen verwendet man in der Flugsicherung ein besonderes Wiedergabegerät mit schnellem Vor- und Rücklauf. Zum schnellen Auffinden einer Information, von der die Aufnahmezeit bekannt ist, hat man eine Bandzähluhr eingebaut; sie ist bandangetrieben und besitzt ein Zählwerk mit Uhrenzifferblatt, das Stunden- und Minutenzeiger aufweist.

Leistungsmerkmale für ein neues Gerät (Typ EL 1442/00A, Fa. Philips):

a) Es können gleichzeitig 31 Kanäle (früher 24) auf demselben Tonträger aufgezeichnet werden;

b) Die Laufzeit einer Tonbandrolle beträgt 24 1/4 Stunden (bisher 8 1/2 Stunden);

c) Die Bandgeschwindigkeit wird mit 1,19 cm/sek angegeben;

d) Das Frequenzband beträgt 300-3000 Hz (± 3 dB gegen 1000 Hz);

e) Die 1. Spur enthält die Zeitmarken: im Minuten- und 10-Sekunden-Abstand;

f) Der Tonträger weist eine Dicke von 18 μm auf (Dreifach).

1.6. Die technische Überwachung

Die einzelnen Geräte der Flugsicherung besitzen ihre individuellen Überwachungsorgane und Störungssignalisierung; unabhängig hiervon hat man es als zweckmäßig angesehen, zentrale Überwachungstische einzurichten. Folgende Aufgaben wurden den Überwachungstischen zugeteilt:

a) Sende- und Empfangswege zu überwachen, meßtechnisch zu prüfen (Pegelmessungen), notfalls Ersatzschaltungen vorzunehmen;

b) ILS-Anlagen (Instrumenten-Lande-Systeme) zu überwachen, notfalls umzuschalten;

c) andere technische Einrichtungen zu überwachen und Ausfälle zu signalisieren;

d) Peilfrequenzen und ihre Anschaltung zu überwachen und Ersatz zu schalten (diese Aufgabe machte u.a. den Einbau von Peilkanalwählern, Leitungsverstärkern und Kontrollsichtgeräten erforderlich);

e) Eingrenzen von Störungen in Sprechfunkeinrichtungen, die innerhalb der Lotsen-Arbeitstische auftreten; hierzu war es notwendig, Meßpunkte auf Platzüberwachungsfelder zu führen;

f) Mit Klinkenfeldern und entsprechendem Leitungsprüfgerät an- und abgehende Leitungen zu prüfen und durchzumessen (früher muße man diese Arbeiten am Hauptverteiler im Relaisgestellraum ausführen).

Für die Ausführung der Prüf- und Meßaufgaben ist eine direkte Fernsprechverbindung zu den technischen Anlagen erforderlich; hierfür hat man eine OB-Fernsprechanlage für 40 Teilnehmer sowie eine Gegensprechanlage für 10 Teilnehmer vorgesehen [93].

1.7. Wetterdatenverbreitung und -Anzeige

Informationen über die Wetterverhältnisse auf der Strecke und auf den Flughäfen interessieren in erster Linie den Luftfahrzeugführer und ferner den Flugverkehrskontrolldienst; diese Daten müssen zeitgerecht von der Flugwetterwarte bereitgestellt werden.

Zur Entlastung der Sprechfunkkanäle verbreitet man Wetternachrichten durch Aufsprechen auf Magnetplattengeräte und Ausstrahlen über Funknavigationshilfen, wobei zwischen Platzwetter und Bezirkswetter zu unterscheiden ist. Für das Übertragen von Wetternachrichten vom Wetterdienst zur Flugsicherung wendet man zwei Verfahren an: die Faksimile- und die Fernsehübertragung.

1.7.1. Die Faksimile-Übertragung

Als Sender wird ein Zetfax-Geber benutzt; ein Schriftfeld von 2,5 × 15 cm, in das handschriftlich Wetterdaten eingetragen werden, wird punktförmig abgetastet (vier Punkte je mm) und die Bildsignale einer Trägerfrequenz von 1500 Hz aufmoduliert (Amplitudenmodulation). Den modulierten Träger überträgt man über eine normale Fernsprechleitung (Bandbreite: 300 bis 3400 Hz); es können - ohne Verstärker - bis zu 15 Empfänger angeschlossen werden. Zur Synchronisation von Geber und Empfänger dient die Netzfrequenz von 50 Hz. Im Empfänger, dem Zetfax-Schreiber, werden die Bildsignale demoduliert und in einzelne Bildpunkte verwandelt, die im Hell-Schreiber das Faksimile ergeben [94]. Das Verfahren ist einfach, der zu übertragende Text kann von Hand aufgezeichnet werden, Übertragungsfehler können praktisch nicht auftreten bzw. werden sofort erkannt.

1.7.2 Wetterdaten-Fernsehanlage

Wetterdaten kann man mit Vorteil auch durch die Fernsehtechnik an den Arbeitsplatz des Lotsen übertragen; Ausgangspunkt sind Schriftstücke mit Wetterdaten im Format DIN A5, die von industriellen Fernsehkameras aufgenommen und am Lotsenplatz im Fernsehempfänger (Monitor) mit einer Zeilenzahl von 625 bzw. 875 dargestellt werden.

Anlagen größeren Umfangs erhalten einen besonderen Bildschirmarbeitsplatz; er enthält:

ein Datensichtgerät DS 700 mit 5 Programmspeichern, Textdarstellung und Anschlußmöglichkeit für Hintergrundbilder von zwei Kameras;

einen Lochstreifen mit Erkennungslogik zur Abtastung von Wetterfernschreiben, die aufgrund ihrer Adressenkennung den einzelnen Programmspeichern nach einem gegebenen Schema automatisch zugeordnet werden;

eine Tastatur zur zusätzlichen beliebigen Texteingabe in die einzelnen Speicher.

Es stehen 8 Programme für eine Wetterdatenübertragung zur Verfügung; mit Hilfe eines Kreuzschienenverteilers kann man sie auf 15 Bildwiedergabegeräte im Betriebsraum der Flugverkehrskontrolle und auf je ein Gerät im Kontrollturm und beim Flugberatungsdienst schalten [93].[1]

1.7.3. Neue Entwicklung

Die Wetterdatenanzeige wird künftig - z.B. für neue RSt - über ein rechnergesteuertes Wettermeldungsanzeigesystem betrieben. Das System ist über Fernschreiblei-

---

[1] Abhängig von der Größe der Kreuzschiene, diese wiederum abhängig von der Zahl der mit Monitoren ausgestatteten Arbeitsplätze.

tungen unmittelbar mit dem Wetterfernschreib- und dem militärischen Wetterführungskanal verbunden. Man hat es derzeit für 8 Programme - zu je 7 Platzwettermeldungen - ausgelegt. Die ankommenden Wettermeldungen werden nach den Erfordernissen der einzelnen Kontroll-Sektoren automatisch in die acht Programmspeicher verteilt. Die Kontrolle der einzelnen Wettermeldungen sowie Korrekturen und zusätzliche Eingaben können durch das Betriebspersonal am Fernsehabtasttisch vorgenommen werden. Zwei Kameras zur Schriftstückübertragung dienen als Reserve bei einem Rechnerausfall und zur Übertragung besonderer Meldungen.

Die Verteilung der Meldungen auf die Sichtgeräte erfolgt über einen Kreuzschienenverteiler; er ist für 10 Programmeingänge und - von der Zahl der Kontrollarbeitsplätze abhängig - für 20 bis 30 Sichtgeräteausgänge ausgelegt.

1.8. Weitere Fernmeldeeinrichtungen

1.8.1. Zeitdienst-Anlagen

Für die Dokumentation der Informationen in den Mehrspur-Magnetbandanlagen und für den Dienstbetrieb der Flugsicherung in allen Bereichen benötigt man die genaue Uhrzeit für jeden Augenblick. Aus einer quarzgesteuerten Hauptuhrenanlage stehen Minuten- und 10-Sekunden-Impulse zur Verfügung. In Verbindung mit dieser Anlage benutzt man in der Flugsicherung der BRD als Zeitansageeinrichtungen das Gerät des Typs ZAG-S6, es verwendet eine vorbesprochene, rillenlose Magnettonplatte. Die Abtastung erfolgt durch drei mechanisch gesteuerte, in der Reihenfolge des mechanischen Ablaufs starr miteinander gekoppelte Tonarme für die Stunden-, Minuten- und Zehnsekunden-Ansage. Aus Sicherheitsgründen werden die Einrichtungen als Doppelanlagen eingebaut [95].

1.8.2. Rohrpostanlagen

Rohrpostanlagen verwendet man in Einzelfällen zur Beförderung von z.B. Flugplänen und Wettermeldungen, zumeist handelt es sich um kleinere Anlagen mit einfacher Linienführung, da diese weniger störanfällig sind. Die verhältnismäßig großen Krümmungsradien der Rohre lassen sich kaum unauffällig verlegen; bei der Unterflurverlegung muß darauf geachtet werden, daß keine Kondenswasserbildung auftritt.

Kleinanlagen arbeiten ohne Steuereinrichtungen als Direktanlagen; größere mit Tasten- oder Büchsensteuerung. Mit Hilfe von Tasten werden Weichen entsprechend gestellt; bei der Büchsensteuerung übernehmen einstellbare Kontaktringe auf den Büchsen die Steuerung [85].

1.8.3. Fördertechnik

Die Fördertechnik findet in neuerer Zeit nur noch selten Anwendung; man benutzt sie u.a. als Hochkant-Förderanlage für den Flugfernmelde- und Flugberatungsdienst.

2. Navigationsverfahren und -Anlagen

2.1. Allgemeines

Es ist Aufgabe der Navigation, ein Fahrzeug sicher und - in der Luftfahrt - auf festgelegtem Weg und in errechneter Zeit vom Abgangs- zum Bestimmungsort zu führen. Diese, ursprünglich aus der Schiffart stammende Definition mußte in der Luftfahrt um eine neue, dem Bodendienst übertragene Aufgabe erweitert werden: die der Kollisionsverhütung beim Blindflug. Bei Flügen unter Instrumentenwetterbedingungen muß in kontrollierten Lufträumen der Bodendienst für zureichende Sicherheitsabstände sorgen.

Der Bodendienst, d.h. die Flugischerung hat ferner die Funknavigationsanlagen bereitzustellen und zu betreiben. Diese Einrichtungen erfüllen eine Doppelaufgabe: sie werden bordseitig vom Luftfahrzeugführer benötigt, um - wie bemerkt - vom Startflughafen zum Zielflughafen über festgelegte Streckenabschnitte zu navigieren, den Zielflughafen nach bestimmten Verfahren anzufliegen, ggf. Warteschleifen zu fliegen und schließlich - auch bei ungünstigen Sichtverhältnissen - zu landen. Andererseits werden vom Luftfahrzeugführer beim Überfliegen bestimmter Navigationsanlagen die vom Flugverkehrskontrolldienst geforderten Standortmeldungen abgegeben, die der Lotse für die Bewegungskontrolle benötigt.

Der Flugverkehrskontrolldienst ist ferner daran interessiert, daß der Luftfahrzeugführer so genau wie möglich navigiert; je enger er sich an die festgelegten Strecken und errechneten Überflug- und Einflugzeiten hält, desto kleiner kann generell der Sicherheitsabstand zu anderen Luftfahrzeugen sein und umso ökonomischer kann der Luftraum genutzt werden.

2.1.1. Arten der Luftfahrtnavigation

Man unterscheidet zwischen der bordeigenen Flugnavigation und der bodengestützten Funknavigation. Zu diesen beiden Gruppen gehören folgende Verfahren:

Bordeigene Flugnavigation:

- Koppelnavigation
- Astronomische Ortung
- Dopplernavigation
- Trägheitsnavigation

Bodengestützte Funknavigation:

- Richtempfangsverfahren (Minimumpeiler; Radiokompaß; Adcock-Peiler; Sichtpeiler; Großbasispeiler);
- Sendeverfahren (Loran; Omega; UKW-Drehfunkfeuer und Doppler-Drehfunkfeuer; Entfernungsmeßverfahren; Instrumentenlandeverfahren; Allwetterlandung).

2.2. Bordeigene Flugnavigation

2.2.1. Koppelnavigation

Grundaufgabe: man ermittelt mit Hilfe der Karte und der aus der Wetterberatung erhaltenen Komponenten der Windrichtung und Windstärke den Kompaßkurs. Ferner stellt man während des Fluges aus der Kompaßanzeige, der Eigengeschwindigkeit und anderen Beobachtungen den Kurs über Grund fest, verfolgt ihn in der Karte und berichtigt ihn. Die Genauigkeit dieses Verfahrens wird mit 5 bis 8 % des zurückgelegten Flugwegs angegeben [96]. Als Fehlerquellen gelten Kompaßfehler; Ungenauigkeiten beim Bestimmen der Eigengeschwindigkeit; ungenaue Werte für Windstärke und Windrichtung.

2.2.2. Astronomische Ortung

Die Ortsbestimmung mit Hilfe der Gestirne beruht auf der Feststellung der Zenitdistanz oder der Höhe und des Azimuts des beobachteten Himmelskörpers. Da die hohen Fluggeschwindigkeiten keine langen Beobachtungs- und Auswertezeiten zulassen, benutzt man in Luftfahrzeugen vorausberechnete Werte aus Tabellen, die mit den Messungen verglichen werden. Zur Bestimmung der Zenitdistanz benutzt man den Periskopsextanten. Die Firma Kollsmann entwickelte einen Sextanten, der ein grob voreingestelltes Gestirn automatisch peilt und nach einer Peildauer von etwa zwei Minuten die mittlere Zenitdistanz anzeigt. Mit neueren Geräten können helle Fixsterne auch am Tage automatisch gepeilt werden [97, 98]. Gelingt es, die mittlere Zenitdistanz mit einer Genauigkeit von etwa ± 5' abzulesen, dann entspricht dieses einer Standliniengenauigkeit von ± 10 km [96].

2.2.3. Dopplernavigation

Diesem Verfahren liegt der Dopplereffekt zugrunde, der bekanntlich darin besteht, daß sich die Zahl der Wellen in der Zeiteinheit ändert, wenn eine Wellen-Quelle und ein Beobachter sich relativ zueinander bewegen. In der Praxis geht man so vor, daß man von einem Bordsender Impulse in einer Strahlungskeule gebündelt schräg voraus zur Erdoberfläche sendet. Da sich die Impulsquelle gegenüber der Erdoberfläche bewegt, wird die Frequenz der Strahlung auf dem Wege zur Erde und zurück verändert. Die Frequenzänderung ist ein Maß für die Relativgeschwindigkeit des Luftfahrzeugs gegenüber der Erde. Da andererseits die Frequenzänderung in Richtung des Fluges am größten ist, kann man die wahre Flugrichtung des Luftfahrzeugs und aus der ggf. vorhandenen Abweichung gegenüber der Längsrichtung des Luftfahrzeugs den Abdriftwinkel ermitteln. Zur Bestimmung der Genauigkeit über Grund benötigt man eine Strahlungskeule; zur Messung des Abdriftwinkels mindestens zwei; um Fehler bei nicht horizontalem Flug, z.B. beim Steig- und Sinkflug, auszuschalten, benutzt man normalerweise vier Strahlungskeulen. Die aus dem Dopplergerät gewonnenen Daten speist man in einen Rechner ein, der sie nebst den einzugebenden Steuerkursangaben verarbeitet und folgende Werte anzeigt: den Standort; die Flugstrecke bis zum Ziel; den Steuerkurs; die zurückgelegte Flugstrecke und den Windvektor.

Für die Genauigkeit werden folgende Werte angegeben:

Geschwindigkeitsmessung:	0,1 ... 1 % ;
Abdriftmessung:	0,1 ... 1,0°
Entfernung bis zum Ziel	1 ... 1,5 %
Kursablage	3,5 ... 4 %

Diese Werte gelten mit einer Wahrscheinlichkeit von 95 %; der Kompaßfehler ist dabei mit ± 2° angesetzt worden [99].

Die Genauigkeit der Anlage hängt von der Genauigkeit des kreiselstabilisierten Magnetkompasses ab; diese beträgt ca. ± 1°, sie begrenzt die - an sich größere - Genauigkeit der Doppleranlage.

2.2.4. Trägheitsnavigation oder Inertialnavigation (INS: inertial navigation system)

Die Trägheitsnavigation ist ein bodenunabhängiges und in sich geschlossenes System, das Ort, Lage, Geschwindigkeit, Richtung, Höhe und weitere Daten für ein Luftfahr-

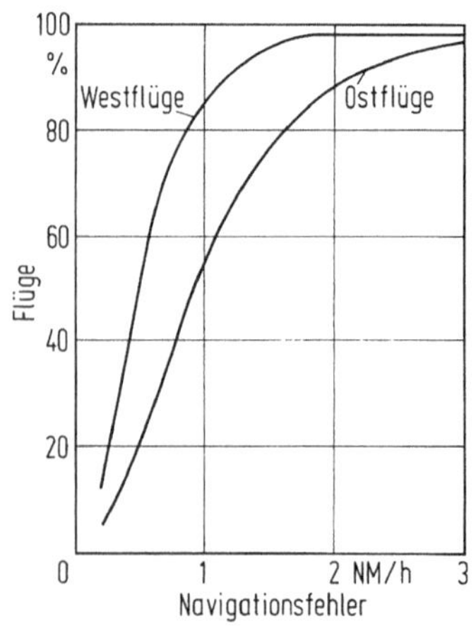

Bild 84: Summenhäufigkeit der Navigationsfehler der Inertial-Navigationsanlagen (DLH) für Ost- und für Westflüge. Beim Ostflug muß die Plattform in der gleichen Richtung nachgedreht werden, in der die Erdrotation wirkt [22].

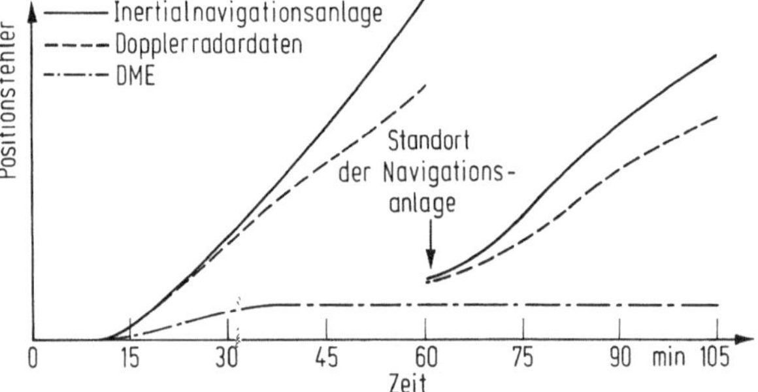

Bild 85: Positionsfehlerverlauf (qualitativ) der Inertialnavigationsanlage und ihre Verbesserung durch Dopplerradardaten bzw. durch kontinuierliche Positionsstützung mit VOR/DME, (bevorzugt allein mit dem DME-Teil zweier oder mehrerer Stationen) [22].

zeug fortlaufend ermitteln und anzeigen kann. Es ist eine Art automatisches Koppelsystem, das von einem bekannten Standort ausgehend alle interessierenden Daten aufgrund sehr genauer Beschleunigungsmessungen laufend nachträglich berechnet. Die Grundlage dieses Systems bildet - technisch gesehen - eine Bezugsplattform, die mit Hilfe von Kreiseln stabilisiert und in der Horizontalen sowie in der Nord-Süd- und Ost-Westrichtung ausgerichtet wird.

Die Beschleunigungsmesser erfassen alle Bewegungsvorgänge des Luftfahrzeugs; aus der gemessenen Beschleunigung gewinnt man durch einfache Integration die Geschwindigkeit, durch doppelte Integration - über einen Zeitabschnitt - den zurückgelegten Weg. Als Genauigkeit des gesamten Systems wird 1 NM pro Stunde und weniger angegeben (Bild 84) über längere Zeiten wandern die Kreisel aus und an den Beschleunigungsmessern zeigen sich systematische Fehler [100, 101]. Verbesserungen in der Genauigkeit können durch Kombination mit anderen Navigationssystemen erreicht werden (Bild 85).

2.3. Bodengestützte Funknavigation; Funkortung; Richtempfangsverfahren; Sendeverfahren

Dieses Kapitel verdient unsere besondere Beachtung, es umfaßt die von der Bodenorganisation, der Flugsicherung bereitzustellenden Anlagen.

Allgemein versteht man unter Funkortung die Ausnutzung elektromagnetischer Wellen zur Ortsbestimmung eines beliebigen geographischen Punktes [102]. Im Folgenden sollen die beiden Gruppen: Richtempfangsverfahren und Sendeverfahren betrachtet werden.

2.3.1. Der Minimumpeiler

Die Funkpeilung beruht auf der Tatsache, daß die Empfangsspannung einer drehbaren Rahmenantenne ein Maximum aufweist, wenn die Rahmenebene mit der Richtung der Wellenausbreitung übereinstimmt. Im allgemeinen benutzt man die "Minimumpeilung", weil bei ihr geringe Änderungen der Rahmeneinstellung größere Lautstärkeunterschiede hervorrufen als in der Nähe des Maximums.

Eine "Eigenpeilung" setzt die Ermittlung der bestimmenden Meßwerte (Azimut) am Standort voraus. Bei der "Fremdpeilung" werden die Messungen in einer oder mehreren festen Bodenstellen vorgenommen. Grundlage der Fremdpeilung ist die normale Sprechfunk-Sendung an Bord des Luftfahrzeugs.

2.3.2. Der Radiokompaß

Für die Eigenpeilung werden an Bord zumeist zwei automatische Peilgeräte benutzt. Beim heute gebräuchlichen Radiokompaß wird der Peil-Rahmen durch eine Nachsteuerungsschaltung selbsttätig auf die Minimumstellung geführt. Die Peilwerte beider Empfänger werden von getrennten, verschieden gekennzeichneten Zeigern auf der Peilrose angezeigt, was u.a. die Standortermittlung oder den Anflug über zwei Sender auf der Anfluggrundlinie erleichtert. Der Fernkompaß steuert die Peilrose. Die Genauigkeit ist höher als $\pm 1^\circ$ [102].

2.3.3. Der Adcock-Peiler

Rahmenpeiler zeigen den Nachteil, daß sie gegen den Nachteffekt anfällig sind. Um diesen Einfluß der Raumwellen zu vermeiden, rüstete man den Peiler mit einem Antennensystem aus, das nur die senkrechte Komponente des elektrischen Feldes, nicht aber die störende Horizontalkomponente aufnimmt. [1] Die UKW-Adcock-Antenne besteht beim H-Adcock aus zwei Vertikal-Dipolen, die symmetrisch an einem horizontalen Ausleger angeordnet sind. Der Abstand der Dipole voneinander, die Basis, beträgt für den in der Flugsicherung früher verwendeten Dreh-Adcock 0,3 bis 0,5 λ. Die Doppeldeutigkeit der Anzeige hat man durch eine Hilfsantenne beseitigt: aus dem Doppelkreisdiagramm der Rahmenantenne ergibt sich durch die Addition der Rahmen- und Hilfsantennenspannung als Empfangscharakteristik eine Kardioide [103, 104].

2.3.4. Der Sichtpeiler oder Watson-Watt-Peiler

Der Sichtpeiler nach Watson-Watt arbeitet mit einem Kreuzrahmen oder Adcock, der das Empfangsfeld in zwei zueinander senkrechte Komponenten zerlegt. Diese werden nicht magnetisch im Goniometer addiert, sondern über zwei Empfänger geführt, verstärkt und dann an zwei gekreuzte Ablenksysteme einer Braunschen Röhre gelegt. Die von den beiden Empfängern gelieferten zwei Spannungen schreiben auf einem Braunschen Rohr verzögerungsfrei einen Leuchtstrich, dessen Richtung mit der Welleneinfallrichtung übereinstimmt; Voraussetzung ist, daß die Empfänger gleiche Verstärkung und Phasendrehung aufweisen [105].

2.3.5. Der Großbasis-Dopplerpeiler

2.3.5.1. Die Geländeeinflüsse auf die Peilgenauigkeit

Der Kleinbasis-Adcock-Peiler ist - trotz aller Vorzüge - sehr empfindlich gegen Geländeeinflüsse. Bei der Peilung mit den Geräten früherer Bauart treten neben Fehlern, die dem Gerät anhaften, Peilabweichungen durch reflektierte Strahlung auf. Wellen desselben Senders fallen nach Reflexion an Masten, Gebäuden usw. aus verschiedenen Richtungen ein; die direkte und indirekte Strahlung überlagern sich, Linien gleicher Phase sind nicht mehr Gerade, sondern Kurven. Bild 86 zeigt, daß beim Kleinbasis-Adcockpeiler die angezeigte Richtung (bei der Minimumpeilung) nicht mehr in

---

[1] Erstmalig von F. Adcock (1916) angegeben.

allen Fällen mit der wirklichen Einfallsrichtung der Hauptwelle übereinstimmt, nur im Falle Bild 86 b Fall 1 ist sie richtig.

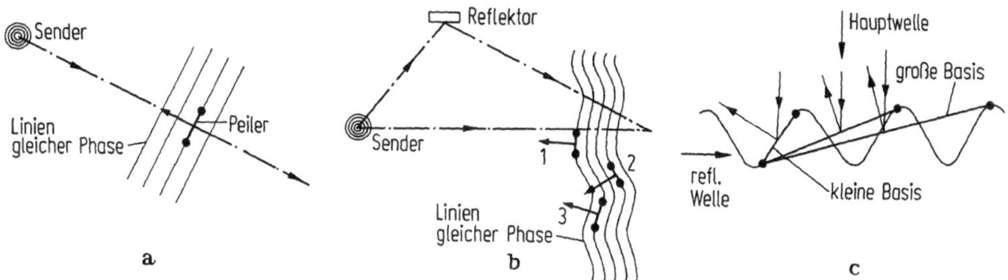

Bild 86: Geländeeinfluß auf die Peilgenauigkeit [102]

Abhilfe kann erreicht werden durch eine Vergrößerung der Basis des Antennensystems. Aus Bild 86 c kann entnommen werden, daß ein Peiler mit einer großen Basis von mehreren Wellenlängen auch bei Interferenzfeldern durch die Mittelwertbildung zu geringeren Peilfehlern führt; der Peiler "integriert" über die Länge der Phasenfront. Theoretische Untersuchungen zeigen, daß erst eine über λ hinausgehende Basis eine merkbare Verbesserung bringt, daß aber dann die Fehlerminderung proportional zur Basis zu nimmt.

Eine Vergrößerung der Basis des Antennensystems beim Adcockpeiler, stößt jedoch auf Schwierigkeiten: das Richtdiagramm der Adcock-Antenne blättert mit größer werdender Basis auf und wird mehrdeutig. Diese Schwierigkeiten treten beim Großbasis-Dopplerpeiler nicht auf.

2.3.5.2. Prinzip des Großbasis-Dopplerpeilers

Wird eine Antenne im elektromagnetischen Feld periodisch hin und her bewegt, so entsteht eine Frequenzmodulation des empfangenen Signals. Die Größe des Frequenzhubs ist richtungsabhängig; sie wird gleich Null, wenn die Antenne senkrecht zur Einfallsrichtung der Wellen, sie erreicht ein Maximum, wenn die Antenne parallel hierzu bewegt wird. Auf diese Weise kann die Richtung des Welleneinfalls bestimmt werden.

Da man die Antenne mechanisch nicht so schnell bewegen kann, daß ein - in normalen Empfängern auswertbarer - Frequenzhub entstehen kann, bildet man die Bewegung der Antenne durch aufeinanderfolgendes Einschalten einer Reihe von Antennen nach. Eine solche Reihe von Antennen kann mehrere Wellenlängen lang sein. Dieses ist der besondere Vorteil des Großbasis-Dopplerpeilers: man kann die Basis des Antennensystems beliebig groß machen, ohne daß das Richtdiagramm sich ändert. Während beim Adcock eine Basisvergrößerung nur eingeschränkt möglich ist, neue Fehler und Mehrdeutigkeit eine Grenze bilden, ist das Frequenzhubdiagramm unabhängig von der Basis, längs der die Antenne bewegt wird [106].

2.3.5.3. Aufbau eines Großbasis-Dopplerpeilers (Typ NAP 1 U 4, R & S) [107].

Die Antenne besteht aus 29 vertikalen Einzelstrahlern, die auf einem Kreis von 4,5 m Durchmesser angeordnet sind. Die $\lambda/2$-Dipole nimmt ein Tragring am Antennenkopf auf; unmittelbar darunter befindet sich ein Gehäuse mit Goniometer, Abtastteil, Synchron-Antriebsmotor und Bezugsphasengenerator (Bild 87).

Bild 87: Großbasis-Dopplerpeiler (Foto BFS)

Im Abtastteil werden die 29 Einzelstrahler in zeitlicher Reihenfolge kapazitiv abgetastet. Hierzu sind im Goniometer-Stator Lamellen auf der Innenseite eines feststehenden Hohlzylinders angeordnet, die über Steckerverbindung und HF-Kabel mit den Dipolen verbunden sind. Das Abtasten führen drei um 120° versetzte Rotorsegmente durch, die auf einem rotierenden Vollzylinder innerhalb des Statorhohlzylinders angebracht sind.

Mit dieser Anordnung wird die Rotation einer einzelnen Antenne auf dem Kreis von 4,5 m Durchmesser nachgebildet und eine Frequenzmodulation des einfallenden HF-Trägers erreicht. Die Drehzahl des Goniometer-Rotors beträgt 50 pro Sekunde, zusammen mit der elektrischen Verdreifachung der mechanischen Umlauffrequenz wird auf diese Weise eine Modulationsfrequenz von 150 Hz erreicht (Netzfrequenz 50 Hz). Diese elektrische Verdreifachung durch 3 Rotorsegmente setzt voraus, daß die Antennenzahl n i c h t durch 3 teilbar ist. Die vom Goniometer abgegebene HF-Spannung wird dem Peilempfänger (Überlagerungsempfänger) zugeführt.

Das Peilsichtgerät zeigt das Peilazimut an, das als Phasendifferenz zwischen einer phasenstarren Bezugsphasen-Spannung und der mit dem Azimut des gepeilten Senders linear phasenveränderlichen Peilphasen-Spannung bestimmt wird. Die Anzeige erfolgt als radialer Leuchtstrich auf dem Schirm einer Kathodenstrahlröhre; sie kann in einen Rundsicht-Radarschirm eingeblendet werden (Bild 88).

Der gewünschte Peilkanal ist vom Anzeigerät aus fernwählbar; es stehen 10 Kanäle zur Verfügung. Der innere Fehler der Anlage beträgt etwa 1°.

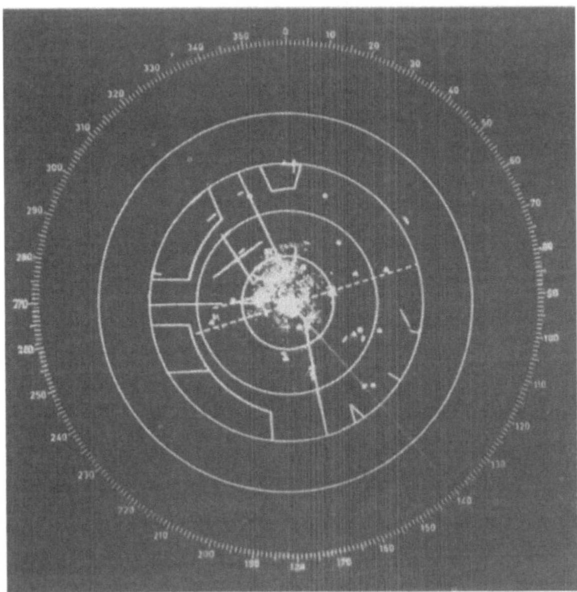

Bild 88: Einblenden des Peilstrahls in das Radar-Schirmbild (Foto BFS)

2.3.6. Doppler-Kompensationspeiler

Der Doppler-Kompensationspeiler bietet im Vergleich zum Großbasis-Dopplerpeiler weitere Vorteile: Steigerung der Peilempfindlichkeit; verringerter Einfluß von Frequenzablagen zwischen Sender und Empfänger; einwandfreie Abhörbarkeit der Nachrichtenmodulation der gepeilten Sender; Peilbarkeit frequenzmodulierter Sender. Der bei diesem Peiler-Typ erforderliche Mehraufwand umfaßt einen zweiten Empfänger für jeden unabhängigen Peilkanal sowie eine Rundempfangs-Antenne für diesen Empfänger [108].

2.3.7. UKW-Drehfunkfeuer

2.3.7.1. Allgemeines

Das erstmalig in den USA aufgebaute Luftstraßen-System hat die Entwicklung von Funknavigationshilfen, die raumfeste Radialstandlinien liefern, sehr gefördert. Der Hauptvertreter dieser Technik ist das UKW-Drehfunkfeuer (VOR: very high frequency omnidirectional radio range). Diese Funkhilfen erlauben auch eine unmittelbare Aufschaltung auf die Kurssteuerung; sie geben eine laufende Anzeige der Azimutinformation als Winkel zwischen Luftfahrzeug und Nordrichtung (von der Bodenstation aus gesehen). In Verbindung mit einem Entfernungsmeßgerät (DME: distance measuring equipment) ist dieses Rho-Theta-System für den Übergang vom starren "Punkt-zu-Punkt-fliegen" (oder "VOR-zu-VOR-fliegen") zur Flächennavigation geeignet (die Bordeinrichtung muß hierbei durch einen "offset course computer" ergänzt werden). Die Forderung nach einem von atmosphärischen Störungen freien und von Raumwellen nicht beeinflußten Empfang führte zur Anwendung der Ultrakurzwelle. Die quasioptische Ausbreitung dieses Wellenbereichs begrenzt die Reichweite der Anlagen; sie können für kurze bis mittlere Strecken eingesetzt werden.

2.3.7.2. Verfahren

Die Wirkungsweise des Drehfunkfeuers soll zunächst an einem optischen Beispiel vereinfacht erläutert werden.

Ein in alle Richtungen strahlendes Blinklicht leuchte einmal in der Minute kurz auf. Am gleichen Standort rotiere ein Scheinwerfer mit einer Umdrehung pro Minute. Er sei mit dem Blinklicht so gekoppelt, daß der Durchgang des Scheinwerferstrahles durch die Nordrichtung gleichzeitig mit dem Aufblitzen erfolgt. Ein Beobachter kann nun durch Messen der Zeitdifferenz zwischen dem Aufblitzen des rundstrahlenden Blinklichts und dem Durchgang des rotierenden Scheinwerfers durch seinen Standort auf seinen Azimut schließen. Drückt er z.B. eine Stoppuhr beim Aufblitzen des rundstrahlenden Blinklichts und hält sie an, wenn der rotierende Scheinwerfer durch seinen Standort geht, dann entspricht die fixierte Sekundenzeigerstellung der Kompaßrichtung, in der sich das Leuchtfeuer befindet. Sind z.B. 15 Sekunden vergangen, dann steht das Leuchtfeuer genau im Westen.

Auf das Drehfunkfeuer übertragen bedeutet es: Die Azimutbestimmung beruht auf einer Phasenmessung zwischen einer rundgestrahlten Bezugsphase und einer gerichteten Umlaufphase. In der Praxis geht man so vor, daß man in e i n e m Generator Hochfrequenzenergie erzeugt und z w e i Antennen zuführt, und zwar einmal einer Antenne mit Rundstrahlcharakteristik und zum anderen einer Antenne mit umlaufender Richtcharakteristik. Damit die Schwingungszüge gleicher Hochfrequenz im Bordempfänger getrennt werden können, wird ein Kunstgriff angewandt. Der rundgestrahlte Anteil (ca. 90%) wird mit 9960 Hz amplitudenmoduliert und der dabei entstehende Hilfsträger wird seinerseits mit 30 Hz frequenzmoduliert (Bezugsphase). Der Hub beträgt ± 480 Hz. Der andere Teil (ca. 10%) wird unmoduliert über die umlaufende Richtantenne ausgestrahlt. Da das Richtdiagramm mit 30 U/sek läuft, z.B. dadurch, daß der zugeordnete Dipol mechanisch gedreht wird, tritt eine Amplitudenmodulation des Feldes am Empfangsort auf (30 Hz), deren Phasenlage (Umlaufphase) von der Richtung zum Empfangsort abhängig ist.

Der Träger wird außerdem (für Zwecke der Flugsicherung) mit Sprache (300 bis 3000 Hz) und einer Kennung (1020 Hz) amplitudenmoduliert (Bild 89) [109, 102].

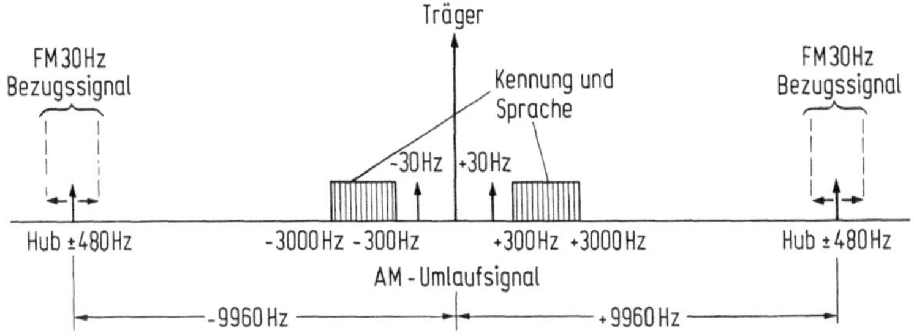

Bild 89: Drehfunkfeuer - Frequenzspektrum

2.3.7.3. Aufbau eines Drehfunkfeuers VOR-S (SEL) [110, 111]

Das Drehfunkfeuer wird an dem erkundeten Aufstellungsort normalerweise in einem kleinen, hierfür besonders entwickelten Fertighaus als Doppelanlage - mit Reservesender aus Sicherheitsgründen - aufgebaut. Das Dach bildet gleichzeitig das Gegengewicht und trägt die Antenne (Bild 90).

Bild 90: Drehfunkfeuer (Foto BFS)

Der Sender ist für eine Ausgangsleistung von 25 bzw. 50 Watt ausgelegt und arbeitet im Frequenzbereich von 108 bis 118 MHz. Er ist voll transistoriert und besteht aus zwei Teilen; der eine enthält den Oszillator, Breitbandverstärker und eine Treiberstufe; der andere den 25-Watt-Leistungsverstärker (Bild 91). Durch zwei weitere Steckeinheiten, die einen zweiten 25-Watt-Verstärker und den Leistungsaddierer enthalten, kann die Ausgangsleistung auf 50 Watt erhöht werden. Der Leistungsverstärker besteht aus drei Verstärkerstufen und enthält - einschließlich der Schwingkreisinduktivitäten - nur gedruckte Schaltungen; er ist breitbandig und erfordert für den gesamten Frequenzbereich von 108 bis 118 MHz keine Abstimmung.

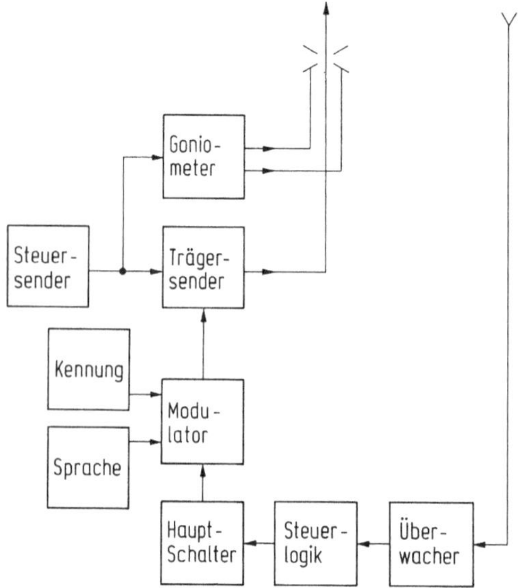

Bild 91: Blockschaltbild eines UKW-Drehfunkfeuers VOR-S (SEL) vereinfacht [111]

Der Trägermodulator kann sowohl für den 25-Watt- wie für den 50-Watt-Sender benutzt werden; die Verstärkerstufen werden kollektormoduliert.

Der Hauptschalter für die ganze Anlage wird über eine Steuerlogik, die alle Alarmsignale zusammenfaßt, betrieben. Die Steuerlogik bewirkt die Um- oder Ausschaltung für den Fall, daß voreingestellte Grenzwerte überschritten werden, dieses geschieht nach einer zwischen 10 und 45 Sekunden regelbaren Verzögerungszeit. Auch das Schalten von Hand geht über die Steuerlogik.

Bei Netzausfall übernimmt automatisch eine Batterie die Stromversorgung der Anlage.

Die Hochfrequenzschaltungen sind zumeist in kleinen, geschlossenen Moduln untergebracht und auf Steckkarten montiert. Viele Steckeinheiten der VOR-S können unverändert in einer transistorierten Doppler-VOR oder ILS-Landeanlage eingesetzt werden.

Die Antenne, eine Rahmenantenne, besteht aus vier kurzen, ringförmig angeordneten Dipolen; sie hat in der Horizontalebene ein sehr genaues Runddiagramm. Um den Einfluß der vertikal polarisierten Strahlungskomponenten auszuschalten, ist die Antenne von einem zweiteiligen Käfig aus senkrechten Stäben umgeben. Die Antenne kann als

Ein- oder als Zweielement-Antenne gebaut werden. Letztere bietet einen Gewinn von etwa 5 dB bei Elevationswinkeln unter 5°. Mit dem resultierenden Vertikaldiagramm und einer Senderleistung von 50 Watt kann die gleiche Reichweite wie mit einer früheren 200-Watt-Anlage erzielt werden. Auf die obere Abdeckplatte kann man ohne Änderungen eine DME-Antenne aufsetzen.

In den früheren Anlagen benutzte man für das Richtdiagramm einen mechanisch umlaufenden Dipol. Diese Einrichtung erfordert erhöhte Wartung; man hat sie daher durch einen Goniometer ersetzt, mit dem ein rotierendes Richtdiagramm durch Strahlung von feststehenden Antennen erzeugt werden kann.

Der Überwacher der VOR-S-Anlage besteht aus:

Kursüberwacher zur Genauigkeitsmessung der abgestrahlten Richtungsinformation;

Alarmeinheiten zur Messung der Signalpegel und zur Überwachung des 30-Hz-Bezugssignals;

Phasensteller, der zusammen mit dem Kursüberwacher und einem tragbaren Felddetektor die Aufname einer Bodenfehlerkurve von 20° zu 20° ermöglicht;

Felddetektor zum Empfang der abgestrahlten Navigationssignale, die nach der Demodulation dem Kursüberwacher zugeführt werden.

2.3.7.4. Die vertikale Strahlungscharakteristik des Drehfunkfeuers und die Zone der Unsicherheit

Das vertikale Strahlungsdiagramm des Drehfunkfeuers zeigt, daß oberhalb der Anlage nur wenig Energie abgestrahlt wird, sie genügt nicht um den Bordempfänger zum Funktionieren zu bringen (Bild 92). Die Größe der "Unsicherheitszone" - die auch von der Empfangsantenne abhängt - beträgt bei deutschen Anlagen (Käfigantenne) 40 bis 80°. Man kann sich diese Zone als ein auf seine Spitze gestellter Kegel vorstellen; der Winkel zwischen dem Kegelmantel und der horizontalen Ebene, auf der dieser Kegel steht, soll gemäß ICAO-Empfehlung nicht kleiner als 40° sein. Das bedeutet, daß die Unsicherheitszone nicht größer als 100° sein darf.

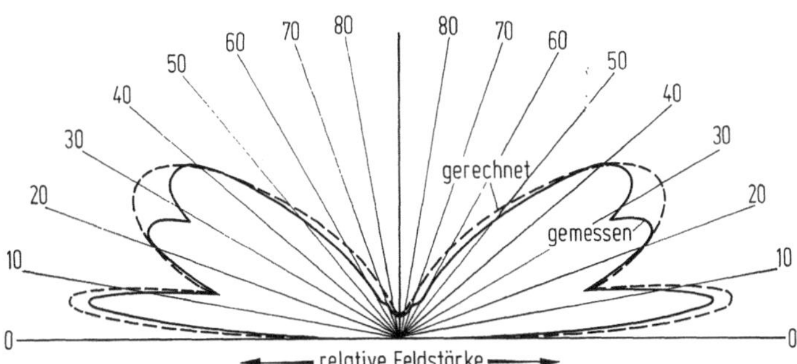

Bild 92: Vertikale Strahlungscharakteristik eines Drehfunkfeuers (Käfigantenne) [109]

2.3.8. Doppler-Drehfunkfeuer (D-VOR)

2.3.8.1. Allgemeines

Das Ausmaß des Azimutfehlers eines konventionellen UKW-Drehfunkfeuers hängt sehr davon ab, ob die Anlage in einem ebenen, hindernisfreien Gelände zur Aufstellung kommt. Der Geländefehler kann ggf. durch untragbar hohe Werte die Aufstellung einer Anlage verhindern.

In solchen Fällen kann das Doppler-Drehfunkfeuer (D-VOR) helfen, es zeigt in der Regel auch in hindernisreichem Gelände einen Azimutfehler, der wesentlich unter dem Wert einer konventionellen Anlage liegt (Bild 93).

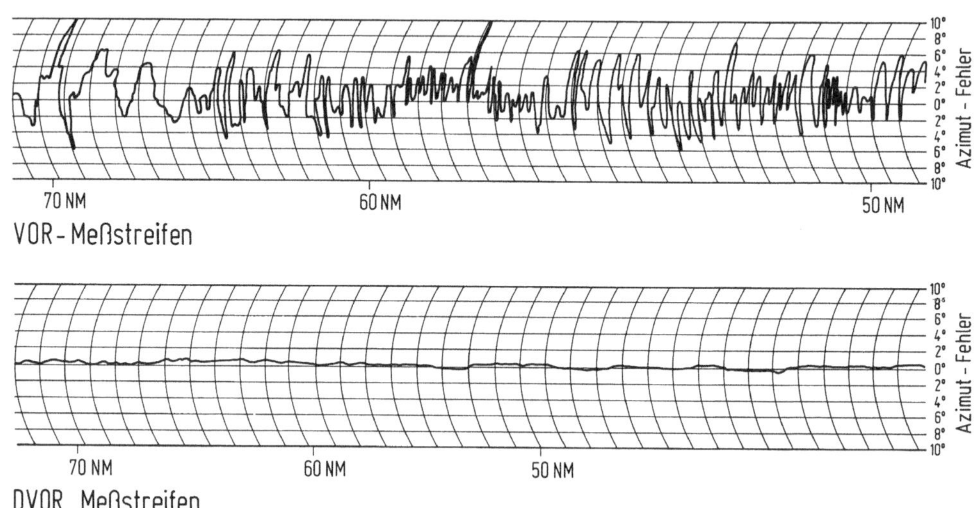

Bild 93: Vergleich der auf Meßstreifen aufgezeichneten Kurssignale eines konventionellen VOR (oben) und eines Doppler-VOR. Die DVOR-Signale werden durch Reflexionen an künstlichen und natürlichen Hindernissen fast überhaupt nicht beeinflußt (BFS)

Störungen der Kursgenauigkeit eines UKW-Drehfunkfeuers treten im allgemeinen durch Beeinflussung der azimutabhängigen, amplitudenmodulierten 30-Hz-Schwingung auf. Insbesondere in Bereichen der Nullstellen, wo das Nutzsignal erheblich reduziert ist, sind durch Störausbreitung erhebliche Kursbeeinflussungen zu erwarten.

Die Berechnung ergibt, daß beim VOR die Störung proportional dem Amplitudenunterschied zwischen Nutz- und Störsignal - dem Reflexionsfaktor r - ist und daß der Kursfehler vom Sinus der Winkeldifferenz zwischen Nutz- und Störazimut abhängig ist (α) [112].

Andererseits ist bekannt, daß die Frequenzmodulation eine wesentlich geringere Empfindlichkeit gegen Störungen zeigt. Es muß also eine Lösung des Problems möglich sein, wenn man die Funktionen der beiden 30-Hz-Schwingungen - im Vergleich mit dem konventionellen Drehfunkfeuer - vertauscht. Bei der Frequenzmodulation zeigt die Berechnung, daß die Größe des Fehlers proportional r und 1/M ist (M = Modulationsindex) [112].

Diese Verbesserungsmöglichkeiten führten in den USA und in der BRD zur Entwicklung von Doppler-Drehfunkfeuern.

2.3.8.2. Verfahren

Beim Doppler-Drehfunkfeuer (D-VOR) gewinnt man das azimutabhängige Signal nicht durch ein gerichtetes, umlaufendes Hochfrequenzfeld, sondern durch eine rundstrahlende, aber auf einer Kreisbahn bewegten Antenne. Die Umlaufgeschwindigkeit beträgt wieder 30 Hz. Infolge des Dopplereffekts erscheint dadurch die im Bordempfänger aufgenommene Hochfrequenzspannung mit 30 Hz frequenzmoduliert.[1] Mit Hilfe des im Bordempfänger vorhandenen FM-Diskriminators erhält man daraus wieder eine 30-Hz-Schwingung, deren Phase azimutabhängig ist (Umlaufsignal).

Die Frequenzänderung Δf_0 hängt ab von der Umlaufgeschwindigkeit bzw. der Umlauffrequenz f_n, dem Kreisbahndurchmesser D und der ausgestrahlten Mittenfrequenz f_0:

$$\Delta f_0 = \pi \cdot \frac{D}{\lambda_0} \cdot f_n; \qquad \text{oder:} \quad D = \frac{\Delta f_0 \cdot \lambda}{\pi \cdot f_n}$$

bei $f_0 = 115$ MHz oder $\lambda = 2{,}65$ m ist $D = 13{,}5$ m

Der Frequenzhub beträgt ± 480 Hz (gemäß ICAO-Festlegung)

Eine Rundstrahlantenne im Mittelpunkt des Kreises strahlt die Trägerfrequenz des Sender ab, die mit 30 Hz amplitudenmoduliert ist. Die Phase dieses Signals ist azimutunabhängig (Bezugssignal).

Im Bordempfänger wird die Phasendifferenz zwischen beiden Signalen gemessen; die abgelesenen Winkelgrade geben den Azimut an.

[1] Die ausgesandten Signale sind äquivalent (kompatibel); die Bordempfänger arbeiten sowohl mit VOR wie mit D-VOR-Bodenstationen in gleicher Weise zusammen.

Die schnelle Kreisbewegung der Antenne ist auf mechanischem Weg nicht möglich, da sie mit vierfacher Schallgeschwindigkeit rotieren müßte; die Umlaufbewegung wird daher simuliert. Es werden auf einer Kreisbahn eine Anzahl feststehender Einzelantennen angeordnet. Diese werden nacheinander angeschaltet und so gespeist, daß eine kontinuierliche Bewegung der Strahlungsquelle auf dem Kreis entsteht.

Bei der Übertragung der HF-Energie auf die Antennen gibt es mehrere Möglichkeiten:

Einseitenband-Verfahren (ESB): es erfordert den geringsten Aufwand; die Anwendung nur eines Seitenbandes führt jedoch zu Phasenfehlern im Bezugssignal, zu Kreuzmodulation im Bordempfänger und zu weiteren Schwierigkeiten;

Doppelseitenband-Verfahren (DSB) erfordert hohen Aufwand;

Alternierend-Seitenband-Verfahren (ASB). Dieses Verfahren wurde von SEL realisiert und u.a. in der BRD mit Erfolg eingeführt. Hierbei überträgt das Antennenschaltgerät die von den beiden Seitenbandsendern gelieferte Energie auf jeweils zwei diametral gegenüberliegende Antennen zeitlich gestaffelt, alternierend. Voraussetzung ist eine ungerade Zahl von Antennen. Der Übergang erfolgt beim ASB-Verfahren nicht zur Nachbarantenne - wie beim DSB-Verfahren - sondern zu einer Antenne, die auf der Kreisbahn gegenüber steht und HF-Energie vom anderen Seitenband erhält. So erreicht man bei diesem Verfahren eine gute Entkopplung; der Aufwand ist geringer als beim DSB-Verfahren.

2.3.8.3. Aufbau eines Doppler-Drehfunkfeuers D VOR-S (SEL) [111]

Das Doppler-Drehfunkfeuer wird - wie das Drehfunkfeuer - in einem Fertighaus unter dem Gegengewicht, ebenfalls als Doppelanlage - aus Sicherheitsgründen - aufgebaut. Auf dem Gegengewicht, das einen Durchmesser von 30 bis 40 m besitzt, ist das Antennensystem montiert (Bild 94); der Überwachungsdipol ist in einer Entfernung von 200 m von der Anlage entfernt aufgestellt.

Bild 94: Doppler-Drehfunkfeuer (Foto BFS)

Der Sender ist für eine Ausgangsleistung von 50 Watt ausgelegt; den Aufbau der Anlage zeigt, vereinfacht, Bild 95. Der Sender besteht aus dem Steuersender, Trägersender und Seitenbandsender; hinzukommen Modulator, Hauptschalter, Steuerlogik, Überwacher, Netzgerät und Batterie; ein zweites Gestell enthält den Antennenschalter. Das Doppler-Drehfunkfeuer besitzt keine mechanisch bewegten Teile, auch der Kennunggeber ist durch eine elektronische Baugruppe ersetzt.

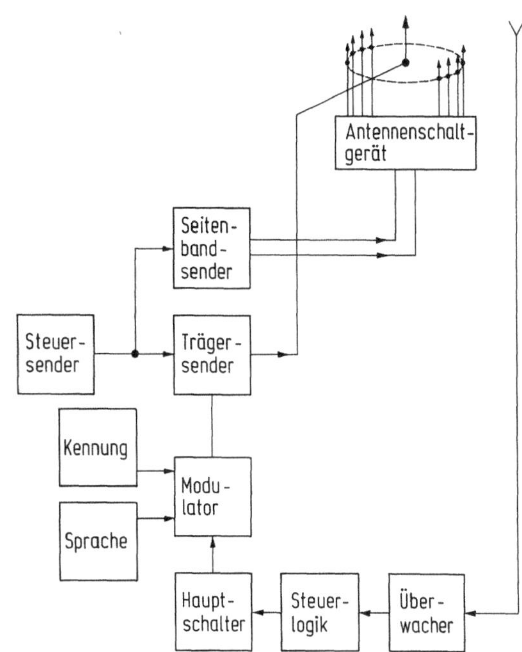

Bild 95: Blockschaltbild eines Drehfunkfeuers D-VOR-S (SEL), vereinfacht [111].

Die Volltransistorierung macht die Anlage sehr betriebssicher und reduziert den Leistungsbedarf, so daß die Speisung aus einer im Pufferbetrieb arbeitenden Batterie erfolgen kann.

Das Antennensystem besteht aus 39 Rundstrahlern mit horizontalpolarisiertem Feld, die auf einem Kreis von 13,5 m Durchmesser angeordnet sind; sie strahlen - wie bemerkt - die beiden Hilfsträger ab (azimutabhängiges Signal); die Mittelantenne dient zur Abstrahlung des Trägers (Bezugssignal) (Bild 96). Azimutgenauigkeit: besser als 1° bei der Bodenmessung.

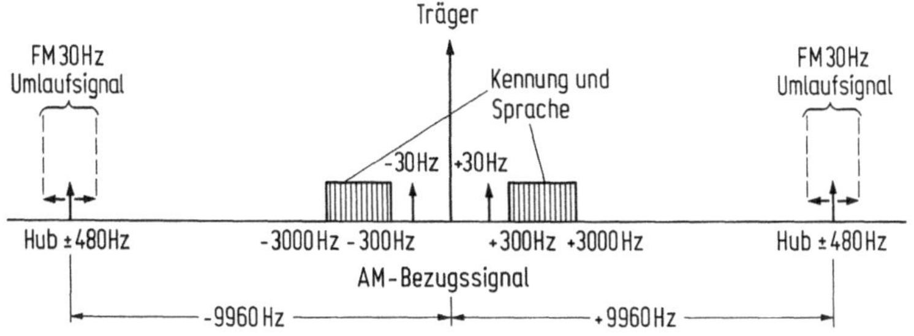

Bild 96: Doppler-Drehfunkfeuer-Frequenzspektrum

2.3.9. Bordgerät

Der Bordempfänger ist als Überlagerungsempfänger aufgebaut; er wird mit einem Kanalwähler auf das gewünschte Drehfunkfeuer eingestellt. Das empfangene Signal wird verstärkt, demoduliert und durch Filter in die verschiedenen Komponenten: Azimutanzeige, Kennung und Sprache aufgetrennt.

Beim Flug auf das Drehfunkfeuer zu oder von ihm weg kann die Abweichung von einer - mittels Azimutwählers (omni bearing selector) - vorgewählten Standlinie als Links-Rechts-Ausschlag eines Nullinstruments (Ablageanzeiger, Kreuzzeigerinstrument) festgestellt werden. Beim Abweichen von diesem Kurs wandert der Zeiger in die Richtung aus, in die der Kurs verbessert werden muß (Kommandoanzeige). Der Zeiger nimmt bei einem eingewählten Kurswert die Mittelstellung auch nach Überfliegen des Drehfunkfeuers ein; zusätzlich erscheint in einem kleinen Fenster die Anzeige, ob es sich um einen Anflug oder Abflug ("to" - "from") handelt. Will man den Flugzeugstandort feststellen, so muß man ihn als Schnittpunkt zweier Standlinien oder in Verbindung mit einer Entfernungsmessung bestimmen.

2.3.10. Entfernungsmeßgerät DME (DME: distance measuring equipment)

Die Bestimmung der Entfernung beruht beim DME auf einer Laufzeitmessung von Impulsen, die vom Flugzeug aus gesendet, von der Bodenstation empfangen und mit einer festgelegten Verzögerung, sowie auf einer um 63 MHz abliegenden Frequenz wieder zurückgesandt werden. An Bord des Luftfahrzeugs wird die für einen solchen Hin- und Rücklauf benötigte Zeit als Entfernungsmaß fortlaufend ermittelt und angezeigt. Der Frequenzbereich liegt zwischen 960 und 1215 MHz; die Frequenzen von Boden- und Bordanlagen hat man paarweise geordnet. In diese Einordnung hat man auch die Drehfunkfeuer einbezogen. Die Impulsspitzenleistung des Bordsenders beträgt zwischen 50 und 2000 W, je nach Aufgabe. Die Sendeleistung der Bodenstation liegt zwischen 1 und 20 kW. Die Reichweite entspricht der optischen Sicht; der Entfernungsfehler wird mit etwa 0,2 % der Entfernung, günstigstenfalls jedoch mit ± 200 m angegeben.

2.3.10.1. Das Verfahren

Der Bordsender sendet etwa 30 Impulspaare pro Sekunde aus; der Abstand der Impulspaare ist ein Kennzeichen der Bordstation, der Abstand der beiden Impulse eines Paares und die Betriebsfrequenz sind ein Merkmal der angerufenen Bodenstation, Die vom Bodenempfänger aufgenomenen Impulse gelangen zunächst an ein Entschlüsselgerät, das nur Doppelimpulse durchläßt, die den der Bodenstation zugeordneten Abstand haben, alle anderen werden unterdrückt. In einer nachfolgenden Stufe werden die Impulse um eine einstellbare Zeit verzögert; sie wird so bemessen, daß die Gesamtzeit vom Eintreffen des Impulspaares an der Antenne und des Durchlaufs durch alle Stufen bis zur Ausstrahlung eine bestimmte, bekannte Größe ist, die vom Bordempfänger stets als konstante Größe von der gesamten gemessenen Laufzeit abgezogen wird, um die der tatsächlichen Entfernung entsprechende Laufzeit zu erhalten. Vom Verzögerungsgerät gelangen die Impulse zu einer Auslöseröhre, die den Modulator zur Lieferung von Hochspannungs-Gleichstromimpulsen an den HF-Generator veranlaßt, so daß dieser eine HF-Impulsfolge abgibt. Eine automatische Verstärkungsreglung setzt die Empfängerempfindlichkeit herab, wenn die Abfragekapazität der Anlage erreicht ist; die Bodenanlage ist für die gleichzeitige Bedienung von 50 bis 100 Flugzeugen ausgelegt. In regelmäßigen Abständen wird ein Bodenstations-Rufzeichen abgestrahlt.

Der Bordempfänger erkennt die richtigen Antworten an der genau entsprechenden Folgefrequenz; er muß die richtigen Antwortimpulse aus der Fülle der aufgenommenen Impulse heraussuchen, ehe die Entfernungsmessung durchgeführt werden kann. Dies wird durch eine statistisch veränderte Folgefrequenz der Abfrageimpulse und ein besonderes Such- und Nachlaufsystem an Bord erreicht [109, 102]. Eine Verbesserung des DME sollte die Vergrößerung der Meßgenauigkeit und eine Erhöhung der Teilnehmerkapazität anstreben.

2.3.11. Fern- oder Langstreckennavigation

2.3.11.1. Allgemeines

An Land, über den Kontinenten, wirkt sich die begrenzte Reichweite von Navigationsanlagen im UKW-Bereich nicht sonderlich aus, da dieser Nachteil durch eine zureichend große Zahl von Anlagen ausgeglichen werden kann.

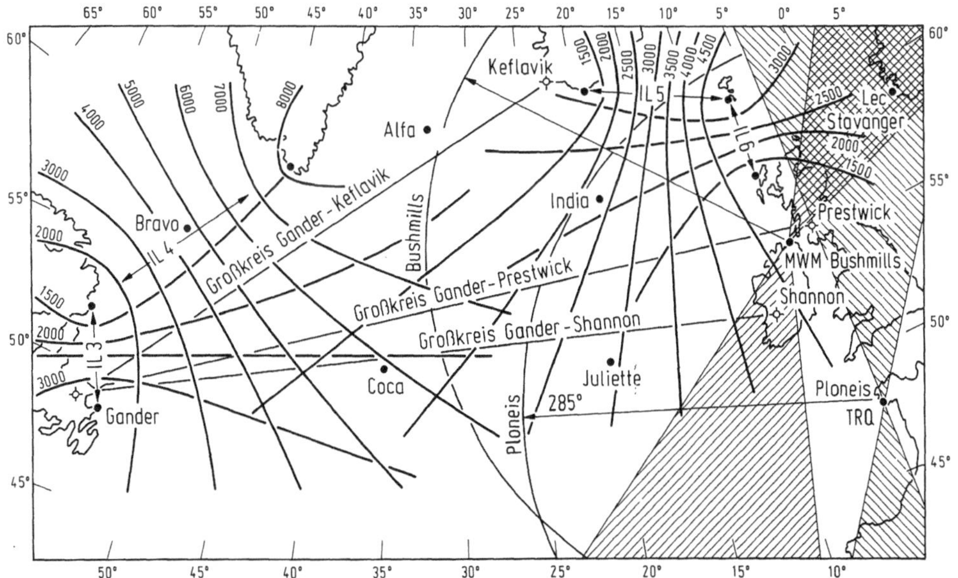

Bild 97: Hyperbelnavigationssystem (LORAN A). (Großkreis: kürzeste Verbindung auf der Erdoberfläche)

Über Ozeanen und Polgebieten muße man Navigationssysteme mit größerer Reichweite einsetzen. In erster Linie kamen hierfür die Hyperbelnavigationssysteme in Betracht. Das Hyperbelverfahren beruht auf der Messung der Entfernungsdifferenz zwischen zwei Sendern; die geometrischen Orte gleicher Entfernungsdifferenz von zwei Sendern sind Hyperbeln. Jede Entfernungsdifferenz definiert eine Hyperbel; der Schnitt zweier Hyperbeln bestimmt den Standort des Beobachters. Die Standorte der Bodensender eines Hyperbelsystems bilden die Brennpunkte einer Hyperbelschaar (Bild 97). Nach der Art der Messung kann man mehrere Systeme unterscheiden: Die Laufzeitmessung beim LORAN A; Die Phasenmessung beim Omega und eine Kombination von Laufzeit- und Phasenmessung beim LORAN C und D [113, 114, 115] (Bild 98).

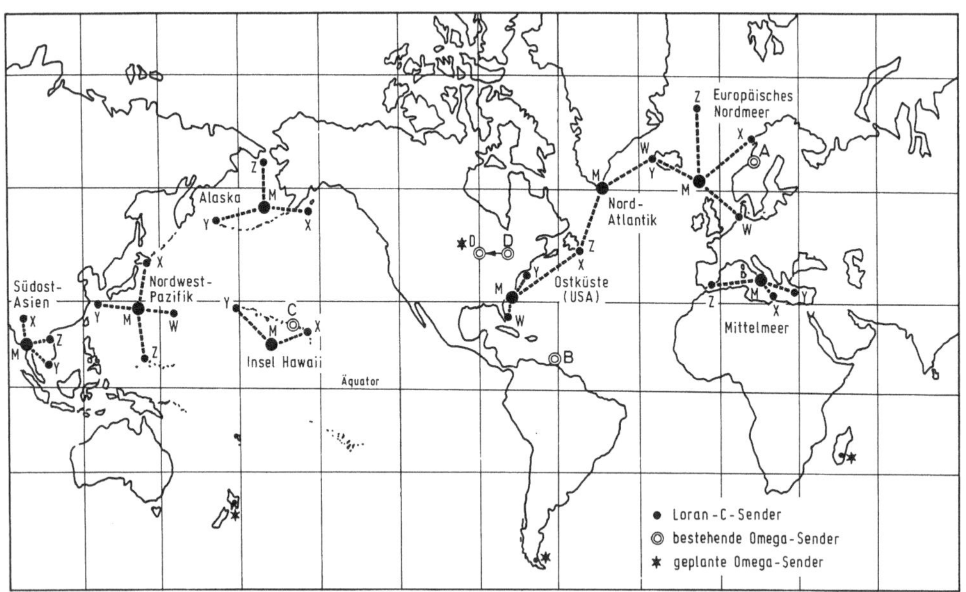

Bild 98: Verteilung der Loran-C-Stationen und Omega-Stationen auf der Erde [115]

2.3.11.2. Genauigkeit und Reichweite

Die Genauigkeit des LORAN-A-Systems, Betriebsfrequenz: 1,75-1,95 MHz, wird mit 0,2 bis 0,6 % der Entfernung des Empfängers von der Mitte der Senderbasis oder mit 1 bis 2 NM angegeben. Die Ortungsreichweite beträgt am Tage im Mittel 550 NM über See für die Bodenwelle bei einer Senderimpulsspitzenleistung von 100 kW, am Äquator 400 NM zufolge des hohen Störpegels [113]. Andere Quellen geben Reichweiten von 700 bis 800 NM über See und eine Reichweite von 200 bis 500 NM über Land an. Nachts ist die Reichweite bei Raumwellenbenutzung etwa 1400 NM über See und Land bei einer Genauigkeit von 5 NM.

Die Reichweite von LORAN C (Betriebsfrequenz: 100 kHz) beträgt über See durchschnittlich 2000 NM, über Land 1200 NM. Die Genauigkeit (mittlerer Fehlerkreisradius) hängt vom Schnittwinkel der Hyperbeln am Beobachtungsort und vom Störspiegel ab; sie liegt zwischen 250 m in 300 NM Entfernung vom Hauptsender und 1500 m in etwa 800 NM Entfernung vom Hauptsender [114].

Hinsichtlich der Reichweite des Omega-Verfahrens (λ = 30 km) kann gesagt werden, daß nach komplettem Ausbau mit einem sicherem Empfang an allen Orten auf der Erde (auch unter Wasser, bis 10-15 m Tiefe) für drei Standlinien zu rechnen ist [102]. Die Ausbreitungsbedingungen der Längstwellen sind Schwankungen unterworfen; sie werden durch eine Vielzahl von Parametern wie Tageszeit, Jahreszeit, Ausbreitungsrichtung, Sonnenaktivität, Erdleitfähigkeit usw. beeinflußt. Es müssen daher Korrekturen angebracht werden. Alle Korrekturwerte faßt man zu einer Gesamtkorrektur zusammen; sie wird - für jede Sendestation getrennt nach Gebieten geordnet - veröffentlicht (Omega propagation correction tables) [115]. Die Genauigkeit des Omega-Verfahrens wird mit 0,5 bis 1 NM bei Tage angegeben; nachts gelten die doppelten Werte.

2.3.12. Flächennavigation (area navigation)

2.3.12.1. Allgemeines

Den Begriff "Flächennavigation" kann man wie folgt definieren: "Navigationsverfahren, die es ermöglichen, auf beliebigen Flugwegen mit Kursführung und mit der er-

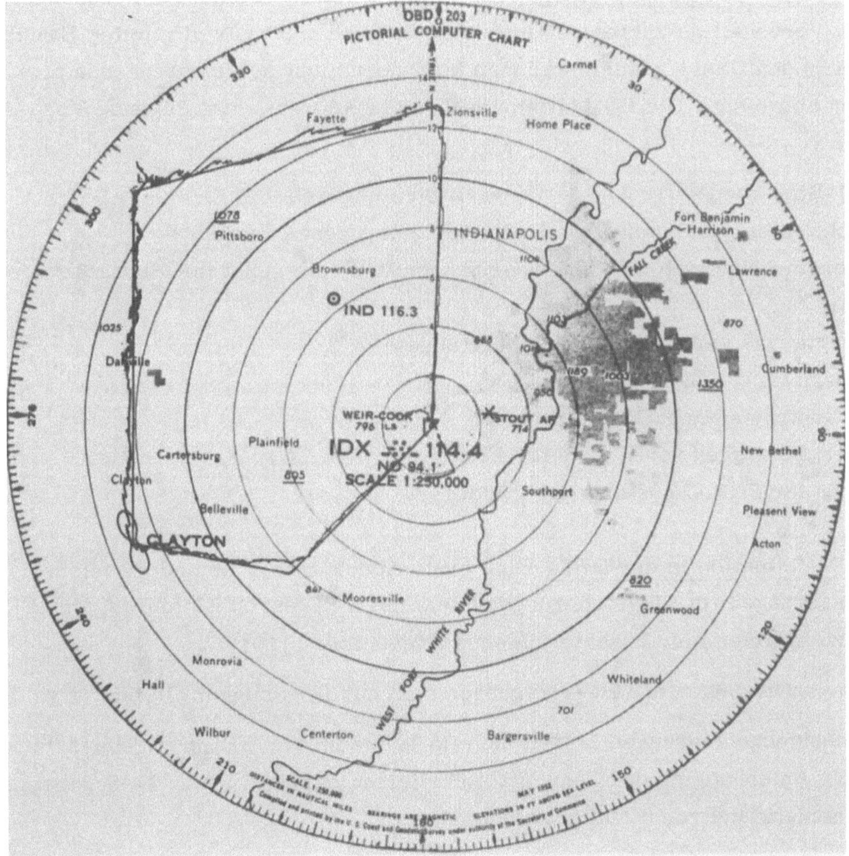

Bild 99: Automatische Standortanzeige auf der Karte; VOR/DME-Bildanzeige

forderlichen Genauigkeit innerhalb des Bedeckungsbereichs stationsbezogener Ortungssysteme oder unter Ausnutzung bordautonomer Systeme zu fliegen, und die dem Flugzeugführer laufend eine Standortinformation in einer für ihn ohne besondere Auswertungsarbeit interpretierbaren Form geben" [116]. Von den heute bekannten Navigationssystemen kommt das VOR/DME-Verfahren den Forderungen sehr nahe; um alle Voraussetzungen zu erfüllen, ist es erforderlich an Bord der LFZ'e einen Kursrechner, einen sog. offset course computer, einzusetzen [117]. In den USA hat man bereits seit 1948 entsprechende Geräte, Kursrechner und Bilddarstellungsgerät (pictorial display) entwickelt. Der Autor hatte schon im Jahre 1953 Gelegenheit, an einem Vorführungsflug der Entwicklungs- und Erprobungsstelle der US-Luftfahrtbehörde in Indianapolis (TDEC der CAA) teilzunehmen; Bild 99 zeigt den in einem Bordschreiber aufgezeichneten Flugverlauf der damaligen Vorführung. Einschränkend ist hinzuzufügen, daß das DME des Rho-Theta-Systems erst 1959 als ICAO-Standard eingeführt wurde. Im Jahre 1954 bot die Firma Collins das System NC-101 an, das bereits Lochkarten zur Eingabe von Wegepunkten benutzte und das sich auf zwei VOR-Stationen abstützte.

2.3.12.2. Vorteile der Flächennavigation. Man kann die Vorteile der Flächennavigation nur mit Vorbehalt aufzählen; es ist bis heute noch nicht zur offiziellen Einführung - auch nicht in den USA - gekommen; man kann noch nicht auf überzeugende praktische Erfahrungen hinweisen. Die US-Luftfahrtbehörde (FAA) erwartet folgende Vorteile [118, 120]:

1. Parallel-Entlastungsstrecken für Verkehrsballungsgebiete;
2. Mehrfachwege zur erleichterten Staffelung heterogenen Verkehrs;
3. bordautonome Navigation auf Streckenabschnitten, die sonst mit Radarhilfe geflogen wurden;
4. verbesserte und verkürzte Streckenführungen;
5. Doppelwege für den Einwegverkehr;
6. erhöhte Instrumentananflug-Kapazität;
7. optimales Festlegen von Warteverfahren;
8. Verfahren für STOL-LZ'e und Hubschrauber.

2.3.12.3. Die Situation in der BRD. Eine erste Abschätzung, ob und in welchem Umfang Verbesserungen im Flugsicherungssystem der BRD durch Einführung der Flächennavigation zu erzielen sei, brachte folgende Ergebnisse [119]:

Streckenverkürzungen und Begradigungen sind nur in geringem Umfang erreichbar;

Mehrfachstreckenführungen lassen sich im Luftraum der BRD weitgehend verwirklichen; in Anlehnung an die Genauigkeitskriterien der FAA, AC 90-45 wäre ein Mittellinienabstand von 8 NM zugrundezulegen;

Mehrfachstreckenführungen bedingen eine Vervielfachung der Kreuzungspunkte. Hier stellt sich eine der Hauptfragen in der Realisierung des Flächennavigations-Konzeptes: Wie kann das Problem der Häufung von Kreuzungspunkten auf engstem Raum kontrollmäßig beherrscht werden?

Als Vorteil kann man die erhöhte Flexibilität des Bodensystems bezeichnen; Änderungen im Streckensystem sind möglich, ohne daß Navigationshilfen verlegt werden müssen;

zu klären ist die künftige Rolle der Radarführung, zumal kaum noch Raum für diesen Dienst übrig bleiben würde. Allgemein erhofft man Erleichterungen für den Radarlotsen, allerdings erst nach komplettem Ausbau.

2.3.12.4. Das System der Flächennavigation

Die Bordausrüstung. Bei der Entwicklung von Bordgeräten gehen die Firmen von ARINC-Charakteristiken aus, die ihrerseits auf den Vorarbeiten des AEEC (Airlines Electronic Engineering Commitee) beruhen; dem AEEC gehören größere, vor allem USA-Luftverkehrsgesellschaften an.

Bisher hat man drei ARINC-Charakteristiken für die Flächennavigation ausgearbeitet; Mark I, II und III; in letzter Zeit ist ein Entwurf für ein Mark 13 bekannt geworden, ein neuer Entwurf, der Forderungen nach Mark I und III erfüllen soll. Als Grundfunktionen seien genannt: das Errechnen von Navigations- und Führungssignalen für die konventionellen Bordinstrumente und den Autopiloten; Parallele Kursversetzung; Vorwahl des Punktes, an dem eine definierte Höhe erreicht werden soll; automatische Warnung bei Unterschreiten einer festgelegten Höhe; Speicherkapazität für mindestens 9 Wegpunkte; als Option kommen in Betracht: automatische VOR/DME-Wahl; automatischer Wechsel der Wegepunkte; zusätzlicher Datenspeicher bzw. automatische Eingabeeinheit; Kartengerät [121].

2.3.12.5. Die Genauigkeiten der Boden- und Bordanlagen im System der Flächennavigation; der Flugführungsfehler

In einer Studie hat eine Arbeitsgruppe der FAA (Federal Aviation Agency, die Luftfahrtbehörde der USA), der Luftraumbenutzer und der einschlägigen Industrie sich umfassend mit den Problemen der Flächennavigation beschäftigt [122]. Man hat u.a. auch die für die Flächennavigation heute gegebenen und für die zukünftige Entwicklung 1977 und 1982 anzusetzenden Genauigkeiten der Boden- und Bordnavigationsanlagen aufgestellt; Tabelle 20 enthält eine Zusammenfassung der Werte dieser Studie. Es ist allerdings nicht angegeben, in welcher Weise man eine Verbesserung der Daten - bis 1977 bzw. 1982 - zu realisieren hofft.

Im Bereich der Trägheitsnavigation wird ein mit der Flugzeit anwachsender Fehler von ca. 2 NM/Stunde angesetzt; eine Hand- oder automatische Korrektur ist möglich. Der Höhenfehler soll 350 Fuß nicht überschreiten, sobald eine dreidimensionale Flächennavigation zur Anwendung kommen würde. Wird auch die Zeit bei einer 4 D-Navigation einbezogen, glaubt man die Zeittoleranzen auf ± 15 bis ± 5 Sekunden ansetzen zu müssen.

Tabelle 20. Die für die Flächennavigation (RNAV) erforderlichen Genauigkeiten der Boden- und Bordanlagen; Flugführungsfehler [122] [1]

Fehlerquelle	1972	1977	1982
	Strecke	Strecke und Nahverkehrsbereich	
a) Boden-VOR	1,9°	1,5°	1,0°
b) " DME	0,1 NM	0,1 NM	0,1 NM
c) Bord- VOR	3,0°	1,5°	1,0°
d) " DME	0,5 NM oder 3% [2]	0,5 [2]	0,25 [3]
e) " -Computer	0,5 NM	0,25 NM	0,25 NM
f) " -Flugführungsfehler	2,0 NM	1,0 NM	1,0 NM
	Nahverkehrsbereich: dieselben Fehler, mit Ausnahme von f): 1 NM Endanflug[3]: wie oben; aber f): 0,5 NM, zufolge wesentlich höherer Konzentration des Piloten im Nahbereich und im Endanflug.	Breite der Luftstraße auf der Strecke: ± 4 NM konst. ev. ± 2,5 NM Im Nahverkehrsbereich: ± 1,5 NM Im Anflug: ± 0,5 NM; Schrägentfernungskorrektur oberhalb FL 180; handkorrigiertes INS.	Für den IFR-Anflug dieselben Fehler, nur für f): 0,5 NM; Breite der Luftstraße auf der Strecke: ± 2,5 NM; im Nahbereich: ± 1,5 NM, Automatische Schrägentfernungskorrektur oberhalb FL 180; bevorzugt D VOR und verbesserte Bordgeräte.

[1] FAA - Handbuch 7110.18; Advisory Circular 90-45

[2] der größere Wert gilt.

[3] unabhängig von der Entfernung.

2.3.12.6. Die Luftraumorganisation und das Streckennetz im Flächennavigationssystem; Nahverkehrsbereich. Die genannte USA-Studie [122] enthält Vorschläge für die Neugestaltung des Nahverkehrsbereichs. Die Flächennavigation läßt theoretisch eine unbegrenzte Anzahl möglicher Streckenanordnungen zu. Man empfiehlt, einen in Aufbau und Größe standardisierten Nahbereich festzulegen, der eine optimale Planung von Streckenstrukturen innerhalb und außerhalb des Nahbereichs gestattet. Für die Konstruktion hat man die Flugleistungen der Boeing 727 zugrunde gelegt. Der Nahverkehrsbereich wird durch einen um den Flughafen gezogenen Kreis mit einem Radius von 45 NM festgelegt, der in 4 An- und 4 Abflugsektoren aufgeteilt ist (Bild 100).

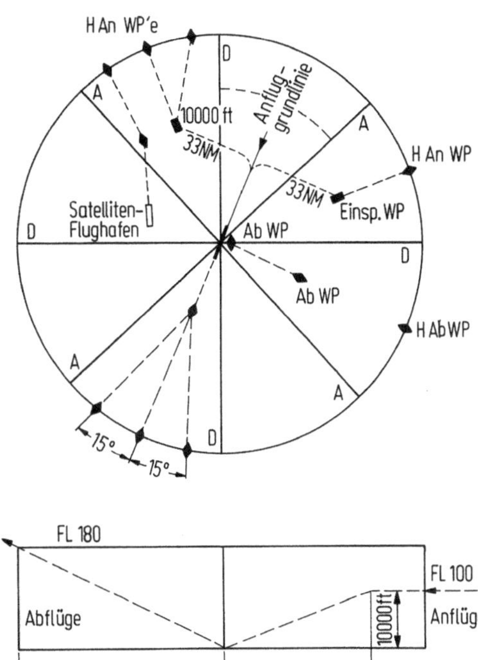

◆ WP: Wegpunkt; H An: Hochanflug; H Ab: Hochabflug; Einsp. WP: Einspeise-Wegpunkt; D: Abflug-, A: Anflugsektor

Bild 100: Konstruktion des Nahverkehrsbereichs für die Flächennavigation [122]

Der Nahverkehrsbereichzylinder erhält eine vertikale Höhe bis zur Flughöhe 180. Halbmesser und Höhe beruhen darauf, daß eine Boeing 727 nach dem Start in 45 NM Entfernung vom Abflughafen, die Untergrenze des oberen Luftraums, d.h. Flugfläche 180, erreicht. Durch diese Auslegung ist die Kontinuität in den Streckenführungen beim Übergang zwischen Flughafenbereich und oberem Luftraum gewährleistet. Hochleistungsflugzeuge fliegen mit einer Höhe von 10 000 Fuß ein und halten sie bis zu einer Entfernung von etwa 33 NM vom Aufsetzpunkt ein. Im anschließenden - ununterbrochenen - Sinkflug soll die Sinkgeschwindigkeit 300 Fuß pro NM betragen; diese entspräche der zu überwindenden Höhe und Entfernung bis zum Aufsetzpunkt (Bild 100).

Streckenflug. Längere Strecken sollen als Großkreisverbindungen zwischen Abflug- und Bestimmungsort eingerichtet werden. Wo erforderlich, wären zusätzlich Parallelstrecken (parallel offset routes) zur Erleichterung der Verkehrsabwicklung für Steig- und Sinkflüge, Überholvorgänge sowie zur Einfädelung einmündenden Verkehrs vorzusehen. Die Streckenbreite wird zunächst mit 4 NM zu beiden Seiten der Mittellinie festgelegt und soll in späteren Ausbaustufen des Systems bei höheren Genauigkeitsanforderungen für Boden- und Bordausrüstung auf ± 2,5 NM herabgesetzt werden. Das Konzept für die Zeit nach 1982 sieht 3 D-Übergänge zwischen der Streckenflug-Phase und An- bzw. Abflugwegpunkten vor.

Man geht davon aus, daß die Automatisierung der Flugverkehrskontroll-Mittel bis zum System des Jahres 1982 (upgraded third generation system) weiter fortgeschritten ist und daß automatische Konfliktentdeckung und -Lösung, umfassende automatische Verkehrsflußsteuerung, auch im Nahverkehrsbereich, sowie Übertragungsmöglichkeiten für Kontrollanweisungen über Boden-Bord-Daten-Kanäle gegeben sein wird.

Der Lotse sollte mit Hilfe der Flächennavigation improvisieren und Strecken-Festlegungen initiieren können, indem er Parallel-Strecken oder Direktflüge über nach Bedarf - aus dem Handgelenk - festgelegte Wegpunkte führt. Im späteren Entwicklungsstadium würde der Lotse eine reine Überwachungsfunktion ausüben.

Vom Luftfahrzeugführer werden lediglich Daten über Abflugort, erwartete Abflugzeit, Bestimmungsort und gewünschte Flughöhe an die Flugverkehrskontrolle gegeben. Der Systemrechner würde 30 Minuten vor Abflug "prüfen" und alle weiteren Einzelheiten des Fluges mit konfliktfreier Streckenführung auf dem Großkreis als Folge von Wegpunkten, die einzuhaltenden Flugflächen, die Bezugs-Navigationshilfen usw. festlegen.

Von den frühen "Flächennavigations-Flügen" Anfang der 50'er Jahre bis zu dem Konzept für das Jahr 1983 ist ein weiter Weg. Gerade das in den letzten Abschnitten dargestellte, von der FAA-Studiengruppe vorgeschlagene neue System erfordert eine tiefgreifende Umstellung mit Konsequenzen, die heute noch gar nicht zu übersehen sind.

2.3.12.7. Ein Vergleich der Flächennavigation (INS) mit der konventionellen Navigation (VOR/DME) im Nahverkehrsbereich aus der Sicht des Flugzeugführers. Die DLH führte simulierte Flüge auf Abflugstrecken des Nahverkehrsbereichs Frankfurt/M. durch, um einen Vergleich zwischen der Flächennavigation (mit INS) und der konventionellen Navigation (mit VOR/DME) anstellen zu können. Insbesondere interessierte

die navigatorische Arbeitsbelastung der beiden Verfahren im Vergleich, und die Frage,

welche Anforderungen an die Bord-Flächennavigations-Ausrüstung zu stellen sind.

Bild 101 zeigt die Arbeitskarte mit den Abflugwegen, die durch Wegpunkte (Kursänderungspunkte, in geographischen Koordinaten) festgelegt sind.[1]

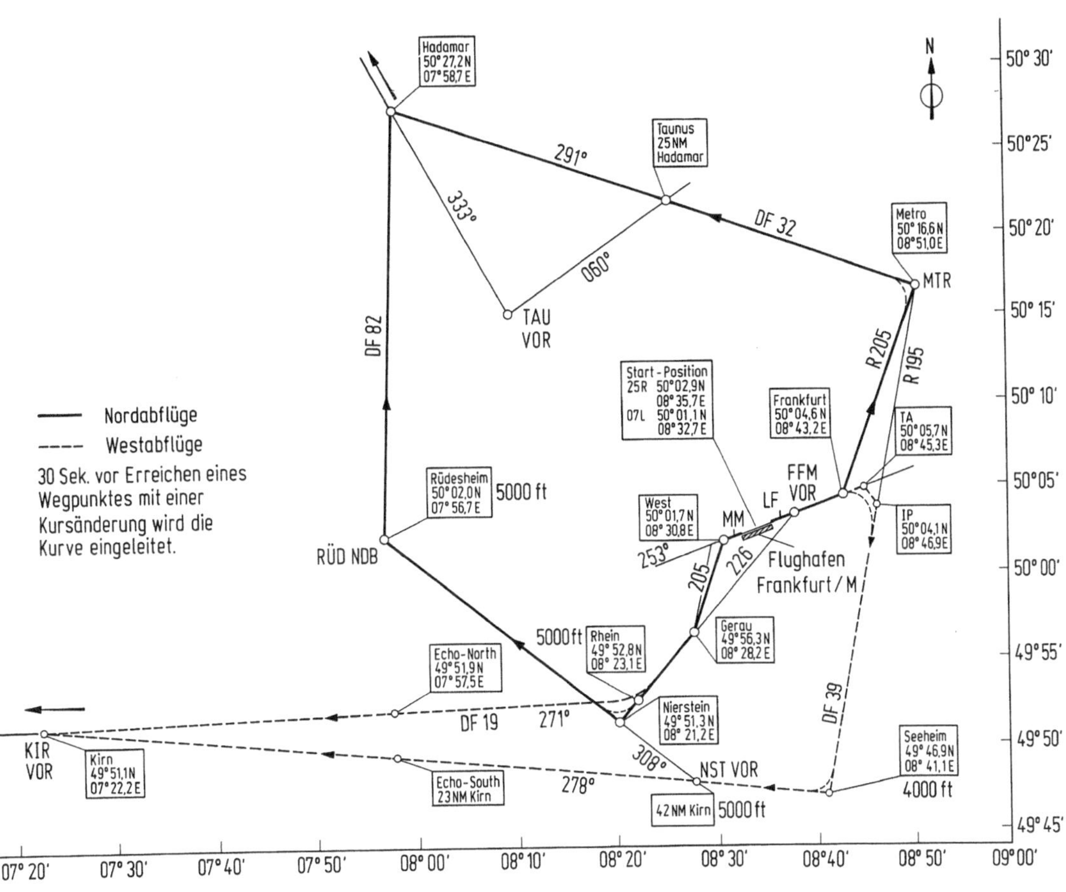

Bild 101: Skizze der Simulatorflüge

Simulationsergebnisse

Zahl der erforderlichen Wegpunkte. Für ein Festlegen der Abflugstrecke vom Flughafen Frankfurt/M. aus - z.B. in Richtung Nordatlantik - genügten 7 Wegpunkte; auch eine Nachprüfung an anderen europäischen Großflughäfen bestätigte, daß sich die Abflugstrecken mit maximal 7 Wegpunkten definieren ließen. Doch sollten 9 Wegpunkte vorwählbar sein, um die erste Reiseflughöhe (initial cruising level) erreichen zu kön-

[1] Schröder, E.: Betrachtung des TMA-Bereichs in einem RNAV-Streckenkonzept. Vortrag in der Sitzung 1/74 der AGr. "Flächennavigation" der DGON a. 14.3.74.

nen, ohne daß die Flugzeugführer innerhalb der Steigphase zusätzliche Arbeiten durch Eingaben usw. auszuführen haben. Dieses bedeutet in unserem Frankfurter Beispiel, Flug zum Nordatlantik, daß folgende Streckenführungen festgelegt werden:

a) bei Nordabflügen (über Hadamar, s. Bild 101), eine Westwindlage angenommen, über die SID (standard instrument departure, Standard-Abflugstrecke) DF 32 (DF: departure Frankfurt, Abflug Frankfurt); bei Ostwindlage über die SID DF 82 mit Wegpunkten bis etwa zur VOR Spijkerboor (etwa 60 NM nördlich von Amsterdam); hier wird eine Flughöhe von ca. 31 000 Fuß (FL 310) erreicht;

b) bei Westabflug (über Kirn) und bei einer Westwindlage über die SID DF 19, bei einer Ostwindlage über die SID DF 39 mit Wegpunkten bis Chatillon oder Rambuillet (bei Paris).

Bei den Versuchen ergab sich, daß die Speicherkapazität von 9 Wegpunkten ausreicht, wobei z.B. Meldepunkte - ohne Kursänderung - nicht als Wegpunkte eingegeben werden müssen; sie lassen sich durch Entfernungsangaben eindeutig festlegen (Überwachung erfolgt durch DME-Ablesungen oder INS-distance-to-go- Anzeigen).

Vergleich der beiden Verfahren; Ablage vom Flugweg. Beim INS-Einsatz betrug die Ablage im Geradeausflug und in leichten Kurven 0,3 NM oder 550 m; das Fliegen nach VOR ergab durchweg höhere Ablagen.

Arbeitsaufwand. Eingabe und Überprüfung von 9 Wegpunkten erfordert einen Zeitaufwand von ca. 10 Minuten; zudem wird diese Arbeit v o r Antritt des Fluges vorgenommen, während des Fluges braucht kein zusätzlicher Handgriff getan zu werden, ein besonders wichtiger Vorteil des INS. Die INS-Funktionsüberwachung ist - ohne nennenswerten Mehraufwand - ein Teil der allgemeinen Instrumentenkontrolle.

Wesentlich höher ist der Arbeitsaufwand bei der konventionellen Navigation während des Fluges (Einstellen von Frequenzen, Vorwahl der Kurse bzw. der Gradwerte der Radialen).

Flexibilität. Hinsichtlich der Flexibilität ist die Sachlage anders; bei ad hoc-Änderungen des geplanten Flugwegs bereitet die konventionelle Navigation keine Schwierigkeiten und keine Mehrbelastungen; es ist ohne Belang, ob - kurz vor Beginn eines neuen Flugabschnitts - für die geänderte Streckenführung eine andere Frequenz zu rasten oder ein anderes Radial einzudrehen ist.

Das INS ist bei unvorhergesehenen Änderungen dagegen relativ unflexibel. Anweisungen des FVK, über nicht vorprogrammierte Wegpunkte (impromtu waypoints) zu fliegen, können im Flug nicht akzeptiert werden (Flugwegänderung erfolgt mit Verzögerung; Flugzeugführer wird von der Cockpit-Arbeit ausgeschaltet; Fehleingaben können durch den Zeitdruck nicht ausgeschlossen werden). Eine Lösung dieses Problems könnte über die Automatisierung (Datenkarten, Magnetkassetten etc.) unter erhöhtem Rechneraufwand erreicht werden. Eine andere Alternative böte sonst der FVK vom Boden her: die Radarführung des Lotsen.

2.3.13. Das Instrumenten-Lande-System (ILS: Instrument Landing System) [123; 124]; Allgemeines. Der Landeanflug ist die schwierigste Phase jedes Fluges. Nach der ICAO-Statistik ergibt sich aus Mittelwerten der letzten Jahre, daß die meisten Unfälle, nämlich ca. 57 %, bei der Landung eingetreten sind (siehe Tab. 3, Abschn. I). Eine exakte Navigation und ein zuverlässig sowie präzis arbeitendes Instrumenten-Lande-System ist unbedingte Voraussetzung dafür, daß die Landebahn genau axial und im richtigen Gleitwinkel angeflogen wird.

2.3.13.1. Das ILS-Verfahren. Das Verfahren beruht auf der Messung der Modulationsgrad-Differenz (DDM difference in depth of modulation) zwischen den Wechselspannungen 90 Hz und 150 Hz. Sowohl der genaue Anflugkurs (DDM = 0) wie auch der festgelegte Gleitweg können an Bord des Luftfahrzeugs durch Messungen exakt ermittelt und eingehalten werden.

Der Landekurssender erzeugt zwei spiegelbildliche mit 90 Hz bzw. 150 Hz amplitudenmodulierte Strahlungscharakteristiken, wobei in ihrer Schnittlinie, in der Kursebene die beiden Modulationen die gleiche Amplitude besitzen (Bild 102). Dem Luftfahrzeugführer wird der genaue Anflugkurs (DDM = 0) durch eine Instrumentenanzeige im Cockpit angezeigt, und zwar als Mittellage des vertikalen Zeigers im Kreuzzeigerinstrument, während Abweichungen als Links- Rechts-Ausschläge erscheinen (Bild 102).

Der Gleitwegsender erzeugt - im Zusammenwirken mit der Reflexion an der Erdoberfläche - eine Strahlungscharakteristik, in der die mit 90 Hz bzw. 150 Hz modulierten Feldkomponenten vertikal übereinanderliegen.[1] Die Schnittfläche der unteren Blätter der Vertikaldiagramme zweier in verschiedener Höhe über dem Erdboden angeordneter Dipole bildet den Mantel eines auf der Spitze stehenden Kegels (Bild 102). Die Gleitfläche ist - wie bei der Kursebene - definiert durch die Gleichheit des Modulationsgrades der beiden Frequenzen 90 und 150 Hz. Dem Luftfahrzeugführer wird die Gleitfläche durch die Mittellage eines horizontalen Zeigers im Kreuzzeigerinstrument dargestellt. Die Gleitfläche weist einen Erhebungswinkel von 2 bis 3° gegenüber der Horizontalen auf; ihre Schnittlinie mit der Kursebene wird als Gleitweg bezeichnet (Bild 102).

Als zusätzliche Hilfen dienen dem Luftfahrzeugführer Entfernungsmarken, das Voreinflugzeichen (VEZ) in ca. 7,2 km und das Haupteinflugzeichen (HEZ) in ca. 1,05 km

[1] Vgl. Fricke, H.: Grenzen des heutigen Blindlandeverfahrens. NTZ 26 (1973) H. 8, 397-400.

Entfernung vom Aufsetzpunkt. Diese Markierungsfunkfeuer strahlen (bei gleicher Trägerfrequenz) senkrecht nach oben und sind durch verschiedene Morsecodezeichen und unterschiedliche Modulationsfrequenzen gekennzeichnet. An Bord des Luftfahrzeugs wird das Überfliegen der Einflugzeichen durch Aufleuchten einer blauen Lampe (VEZ) bzw. einer gelben Lampe (HEZ) und durch akustische Zeichen (400 Hz bzw. 1300 Hz) angezeigt (Bild 102).

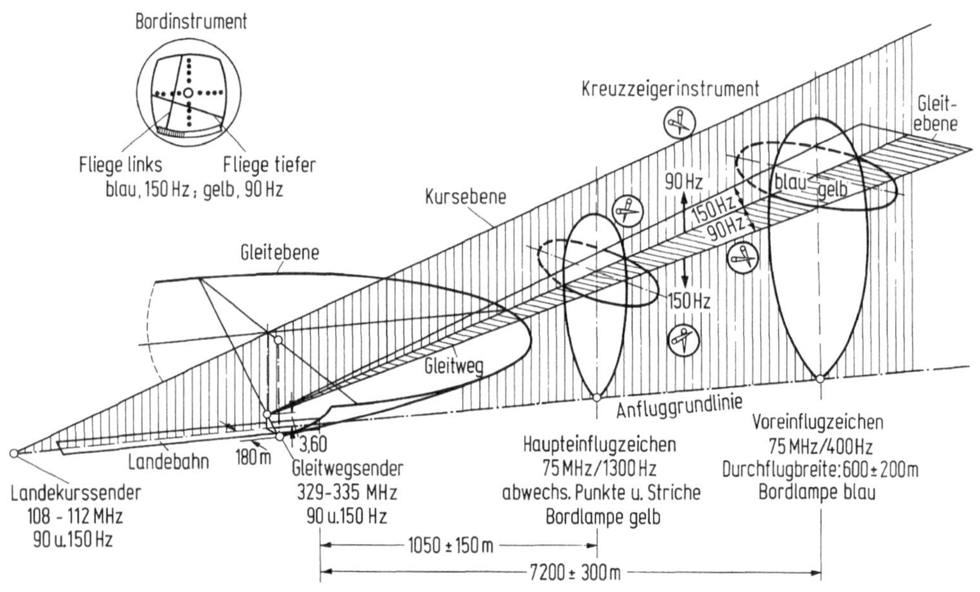

Bild 102: Instrumenten-Lande-System (ILS) [109]

2.3.13.2. Aufbau eines Instrumenten-Lande-Systems ILS-S (SEL) [124]

Allgemeines. Die Anlage ist voll transistoriert und in Kompaktbauweise mit leicht auswechselbaren Baugruppen und Steckeinheiten aufgebaut. Landekurs-, Gleitweg- und Einflugzeichensender arbeiten ohne mechanisch bewegte Teile und sind aus Sicherheitsgründen doppelt verhanden. Über das im Kontrollturm zur Aufstellung kommende Gerät ist eine Fernbedienung und Überwachung der gesamten Anlage möglich. Netzgeräte liefern die Betriebsspannung der Sender und halten die parallelgeschalteten Pufferbatterien im geladenen Zustand; jede der beiden Batterien deckt den Bedarf eines Senders für mehrere Stunden.

Hinsichtlich der Ausfallsicherheit des Signals entpsricht die Anlage den Forderungen der ICAO für den Kategorie-III-Betrieb (Anhang 10, Anl. C vom 22.8.1968).

Sender (Loc. 3000, SEL). Der Aufbau beginnt, wie im Blockschaltbild 103 vereinfacht dargestellt, mit der Quarzstufe, in der die Betriebsfrequenz (108-112 MHz) erzeugt wird; die Frequenztoleranz wird mit ≤0,002 % angegeben. Im gleichen Modul ist ein Trennverstärker untergebracht. Der nachfolgende Breitbandverstärker

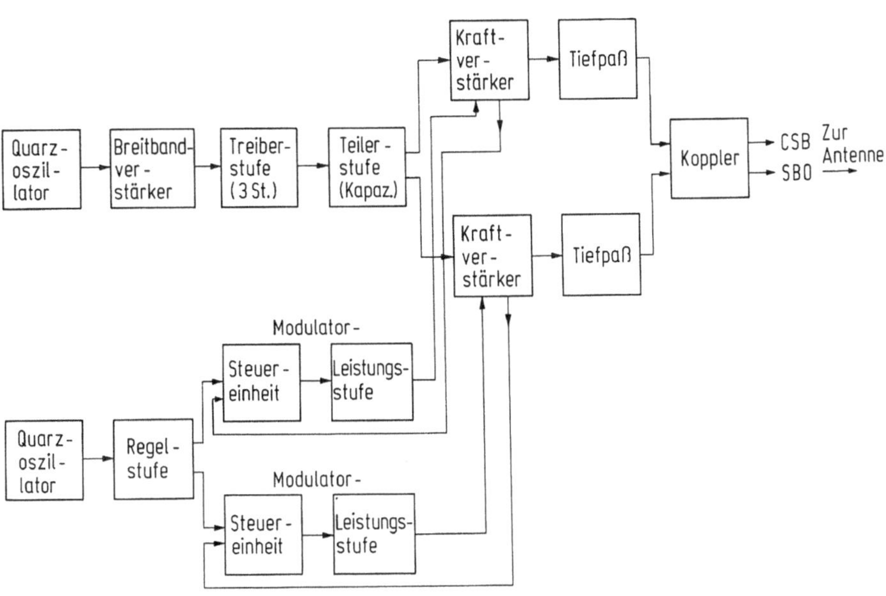

Bild 103: Blockschaltbild eines ILS-S-Senders (SEL) vereinfacht [124]. (CSB: Carrier, Sideband; Träger und Seitenbänder; SBO: Sideband only, Seitenbänder allein)

erbringt die notwendige Verstärkung zur Aussteuerung der Treiberstufe (3-stufig). Auch diese ist breitbandig, ohne Abstimmelemente, ausgelegt. Es schließt sich eine Teilerstufe an, in der die HF-Leistung kapazitiv geteilt wird; die beiden Teile werden (mit einer Phasenverschiebung von 90° gegeneinander) an zwei Ausgänge geführt und von hier zwei dreistufigen Kraftverstärkern zugeleitet (breitbandig, ohne Abstimmelemente; Leistung max. 25 Watt). In den Kraftverstärkern erfolgt die Modulation (Kollektormodulation), hierfür wird den Verstärkern je eine Gleichspannung mit überlagerter Modulationswechselspannung von 90 bzw. 150 Hz und der Kennung aus den zugehörigen Modulationsverstärkern zugeführt. Am Ausgang der Kraftverstärker stehen die mit 90 bzw. 150 Hz und einer Kennung modulierten HF-Signale (der Träger und die Seitenbänder jeweils einer Modulationsfrequenz) zur Verfügung. Hier schließt je ein Tiefpaß an, der die Oberwellen unterdrückt.

In dem nachfolgenden Koppler werden aus den HF-Signalen die charakteristischen CSB- und SBO-Signale des ILS gebildet.[1] Da der eingangsseitige Koppler HF-Signale erhält, die um 90° phasenverschoben sind, findet eine Summen- und Differenzbildung statt. Am Ausgang des Kopplers stehen folgende Signale zur Verfügung:

a) CSB: der Summenausgang: der Träger f_0 und die Seitenbänder $f_1 + f_2$

b) SBO: der Differenzausgang: ohne f_0, die Seitenbänder f_1 und f_2 in Gegenphase.

Mit diesen Signalen wird das Antennen-System gespeist.

Modulator. Die beiden Frequenzen von 90 bzw. 150 Hz leitet man aus der gemeinsamen Quarzfrequenz 230,4 kHz ab; an die Quarzstufe schließen sich zwei Teiler an, die das gewünschte Verhältnis 90/150 Hz der Ausgangsfrequenzen herstellen. Es folgt eine Stufe, in der über die NF-mäßige Regelung der (die Modulatoren speisenden) 90 Hz- und 150 Hz-Spannungen die Kursbreite eingestellt werden kann.

Der eigentliche Modulator besteht aus den Modulator-Steuereinheiten und den beiden Modulator-Leistungsverstärkern. Eine Hüllkurven-Gegenkopplung sorgt für die erforderliche hohe Konstanz der DDM und des Modulationsgrades.

Stromversorgung. Die Stromversorgung wird durch ein thyristorgeregeltes Gleichrichtergerät für die Betriebsspannung von 40 V/15A sichergestellt; die Spannungs-Stabilität beträgt $\leqslant 1\%$; die Brummspannung liegt unter 50 mV. Das Netzgerät übernimmt auch die Erhaltung der Ladung der Notstrom-Batterie.

Landekurs-Antenne. Die Landekurs-Antenne besteht aus 12 Dipolen mit einem gemeinsamen Drahtgitter-Reflektor; sie strahlt ein geformtes Horizontal-Strahlungsdiagramm ab, wie Bild 104 es zeigt. Es enthält in der Schnittlinie der spiegelbildlichen, keulenartigen Charakteristiken in der vertikalen Kursebene die beiden Modulationsfrequenzen 90 Hz und 150 Hz mit gleich großer Amplitude.

Die neuerdings geforderte Sektorbedeckung beträgt nur ± 35°, sie kann, wie Bild 105 es zeigt, durch eine Antennenzeile mit nur einem Sender erreicht werden. Die Strahlungsdiagramme früherer Anlagen zeigt Bild 106 (LKI) und 107 (LKII). Als Antennnen-Dipole verwendete man früher V-Dipole, später V-Ring-Dipole. Um das Diagramm gemäß Bild 107 zu erzielen, mußte man - für die Rund-um-Strahlung - einen zweiten Sender und ein zusätzliches Antennensystem vorsehen (Bild 108).

---

[1] CSB: carrier and sideband; Träger und Seitenbänder; SBO: sideband only; Seitenbänder allein.

Der Aufstellungsort liegt auf der Anfluggrundlinie, bis max. 900 m vom Landebahnende entfernt.

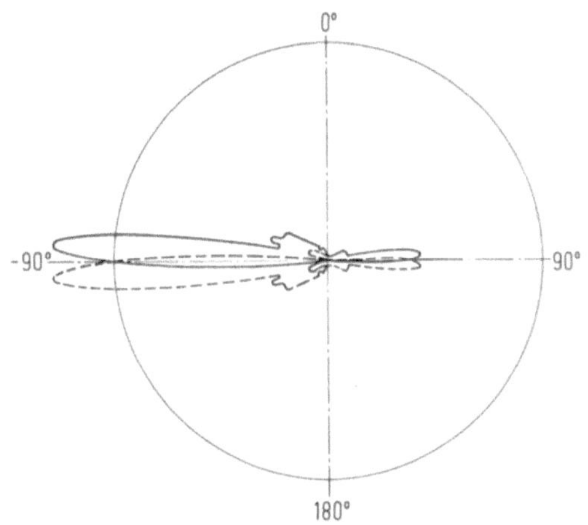

Bild 104: Geformtes Modulationsdiagramm der ILS-Anlage [102]

Bild 105: Neue ILS-Landekurs-Antenne (Typ: SEL 3000) (Foto SEL)

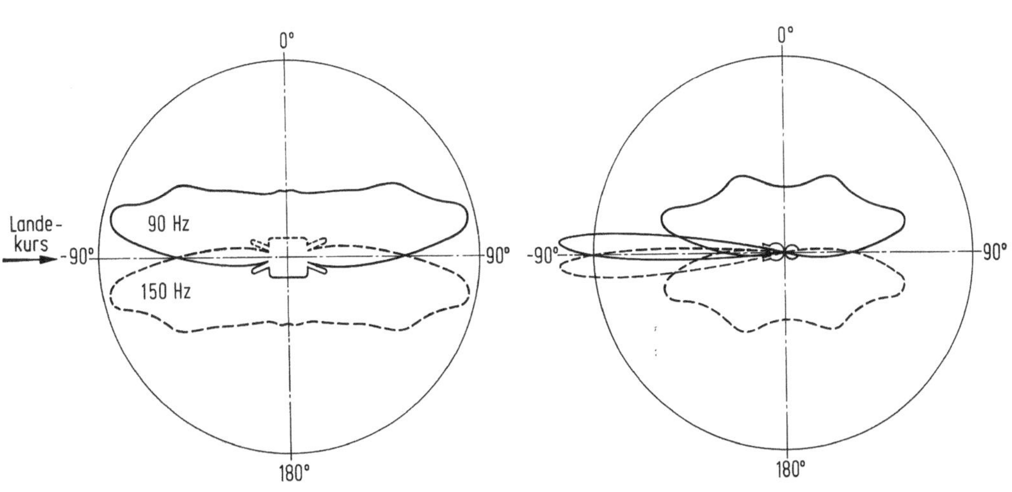

Bild 106: Modulationsrichtdiagramm eines Landekurssenders (Typ LKI) [109]

Bild 107: Modulationsrichtdiagramm mit Rundum-Strahlungs-Zusatz (Clearance) (Typ LKII) [109]

Bild 108: ILS-Antenne mit besonderer Antenne für die Rundum-Strahlung (Foto BFS)

Reservesender. Der Reservesender ist ebenfalls ständig im Betrieb; er arbeitet auf eine künstliche Antenne und wird durch einen internen Monitor ständig überwacht. Der Betriebszustand wird dem im Kontrolltrum aufgestellten Überwachungsgerät gemeldet.

Überwachungssystem. Es werden überwacht: Kurslage, Kursbreite, Modulationsgrad, Feldstärke und Kennung in den Bereichen: externe Feldüberwachung im Nah- und Nächstfeld; interne Überwachung des Betriebs- und des Reservesenders. Die Anlage wird von 3 Monitoren überwacht; es lassen sich damit auch die Überflugprobleme lösen. Das Überwachungssystem entspricht - im Zusammenwirken mit der Landekursanlage - den Forderungen der ICAO für den Betrieb gemäß Kategorie III A (vergl. Abschn. 2.3.14., Schlechtwetterlandung).

Gleitweganlage. Die Anlage besteht aus einem Betriebs- und einem Reservesender, dem Antennensystem und den Monitordipolen für die Überwachungseinrichtung. Über die im Kontrollturm installierte Anzeige- und Schalteinrichtung kann die Anlage fernüberwacht und ferngesteuert werden [124].

Der Sender (GS 3000, SEL). Der Aufbau des Senders ähnelt weitgehend dem des Landekurssenders; die Ausgangsleistung beträgt 15 Watt bei einem Betriebsfrequenz-Bereich von 328 bis 336 MHz. Am Ausgang liefert der Sender die für die Speisung der Antenne notwendigen Signale (CSB und SBO). Der Sender erfüllt die Bedingungen der Kategorie III der ICAO-Empfehlungen (v. 22.8.1968, im Anhang 10); er ist für den O-Ref.-Betrieb ausgelegt (eine Erweiterung auf den B- bzw. M-Typ ist möglich).

Antenne. Die Antenne besteht aus zwei Richtstrahlern, die je zwei Dipolzeilen mit je 4 Dipolen besitzen; die Polarisation ist horizontal. Die Richtstrahler sind an einem max. 12 m hohen Leichtbaugittermast, vertikal übereinander, befestigt und in der Höhe verstellbar; Richtfaktor 12 dB; Typ Kathrein KA 253/68. Der untere Richtstrahler (in einer Höhe von ca. 5 m) wird mit dem mit 90 und 150 Hz modulierten Träger gespeist, der obere (in ca. 10 m) nur mit den beiden Seitenbändern. Durch Spiegelung entsteht an der Erdoberfläche ein Diagramm gemäß Bild 109. [1] Aufstellungsort: 120 bis 170 m seitlich der Anfluggrundlinie und etwa 70 m landebahneinwärts vom idealen Aufsetzpunkt. Unebenes Gelände kann zu Strahlungsdiagrammen führen, die nicht einmal die ICAO-Empfehlungen der Kategorie II erfüllen. Hier kann sehr hohe Bündelung helfen; um das Anstrahlen der Erdoberfläche zu vermeiden, darf die Halbwertbreite der Strahl-Keulen nur 2° betragen. Dieses führt zu beachtlichen Antennenhöhen (Hohlleiterantenne mit 26 Schrägschlitzen oder Dipolzeile von 20 m Höhe), die man - als unangenehmes Hindernis - nur im Sonderfall hinnehmen kann.

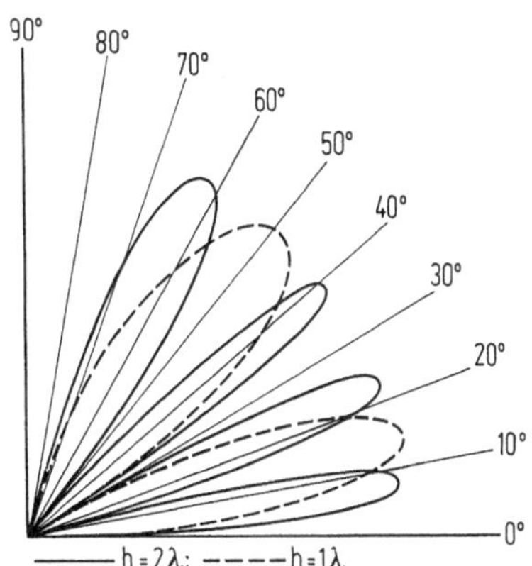

Bild 109: Relative Feldstärke zweier Antennen (Gleitweg) über dem Erdboden, abhängig vom Erhebungswinkel [109]

Überwachung. Im Strahlungsfeld der Gleitwegsender-Antenne stehen - ca. 90 m vor der Antenne - 2 Monitor-Dipole; der eine ist an einem Meßpunkt mit dem Soll-DDM-Wert = 0, der andere an dem Meßpunkt DDM = 0,175 angebracht. Ein dritter "interner" Monitor überwacht den Reservesender, der ständig auf eine künstliche Antenne arbeitet.

Das Einflugzeichen (Marker 3000, SEL). Das Einflugzeichen besteht aus einem Betriebs- und einem Reservesender, voll-transistoriert, je mit eigenem Netzteil. Die Kontrolleinheit ist nur einmal vorhanden. Überwachung und Fernbedienung erfolgen über eine Zweidrahtleitung. Die Trägerausgangsleistung ist auf 0,2 bis 3 Watt ein-

---

[1] Bild 109 zeigt nur das Prinzip; die Einschnürungen bei den Minima der kleinen Winkelwerte (3°, 6°, 9° usw.) sind in Polarkoordinaten nicht darzustellen.

stellbar; Frequenz: 75 MHz. Die Sender- und Modulator-Stufen (Steckeinheiten) entsprechen in ihrem Aufbau denen des Landekurs- bzw. Gleitweg-Senders (LOC 3000, GS 3000). Ein elektronischer Kennungsgeber erzeugt die Kennungsfrequenzen 400 Hz, 1300 Hz und 3000 Hz. Bei Netzausfall schaltet die Kontrolleinheit auf Batterie, die im Pufferbetrieb arbeitet. Die Kontrolleinheit überwacht, mit Hilfe eines Monitors, die effektiv abgestrahlte Leistung, den Modulationsgrad und die Kennung. Bei Ausfall schaltet die Kontrolleinheit auf den Reservesender und meldet dieses dem Überwachungs- und Schaltgerät im Kontrollturm.

Als Antenne wird eine aus vier Elementen bestehende Yagi-Antenne mit großem Gewinn und großer Bandbreite benutzt (Typ K 53174, Kathrein); das Strahlungsdiagramm ist senkrecht nach oben gerichtet (Form: leicht plattgedrückte längliche Zwiebel) über die Aufstellungsorte siehe Tabelle 21.

Tabelle 21. (ICAO)

	Voreinflugzeichen (VEZ)	Haupteinflugzeichen (HFZ)	Platzeinflugzeichen (PEZ)
Entfernung von der Schwelle	7,2 km ± 300 m	1,05 km ± 150 m	75 m ± 8 m
Modulation	400 Hz	1300 Hz	300 Hz
Kennung	2 Striche/sek	Striche und Punkte	6 Punkte/sek
Bordanzeige (optisch)	blau	gelb	weiß

Bordempfänger. Der Bordempfänger mißt die Differenz der dem Träger über zwei Filter entnommenen Niederfrequenzen; sie stellt die Differenz der Modulationsgrade dar. Am Kreuzzeigerinstrument entspricht der Links-Rechts-Voll-Ausschlag für die Landekursanzeige 2,5° oder 5 Punkte, d.h. ein Punkt gleich 0,5°. Bei der Gleitweganzeige entspricht der maximalen Ablenkung des horizontalen Zeigers zwischen "oben" und "unten" eine Abweichung von der Gleitfläche zwischen ± 0,4° und ± 0,75°. Fünf Punkte Vollausschlag entsprechen hier 0,5°, oder ein Punkt entspricht 0,1°. Für Anflug und Gleitweg sind an Bord zwei Empfänger erforderlich.

2.3.14. Schlechtwetterlandung-Allwetterlandung; Betriebsstufen. Im Normalfall führt man heute nach wie vor Schlechtwetterlandungen durch, d.h. am Ende des Schlechtwetteranflugs ist immer ein Übergang zum Sichtflug notwendig. Man bemüht sich, Landungen - nach Erfüllung bestimmter Voraussetzungen - auch bei stark herabgesetzten Grenzwerten für Sichtweite und Wolkenhöhe sicher durchzuführen.

Die ICAO hat zur Normierung der Anforderungen an eine überall in der Welt durchführbare "Allwetterlandung" Regelungen getroffen, die den Bereich der Bodendienste und die Bordausrüstung der LFZ'e umfassen.

2.3.14.1. Betriebsstufen

In Abhängigkeit von den Sichtverhältnissen hat die ICAO drei Stufen festgelegt, in denen der "Allwetterflugbetrieb" schrittweise erreicht werden soll; die Tabelle 22 zeigt die entsprechenden Werte. Die "Entscheidungshöhe" (decision height) ist die Höhe beim Sinkflug über den Gleitweg, von der aus der LFZ-Führer entweder die Landebahn sieht und sie ansteuert oder, wenn dieses nicht der Fall ist, den Landeanflug abbricht und durchstartet (Fehlanflug, missed approach). Die "Landebahnsicht" (RVR runway visual range) ist bei der jeweiligen Kategorie die Minimum-Sichtweite, die längs der Landebahn vorhanden sein muß.

Tabelle 22. Betriebsstufen für den Allwetterflugbetrieb (ICAO)

Kategorie	I	II	III		
			A	B	C
Entscheidungshöhe	60 m (200 Fuß)	30 m (100 Fuß)	-	-	-
Landebahnsicht	800 m (2400 Fuß)	400 m (1200 Fuß)	200 m (700 Fuß)	50 m (150 Fuß)	

Diesen Betriebsstufen entsprechen Gerätekategorien der Bodeneinrichtungen. Von dem ILS-System wird eine sehr hohe Ausfallsicherheit gefordert (Doppelausrüstung; Umschaltung auf den Reservesender innerhalb einer Sek.). Störende Reflektoren im Anflugabschnitt, die zu einem "rauhem" Verlauf des Landekurses und Gleitwegs führen, müssen beseitigt werden, hierfür sind international geltende Toleranzwerte festgelegt worden; das Aufschalten, der automatische Anflug, muß möglich sein.

Bei den Stufen I, II und IIIA wird nach Sicht gelandet. Der LFZ-Führer muß deshalb schnell erfassen können, wie die Lage seines LFZ zur Landebahn ist. Um dieses gewährleisten zu können, werden internationale Verkehrsflughäfen mit einem ausgedehnten, durch die ICAO standardisierten Befeuerungssystem, ausgerüstet. Wolkenhöhe und Landebahnsicht müssen beim Schlechtwetterbetrieb ständig überwacht und durch Wolkenhöhenmesser (Ceilometer) und Sichtmesser (Transmissometer; an drei Stellen der Landebahn) laufend bestimmt werden (Fernanzeige).

Hinsichtlich der Bordausrüstung und Schulung der LFZ-Führer sind für die BRD ebenfalls besondere Richtlinien festgelegt worden, sie sind in den "Richtlinien für den Allwetterflugbetrieb nach Betriebsstufe II" mitenthalten [125]. Für den LFZ-Führer ist die weitgehende Automatisierung des Landevorgangs von entscheidender Bedeutung. Bemerkenswert sind die Erfolge der Blind Landing Experimental Unit (BLEU, England), die Erprobung der Sud-Aviation und die Versuche in den USA. Während man in den USA der Meinung ist, daß der LFZ-Führer während des Anflugs und der Landung die volle Entscheidungsfreiheit behalten sollte, vertritt man in England den Standpunkt, daß die Landung vollautomatisch mit einem 3-fachen Bordsystem ausgeführt werden muß [126].

2.3.15. Weitere Entwicklung; neue Landeeinrichtungen

Der praktische Einsatz hat bewiesen, daß das ILS neuester Ausführung die ICAO-Forderungen der Betriebsstufe IIIA erfüllen kann. Die ICAO hat die Schutzzeit des ILS als ICAO-Standard bis 1985 verlängert. Allerdings muß festgestellt werden, daß das ILS in zweierlei Hinsicht Nachteile aufweist:

a) Es ist in der Ausbildung des Strahlungsdiagramms sehr empfindlich gegen Einflüsse aus der Umgebung (unebenes Gelände; Reflektoren);

b) Die neue Generation von Luftfahrzeugen, die Kurz- und Senkrechtstarter stellen an ein Landeverfahren Forderungen, die vom ILS nicht erfüllt werden können.

Zwei Organisationen haben sich seit einigen Jahren bemüht, die betrieblichen Bedingungen an eine neue Landeeinrichtung zusammenzustellen, das RTCA-Komitee SC 117 (USA) und das All Weather Operational Panel (AWOP) der ICAO.

Das neue System soll folgende Forderungen erfüllen:

1) In einem Sektor von ± 40° werden auf jedem Anflugkurs proportionale Anzeigen geliefert;

2) der Gleitwinkel kann an Bord zwischen 2 und 15° frei gewählt werden;

3) von der Reichweiten-Grenze (20 NM) bis zum Ausrollen auf der Landebahn soll eine laufende Entfernungsanzeige erfolgen;

4) das System soll weitgehend unabhängig von Umgebungseinflüssen sein;

5) die Bordanzeige soll unabhängig vom Steuerkurs sein bis zu Neigungswinkeln des LFZ's von 40° und - innerhalb der Reichweite - um die Bodenanlage herum erhalten bleiben;

6) beim Durchstarten (Fehlanflug) soll innerhalb von ± 20° in der Horizontalen eine Führung bis zu einer Reichweite von 5 NM gewährleistet sein [127, 128].

2.3.16 Genauigkeit eines Navigationsverfahrens

Meßwerte, mit denen Standlinien bestimmt werden, sind stets mit einer gewissen Unsicherheit behaftet. Es ist eine mathematische Aufgabe, zu sagen, wie weit der tatsächliche Standort von einer Standlinie oder vom Schnittpunkt zweier Standlinien abweichen kann. Nach einer großen Zahl häufig wiederholter Messungen, die voneinander abweichende Werte für dieselbe Größe ergeben, bildet das arithmetische Mittel den wahrscheinlichsten Wert. Die Abweichungen sind ein Maß für die Genauigkeit, man kann aus ihnen den Wert für den Fehler der Messung abschätzen.

Für die Praxis ist es nun wichtig zu wissen, um wieviel, z.B. km, der wahre Standort mit einer Wahrscheinlichkeit von, z.B. 95 % von der durch die Messung bestimmten Standlinie entfernt ist.

Nun muß man sich darüber klar sein, daß es verschiedenartige Fehler gibt; man kann sie in zwei Gruppen einteilen, in zufällige und in systematische Fehler. Zu den zufälligen Fehlern gehören: Ablese- und Auswertefehler, Einflüsse der Ionosphäre und Troposphäre, Mehrwegeausbreitung, Rauschen. Systematische Fehler sind Fehler in Bord- und Bodenanlagen (also systemeigene Fehler), Koordinatenfehler von bodengebundenen Funkortungsanlagen (sie kommen beim Übergang von einem Bezugssystem auf das andere in Betracht).

Ein Bild der Fehlerverteilung gewinnen wir durch das Gaußsche Fehlergesetz; die Fehlertheorie geht von der Voraussetzung zufälliger Fehler aus, nur diese weisen die Gaußsche Verteilung auf. Das Gaußsche Fehlergesetz gibt die Wahrscheinlichkeit an, mit der ein Beobachtungsfehler f_b - von einem bestimmten Betrag - auftreten kann. Es wurde eingangs bereits ausgeführt, daß das arithmetische Mittel aller Beobachtungen der wahrscheinlichste Wert ist. Die mathematische Beziehung zwischen der Fehlerwahrscheinlichkeit (oder Häufigkeit) w_f und der Fehlergröße f_b ist dann gegeben durch die Gleichung:

$$w_f = k \cdot \exp(- f_b/2\sigma^2)$$

σ ist die mittlere quadratische Abweichung vom arithmetischen Mittelwert (Streuung, standard deviation); k ist eine Konstante. Der dargestellten Beziehung entspricht eine glockenförmige, symmetrische Kurve, die sich asymptotisch der x-Achse nähert, wie Bild 110 es zeigt. Kurve und x-Achse schließen eine Fläche ein, die man Fehlerintegral nennt. Im Bild gibt der σ-Wert die Wahrscheinlichkeitsverteilung der Abweichung f_b von einer Bezugslinie, z.B. von einer Standlinie an. Liegt ein Meßergebnis innerhalb der Fehlergrenzen, so bedeutet dies, daß es im Intervall von $\pm 3\,\sigma$ um den erwarteten Wert liegt; dieses Intervall enthält 99,7 % aller Werte. Das Intervall $\pm 2\,\sigma$ enthält 95 %, $\pm 1\,\sigma$ enthält 68 % aller werte [129].

In der Luftfahrt benutzt man als einfachere Fehlermaße häufig den mittleren Punktfehler und den Fehlerkreisradius; ausführliche Untersuchungen und Tabellen sind im Schrifttum zu finden [113, 130, 131]. Neuere Navigationssysteme müssen dreidimensional behandelt werden [102].

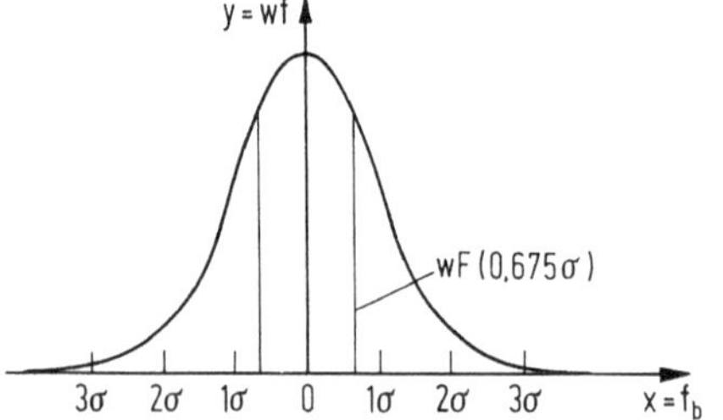

Bild 110: Gaußsche Fehlerverteilung
σ: Streuung; wF: wahrscheinlicher Fehler

Die systematischen Fehler der Verfahren sind zum größten Teil erfaßbar und können als Korrektur an den Rohmeßwerten berücksichtigt werden. Dieses soll am Beispiel des UKW-Drehfunkfeuers (VOR) erläutert werden. Der Gesamtfehler F_G setzt sich aus mehreren Elementen zusammen:

Fehler der von der Bodenanlage abgestrahlten Azimut-Information F_{AS};

Fehler bei der Auswertung der empfangenen Azimut-Information durch die Bordanlage (ohne Kompaßfehler) F_{AE};

Fehler des Piloten F_P.

Es handelt sich um unabhängige Fehler; der maximale Gesamtfehler des VOR-Systems, d.h. der Boden- und der Bordseite kann durch die Wurzel aus der Summe der Quadrate der maximalen einzelnen Fehler ermittelt werden:

$$F_G = \sqrt{F_{AS}^2 + F_{AE}^2 + F_P^2}$$

Setzt man Zahlen ein:

$F_{AS} = \pm 1{,}7^\circ$ (95 %), dieser Wert basiert auf Flugvermessungen;
$F_{AE} = \pm 2{,}7^\circ$ (95 %), wird von guten Bordanlagen erreicht;
$F_P = \pm 2{,}5^\circ$ (95 %), gemäß PANS - OPS, ICAO-Wert;

dann ergibt sich: $F_G = \pm 4^\circ$ (95 %).

2.3.17. Welche Faktoren der Navigation beeinflussen die Abmessungen der Staffelungsminima?

Generell sind zu unterscheiden:

1) Konventionell gestaffelte, auf Grund von Standortmeldungen des Piloten mittelbar am Boden überwachte Flüge

a) über den Ozean,
b) über Land;

2) Mit Radar gestaffelte, kontinuierlich und unmittelbar mit Radar überwachte Flüge über Land.

2.3.17.1. Die Abmessungen des Sicherheits-Luftblocks
Zu 1 (a), Ozeanflüge:
Der nicht überwachte Verkehr wird verfahrensmäßig durch Freigabe der Flugpläne gestaffelt. Die Vertikal- und die Seitenstaffelung werden nicht kontrolliert, die Bodenstelle überwacht lediglich die Längsstaffelung mit Hilfe von Standortmeldungen. Die Flugverkehrskontrolle ist grundsätzlich von Verkehrsvorhersagen abhängig. Durch das Unvermögen eines Luftfahrzeugs, die im Flugplan festgelegten Angaben hinsichtlich Flugstrecke, Flughöhe und Flugfortschritt absolut genau einzuhalten, läßt sich sein künftiger, genauer Standort kaum vorhersagen. Daher mußte man Mindestwerte für die Staffelung zweier Luftfahrzeuge festlegen. Jedes Luftfahrzeug bewegt sich - bei Abweichungen - innerhalb seines eigenen Luftraumblocks und mit ihm über seine Flugstrecke; dieser Block ist für andere Luftfahrzeuge gesperrt. Bild 111 zeigt die Luftblockgrößen, mit dem das einzelne Luftfahrzeug sich bewegt. Über dem Atlantik hat der Luftblock z.B. eines Strahlflugzeuges folgende Abmessungen:

Breite: 120 NM (ICAO-Wert), ca. 220 km;

Länge: 1/2 Stunde Flugzeit (ICAO-Wert), bei einer Fluggeschwindigkeit von 480 Knoten, ca. 440 km;

Dicke: 2000 Fuß, ca. 0,6 km in Flughöhen oberhalb von 29000 Fuß (ICAO-Wert).

Diese Staffelungswerte haben sich im Laufe der Jahre empirisch aus Erfahrungen und unmittelbaren Erkenntnissen ergeben.

Es ist bekannt, daß mit den in Betracht kommenden Navigationsverfahren auch über dem Ozean relativ hohe Genauigkeiten erreicht werden können:

Astronavigation: bei einem Ablesen der mittleren Zenitdistanz mit einer Genauigkeit von ± 5' erreicht man eine Standliniengenauigkeit von ± 10 km;

Zeitaufwand: etwa 15 bis 20 Minuten. (10 Minuten für die Höhenbeobachtungen und 5 bis 10 Minuten für die Auswertung);

Loran C: etwa ± 1 bis ± 2 NM, nachts bei Raumwellenbenutzung: ± 5 NM; Zeitaufwand: 3 bis 6 Minuten;

Omega: am Tage etwas unter 1 NM, in der Nacht: etwa ± 2 NM,
Zeitaufwand: etwa 2 bis 3 Minuten;

Streckenabschnitt	Navigationsmittel	Genauigkeit der Standortermittlung	Zeitdauer der Standortermittlung	Zeitabstand zwischen 2 Standortmeldungen	Art der Übermittlung der Standortmeldungen	Art der Luftlagedarstellung	Luftblockgröße abgeleitet von der Sicherheitsstaffelung gemäß den Richtlinien der ICAO
Nordatlantik	LORAN A	15-20 km	3-6 min	30-60 min	über Kurzwellen-Sprechfunk	Kontrollstreifen (oder synthetische Anzeige)	
	LORAN C	±1,8 bis ±3,6 km	"	"			
	Omega	±1,8 km und weniger	1/2 min	"			
	Astronavigation	±10 km	15-20 min	"			
	Inertialnavigation	±1,8 km pro Stunde und weniger	1/2 min	"			220 × 440 km
Flugstrecke über Land	Drehfunkfeuer	bei einer Entfernung von 50 NM ±3,5 NM (±1,7°, einschl. Bord- und Pilotenfehler ±4°)	1/2 min	10 min	über UKW-Sprechfunk	Kontrollstreifen, (Radarschirmbild oder synthetische Luftlagedarstellung)	15 × 150 km
Nahverkehrsbereich eines Flughafens	Rundsicht-Radargerät (SRE)	0,5 km	0,4 msek	2,4 sek	automatisch	Radarschirmbild oder synthetische Luftlagedarstellung; (ferner: Kontrollstreifen)	9 × 9 km (Entfernung der Luftfahrzeuge von der Radarantenne ≧ 30 NM)

Bild 111: Luftblockgröße je Luftfahrzeug

Doppler-Radar: Grundgeschwindigkeit: 0,1 bis 1 %; Abdrift: 0,1 bis 1 %. Da der erforderliche Steuerkurs vom Kompaß geliefert wird, kann in der Praxis bei einer Wahrscheinlichkeit von 95 % mit folgenden Genauigkeiten gerechnet werden: entlang dem Kartenkurs: 1 bis 1,5 %; quer zum Kartenkurs: 3,5 bis 4 %; der Kompaßfehler ist dabei mit ± 2° angesetzt worden;

Inertial-Navigation: in der praktischen Anwendung etwas unter 1 NM/h mit 95 % Wahrscheinlichkeit (s. Bild 84 und 85).[1] s. auch Abschn. VII.2.2.4.

In Anbetracht dieser hohen Genauigkeiten und auf Grund der starken Auslastung der Nordatlantikstrecken verstärken sich die Bemühungen, die Sicherheitsabstände herabzusetzen. Nach dem FAA-Circular 2540 soll ein Luftfahrzeug über 95 % der Zeit innerhalb eines Rechtecks von ± 25 NM Länge und ± 20 NM Breite - ca. 46 km mal 37 km - auf einer vom Flugverkehrskontrolldienst genehmigten Route gehalten werden können.

Auch im Rahmen der ICAO sind entsprechende Vorschläge ausgearbeitet worden. Sie sehen folgende Möglichkeiten vor [132]:

1. Herabsetzen der Längsstaffelung von 30 Minuten auf 20 bzw. 15 Minuten;

2. Herabsetzen der Seitenstaffelung von 120 NM auf 90 NM;

Hierbei sollen die Luftfahrzeugführer darauf achten, daß die Machzahl auf ± 0,01 genau eingehalten wird. Eine Meldung soll an die Bodenkontrolle gegeben werden, wenn dieser Wert überschritten wird.

Was dieses bedeutet, sei an einem Beispiel erläutert: Auf der Strecke Gander (Neu-Fundland, Kanada) - Shannon (Irland) mit einer Länge von 1700 NM würde - bei Windstille - eine Änderung der Geschwindigkeit um 0,01 Mach eine Zeitdifferenz von 2,25 Minuten bedeuten beim Vergleich der Eintritts- gegen die Austrittszeit. Ein LFZ mit Mach 0,87 hätte eine 25-Minuten-Staffelung gegen ein nachfolgendes LFZ mit Mach 0,82, wenn die Ausgangsstaffelung 15 Minuten war.

Gegen Ende der 70er Jahre glaubt man, die Staffelungswerte noch weiter herabsetzen zu können; es sollen die in der Inertialnavigation steckenden Möglichkeiten weiterentwickelt werden. Das Ziel ist:

1. Die Längsstaffelung auf 10 bzw. 5 Minuten herabzusetzen;

2. Die Seitenstaffelung auf 60 NM zu verringern.

Diese Bestrebungen stießen bei verschiedenen Ländern auf Widerstand. Man wies darauf hin, daß die in 10jährigen Beobachtungen der Nordatlantikflüge gesammelten Daten über Abweichungen nicht ganz in die Gaußsche Fehlerverteilung paßten.

---

[1] K.E. Karwath (DLH) berichtete von einem Flug über den Pol mit ca. 11 Stunden Dauer; die Inertial-Navigation zeigte eine durchschnittliche Ablage von 0,1 NM pro Flugstunde (Sitzung 1/74 der Arb.Gr. "Flächennavigation" der DGON in Frankfurt/M. am 17.3.1974).

Den Hauptanteil der Fehler führt man zurück auf

1. die Ungenauigkeiten in der Abschätzung des Vorausstandortes des LFZ und auf
2. die Unsicherheit im Empfang von Standortmeldungen zufolge von Wellen-Ausbreitungsschwierigkeiten.

Zu 1 (b): Konventionell gestaffelte Flüge über Land

Die Sicherheits-Luftblock-Abmessungen innerhalb einer Luftstrecke werden bei konventioneller Staffelung bestimmt

in der Breite
durch die von der ICAO empfohlene Luftstraßenbreite von ± 4 NM

in der Länge
durch die von einem Flugzeug in 5 bzw. 10 Minuten zurückgelegte Strecke; bei einem Strahlflugzeug kann man maximal mit etwa 80 NM ca. 150 km, rechnen;

in der Dicke
durch die von der ICAO festgelegte Vertikal-Staffelung von 1000 Fuß, ca. 300 m, bzw. 2000 Fuß für ⩾ FL 290.

Die Breite der Luftstraße wurde ursprünglich nach einer Empfehlung der ICAO auf ± 5 NM beiderseits der Mittellinie der Luftstraße festgelegt (10 NM = 18,5 km). Sie wurde seinerzeit mit Rücksicht auf die relativ geringe Genauigkeit der - teilweise auch heute noch betriebenen - rundstrahlenden Mittelwellen - Funkfeuer bestimmt. Bei einer Kursführungsgenauigkeit von ± 3° ergeben sich bei Entfernungen von 100 km Abweichungen bis ± 5 km. Genauigkeitsuntersuchungen mit Hilfe von Radargeräten zeigten Abweichungen quer zur Flugrichtung im Durchschnitt von ± 4,5 km und in Flugrichtung im Durchschnitt von ± 5,5 km. In einigen Fällen traten Abweichungen von 13 bis 15 km auf [133].

Der Standort von Luftfahrzeugen ist bei der konventionellen Kontrolle nur im Augenblick der Positionsangabe über einem Meldepunkt relativ genau bekannt; zwischen zwei Meldungen sinkt die Genauigkeit mit fortschreitender Zeit ab (Bild 112). Für den Lotsen bewegt sich das LFZ innerhalb des Ungewißheitsbereiches U_h. Für den Piloten ergibt sich ein Toleranzbereich G, wenn er in der Mitte zwischen den Meldepunkten auf das vorausliegende Funkfeuer (am nächsten Meldepunkt) umschaltet.

Auch beim Höhenwechsel tritt Unsicherheit auf, da der Pilot die Steiggeschwindigkeit selbst wählt; Bild 113 zeigt den Ungewißheitsbereich U_v beim Höhenwechsel. Der Luftblock zwischen den beiden Meldepunkten und der gemeldeten (alten) und der freigegebenen (neuen) Flugfläche gilt als besetzt.

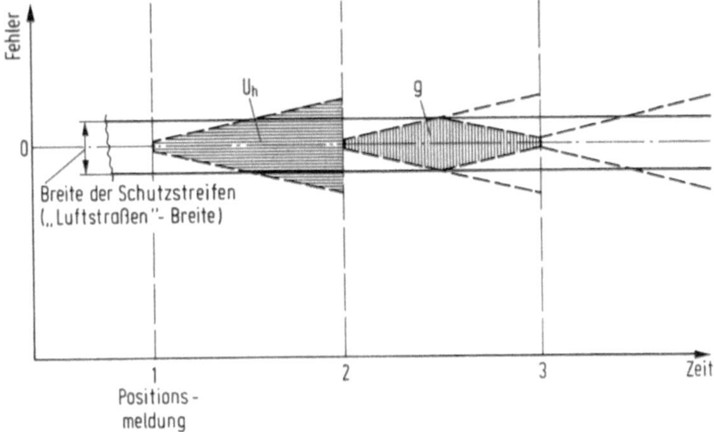

Bild 112: Ungewißheitsbereich (U_h) und Bereich der Navigationsgenauigkeits-Toleranz (G) in der horizontalen Ebene

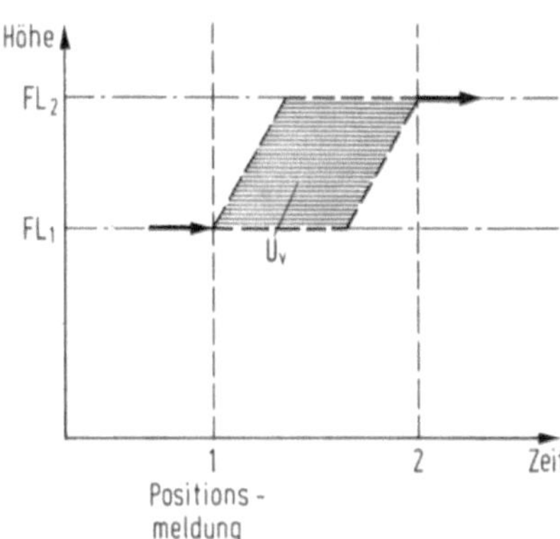

Bild 113: Ungewißheitsbereich (U_v) in der vertikalen Ebene beim Höhenwechsel (Flugfläche FL_1 und FL_2)

Zu 2: Radarstaffelung

Abmessungen des Sicherheitsluftblocks:

a) Auf der Strecke: 5 × 5 NM bzw. 4 × 4 NM oder 9 × 9 km bzw. 7,4 × 7,4 km
Dicke: 1000 Fuß oder 0,3 km;

b) Im Endanflug: 3 × 3 NM oder 5 × 5 km;
Dicke: 1000 Fuß oder 0,3 km.

2.3.17.2. Schlußfolgerungen

1. Verkehr über lange Strecken ohne Radarkontrolle; Ozeanstrecken. Aus der Analyse der theoretischen Ansätze und ihrer Stützung durch praktische Ergebnisse kann gefolgert werden [134]:

a) je häufiger Standortbestimmungen bordseitig ausgeführt und die neuen Positionen ohne Zeitverlust der Bodenkontrollstelle mitgeteilt werden, umso stärker können generell die Blockgrößen - Länge und Breite - reduziert werden. Oder umgekehrt: je länger die Vorhersagezeit, desto größer wird die Blocklänge;

b) die Verbesserung der Steuerkursgenauigkeit trägt - insbesondere bei längeren Vorhersagezeiten - zur Reduzierung der Blockbreite bei; die laterale Staffelung hängt ab vom Zeitbedarf für das Feststellen einer Kursabweichung und ihrer Korrektur;

b) bei kürzeren Voraussagezeiten ist es wesentlich, daß die Standortbestimmung mit größtmöglicher Genauigkeit erfolgt;

d) bei größeren Geschwindigkeiten ist es wichtig, daß

Steuerkurs und
Eigengeschwindigkeit

genau eingehalten werden.

Die Erfüllung der Forderung unter Punkt a) - häufige Standortbestimmung und schnelle Übermittlung der Daten an die Bodenkontrolle - findet heute ihre Begrenzung in dem minimal notwendigen Zeitbedarf für die Standortermittlung und ihre Weitergabe an die Bodenkontrollstelle.

Eine Lösung wäre denkbar, wenn selektive, automatische Abfragen mit Hilfe von Datenaustauschgeräten erfolgten; die Standortangaben wären im Speicher - vom Trägheitsnavigationssystem geliefert - ständig zur Verfügung. Für die Übermittlung zur Bodenkontrollstelle könnte ein Satellitenkanal benutzt werden. Wie schnell Standortangaben "veralten", erkennt man daran, daß die SST, z.B. die Concorde, bei einer Geschwindigkeit von Mach 2,2 in einer Minute eine Strecke von 20 bis 22 NM oder 37 bis 41 km zurücklegt.

Der Bodenorganisation für die Ozeankontrolle sollte - jeweils für den Überwachungsbereich - eine synthetische, rechnergesteuerte Luftlagedarstellung zur Verfügung stehen, die es ihr erlaubt, den Luftraum mit Hilfe der geplanten Wege, der freigegebenen Flugpläne und der Positionsmeldungen optimal zu nutzen.

2. Verkehr über Land. Bei konventionall gestaffelten Flügen auf Luftstraßen gelten im Prinzip die gleichen Grundsätze, wie sie unter Punkt 1. genannt wurden.

Im folgenden soll der Fall des radarüberwachten Fluges betrachtet werden. Der Radarschirm zeigt dem Lotsen eine geographisch richtige, kartenmäßige Darstellung der Luftlage mit allen Verkehrsteilnehmern in dem von ihm kontrollierten Bereich. Es ist ein Gegenwartsbild mit hoher Informations-Erneuerungsrate, das - als Roh-Radaranzeige - Schlüsse auf Richtung und Geschwindigkeit der Flugziele zuläßt, oder synthetisch, rechnergesteuert alle gewünschten Daten in mitlaufenden Etiketten bietet.

Greift ein Lotse in den Ablauf des Verkehrsgeschehens ein, kann er die Auswirkungen unmittelbar beobachten. Die Frage, die hier zu stellen ist, lautet: Welche Faktoren kommen bei der Beurteilung der Radarstaffelung in Betracht?

Allgemein läßt sich sagen: Die Minima von 5 NM auf der Strecke und 3 NM im Endanflug sind bestimmt durch die Meßgenauigkeit, die Häufigkeit der Erneuerung der Standortinformation, die möglichen Annäherungsgeschwindigkeiten und die Zeit, die der Lotse benötigt, um Änderungen herbeizuführen, falls Kollisionen drohen.

In Zahlen ausgedrückt:

1. Meßgenauigkeit a) azimutale Auflösung mga : 1,2°, wirksamer Winkelfehler 0,2° [170];

   b) Entfernungsauflösung mge : 0,6 NM[1]

2. Meßzeit des Lotsen: wartet 2 Antennenumdrehungen ab, um Bewegungsänderungen eines Flugzieles eindeutig festzustellen:

$$t_m = 2 \times 8 \text{ sek} = 16 \text{ sek}^{1}$$

3. Zeit für die Übermittlung einer Anweisung des Lotsen an den Flugzeugführer:

$$t_{ü} = 5 \text{ sek}^{2}$$

4. Reaktionszeit des Luftfahrzeugführers (Bestätigung der Anweisung: 3 sek[2], Entschluß des LFZ-Führers: 2 sek; nach ICAO-Angaben für die Reaktionszeit des LFZ-Führers - insgesamt - 6 sek [17]):

$$t_{rp} = 5 \text{ sek}$$

5. Reaktionszeit des Luftfahrzeugs [135, 17]:

$$t_{rf} = 8 \text{ sek}$$

Gesamtverlustzeit (2. bis 5.): $Z_v = t_m + t_{ü} + t_{rp} + t_{rf} = 34$ sek. Bei einer Fluggegeschwindigkeit von V = 480 kt legt das LFZ in der Sekunde 0,13 NM, in 34 Sek. 4,4 NM zurück; hierzu von Punkt 1.a) 0,4 NM (Meßentfernung 120 NM), von 1.b) 0,6 NM, ergibt insgesamt 5 NM (Radarstaffelungsminimum auf der Strecke: 5 NM); Im Endanflug: V = 240 kt, legt das LFZ in der Sek. 0,066 NM zurück, in 34 Sek. 2,2 NM; hierzu von Punkt 1.b) 0,6 NM ergibt insgesamt 2,8 NM (Radarstaffelungsminimum im Endanflug: 3 NM).

---

[1] Die Werte gelten für die Rundsicht-Radaranlage der Type SRE-LL1; in Beobachtungen am Flughafen Frankfurt/M. stellte man fest (Heinlein, Etzler), daß ein Lotse erst nach 4 bis 7 Umdrehungen der Antenne (ASR-5) den Beginn des Kurvenflugs eindeutig feststellen konnte (Entfernung Flugzeug-Radarantenne: 6 NM).

[2] Schichholz fand als mittlere Dauer eines Funkkontaktes 3,64 bzw. 4,12 sek; vergl. Abschn. VI.3.2.

2.3.17.3. Die statistische Behandlung des Kollisionsrisikos über dem Nordatlantik
Man hat mehrfach den Versuch unternommen, das Problem des Kollisionsrisikos mit Hilfe der Statistik zu lösen. Dabei ging man von der Annahme aus, daß auf 10 Mill. Flüge nur ein Zusammenstoß entfallen sollte [136, 137].

Aus Flugfehlern, die über einen Zeitraum von etwa zwei Jahren beobachtet und registriert worden waren, versuchte man mit Hilfe von statistischen Schlußfolgerungen eine sichere Staffelungsnorm zu bestimmen.

Die Fehlerbeobachtungen erfolgten unter den geltenden Staffelungsnormen, aber man setzte bei den Berechnungen voraus, daß sich bei kleineren Sicherheitsabständen die gleichen Abweichungen ergäben. Dies erscheint zweifelhaft, da Luftfahrzeugführer bei einer lateralen Staffelung von 60 NM statt 120 NM mit erhöhter Aufmerksamkeit navigieren.

Für den Zeitraum von 1965 bis 1971 waren 0,5 Mill. Flüge vorhergesagt worden; bei einem Kollisionsrisiko von 1 zu 1.10^7 bedeutet dies, das ein Unfall in je 140 Jahren eintreten würde. Das Problem bestand also darin, aus ein bis zwei Jahren Verkehrsbeobachtungen zu ermitteln, ob bei unveränderten Verkehrsbedingungen innerhalb eines etwa 100mal längeren Zeitraums ein Kollisionsfall zu erwarten ist.

Das Ergebnis ist unbefriedigend; es fehlt die Möglichkeit, die Verteilung der Fehler zu beobachten, die zu einem Zusammenstoß führen könnten. Insoweit entzieht sich das Problem der statistischen Behandlung.

3. Radaranlagen

3.1. Was bedeutet das Radargerät für die Flugsicherung?

Es gibt - als einziges Gerät - ein vollständiges, anschauliches, geographisch richtiges, präzises und ein sich kontinuierlich erneuerndes Bild der Verkehrssituation. Es liefert auf dem Leuchtschirm einer Kathodenstrahlröhre eine kartenähnliche Darstellung, die alle bewegten und festen Objekte des abgetasteten Raumes nach Richtung und Schrägentfernung sichtbar macht.

Diese Eigenschaften ermöglichen es, den Luftverkehr echt zu überwachen, da das Gerät Position, Richtung, Geschwindigkeit unabhängig von den Positionsmeldungen des Luftfahrzeugsführers - die gelegentlich unrichtig sind - zu ermitteln gestattet. Das Radarschirmbild läßt ein Entstehen von Verkehrskonflikten bereits im frühen Zustand erkennen. Es erlaubt - über die mehr passive Überwachung hinaus - eine aktive Führung von Einzelflügen, da der volle Überblick über die Verkehrssituation die Auswirkung aller Maßnahmen auf benachbarte Flüge zu beurteilen gestattet. Gemeint ist: das Vorordnen der Luftfahrzeuge im Anflug, das Heranführen an die Anfluggrundlinie; Führen bei Steig- und Sinkflügen sowie bei Überholmanövern auf der Strecke.

Mit einer Sonderausführung (PAR: Präzisions-Anflug-Radar) können Luftfahrzeuge bei eingeschränkten Sichtbedingungen sicher zur Landung geführt werden, auch wenn keine (wie bei militärischen Luftfahrzeugen) oder eine gestörte Instrumenten-Landeeinrichtung an Bord ist.

Die uneingeschränkte fortlaufende Übersicht über die Verkehrslage ermöglicht eine ökonomischere Luftraumnutzung durch Herabsetzen der Sicherheitsabstände zwischen Luftfahrzeugen.

Die doppelte Radarüberdeckung des zu überwachenden Luftraums ist aus Sicherheitsgründen vor dem Übergang zur synthetischen Luftlagedarstellung und Einführung der automatischen Zielverfolgung erforderlich.

3.2. Die Radargeräte der Flugsicherung

Aus dem Vorstehenden erhellt die vielseitige Aufgabe der Radaranlage für die Flugsicherung. Gerade aus diesem Grund war es auch nicht möglich, ein sogenanntes Universalgerät für alle Zwecke zu entwickeln. Schon früh erkannte man, daß es ökonomischer ist und zu der erwarteten Leistungshöhe führt, wenn die Geräte jeweils für den besonderen Zweck ausgelegt sind.

3.2.1. Die Radargeräte-Typen

Man benutzt allgemein folgende Typen:

3.2.1.1. Primärradaranlagen: die Funktion dieser Geräte beruht auf der Reflexion elektromagnetischer Wellen; von reflexionsfähigen - bewegten und unbewegten - Objekten kann die Position nach Richtung und Entfernung festgestellt werden (passive Ortung).

Rundsichtanlagen: diese Geräte arbeiten in zwei Dimensionen mit rotierenden Fächerdiagrammen.

1) Mittelbereichsrundsichtradaranlagen (SRE: surveillance radar equipment); Reichweite 220 km (in der BRD Typ GRS) und 290 km (Typ SRE-LL1); Höhenerfassung 40 000 bzw. 72 000 Fuß; Wellenlänge ca. 23 cm;

2) Flughafenrundsichtanlagen (ASR: airport surveillance radar; nach neuerer ICAO-Nomenklatur: surveillance radar equipment-SRE, wie zu 1); Reichweite 100 bis 120 km, Höhenerfassung bis 37 000 Fuß; Wellenlänge ca. 10 cm;

3) Rollfeldüberwachungsradar (ASDE: airport surface detection equipment) Reichweite etwa 5 km; Wellenlänge 0,8 bis 1,5 cm;

Abtastanlagen: Präzisions-Anflug-Radaranlagen (PAR: precision approach radar); in drei Dimensionen abtastende Geräte mit zwei schwenkenden Fächerdiagrammen, Horizontalwinkel 20°, Vertikalwinkel 7°; Reichweite 20 km, Wellenlänge ca. 3,3 cm.

3.2.1.2. Sekundärradaranlagen: (SSR: secondary surveillance radar). Im Gegensatz zur passiven Ortung der Primärradaranlagen arbeiten die Sekundärradargeräte mit aktiven Antwortgeräten an Bord der Luftfahrzeuge (transponder; aktive Ortung); Reichweite ca. 400 km.

3.3. Das Verfahren, die Arbeitsweise und der Aufbau von Radargeräten

3.3.1. Das Verfahren

Die Wirkungsweise eines Radargerätes beruht bekanntlich im Prinzip auf der Laufzeitmessung einer - bei Impulsanlagen - stoßweise ausgesandten und von einem Objekt, einem "Ziel" reflektierten elektromagnetischen Welle. Aus der Zeitdifferenz zwischen Senden und Empfangen läßt sich die Entfernung, aus der räumlichen Ausrichtung einer gut bündelnden Antenne die Richtung des reflektierenden Objektes bestimmen. Eine Reihe aufeinanderfolgender Flugzielpositionen ermöglicht es ferner, Flugrichtung und Fluggeschwindigkeit zu ermitteln [138, 139].

Wird die Antenne geschwenkt, so tastet sie - d.h. das Richtdiagramm - den Raum ab. Die Kombination bestimmter Antennen-Richtdiagramme mit bestimmten Abtastbewegungen ergibt eine Reihe von Gerätetypen für die verschiedensten Anwendungsgebiete.

3.3.2. Der Sender

An Hand des Blockschaltbildes (Bild 114) soll die Arbeitsweise des Rundsichtgerätes am Beispiel einer Flughafenrundsichtanlage in den Hauptteilen erläutert werden. Die Impulszentrale 1 bestimmt den Arbeitstakt der gesamten Anlage; sie synchronisiert den Sender 3, den Empfänger 8, das Sichtgerät 9, den Bereichsmarkengenerator 10 und die Karteneinblendung 11. Die Sender-Steuerimpulse werden zunächst soweit verstärkt, daß sie in der Lage sind, im Impulsformer 2, auch Modulator oder Hochtastteil genannt, Senderimpulse bestimmter Dauer und Amplitude herzustellen. Die hochgespannten Impulse werden an das Magnetron 3 geführt, wo sie sehr starke Hochfrequenzschwingungen auslösen. Die Frequenz dieser Schwingungen liegt in dem Band von 2700 bis 2900 MHz ($\lambda \cong 10$ cm). Dem Arbeitstakt der Steuerimpulse entsprechend wird die Energie nicht kontinuierlich, sondern stoßweise, also impulsförmig mit einer Spitzenleistung von rd. 500 kW erzeugt. Die Impulse haben eine Länge von einer Mikrosekunde. Innerhalb einer Sekunde wiederholt sich dieser Vorgang rd.

1200 mal. Die Impulsfolgefrequenz ist also 1200 Hz. Ihre Größe hängt von der maximalen Reichweite des Radargerätes ab: Mit dem Aussenden des nächsten Impulses muß solange gewartet werden, bis das Echo vom vorhergehenden Impuls von dem fernsten Ziel des festgelegten größten Meßbereiches zurückgekehrt ist. Die Impulse werden über die Sende- und Empfangsweiche 4, Hohlleiter, Phasenschieber und Drehkopplung 5 an die um eine senkrechte Achse langsam rotierende Antenne 6 abgegeben und von dieser scharf gebündelt ausgestrahlt (Drehzahl der Antenne: ca. 15 U/min).

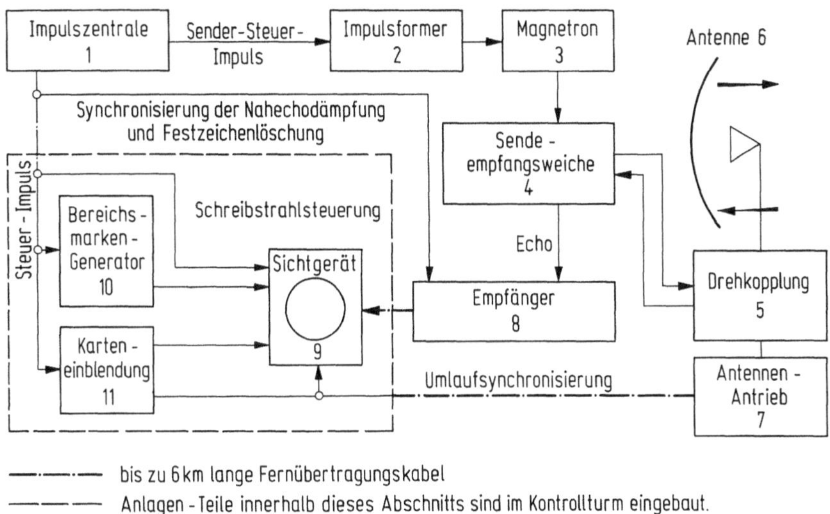

Bild 114: Prinzip-Blockschaltbild eines Rundsicht-Radargeräts (Vereinfachte Darstellung)

3.3.3. Der Empfänger

Trifft der Strahl auf ein festes oder bewegtes Ziel, so wird - in Abhängigkeit von der Größe der Rückstrahlfläche - ein relativ kleiner Bruchteil der ausgestrahlten Energie reflektiert und zur Antenne zurückgeworfen, von dieser aufgenommen und dem Empfänger 8 zugeführt. Während der "Empfangsphase" wird der Sender von der Antenne getrennt, damit die Empfangsimpulse nicht in den Senderteil gelangen; die Sende/Empfangsweiche 4, die dies bewirkt, verhindert andererseits, daß die starken Sendeimpulse in den Empfänger gelangen und dort Schaden anrichten.

In allen Radar-Empfängern ist eine automatische Regelung vorgesehen, die verhindert, daß Übersteuerungen durch nahe Ziele auftreten, die relativ starke Echos liefern. Um auch die schwachen Echos von entfernten Zielen mit ausreichender Helligkeit sichtbar zu machen, ist ein Vorverstärker im Empfänger mit einer von der Zeit abhängigen

Empfindlichkeitsregelung ausgestattet, die zu Beginn jeder Impulsperiode mit einer geringen Verstärkung beginnt und den Maximalwert erst zum Schluß jeder Impulsperiode erreicht. Diese "Nahecho-Dämpfung" gewährleistet, daß innerhalb des gesamten erfaßten Bereiches gleiche Ziele mit annähernd gleicher Intensität auf dem Leuchtschirm der Kathodenstrahlröhre erscheinen.

3.3.4. Das Sichtgerät

Die Wiedergabe der Echos geschieht elektronisch im Sichtgerät 9, und zwar auf dem Leuchtschirm einer Kathodenstrahlröhre in Form einer leuchtenden, auf eine ebene Fläche projizierten Darstellung aller bewegten und festen "Ziele" des betrachteten Raumes. Dies wird in der Weise erreicht, daß der Elektronenstrahl der Kathodenstrahlröhre periodisch vom Mittelpunkt nach der Peripherie abgelenkt wird und dabei stets synchron mit der langsam umlaufenden Antenne schreibt, d.h. daß seine Auslenkrichtung stets mit der Empfangsrichtung der Antenne übereinstimmt. Der Elektronenstrahl wird im gleichen Augenblick, in dem ein Impuls die Antenne verläßt, vom Schirmmittelpunkt zum Rand abgelenkt; er beschreibt einen Stern. Da der Schreibstrahl normalerweise "dunkel" gesteuert wird, d.h. durch eine Vorspannung am Wehneltzylinder der Röhre gesperrt ist, ist zunächst keinerlei Spur auf dem Leuchtschirm zu sehen. Erst durch das zurückkehrende Echo, das im Empfänger (nach Überlagerung in eine Zwischenfrequenz verwandelt) verstärkt und dann demoduliert wird, kann die Sperrung am Wehneltzylinder aufgehoben und der Elektronenstrahl "hellgesteuert" werden. Es entsteht auf dem Leuchtschirm ein Lichtfleck, der dem rückstrahlenden Objekt in der Natur entspricht. Der radiale Abstand des Lichtflecks vom Mittelpunkt des Schirmbildes entspricht der Echolaufzeit.

3.4. Die Mittelbereichs-Rundsichtradaranlage

3.4.1. Forderungen der Flugsicherung an die Anlage

Aus den Ausführungen am Anfang des Abschn. 3.1. (was bedeutet das Radargerät für die Flugsicherung?) können die Forderungen der Flugverkehrskontrolle an diese Anlage abgeleitet werden. Wir wollen sie - als Beispiel - am Aufbau des Rundsichtgeräts für die Streckenkontrolle behandeln; der Typ SRE-LL1 (AEG-Telefunken) ist speziell für die Flugsicherung in neuerer Zeit entwickelt worden. Die ersten (von sechs) Anlagen sind im Betrieb.

Reichweite und Höhenerfassung

a) Die Forderung der Flugverkehrskontrolle, Flugziele auch bei voller Reichweite noch in relativ geringer Höhe (4000 bis 10 000 Fuß) sicher zu erfassen, begrenzen die maximale Reichweite - bei der quasioptischen Ausbreitung des in Betracht kommenden Wellenbereichs (10 bis 50 cm) - auf ein mittleres Maß. Es ist sinnvoller, den gesamten Überwachungsbereich in mehrere Bezirke aufzuteilen, in denen dann jeweils eine Mittelbereichsanlage zur Aufstellung gelangt.

b) Es sollen noch Flugziele mit einer Rückstrahlfläche von etwa 1,5 m^2 mit 90 % Wahrscheinlichkeit bei 150 NM Entfernung und in einer Höhe von 60 000 Fuß erfaßt werden können [140];

c) In der Zuordnung von Flughöhe und Reichweite sollen folgende Leistungen realisiert werden:

Erfassen von Zielen in Flughöhen zwischen 4 000 und 10 000 Fuß bis zu einer Reichweite von 120 NM;

bei Flughöhen von 10 000 bis 25 000 Fuß Flughöhe sollen Reichweiten zwischen 120 und 150 NM erzielt werden.

Aus den Forderungen unter b) und c) kann man unter Benutzung der Radargleichungen einige wichtige Werte für die Anlage bestimmen [141, 142]:

Sendeleistung	:	5 MW
Antennengewinn	:	ca. 35 bis 38 dB;
Wellenlänge	:	23 cm;
Rauschzahl	:	ca. 2,5 dB

Aus dem Wirkungsbereich der Anlage kann ferner die Impulsfolgefrequenz von ca. 450 Hz ermittelt werden.

Wellenlänge, Halbwertsbreite und Antennenabmessungen. Als Wellenlänge ist $\lambda = 23$ cm gewählt worden. Zur Erzielung großer Reichweite bei geringen Regenwolken-Reflexionen, bietet sich die Wellenlänge $\lambda = 50$ cm an. Um bei großen Reichweiten noch eine zureichende Azimut-Auflösung und einen hohen Antennengewinn zu erzielen, muß die Halbwertsbreite der Antennen im Bereich von 0,3 bis 1,5° liegen. [1] Im 50 cm-Band werden jedoch bei der geforderten Halbwertsbreite die Antennenabmessungen zu groß. Andererseits macht sich in diesem Wellenbereich die Aufzipfelung des Vertikaldiagramms bereits störend bemerkbar. Im 10 cm-Band werden wiederum - für die vorgesehene Reichweite und die Senderleistung - die Wetterstörungen, d.h. die Echos aus Regenwolkengebieten, so groß, daß sie auch mit zirkularpolari-

[1] Halbwertsbreite bedeutet, daß im Ausstrahlungsdiagramm zwischen den beiden Strahlen mit halber Leistung ein Winkel von 0,3 bis 1,5° eingeschlossen wird.

sierter Strahlung nicht mehr ausreichend unterdrückt werden können. Die Entscheidung, als Wellenlänge λ = 23 cm zu nehmen, ist daher ein guter Kompromiß.

Die Antennen-Reflektoren sind 14,5 m breit und 9 m hoch; die Bündelung beträgt in der Horizontalen 1,1°. (Zwei Antriebsmotorsätze von je 25 kW Leistung sorgen für Einhaltung der engen Drehzahltoleranzen auch bei extrem hohen Windgeschwindigkeiten. Bei Windgeschwindigkeiten von über 70 km/h wird der zweite Antriebssatz automatisch hinzugeschaltet. Seitlich angebrachte Windleitbleche unterstützen die Gleichmäßigkeit der Drehbewegung).

Für das Erfassen relativ tief fliegender Luftfahrzeuge (Forderung unter Punkt c)) hat man ein Antennensystem mit zwei Strahlungserregern für zwei verschieden geformte, vertikal übereinander liegende Diagramme entwickelt (Bild 115). Das obere Diagramm ist als sog. cosec^2-Diagramm (Bild 116) für eine zureichende Höhenerfassung, das untere ist als Keulendiagramm für die Erfassung von Flugzielen in niedriger Flughöhe bei großen Entfernungen ausgebildet.

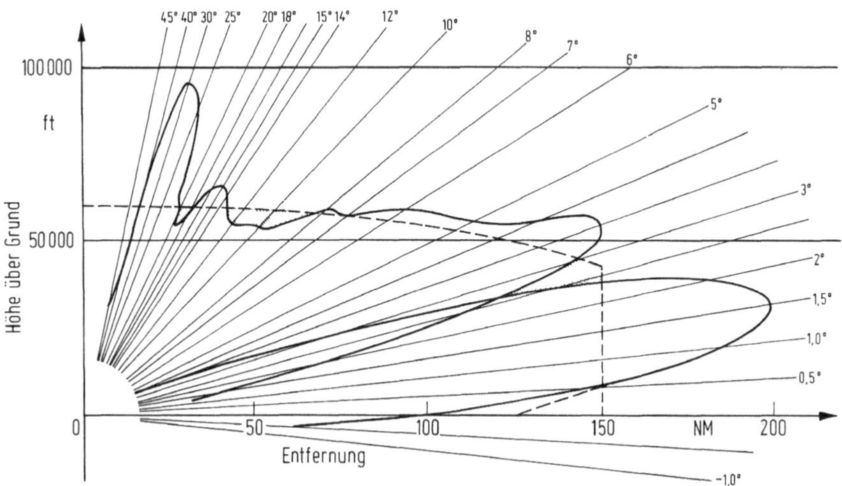

Bild 115: Erfassungsdiagramm der SRE-LL1-Radaranlage (3-Sender-Betrieb; Rückstrahlquerschnitt 1.5 m²)

Beim steilsten Winkel des Diagramms gemäß Bild 116, $\varphi_3 = 35^\circ$, beträgt der Entfernungsmeßfehler 22 %. Im Idealfall wird das Flugziel mit konstanter Feldstärke angestrahlt; bei konstanter Flughöhe H, der Entfernung r zwischen Flugzeug und Antenne und dem Elevationswinkel φ zwischen Flugzeug und der Horizontalen ergibt sich die Beziehung $r = H/\sin\varphi = H.\ \text{cosec}\ \varphi$; die Leistung verläuft nach der Beziehung N $\sim$

$\mathrm{cosec}^2\,\varphi$. Das Bestreben geht dahin, die Linien konstanter Feldstärke (und damit konstanter Leistung) parallel zum Erdboden verlaufen zu lassen; Ziele im Horizontalflug geben dann gleichbleibende Echos ab.

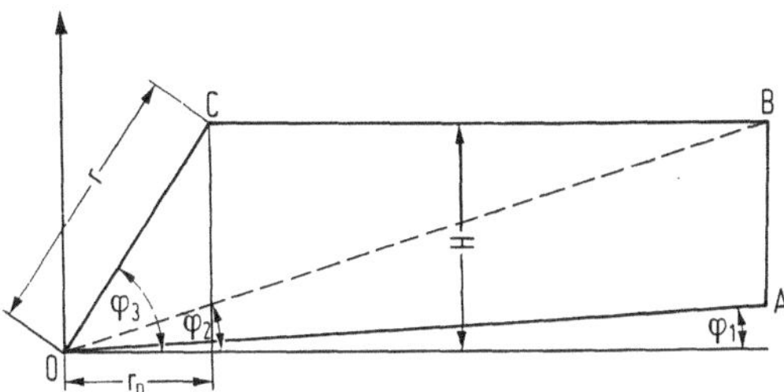

Bild 116: Schema des Vertikal-Antennen-Diagramms (cosec^2)

Hohe Trefferzahl; gute Zielerkennung über Festzeichengebieten. Das Erkennen von Flugzielen wird durch Festzeichengebiete empfindlich beeinträchtigt; die Festzeichen können hinsichtlich ihrer Leistung die Nutzsignalleistung um mehrere Zehnerpotenzen übersteigen. Auch bei einer Aufstellung der Anlage im Mittelgebirge soll die Festzeichenlöschung (MTI = moving target indicator) zufriedenstellend arbeiten und das Erkennen von Flugzielen über Festzeichengebieten, die SCV (sub clutter visibility) soll gut sein. Das bedeutet, daß man die Antennendrehzahl so niedrig wie möglich hält, um eine hohe Trefferzahl zu erreichen. Schnelle Luftfahrzeuge legen andererseits er-

Bild 117: Rundsicht-Radaranlage des Typs SRE-LL1 (bei Bremen; Foto AEG-Telefunken).

hebliche Strecken während der Informationserneuerungszeit zurück; dieser Zustand drängt wiederum zu einer höheren Umdrehungszahl der Antenne. Beide Forderungen können mit den üblichen Konstruktionen nicht erfüllt werden.

Die Lösung hat man beim Typ SRE-LL1 durch die Anordnung von zwei Reflektoren Rücken an Rücken gefunden; durch Abstrahlen zweier um 180° versetzter Diagrammkombinationen erzielt man eine Verdopplung der Informationsrate. Bei einer Antennendrehzahl n = 5 pro Minute wird ein Flugziel während eines Umlaufs zweimal, d.h. alle sechs Sekunden, überstrichen. Die Antenne rotiert mit einer kontinuierlich einzustellenden Umdrehungszahl von 2 bis 7,5 U/min. Die Erreger der beiden $\cosec^2$-Diagramme werden getrennt von je einem Sender, die Erreger der beiden keulenförmigen, unten liegenden Diagramme werden gemeinsam von einem dritten Sender gespeist. Ein vierter Sender dient als Reserve (Anlage Bremen; Bild 117; in anderen Anlagen speist ein Sender beide $\cosec^2$-Diagramme).

Maximale Ausfallsicherheit; das Doppellager. Eine sehr hohe Ausfallsicherheit hat man bei der SRE-LL1-Anlage durch den Reservekanal ereicht. Darüber hinaus gelang es bei diesem Typ wohl erstmalig, Ausfälle durch Schäden im Antennenantriebsmotor oder im Antennenlager fast völlig zu vermeiden. Durch Einbau eines zweikanaligen Antennenlagers und eines zweiten Antriebssatzes ist dieses Ziel erreicht worden. Im Falle eines Lagerschadens wird durch eine automatisch arbeitende Blockierungseinrichtung das Betriebslager stillgelegt und das Reservelager in Betrieb gesetzt.

Sender der SRE-LL1-Anlage. Als Senderöhre dient ein Magnetron, das im L-Band (1250-1350 MHz) kontinuierlich abgestimmt werden kann; es gibt eine Impulsspitzenleistung von 5 MW ab. Die Sender werden mit gestaffelter Impulsfolgefrequenz betrieben; so verschiebt man das Entstehen von Blindgeschwindigkeiten in Bereiche, die von den heutigen Flugzeugtypen nicht erreicht werden.

Empfänger. Der Empfänger der SRE-LL1-Anlage ist im Prinzip ein Überlagerungsempfänger; als HF-Verstärker dient ein parametrischer Verstärker, der eine Rauschzahl von 2 dB erreicht. Die SRE-LL1-Anlage besitzt vier Betriebs- und einen Reserveempfänger für die vier Diagramme. Zur Erzeugung des normalen Radarbildes (Normal-Video) und des Radarbildes mit Festzielunterdrückung (MTI-Video) hat jeder Empfänger zwei Kanäle.

Die aus jedem Diagramm gewonnenen Videosignale mischt man in einer Summenschaltung, so daß die Informationen aus je einem oberen und unteren Diagramm eine Zusammenfassung Janus 1 bzw. Janus 2 bildet. Auf dem Sichtgerät wird der Schreibstrahl alternierend, d.h. abwechselnd jeweils um 180° versetzt ausgelenkt. Da die Sender alle gleichzeitig strahlen, muß man bei der Schirmbilddarstellung die Informationen einer Janushälfte eine Impulsperiode lang speichern. Den Schreibstrahl-Ursprung kann man bis zu einem Bildschirmradius über den Leuchtschirmrand hinaus dezentrieren, man erhält so eine sektorförmige Darstellung.

Zentrale Überwachung. Alle Anlagen-Funktionen steuert man von einem zentralen Steuerpult aus und überwacht sie mit Monitor-Sichtgeräten. Wichtige Parameter, wie Leistung, Rauschzahl, Ablage der Zwischenfrequenz, Neigung der Antenne u.a.m. können ständig abgelesen werden.

3.5. Die Flughafen-Rundsichtradaranlage (ASR: airport surveillance radar; nach neuerer ICAO-Nomenklatur SRE: surveillance radar equipment genannt).

Flughafen- und Nahbereichsanlagen müssen ein rasch umlaufendes Antennensystem besitzen, da für die Bewegungsglenkung des sich in der Nähe eines Flughafens zusammendrängenden Verkehrs häufig erneuerte Informationen über die Verkehrslage benötigt werden. Diese Art Anlagen sind zumeist - bei einer angenommenen Rückstrahlfläche der Flugobjekte von 10 m^2 - für eine Reichweite von ca. 110 km und eine Höhenerfassung bis 12 000 m ausgelegt.

3.5.1. Aufbau einer Flughafenrundsichtanlage Typ SRE-A5; (AEG-Telefunken)[144].

Der Sender besteht aus einem Steuerimpulsverstärker, Modulator, Magnetron und Hochspannungs-Netzteil. Das Magnetron erzeugt - für die Dauer des Impulses von 1 μsek - hochfrequente Schwingungen (2,7 bis 2,9 GHz) mit einer Sender-Spitzenleistung von etwa 500 kW. Die Sendeenergie wird über ein Hohlleitersystem einer scharf bündelnden Antenne zugeführt; diese rotiert mit 16 bis 24 Umdrehungen pro Minnte. Der Antennen-Reflektor ist 3,7 m breit und 3,66 m hoch. Das Horizontaldiagramm weist eine Bündelung von 1,9 ± 0,1° auf; in der Vertikalen hat das Diagramm einen $cosec^2$-Verlauf.

Wichtige Zusatzeinrichtungen sind: Zirkularpolarisationseinrichtung (Zirkularisator) mit kontinuierlicher Einstellung der Elliptizität, die eine weitgehende Unterdrückung von Störungen durch Regenwolkenechos gestattet; das Karteneinblendungsgerät (video mapping), das die Karte des Flughafens mit seinen Besonderheiten, die Hindernisse in der Umgebung, Standorte von Navigationsanlagen u.s.w. in das Schirmbild einzublenden erlaubt; Einblendung der Peilwerte zur Erleichterung der Identifizierung der Flugziele.

Tabelle 23. (BFS)

Vergleichskriterien	SRE - A5	ASR - 7
1. Reichweite (bei 3 bis 5° Elev.)	60 NM (110 km)	60 NM (110 km)
2. Erfassungshöhe	37 000 Fuß (12 000 m)	30 bis 35 000 Fuß
3. Genauigkeit	AZ: 0,95°	AZ: 0,50 (0,25 digital) 1.5 % der Entfernung
4. Halbwertsbreite, Impulslänge	1,9 ± 0,1°; 1 μsek	2°; 0,866 μsek
5. Auflösung AZ Entfg.	1,9° ± 0,1° 225 m	2° (1,5x Impulslänge 205 m
6. Impulsfolgefrequenz	1039 - 1121 Hz	700 - 900 Hz
7. Wellenlänge	2700 - 2900 MHz	2700 - 2900 MHZ
8. Sender, Art, Leistung,	Magnetron, 0,5 MW	Magnetron; 0,425 MW
Modulator	Thyratron	Wasserstoff-Thyratron-R
9. Empfänger	beide Empfänger besitzen Parametrische Verstärker; Ferrit-Zirkulator	beide Empfänger besitzen Parametrische Verstärker; Ferrit-Zirkulator
MTI Clutter-Unterdrückung	Doppel-MTI	Digitales MTI Quadratur-Kanal
10. Antenne		
Drehzahl	16 oder 24 U/min	12,5 U/min

3.5.2. Weitere Entwicklung im Bereich der Flughafenrundsichtanlagen.

In der BRD ist der Typ ASR-4 und SRE-A5 eingeführt; in den USA verwendet man eine weiterentwickelte Anlage mit der Bezeichnung ASR-7. Andererseits wird an neuen Entwürfen gearbeitet, die, wie z.B. das ASR-8 ein Schrttt weiter in Neuland bedeuten [145]. In der Tabelle 23 sind einige technische Daten für den heute noch im Betrieb befindlichen Typ SRE-A5 und vergleichsweise für die Typen ASR-7 und -8 zusammengestellt - soweit sie bekannt geworden sind; in einer besonderen Spalte sind noch weitere Möglichkeiten angegeben. Die besonderen Anstrengungen galten - und gelten auch heute - der Verbesserung des Verhältnisses Nutzsignal zu Störsignal, oder: Signal zu Clutter = "S/C". Hierzu gehören beim ASR-7 Antiregenschaltungen (Log. Normal-ZF-Verst., Log. MTI-Video). Beim ASR-8 wird durch einen vollkohärenten Sender eine höhere MTI-Stabilität erreicht, das "S/C"-Verhältnis wird um 6 dB besser. Es wird auch durch die Verkleinerung der Auflösungs-Zelle erreicht,

ASR - 8	Weitere Verbesserungen
60 NM (110 km)	
für das aktive und passive Horn 1.35°; 0,6 μsek, im Frequ. Diversity-Betr. 2.7 μsek	Impulskompression; binär phasencodiertes Sendesignal; Subpulslänge = 150 nsek, entspricht einer Entfernungstiefe von 20 m
2700 - 2900 MHz	
Klystron; 1 MW	Klystron; 1 MW (beim 5-Barker-Code)
Parametrische Verst., Klystron-Pumpquelle	Quadratur-Kanal; ev. ein "Clutter-Locked-MTI", das an die Clutter-Bewegung angepaßt werden kann.
Quadratur-Kanal u. Frequenz-Diversity	Frequenz-Diversity (Impulslänge) 3 μsek; 5-Barker-Code)
Doppel-Horn-Antenne	Doppel-Horn-Antenne
12,5 U/min	12,5 U/min

insbesondere bei Wetterstörungen oder "Raumclutter". Als weitere Verbesserung ist das Impuls-Kompressions-Verfahren mit binär phasencodierten Signalen möglich [146]. [1] Die Sub-Pulslänge von 150 nsek entspricht einer Entfernungstiefe von ca. 20 m. Die Sub-Pulslänge wird in der Regel in der Größenordnung der zu erwartenden Abmessungen des Nutzzieles gewählt. Beim Raumclutter, z.B. beim Regen oder Schnee

[1] Beim Impuls-Kompressionsverfahren besteht das Sendesignal aus einer Anzahl hochfrequenter Impulse, deren Phasenlage durch Zuordnung eines Binärcodes bestimmt wird; ein langer Sendeimpuls wird in mehrere (z.B. drei) Intervalle unterteilt, wobei die HF-Phase von Abschnitt zu Abschnitt um 180° springt, je nachdem ob der gewählte Code die 0 oder die 1 vorschreibt. Das Empfangssignal wird an den Anzapfungen einer Verzögerungsleitung über 0° bzw. 180° phasendrehende Glieder mit dem Referenzcode bewertet; das entstehende Ausgangssignal besitzt die Dauer eines Subpulses [148].

kann man durch Verkürzen der Auflösungszelle von 0,6 μsek auf 150 nsek das S/C-Verhältnis um mindestens 6 dB verbessern. Daß die Ergebnisse besser als das Impulslängen-Verhältnis sind, hat Warden nachgewiesen. Beim "Flächenclutter" (Festzeichenstörungen) können Verbesserungen gegenüber dem ASR-8 von ca. 10 dB erreicht werden [147].

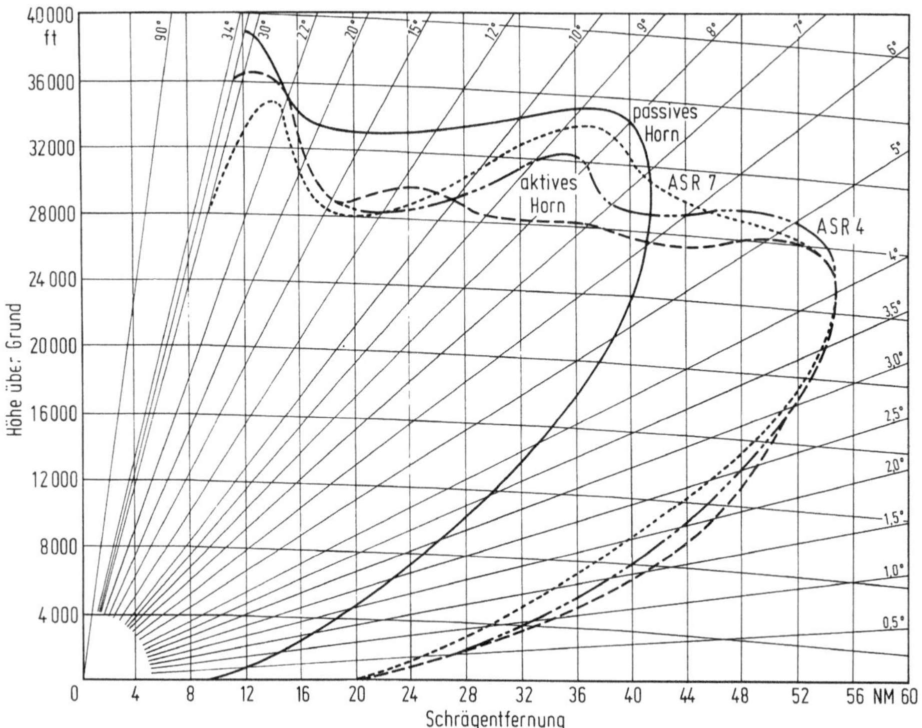

Bild 118: Vertikaldiagramme einer Doppelhornantenne der ASR-8 und zum Vergleich die Diagramme der ASR-4 und ASR-7 [93]

Barton-Shrader zeigte auf Schirmbildaufnahmen, daß z.B. bei einem Verkürzen des Impulses im Verhältnis 1:5 der Einfluß schwerer Clutter-Gebiete stark reduziert werden kann [149]. Erst durch diese Maßnahme kann ein Nutzziel über einem Cluttergebiet entdeckt und verfolgt werden; für die automatische Initiierung und Ausführung der Flugzielverfolgung ist dieses von entscheidender Wichtigkeit. Der Mehraufwand durch die Einführung der Impulskompression erscheint daher - zumindest in Mittelbereichsradaranlagen für die Streckenkontrolle - gerechtfertigt. Bild 118 zeigt einen Vergleich der Antennendiagramme der ASR-4, ASR-7 und der "ASR-8"-Anlage [93].

3.6. Die Rollfeld-Überwachungs-Radaranlage (ASDE: airport surface detection equipment)

Bei der großen Ausdehnung der Flughäfen ist es bereits unter geringfügig eingeschränkten Sichtbedingungen nicht mehr möglich, das gesamte Start- und Landebahn- sowie Rollbahnsystem einwandfrei zu überwachen. Hierfür sind sogenannte Rollfeld-Überwachungs-Radaranlagen erforderlich. Im Gegensatz zu den Rundsicht-Anlagen findet bei dieser Art Geräte eine Festzeichenlöschung nicht statt. Die Anlagen liefern bei allen Sichtverhältnissen ein Bild der Bewegungsvorgänge und gestatten eine Erhöhung der Aufnahmefähigkeit der Start- und Landebahnen auch bei schlechtem Wetter.

Diese Geräte besitzen eine sehr hohe Winkel- und Entfernungsauflösung; sie arbeiten im Wellenbereich von $\lambda = 0,8$ bis 1,5 cm. Da landende, startende und rollende Flugzeuge in relativ geringer Entfernung und bei hoher Geschwindigkeit nur mit großer Informationserneuerungsrate zu erfassen sind, muß die Antenne schnell rotieren (60 U/min und mehr). Eine hohe Impulsfolgefrequenz (z.B. 14 400 Hz) gewährleistet eine zureichende Trefferzahl. Die Impulsleistung geträgt 50 kW, die Impulslänge 0,02 µsek; die Antennenbündelung des Typs ASDE II (AN/FPN-31; Airborne Instr. Lab.) ist horizontal 0,25°; vertikal 1° [150].

3.7. Die Präzisions-Anflug-Radaranlage (PAR)

Im Gegensatz zum Rundsichtgerät tastet das Präzisions-Anflug-Radargerät (PAR: precision approach radar) nur einen schmalen Bereich des Anflugsektors ab. Ist das Flugzeug durch ein Rundsichtgerät oder ein Navigationsmittel an die Anfluggrundlinie herangeführt, wird es vom Lande-Radar-Lotsen am PAR-Schirm übernommen, dieser gibt dem Flugzeugführer genaue Angaben über Entfernung, Lage zum genauen Kurs und zum Gleitweg.

Um eine Darstellung in drei Dimensionen zu ermöglichen, muß man zwei getrennte Antennenanlagen verwenden; die eine tastet durch Links-Rechts-Schwenken des gebündelten Strahles den Landekurs, die zweite durch Schwenken des Strahles von oben nach unten den Gleitweg ab. Beide benutzen denselben Sender und Empfänger. Der Sender wird abwechselnd auf die eine und die andere Antenne geschaltet. Die waagerecht tastende Antenne erfaßt einen Winkel von 20°, die in der senkrechten Ebene arbeitende Antenne einen Bereich von 7°. Das Sichtgerät zeigt im 12-Meilenbereich in zwei Bildern übereinander auf einem Schirm Richtung und Entfernung sowie Höhe und Entfernung. Die gleiche Anzeige wird auf einer weiteren unabhängig arbeitenden Kathodenstrahlröhre im 4-Meilenbereich wiederholt; mit diesem gedehnten Schirmbild wird die Schlußphase der Landung beobachtet (Bild 119). In den Bildschirm blendet man eine Bezugskarte ein, die ein maßstabgerechtes Bild des Anflugsektors mit Abstands-

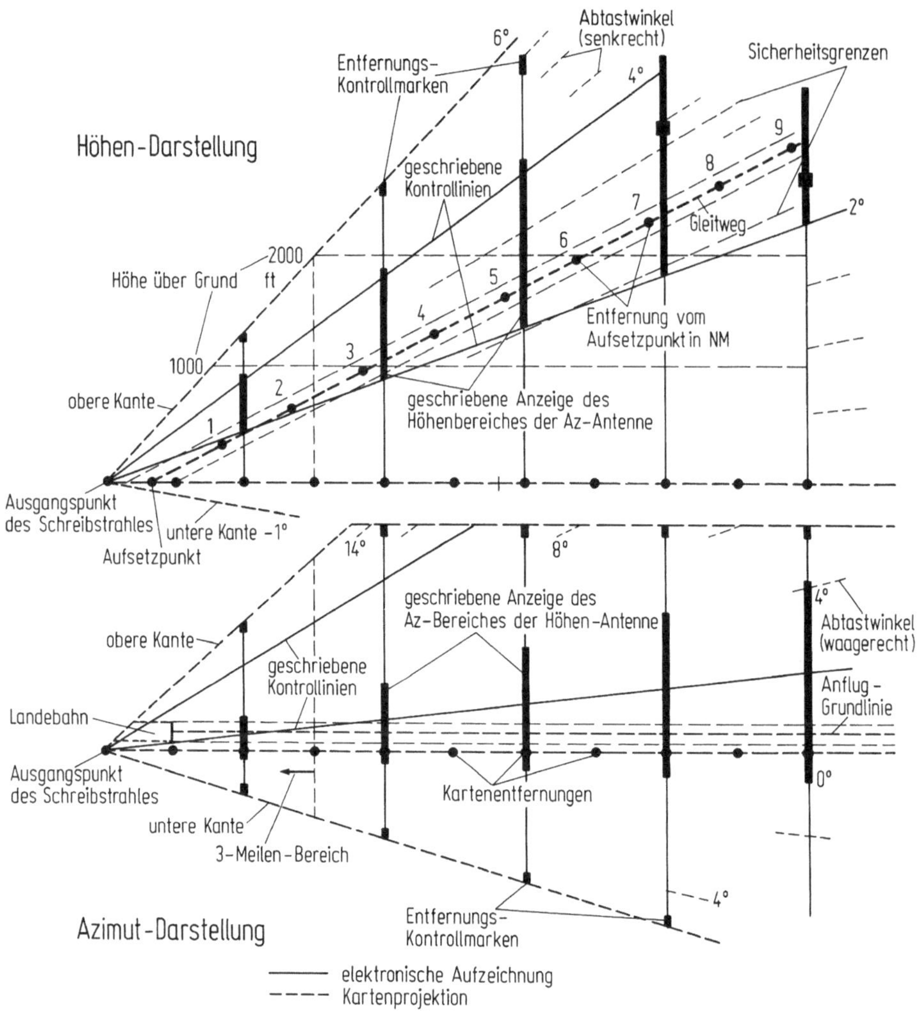

Bild 119: Schirmbild des PAR-Gerätes

und Winkelmarkierungen darstellt (Bild 119). Somit kann der Lotse beim Beobachten eines Endanflugs oder beim "Herabsprechen" laufend eine genaue Lagebestimmung des Flugzeugs in Bezug auf den festgelegten Landekurs und Gleitweg sowie die Entfernung vom Aufsetzpunkt vornehmen (vergl. Abschn. V.2.2.4.1.f).

3.7.1. Aufbau des PAR; Sender (Typ PAR-T4, AEG-Telefunken). Der Sender zeigt den üblichen Aufbau; ein Steuerimpulsverstärker (dreistufig) formt den Steuerimpuls, dieser zündet das Wasserstoff-Thyratron. Thyratron und Lautzeitkette arbeiten als Modulator. Das Magnetron erzeugt Schwingungen mit einer Frequenz von 9000 (bis 9180) MHz und einer Impulsspitzenleistung von 150 kW. Als Sende/Empfangsweiche benutzt man in dieser Anlage einen Zirkulator; unter der Verwendung von Ferriten erreicht man eine unterschiedliche Phasendrehung für die vorlaufende und für die reflektierte Welle, was der Entkopplung beider Wellen dient [151].

Empfänger. Die von der Antenne aufgenommenen Echosignale gelangen über das Hohlleitersystem, die Sende/Empfangsweiche zum Überlagerungsempfänger. Als Überlagerer verwendet man ein abstimmbares Reflexklystron; die Abstimmung kann automatisch erfolgen (AFR). Erforderlich ist eine Nahechodämpfung (STC: sensitivity time control).

Die Antennenanlage. Das Bild 120 zeigt das Äußere der Antennenanlage, es sind zwei mechnisch geschwenkte Antennen mit segmentförmigen Reflektor (Paraboloid). Da der obere Teile der Antennenanlage mit den beiden Reflektoren drehbar angeordnet ist, kann die PAR-Anlage zur Überwachung der Landebahn in beiden Richtungen benutzt werden.

Bild 120: Präzisions-Anflug-Radaranlage (AEG-Telefunken, Typ PAR-T4; Foto AEG-Telefunken)

3.8. Störungen in der Radaranzeige

Die Radaranzeige und ihreAuswertung kann durch Störungen verschiedener Art stark beeinträchtigt oder gar verhindert werden. In Anbetracht der besonderen Wichtigkeit des Gerätes für die Flugsicherung haben wirksame Abhilfemaßnahmen besondere Bedeutung.

3.8.1. Störungen durch Festziel-Reflexionen

Da das Antennen-Richtdiagramm auch den Boden erfaßt, werden nicht nur von Flugzeugen, sondern auch von Bergen, Wäldern, Häusern, usw., zum Teil sehr starke Echosignale empfangen, die das überlagerte (kleinere) Flugzielecho verschwinden lassen.

Die "Festzielunterdrückung" (MTI-moving target indicator) moderner Radaranlagen speichert die Echosignale jeder Empfangsperiode und vergleicht sie hinsichtlich ihrer Hochfrequenz-Phasenlage mit dem nächstfolgenden Empfangszug. Signale gleicher Phasenlage (zumeist von festen Bodenzielen) werden unterdrückt.

Nachteile dieses Verfahren sind:
Ausfälle bei Tangentialflug; Ausfälle bei "Blindgeschwindigkeiten"; Verschwinden von Flugzielechos über sehr starken Festzielechos (SCV = subclutter visibility).

Verbesserungen werden durch gestaffelte Impulsfolgefrequenz erzielt, durch Doppel-MTI, neuerdings mit digitalen Verfahren.

3.8.2. Störungen durch Niederschläge

Wassertropfen, Schnee und Hagel reflektieren die elektromagnetischen Wellen je nach Wellenlänge mehr oder weniger stark, wodurch die Auswertung gestört werden kann.

Eine Abhilfe wird erreicht durch zirkularpolarisierte Abstrahlung. Symmetrische Objekte wie reflektierende Wassertropfen, Schnee und Hagelkörner ändern den Drehsinn der Zirkularpolarisation anders als Flugzeuge, wodurch empfangsseitig eine Reduzierung der Störechos um 10 bis 20 dB möglich wird. Verbleibende Reste werden mittels logarithmischer Verstärker unterdrückt.

Manchmal ist es betrieblich erwünscht, Regen- oder Sturmgebiete auf dem Radarschirm zu erkennen. Der Grad der Regenunterdrückung ist daher stetig einstellbar.

3.8.3. Fremdstörungen

Fremde Radaranlagen, die in quasioptischer Sichtweite auf der gleichen Betriebsfrequenz arbeiten, können so schwere Bildstörungen verursachen, daß eine Bildauswertung nicht möglich ist.

Abhilfe ist möglich durch Oberwellenfilter, HF-Selektion und Video-Integration mit Amplitudensieb.

Die Video-Integration addiert Echosignale auf, die synchron mit der abgestrahlten Impulsfolgefrequenz eintreffen, während die nichtsynchronen Störungen ("Interferenzstörungen") oder statistisch verteilte Störungen ("Rauschen", Regen- und Festzielreste) weniger oder überhaupt nicht aufintegriert werden und mit einem nachgeschalteten Amplitudensieb unterdrückt werden können.

Das Verfahren zeigt eine sehr gute Wirkung, da Betriebs- und Impulsfrequenz beider Anlagen praktisch nie gleichzeitig übereinstimmen. Eine Reichweitenerhöhung wird ferner durch Rauschunterdrückung erzielt.

3.8.4. Engelechos, Geisterziele

An einigen Tagen des Jahres, meistens im Frühjahr oder Herbst und vorwiegend nachts, zeigen sich auf den Bildschirmen zahllose mehr oder weniger ausgedehnte Echos, die zum größten Teil auf recht geringe Reflexionen zurückzuführen sind, durch ihre Vielzahl und Dichte jedoch die Auswertung erschweren können.

Von der großen Zahl möglicher Ursachen kommen in der Bundesrepublik vorwiegend atmosphärische Erscheinungen (Luftschichten unterschiedlicher Brechungsgradienten, Konvektionsblasen), u.U. auch Vogelschwärme, infrage. Zirkularpolarisation und MTI bleiben wirkungslos. Eine Verringerung der Störungen ist möglich durch Kombination mehrerer Maßnahmen: Logarithm. Verstärker, Video-Integration, Antennendiagramm-Ausbildung und Speicherverfahren.

3.9. Sekundär-Radaranlagen; DABS-Anlagen

3.9.1. Allgemeines

Primärradaranlagen arbeiten nach dem Prinzip der "passiven" Ortung, bei der das empfangene Signal durch Reflexion des Sendesignals am Ortungsobjekt entsteht. Sekundärradaranlagen lösen am Ortungsobjekt nach dem Eintreffen des Radarsignals relaisartig eine eigene Sendetätigkeit aus; ein an Bord des Zieles, des Luftfahrzeuges, eingebauter Antwortgeber (Transponder), beantwortet Anfragen eines Bodengerätes (Interrogator).

Die besonderen Vorteile des Sekundärradar-Verfahrens (SSR: secondary surveillance radar) bestehen in Folgendem:

die Reichweite ist groß; die Antwort- bzw. Empfangsleistung nimmt mit dem Faktor $1/R^2$ ab, beim Primärradar dagegen mit $1/R^4$. Man kann mit geringeren Leistungen - bei der Abfrage und bei der Antwort - arbeiten; die Rückstrahlung zum Boden hat eine konstante Amplitude;

Anfrage und Antwort können auf verschiedenen Frequenzen übertragen werden, dadurch werden Festzielechos vermieden;

das Bordgerät sendet auf Anfrage codierte Nachrichten, z.B. die Kennung und die Flughöhe. Durch die Verschlüsselung von Abfrage und Antwort kann man nach Vereinbarung bestimmte Gruppen von Luftfahrzeugen abfragen und die Antworten sortieren.

Es treten aber auch bei diesem Verfahren zahlreiche Probleme auf, sie sollen zunächst nur stichwortartig genannt werden, wir werden uns in einem späteren Abschnitt (VII. 3.9.6.) mit den Abhilfen beschäftigen: die Überreichweite; Nebenzipfelabfrage; durch Bodenreflexionen - entfernungsmäßig und azimutal - verspätet eintreffende Abfragen; Überabfragen der Bordstationen; nicht synchrone Antworten.

3.9.2. Das Verfahren

Die Bodenstation sendet über eine SSR-Richtantenne, die normalerweise auf der Oberkante des Primärradar-Reflektors montiert ist und mit ihr umläuft, impulscodierte Signale auf der Frequenz von 1030 MHz aus (Bild 117). Die Impulsspitzenleistung beträgt 1,5 bis 2 kW, die Impulsfrequenz - der Maximalreichweite von 370 km entsprechend - ist $\leqslant$ 400 Hz. Die Impulsfolgefrequenz stimmt mit der des Primärradar - oder einer Subharmonischen (bei den Flughafenrundsichtgeräten) - überein, damit die Ortungsergebnisse mit denen des Primärradar korreliert werden können. Das Diagramm hat eine Halbwertsbreite von 2,5 bis 6° in der horizontalen Ebene, in der Vertikalen ist es schwach gebündelt. Das Bord-Antwortgerät empfängt die Abfragesignale über eine Rundstrahlantenne. Auf eine Sende/Empfangsweiche folgt im Empfangszweig der Überlagerungsempfänger und Decoder. Eine erkannte Anfrage löst die eingestellte Antwort aus, die über Modulator-Sender, S/E-Weiche und über die gemeinsame Antenne auf der Frequenz 1090 MHz mit einer Impulsspitzenleistung von 500 Watt ausgestrahlt wird.

3.9.3. Die Codierung

Die vom Boden abestrahlten Impulsgruppen werden als "Modi" und die Antworten als "Codes" bezeichnet. Es gibt drei militärische Modi mit der Bezeichnung 1, 2 und 3 und vier zivile Modi mit der Bezeichnung A, B, C und D. Der militärische Modus 3 ist mit dem zivilen Modus A identisch. Eine Bodenstation kann mit mehreren Modi abwechselnd abfragen ("interlace"), so daß verschiedene Verkehrsträger praktisch gleichzeitig angesprochen werden können. Jeder Modus besteht aus zwei Impulsen, die unterschiedliche Abstände haben.

Zweckbestimmung der Modi:

Modus 1	rein militärisch	Abstand	3 μsek
Modus 2	rein militärisch	Abstand	5 μsek

Modus 3/A	allg. ATC-Zwecke	Abstand 8 µsek
Modus B	allg. ATC-Zwecke	Abstand 17 µsek
Modus C	Höhenübermittlung	Abstand 21 µsek
Modus D	noch nicht festgelegt	Abstand 25 µsek

Nach Bild 121 besteht die Abfrage aus dem Impulspaar P_1, P_3; der zeitliche Abstand zwischen P_1 und P_3 beinhaltet die Frageinformation. Der zusätzliche Impuls P_2 dient der Nebenkeulenunterdrückung (vergl. Abschn. VII.3.9.6.).

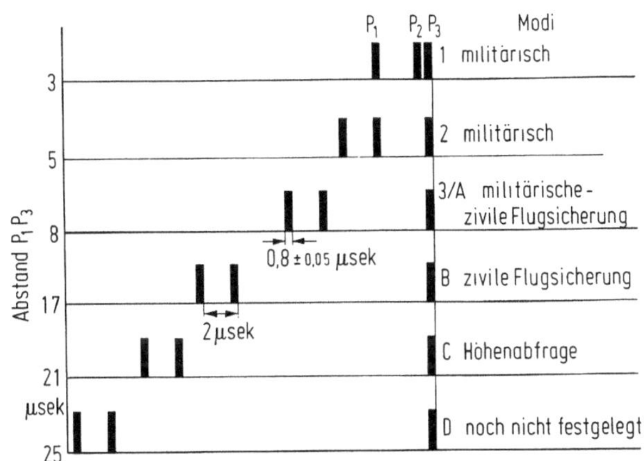

Bild 121: Verschlüsselung der Abfrage durch die Modi

Die Unterscheidung der Ziele erfolgt in der Antwort: Es sind zwei Rahmenimpulse, Abstand 20,3 µsek, und dazwischen, auf festgelegten Plätzen eines 1,45-µsek-Zeitrasters - das bis zu 12 Informationsimpulse enthalten kann - oder auch nicht. Aus Vorhandensein oder Nichtvorhandensein lassen sich 2^{12} = 4096 verschiedene Kombinationen bzw. Antworten bilden (Bild 122).

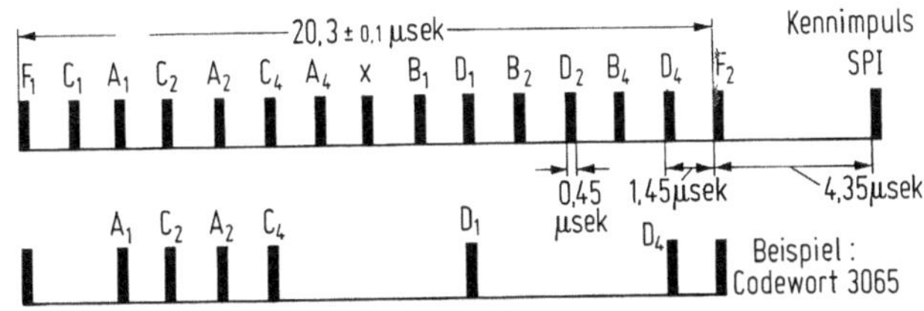

Bild 122: Verschlüsselung der Antwort [152]

Für die Höhenübermittlung mit dem Modus C sind 4096 Codes erforderlich, wenn die Höhenangabe bis zu einer Flughöhe von 128 000 Fuß in 100 Fuß Abständen erfolgen soll, so wie es von der ICAO vorgesehen ist. Die Höheninformation liegt auf der Bordseite vor; mit Hilfe einer - zusätzlich zum Höhenmesserzeiger angebrachten Codierscheibe - wird sie in digitaler Form abgetastet und auf eine Modus-C-Anfrage hin automatisch als Antwort übermittelt. Der Höhen-Decoder der Bodenstation gibt sie als Höhenanzeige wieder.

Zusätzlich zu den o.a. Impulsen entält jede Antwort noch einen Sonderidentifizierungsimpuls, der dem letzten Rahmenimpuls folgt und nur durch Drücken einer besonderen Taste ausgelöst wird. Hiermit ist außer der Codenummer noch eine weitere Möglichkeit zur Identifizierung gegeben (im militärischen Gerät).

3.9.4. Darstellung der Information am Arbeitsplatz des Lotsen

Das Sekundärradar liefert durch seine Richtantenne und die Laufzeitmessung ebenfalls Informationen über Azimut und Entfernung. Die Daten von Primär- und Sekundärradar werden korreliert und dabei Daten gleicher Flugziele zusammengelegt. Die im Decoder der Bodenstation entschlüsselte Antwort wird den entsprechenden Zielpositionen zugeordnet. Die Anzeige erfolgt entweder auf dem Radarschirm als Kennzeichnung eines Flugzieles - passive Decodierung - oder als numerische Anzeige bei aktiver Decodierung im besonderen Zahlenanzeigefeld. Eine dritte Möglichkeit besteht darin, daß SSR-Daten in den Zielextraktor eingespeist und nach ihrer Verarbeitung und Auswertung in einer rechnergesteuerten synthetischen Luftlageübersicht zur Darstellung kommen.

Rohvideoanzeige. Bei Bodeneinrichtungen ohne Decoder - oder Decoder in Stellung "RAW" - werden alle Luftfahrzeuge angezeigt, deren automatisches Antwortgerät in Betrieb ist und die den von dem Bodengerät abgefragten Modus geschaltet haben. Die Ziele erscheinen auf dem Bildschirm je nach Kodierung als zwei Rahmenimpulse oder mehrere Striche, d.h. Rahmenimpulse und Informationsimpulse. Der erste Rahmenimpuls wird am tatsächlichen Standort des Luftfahrzeugs abgebildet, in 1,7 NM radialer Entfernung der Zweite. Dazwischen liegen an den festgelegten Stellen die Informationsimpulse des entsprechenden Codes - beispielsweise bei Code 77 sechs Striche, 0,24NM-auseinander.

Bodeneinrichtungen mit Decoder; passive Decodierung. Bei größerer Verkehrsdichte erhält man - ohne Decoder - sehr unübersichtliche Bilder, da für die Darstellung eines Zieles eine relativ große Fläche benötitgt wird. Um die Vorteile des SSR-Systems besser zu nutzen, hat man daher Zusatzeinrichtungen, sog. Decoder entwickelt. Sie enthalten u.a. Verzögerungsleitungen und Koinzidenzschaltungen, die eine vereinfachte Radarzieldarstellung liefern. Die Decoder wirken als Datenfilter; sie lassen nur bestimmte Impulskombinationen (bestimmte Antwort-Codes) passieren. Diese Impulse werden dann auf dem Bildschirm durch Doppelstriche angezeigt. Welche Antwortimpulse durchgelassen werden sollen, kann man am Bedienungsfeld des Decoders einstellen. Bei einer Decoderrastung auf Modus 3/A, Code 41, erscheinen nur SSR-Ziele von Luftfahrzeugen, deren Transponder auf Modus 3/A, Code 41, antwortet.

Aktive Decodierung. Die aktive Decodierung bedeutet die numerische Anzeige der Antwort eines beliebigen, auf dem Radarschirm ausgewählten Zieles in einem besonderen Anzeigefeld.

Automatische Decodierung. Bei der automatischen Decodierung werden die SSR-Daten in den Zielextraktor eingespeist und nach ihrer Verarbeitung und Auswertung in einer rechnergesteuerten synthetischen Luftlagedarstellung zur Anzeige gebracht.

3.9.5. Aufbau einer Sekundärradaranlage Typ SRT-4 (AEG-Telefunken) Kurzbeschreibung

In der BRD hat man Sekundärradaranlagen der Typen SRT-2 und SRT-4 eingeführt. Im Folgenden soll der Aufbau des Typs SRT-4 kurz beschrieben werden [153]. Alle Anlagen hat man - um sie weltweit verwenden zu können - nach den Empfehlungen der ICAO entwickelt [13]; die wesentlichen Eigenschaften des SSR hat man auf internationaler Ebene vereinbart:

a) die Benutzung eines bestimmten Abfrageschlüssels (Modus 3/A ist obligatorisch);

b) für die Nebenzipfelunterdrückung einigte man sich auf das Drei-Impuls-Verfahren;

c) die Verfahren zum automatischen Übertragen der Flughöhe legte man fest.

Die Anlage ist mit Ausnahme der Treiber- und Ausgangsstufen volltransistoriert; sie ist für alle international genormten Abfragemodi 1, 2, 3/A, B, C, D ausgelegt. Man kann bis zu drei Modi in beliebiger Reihenfolge abfragen (Wechselabfrage, mode interlacing). Bild 123 und 124 zeigen - vereinfacht - den Aufbau einer Sende/Empfangs-Anlage.

Sender. Ein Quarzgenerator erzeugt die Grundfrequenz von 86 MHz, die durch Vervielfachung auf die Sendefrequenz von 1030 MHz heraufgesetzt wird. Die Impulszentrale steuert einen Pin-Dioden-Modulator an, dieser moduliert das HF-Signal. In einer HF-Treiberstufe und in zwei Scheibentrioden-Stufen hebt man das HF-Signal auf einen zureichenden Pegel, damit es die Sender-Endstufe aussteuern kann. Die Ausgangsleistung der Endstufe kann zwischen 50 bis 3200 Watt beliebig eingestellt werden.

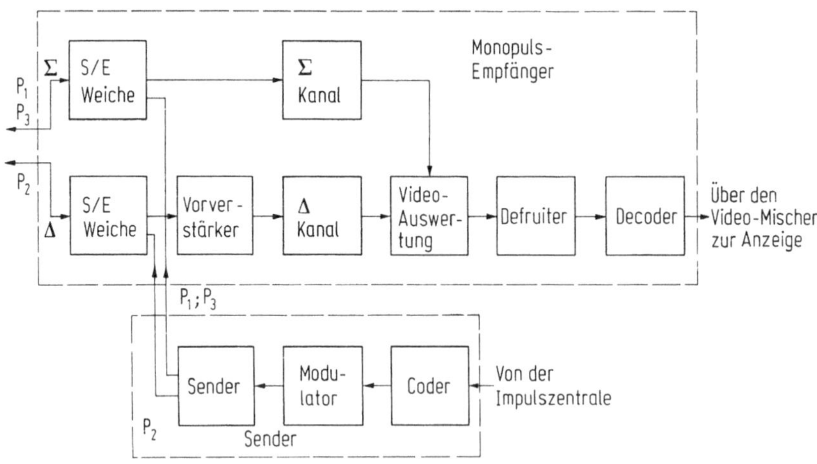

Bild 123: Sekundärradar-Abfragegerät (Interrogator)

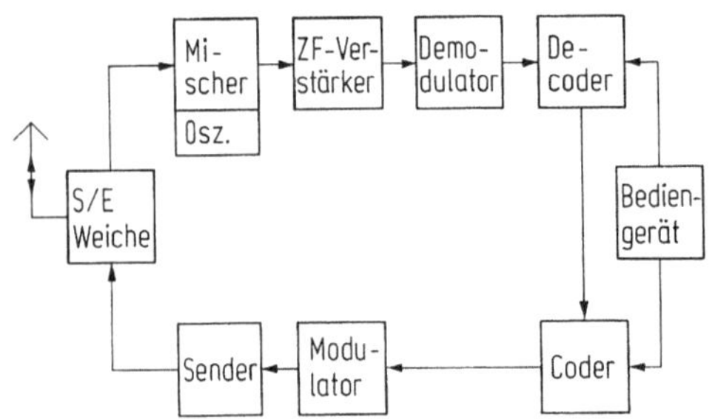

Bild 124: Sekundärradar-Antwortgerät (Transponder) [152]

Empfänger. Zum Verarbeiten des von der Bordseite kommenden HF-Signals sind beim - hier praktizierten Monopulsbetrieb - zwei Wege (zwei Kanäle) erforderlich:

a) Verarbeiten des Summen-Diagramm-Signals (Σ);

b) Verarbeiten des Differenz-Diagramm-Signals (Δ).

Beide Signale kommen bereits getrennt von der Antenne. Das Monopuls-Verfahren ist relativ unempfindlich gegenüber Signalausfällen. Durch besondere, entsprechende Ausbildung der Antenne (mit zwei Diagrammen; vergl. den anschließenden Abschn. über die Antenne) und empfangsseitiges Auswerten - Vergleich der beiden Empfangssignale - kann eine Schärfung der horizontalen Antennencharakteristik und damit ein genaueres Bestimmen der Signalmitte erreicht werden.

Beide Empfängerzüge arbeiten nach dem Überlagerungsprinzip; sie besitzen rauscharme HF-Vorverstärker und Gegentaktmischer. Die Gegentaktmischer werden von einem gemeinsamen Überlagerungs-Oszillator mit einer um 60 MHz unter der Empfangsfrequenz liegenden Frequenz angesteuert; die ZF von 60 MHz wird verstärkt und demoduliert; am Ausgang stehen zur Verfügung: das Summenvideo (Normalvideo NV), das Strahlgeschärfte Video SV1 und die SSR Kennungsmarke SV2; SV1 und SV2 werden über ein Widerstandsnetzwerk erzeugt. Bei dem angewandten Verfahren erfolgt ein Vergleich der Amplituden der Videospannungen. SV1 und SV2 unterscheiden sich nur durch die Einstellung des Verengungsfaktors (Strahlschärfung).

Antenne; die Monopulsantenne. Die balkenförmige Antenne - siehe Bild 117 - besteht aus Zeilen von Strahler-Elementen. Bei einer Länge von 13 Fuß (4,2 m) kann eine Strahlbreite von 6°, bei einer Länge von 18 Fuß (6,1 m) eine Strahlbreite von 4° und bei einer Länge von 28 Fuß (9,4 m) eine Strahlbreite von 2,5° erzielt werden. Die beiden ersten Ausführungen sind für die Montage auf Antennen der Flughafenrundsichtanlagen, die letzte ist für Mittelbereichsradaranlagen bestimmt. Den Abmessungen der Antenne sind durch ihre Montage an den Primärradarantennen Grenzen gesetzt. Die Hauptkeule im Strahlungsdiagramm kann deshalb nicht so stark gebündelt werden, wie es für die genaue Bestimmung des Azimuts erforderlich wäre. Die Antenne wird deshalb so ausgebildet, daß sich zwei Diagramme ergeben: ein normales Richtdiagramm und ein zweites, das anstelle des Maximums ein Minimum zeigt (Bild 125).

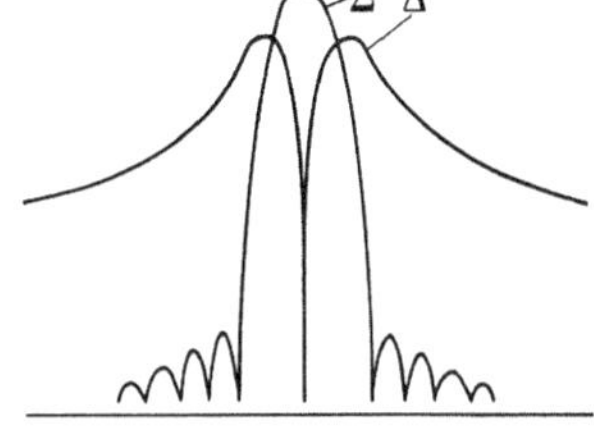

Bild 125: Diagramme der Monopuls-Antenne [153]. (Σ: Summendiagramm, Δ: Differenzdiagramm)

Der theoretisch scharfe Nulldurchgang des Differenz-Diagramms (Δ) bzw. die Phasenverschiebung um 180° an diesem Punkt ermöglichen eine Markierung der Zielmitte auf dem Bildschirm. Mit einer Bewertung der Nullstelle des Δ-Diagramms kann man eine Azimutgenauigkeit bis zu ± 1° erreichen. Man geht hierbei so vor, daß man die beiden symmetrischen Monopulsantennen-Hälften elektrisch über den 1,5 λ-Hybridring verbindet (Bild 126); dieser liefert an seinen zwei Ausgängen die Summe (Σ) und die Differenz (Δ) der Spannungen der beiden Hälften; Bild 125 zeigt die an diesen Ausgängen erhaltenen Diagramme. Das in der SRT-4-Anlage verwendete Verfahren nutzt den Amplitudenvergleich. Grundsätzlich könnte auch die Phasencharakteristik dienlich sein: theoretisch tritt ein abrupter Phasenwechsel des empfangenen Signals dann auf, wenn das Ziel die Symmetrieebene des Differenzdiagramms der Monopulsantenne passiert. Durch mögliche Reflexionen des Wellenzuges ist die Phasencharakteristik kein genaues Kriterium.

Die vom Hybridring gelieferten Summen- und Differenzsignale werden im Empfänger in zwei getrennten Kanälen aufgenommen und verarbeitet. Am Ausgang durchlaufen sie dann zwei regelbare Vergleichsschaltungen; hier stehen - wie bereits erwähnt - neben dem Normalvideo (Summen-Signal) das Strahlgeschärfte Video und die SSR-Kennungsmarke zur Verfügung.

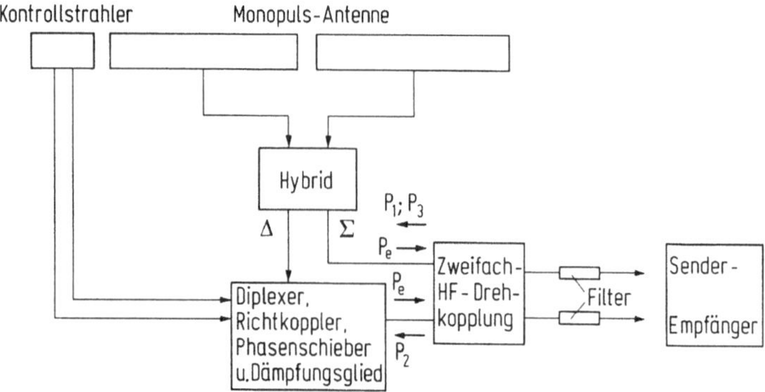

Bild 126: Blockschaltbild der Monopulsantenne (vereinfacht) [153].
(P_1; P_3: Abfrageimpulse; P_2: Kontrollimpuls; P_e: empfangene Impulse)

Der Kontrollstrahler. Für das 3-Impuls-Nebenzipfel-Unterdrückungsverfahren ist das Abstrahlen eines zweiten Impulses kurz nach P_1 erforderlich; man nennt ihn P_2 und gibt ihm einen definierten Leistungspegel, der etwas über dem der Nebenzipfel liegt (Vergl. Abschnitt Störungen des Sekundärradarbetriebes, Abfragen durch Nebenzipfel). Dieser Impuls wird über einen Kontrollstrahler gesendet; er besteht aus einem Rundstrahler und einer Strahlergruppe. Mit Hilfe eines Phasenschiebers und eines Dämpfungsgliedes erreicht man eine Phasenverschiebung von 180° zwischen dem Rundstrahler und der zugeordneten Strahlergruppe, was eine Einkerbung im Rundstrahldiagramm - in der Richtung der Hauptkeule der Monopuls-Antenne - zurfolge hat. Die Einkerbung ist breit genugum sicherzustellen, daß bei einer Wechselabfrage mit 3 Modi keine Hauptkeulen-Unterdrückung im Nahbereich verursacht wird.

3.9.6. Störungen im Sekundärradarbetrieb

Überreichweiten. Störungen können im Sekundärradarbetrieb durch Überreichweiten auftreten. Abhilfe kann durch Herabsetzen der Impulsfolgefrequenz erreicht werden (maximale Impulsfolge: 450 Hz). Durch Bodenreflexion verspätet eintreffende Abfragen kann man im Bordempfänger unterdrücken.

Code-Verwirrung (code garbling). Eine Code-Verwirrung kann eintreten, wenn die Antworten zweier oder mehrerer Luftfahrzeuge, die sich in weniger als 2 NM Entfernung in verschiedener Höhe, aber im gleichen Azimut befinden, zusammenlaufen. Da zwei oder mehrere Transponder fast gleichzeitig abgefragt werden und fast zur gleichen Zeit antworten, können sich die verschiedenen Antwortimpulse (verschiedene Codes) überlagern und einen neuen Code bilden, der mit keinem der ursprünglichen übereinstimmt. Durch sogenannte Entwirrer (degarbler) kann Abhilfe gebracht werden; gelingt sie nicht, so wird die Anzeige unterdrückt, bis eine eindeutige Trennung der Antwort möglich ist.

Nicht synchrone Antworten (fruits). Da alle Stationen auf denselben Frequenzen arbeiten, kann es geschehen, daß eine Bodenstation Antworten erhält, die von einer anderen Bodenstation abgefragt wurden. Abhilfe ermöglicht der sog. "Defruiter", der durch den Vergleich mit der eigenen Impulsfolgefrequenz (mit Hilfe von Verzögerungsgliedern) die nicht-synchronen Antworten herausfiltert [154].

Abfragen durch Nebenzipfel. Die Antennencharakteristik der Bodenstation weist neben der Hauptkeule auch Nebenzipfel auf, über die Abfragen erfolgen können, wenn sich das Luftfahrzeug in der Nähe befindet. Durch das international vereinbarte 3-Impuls-Verfahren zur Nebenzipfelunterdrückung kann eine Abhilfe erreicht werden. Zusätzlich zu den zwei Abfrageimpulsen P_1 und P_3 (Bild 127), die über die Richtantenne (Monopuls-Antenne) ausgestrahlt werden, wird ein Kontrollimpuls P_2 über eine Rundstrahlantenne abgestrahlt. Die Amplitude dieses Signals reguliert man so ein, daß sie etwas über dem Pegel des Nebenzipfel-Signals liegt. Das Bord-Antwortgerät vergleicht nun alle ankommenden Signale mit dem Kontrollimpuls P_2 und beantwortet nur solche Abfragen, deren Amplituden größer sind als die des Kontrollimpulses P_2, es spricht also nur auf Abfragen der Hauptkeule des Antennendiagramms an.

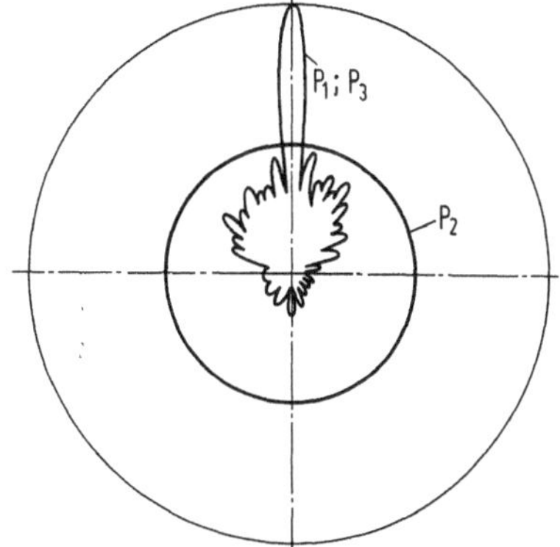

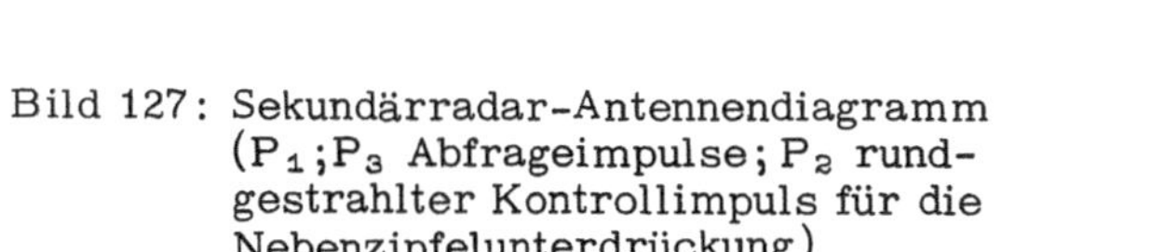
Bild 127: Sekundärradar-Antennendiagramm (P_1;P_3 Abfrageimpulse; P_2 rundgestrahlter Kontrollimpuls für die Nebenzipfelunterdrückung)

Durch geeignete Verformung der Rundstrahlcharakteristik des Kontrollstrahlers erreicht man, daß auch bei geringer Entfernung des Luftfahrzeuges die Amplituden-Vergleichsfähigkeit erhalten bleibt, also eine Unterdrückung der Hauptkeule nicht eintritt.

3.9.7. DABS

Eine Verbesserung des Sekundärradarsystems erwartet man von einer Weiterentwicklung, die unter dem Namen DABS bekannt wurde: es ist das "discrete addressed radar beacon system". Dieses System spricht jedes mit einem entsprechenden Transponder ausgerüstete Luftfahrzeug selektiv an; über den Selektiv-Anruf können ferner digitale Daten mit Informationen und Anweisungen übertragen werden [155].

Verfahren. Die Bodenstation fragt mit einem modifizierten 3/A-Modus ab. Alle Luftfahrzeuge mit Transponder antworten mit ihrer Identifikation; die DABS-ausgerüsteten Luftfahrzeuge erkennen an dem modifizierten 3/A-Modus das Vorhandensein einer DABS-Bodenstation und strahlen mit ihrer Antwort ihre Adresse aus. Die Bodenstation stellt ihrerseits fest, welche Luftfahrzeuge den DABS-Transponder besitzen und gibt diesen einzeln - per Adresse - die Anweisung, nur noch auf adressierte DABS-Anfragen zu antworten.

Die Bodenstation arbeitet nun abwechseln im normalen SSR- und im DABS-Betrieb.

4. Informationsfluß; Erfassen, Übertragen, Verarbeiten und Darstellen von Daten; Einsatz der EDV (elektronische Datenverarbeitung) in der Flugsicherung

4.1. Allgemeines

Nach den Ergebnissen der Studie über die Flugsicherung der 80er Jahre, die hier schon zititert wurde, soll die Kontrollkapazität des Flugsicherungssystems auf das 2,6-fache gesteigert werden, damit sie den Anforderungen des - von dieser Studie vorhergesagten - Verkehrs gewachsen ist [22]. Es wird hierbei eine EDV-Planung vorausgesetzt, die sich ganz auf die betrieblichen Forderungen der Flugsicherung ausrichtet.

Leider haben die Anstrengungen, die EDV der Flugsicherung voll nutzbar zu machen, bisher nur zu bescheidenen Erfolgen geführt - weltweit gesehen. Die Fehlschläge in mehreren großen Luftfahrt treibenden Ländern können zumeist darauf zurückgeführt werden, daß man generell die Ziele zunächst zu hoch steckte, die technischen Probleme und den Komplex Mensch - Maschine unterschätzte und eine genaue Analyse des Informationsflusses erst in jüngerer Zeit unternahm.

Im Folgenden soll insbesondere die Entwicklung in der BRD betrachtet werden.

4.2. Vom Flugplan zum Kontrollstreifen

Der Lotse bezieht seine Information aus dem Flugplan, dem Radarschirmbild, aus Funkgesprächen mit dem Piloten, aus Koordinationsgesprächen mit anderen Arbeitsplätzen, aus Peilanzeigen, Wettermeldungen und weiteren Nachrichtenquellen. Der Ausgangspunkt für den Datenfluß in der Flugverkehrskontrolle (FVK) ist der Flugplan (FPL) des Luftraum-Nutzers. Der Nachrichten-Kreislauf beginnt mit dem Vorlegen des Flugplans durch den Luftfahrzeugführer oder einen Beauftragten bei der Flugberatungsstelle (AIS: Aeronautical Information Service) des Startflughafens. Der Pilot kann den FPL 30 Minuten bis zu 24 Stunden vor dem Abflug vorlegen (29. Durchführungsverordnung (DVO) zur LuftVO). Sind Zwischenlandungen vorgesehen, müssen für alle Abschnitte gesonderte FPL - bei der AIS des Startflughafens - vorgelegt werden. Die AIS gibt den FPL an den Flugfernmeldedienst (FF) weiter. Über das feste Flugfernmeldenetz werden die "Abschnitt"-FPL an die AIS der betreffenden Flughäfen weitergeleitet.

Die über das Fernschreibnetz der Flugsicherung (AFTN) laufenden Meldungen halten das ATCAP-Format ein[1] und richten sich streng nach der Feldaufteilung des Flugplanformblatts (ICAO-Empfehlung). Der FPL enthält alle notwendigen Daten, die ggf. gebraucht werden könnten. Von den Angaben wird regelmäßg nur der für den Flugver kehrskontrolldienst wichtige Teil benutzt, und zwar: Das Funkrufzeichen des Luftfahrzeuges (LFZ); die Flugregeln, nach denen der Pilot fliegen will (IFR oder VFR); das LFZ-Muster; Funk- und Navigations-Ausrüstung; Startflughafen und Startzeit; wahre Eigengeschwindigkeit; beantragte Flughöhe (nur bei IFR-Flügen); Flugstrekke; Bestimmungsflughafen und Landezeit; Ausweichflughafen; Höchstflugdauer; Anzahl der Personen an Bord.

Unter Berücksichtigung der Tatsache, daß - im Linienverkehr - regelmäßig Flüge durchgeführt werden, die sich völlig gleichen, hat man in der BRD und in einer Reihe westeuropäischer Staaten den Dauer-Flugplan eingeführt. Er gilt für Flüge, die mindestens einmal in der Woche und mindestens zehnmal gleichartig durchgeführt werden.

Die bei AIS eintreffenden Flugpläne, sei es per Formblatt, Fernschreiben oder Telefon, werden - im Formblatt - durch die AFTN - Adressen aller am Flug interessierten FVK des In- und Auslandes ergänzt und gehen dann an den Fernmeldedienst.

Der Fernmeldedienst erstellt mit der Fernschreibmaschine und angeschlossener Lochstreifenstanze eine FPL-Meldung im ATCAP-Format mit vorgesetzter Adres-

---

[1] ATCAP: Air Traffic Control Automation Panel

senzeile. Über einen Lochstreifensender geht sie dann an die Flugfernmeldezentrale (FFZ, in Frankfurt/M.), die sie automatisch an die in der Adressenzeile angegebenen Empfänger verteilt.

An den einzelnen FVK-Stellen läuft der FPL als Fernschreiben auf. Die FVK-Assistenten entnehmen ihm alle notwendigen Angaben und tragen sie in die Kontrollstreifen ein; es wird (in der BRD) für jeden Meldepunkt ein Kontrollstreifen ausgefüllt mit den Angaben: LFZ-Kennung; LFZ-Muster; Geschwindigkeit; gewünschte Flugfläche; Sekundärradar-Ausrüstung; Start- und Zielflughafen. Ferner müssen die Kennung des vorigen und des Meldepunktes, für den der Streifen gilt, sowie in Stichworten die weitere Route angegeben werden. Danach ist die Flugzeit zwischen den Meldepunkten aus der Entfernung, Fluggeschwindigkeit, Windrichtung und Windstärke zu berechnen und einzutragen (Bild 51).

Das Erstellen von Kontrollstreifen bedeutet einen hohen Zeit- und Personalaufwand. Daher führte man in einer Reihe von Ländern - wie in der BRD - das automatische Berechnen und Ausdrucken von Kontrollstreifen ein. In der BRD geschieht es - z.Z. - zentral in Frankfurt/M. mit einem TR 4-Doppelrechnersystem. Ein Teil der FVK-Stellen auf den Flughäfen ist an den automatischen Kontrollstreifendruck (KSD) angeschlossen. Im Laufe der nächsten Zeit werden alle FVK-Stellen der BRD über das neue Datenübertragungs- und Verteilersystem (DÜV) mit dem KSD verbunden sein.

Die an den KSD angeschlossenen Stellen erhalten den Flugplan nicht mehr über das AFTN. Das TR 4-System erhält sie alle zentral, verarbeitet sie (gemäß Programm ATCAP-Flusi), berechnet alle Kontrollstreifen und druckt sie dezentral an den einzelnen Dienststellen aus. Der Assistent braucht sie nur noch in den Halter zu ziehen [156].

4.3. Datenübertragungs- und Verteilersystem (DÜV)

Für den schnellen, wirtschaftlichen und gesicherten Austausch von Flugsicherungsmeldungen zwischen den Bodenstellen ist ein besonderes Nachrichtennetz erforderlich. In der BRD hat man hierfür das Datenübertragungs- und Verteilersystem (DÜV) eingerichtet. Um die Daten wirtschaftlich übertragen zu können, werden sie digitalisiert und dann über normale Fernsprechkanäle geführt. Da die Nachrichten auch über die Landesgrenzen hinaus übermittelt werden sollen, muß das System hinsichtlich der eingeführten Codes und der für die Datensicherung (Rückmeldeverfahren, Fehlererkennungsverfahren) verwendeten Steuerzeichen die internationalen Empfehlungen berücksichtigen.

4.3.1. Aufgaben des DÜV-Systems

Ausbaustufe 1

In der ersten Ausbaustufe ist die Übertragung folgender Meldungen vorgesehen:

> Übernahme der Kontrollstreifen-Informationen und ihre Verteilung; Aufnahme der Nachrichten für Luftfahrer (NfL) für die gezielte Beratung (NfL-GB) und ihre Ausgabe über Schnelldrucker bei den Beratungsstellen; Bereitstellen von gezielten Beratungen für Landeplätze durch Anwahl der DÜV-Anlage Frankfurt/M. über ein öffentliches Wählnetz der Deutschen Bundespost (Telex).[1]

Ausbaustufe 2

In der zweiten Ausbaustufe sollen nach einer Vermehrung der Fernschreibanschlüsse folgende weitere Aufgaben übernommen werden:

> stufenweise Übernahme der Vermittlungsaufgaben aus dem Flugfernmeldenetz (AFTN) für den Bereich der BRD durch das DÜV-System; Steuerung von Datensichtgeräten für Flugverlaufsdaten an den Arbeitsplätzen der Lotsen, kombiniert mit Eingabemöglichkeiten; Anschluß der DERD-Systeme (DERD: Darstellung extrahierter Radardaten), Vermittlung von Sichtgeräte-Koordinationsdaten, u.a. für die Radarübergabe;
> Anschluß weiterer, insbesonderer ausländischer FVK-Stellen für den rechnergesteuerten Datenaustausch.

4.3.2. Aufbau des Systems

Das Netz. Das DÜV-System besteht aus vier Stationen, die organisatorisch zu den Regionalstellen (RSt) Frankfurt/M., Bremen, Düsseldorf und München gehören. Wie Bild 128 es zeigt, ist der Aufbau sternförmig mit Frankfurt/M. als zentralem Punkt; die DÜV-Stationen sind über Standlinien verbunden. Die Peripheriegeräte - Fernschreiber, Schnelldrucker - sind über Telegraphie-Standleitungen, Fernsprechleitungen, Telexverbindungen angeschlossen. Die Verbindungsleitungen der DÜV-Stationen mit Frankfurt/M. sind aus Sicherheitsgründen doppelt ausgeführt. Die Übertragung erfolgt über 4-Draht-Anschluß (CCITT-Code Nr. 5 mit Zeichen- und Blockparität-Datensicherung) im Duplexverfahren mit einer Geschwindigkeit bis 4800 bit/sek.

Die DÜV-Station. Die vier DÜV-Stationen sind einheitlich aufgebaut; allein Frankfurt/M. hat zusätzlich die Datenübertragung zwischen dem DÜV-Netz und den beiden TR 4-Systemen auszuführen [157].

---

[1] Hinsichtlich des Inhalts der gespeicherten Beratungsunterlagen siehe Abschn. V.3.4.2e) Flugberatung.

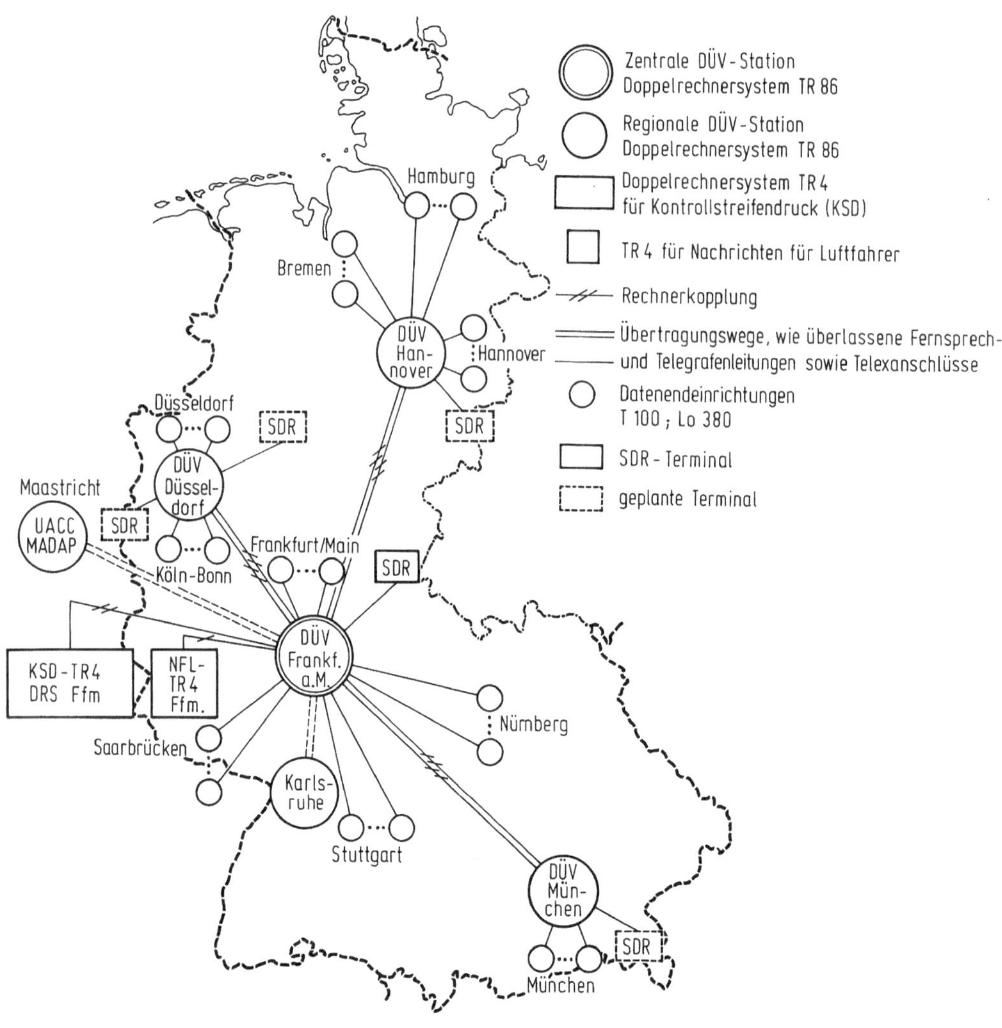

Bild 128: Das DÜV-Netz.
(UACC: Upper area control centre, Bezirkskontrollstelle für den oberen Luftraum; DÜV Hannover wird nach Bremen verlegt).

Aus Sicherheitsgründen besitzt jede DÜV-Station zwei komplette TR 86-Rechner; jeder ist mit einem Plattenspeicher (PSP), Fernschreibmultiplexer (FMP), Kontrollfernschreiber (KFS) und Datenfernbetriebseinheiten (DFE) ausgestattet. Es gehören noch folgende Peripherie-Geräte je Station dazu: ein Magnetbandgerät mit Doppelzugriff - von beiden Rechnern ansteuerbar - je ein Streifenleser und Streifenstanzer, auf beide Rechner schaltbar; ein Schnelldrucker (SDR), mit beiden Rechnern zu verbinden; ein Modem-Umschaltfeld, mit dem die Modemleitungen wahlweise mit einem der beiden Rechner verbunden werden können;[1] ein Fernschreibanschlußtisch, über den die angeschlossenen Fernschreibmaschinen (FSM) mit einem der beiden FMP verbunden werden. Der Fernschreibanschlußtisch eröffnet eine Fülle weiterer Möglichkeiten: die routinemäßige Überprüfung aller (90) Fernschreibanschlüsse einschließlich der Leitungen; Herstellung von Ersatzschaltungen; Aufbau von Meß- und Prüfschaltungen zur Kontrolle des FMP; Mitlesen der ein- bzw. ausgegebenen Daten; laufende Überwachung des Datenflusses auf den Leitungen (Sende- und Empfangslampen).

Einer der TR 86 dient als Betriebs-, der zweite als Reserverechner; beide sind mit beiden Plattenspeichern verbunden. Eingaben werden beiden Rechnern zugeleitet, aber nur vom Betriebsrechner verarbeitet und nacheinander, erst auf dem einen, dann auf dem zweiten PSP abgelegt. Die beiden Rechner können Daten untereinander austauschen. Eine gegenseitige Überwachung der TR 86 erfolgt über eine Umschalt- und Alarmeinrichtung (UAE). An diese UAE muß alle 100 msek - von beiden Rechnern - ein Kontrollwort ausgegeben werden; bleibt es vom Betriebsrechner aus, erfolgt nach 125 msek eine Umschaltung des bisherigen Reserverechners zum Betriebsrechner; dabei werden automatisch alle Verbindungen (DFE - Leitungen und Fernschreibanschlußtisch) auf den neuen Betriebsrechner umgeschaltet.

Die Flugberatungsstellen auf den Flughäfen Hamburg, Düsseldorf, Frankfurt/M., München und das Büro NfL werden mit einem Schnelldrucker - Terminal für NfL-Ausgaben ausgerüstet.

Schnelle Ausgabegeräte. Die Fernschreiber mit Geschwindigkeiten von 50, 100 und 200 bit/sek (gesicherte Übertragung) sind über Standleitungen und Telex angeschlossen.

An Stellen, an denen Fernschreibmaschinen den Anforderungen nicht mehr entsprechen, setzt man als Datenendeinrichtung das Informatik Terminal Lo 380 ein - um ein in der BRD benutztes Gerät zu nennen. - Dieses Gerät hat eine Zeichen-Druckgeschwindigkeit von 20 sek^{-1}; bestimmte Teile, wie Tastatur, Elektronik, können abgesetzt, d.h. günstig für den Einbau in den Kontrolltisch untergebracht werden.

Für die Ausgabe vom NOTAM-Zusammenstellungen im Rahmen der gezielten Beratung von Flugzeugbesatzungen benötigt man an den Flughäfen schnelle Ausgabemedien. Der Schnelldrucker entspricht sowohl hinsichtlich der Ausgabegeschwindigkeit als auch in der Datensicherung hohen Anforderungen. Er wird unter Verwendung von Modems über Fernsprechleitungen mit einer Datenübertragungsgeschwindigkeit von

---

[1] Modem: modulator plus demodulator [157].

2400 bit/sek betrieben. Zur Sicherung der Informationen wird die Übertragung der Daten blockweise durchgeführt, so daß bei festgeschalteten Leitungen eine Restfehlerwahrscheinlichkeit von weniger als 10^{-7} erwartet werden kann. Die Druckleistung des Gerätes liegt maximal bei 250 Zeilen pro Minute (Datenterminal Univac DCT 2000). Ein anderer Schnelldrucker (SDR 166/4 Anelex), ein Zeilendrucker, weist eine Leistung von 16 Zeilen mit 160 alphanumerischen Zeichen pro Sekunde auf.

4.4. Übernahme der Flugverlaufsdaten, ihre Erfassung durch Digitalisierung der Radarinformation

4.4.1. Allgemeines

Die rationellere Ausnutzung des Luftraums durch intensiven Radareinsatz erfordert aus Sicherheitsgründen (Ausfallgefahr) ein Netz überlappender Radarerfassungszonen, so daß in jeder RSt Informationen von mehreren Radarstationen zusammenlaufen.

Damit steigt die Datenmenge an, die wirtschaftlich zu übertragen und zu verarbeiten ist; hierfür bietet sich die EDV an. Ein erster Schritt ihres Einsatzes für die Bearbeitung von Radardaten bildet der Digital-Ziel-Extraktor (DZE) [159-165]; er faßt

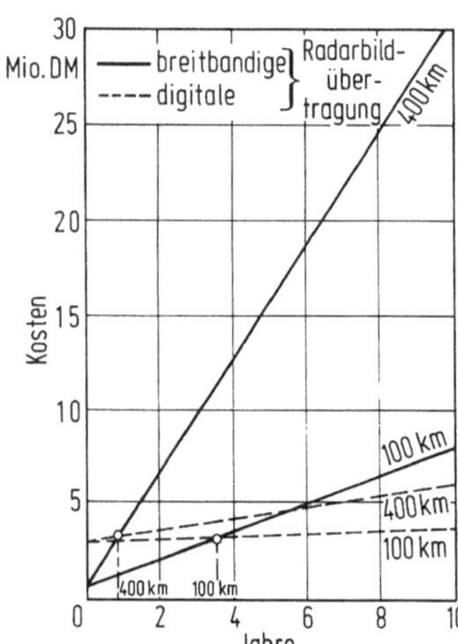

Bild 129: Betriebskosten einer breitbandigen und einer digitalen Radarbildübertragung [173]

die von einem Flugziel mehrfach angelieferten Radarechos zu einer Zielmeldung zusammen und filtert die Information vor. Das Umsetzen des analogen Radarbildes in digitale Daten ermöglicht ein wirtschaftliches Übertragen der Informationen über normale Fernsprechkanäle (Bild 129).

4.4.2. Aufgabe des Digitalzielextraktors (DZE)

Der DZE soll

alle in der Radarinformation (PR und SSR) enthaltenen Daten zu Zielmeldungen zusammenfassen und in binär verschlüsselter Form weiterleiten;
die Zahl der Falschziele, wie sie durch Störungen ungewollt entstehen können, möglichst gering halten, um die - später einsetzende - aufwendige Zielverfolgungslogik der Rechengeräte nicht mit der Bildung sinnloser Spuren zu belasten.

Der DZE prüft, ob sich bei gleicher Entfernung mehrere Treffer des Radargerätes in einem begrenzten Azimutsektor befinden; er gelangt über die Echoerkennung und die Echointegration zur Zielerkennung. Die Echoerkennung klärt die Frage, ob ein empfangener Impuls als Ziel- oder Störimpuls gewertet werden muß. Hierzu dient die Spannungs-Vergleichsschaltung (Bild 130). Überschreitet die Spannung eines Echoimpulses eine vorgegebene Schwellenwert-Spannung, so wird diesem Impuls eine digitales "L" zugeordnet, er wird quantisiert. Ist sie dagegen kleiner, so wird der Impuls unterdrückt, er wird als digitale "0" gewertet.

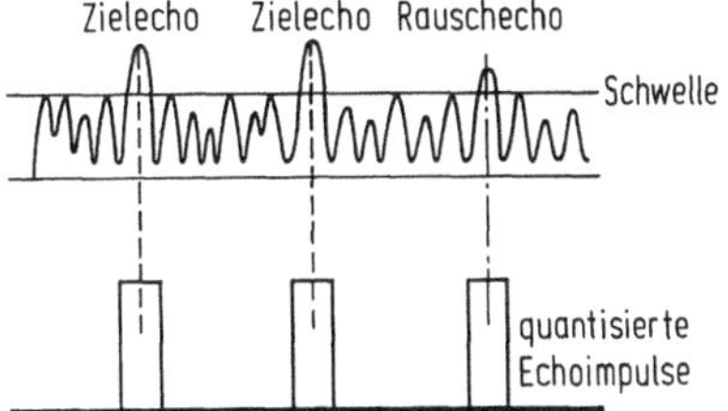

Bild 130: Prinzip der Radarechoerkennung im digitalen Radarzielextraktor

Die Wirksamkeit der Zielerkennung hängt somit von der richtigen Einstellung der Schwellenspannungshöhe ab. In der Praxis verwendet man eine automatische Schwellenreglung, die die Schwellenhöhe eventuellen Veränderungen des Rauschpegels anpaßt. Der als "1. Schwelle" genannten Schwellwertschaltung folgt der "Quantisierer", der die Zuordnung einer "0" oder "L" vornimmt.

Die Echointegration, d.h. die eigentliche Zielerkennung erfolgt in der Weise, daß man die innerhalb einer Antennenkeulenbreite und in einem bestimmten Entfernungsintervall empfangenen und quantisierten Echoimpulse auf ihre Korrelation untersucht und ihre Anzahl mit einem weiteren Kriterium, der zweiten Schwelle, vergleicht.

Eine Zielerkennung wäre bei einem Radar großer Reichweite - im Hinblick auf die vielen Störungen - kaum möglich, wenn das Nutzziel beim Überstreichen der Antenne nur einen Echoimpuls liefern könnte. Man richtet die Radargeräte daher so ein, daß ein übliches Flugziel mit mehreren Treffern belegt wird, im Mittel mit 10 bis 20. Die Zielerkennung beruht dann auf der Erkennung einer durch das Ziel korrelierten Impulsfolge, wobei die Einzelimpulse dieser Folge gleiche Entfernungswerte aufweisen. Rauschimpulse treten unkorreliert und aus verschiedenen Entfernungen auf. Durch Addition mehrerer Zielechos hebt sich das Nutzziel ab; die Zielerkennung ist das Ergebnis einer "Integration" über mehrere Einzelechos.

Dieser Vorgang wird mit einer Schaltung durchgeführt, die auf Grund ihrer Arbeitsweise "Wander-Fenster-Detektor" (WFD) genannt wird.

4.4.2.1. Der Wander-Fenster-Detektor

Primärradar-Daten. Der gesamte Entfernungsbereich der Radaranlage ist in einzelne " Entfernungsringe" mit einer Breite, die der Impulsdauer (2 bis 4 µsek) entspricht, aufgeteilt. Jedem Entfernungsring ist ein Wanderfenster zugeteilt, insgesamt sind - je nach Auflösungsvermögen und Reichweite - etwa 500 bis 1000 Wanderfenster nötig. Die Wanderfenster prüfen, jedes in seinem Entfernungsring, über eine bestimmte Anzahl von Empfangsperioden (z.B. 9) hinweg, ob die Trefferzahl (innerhalb eines Fensters) einen vorgegebenen Wert überschreitet. Die Verteilung von Treffern und Ausfällen ist gleichgültig.

Die Periode P1 (Bild 131) liefert einen Echoimpuls, der nach Überschreiten der 1. Schwelle als "L" in die erste Stelle eines aus 9 Speicherstellen bestehenden Registers hineingeschrieben wird. Der gesamte Inhalt des Registers wird anschließend um eine Stelle weitergeschoben, hierdurch wird der Inhalt der 9. Stelle automatisch abgeworfen und die erste Stelle, in die eben das "L" der Periode P1 hineingeschrieben wurde, wird wieder frei, da das "L" nun an die 2. Stelle gerückt wurde.

Die Periode P2 der Antennenkeule liefert einen Echoimpuls, der die erste Schwelle nicht zu überschreiten vermag; in das Wanderfensterregister wird eine "0" geschrieben, der Inhalt wird wieder um eine Stelle weitergeschoben. In der 3. bis 6. Periode wird jeweils ein "L" eingeschrieben, womit bis zu diesem Zeitpunkt das Ziel fünf quantisierte Echoimpulse geliefert hat. Die Zahl 5 von insgesamt 9 möglichen Treffern wird im Bild-Beispiel als Kriterium für das Überschreiten einer "zweiten Schwelle" der "Zielerkennungsschwelle", definiert.

Statistische Betrachtungen zeigen, daß man bei niedrigen Wanderfenster-Stellenzahlen, wie hier mit 9, im allgemeinen den Wert $(n/2) + 1$ als günstigsten Wert für die zweite Schwelle nehmen kann.

Wird die vorgegebene Zahl erreicht, so wird der "Anfang" des Zieles erklärt. Beim Weiterdrehen der Antenne läuft das Ziel wieder aus dem Diagrammbereich heraus. Unterschreitet der Registerinhalt einen bestimmten Zahlenwert (z.B. 4 Treffer), so wird das "Zielende" erklärt. Im allgemeinen wählt man hierfür den Wert $(n/2) - 1$. Aus den Azimutwerten von "Zielanfang" und "Zielende" wird der Azimut der "Ziel-

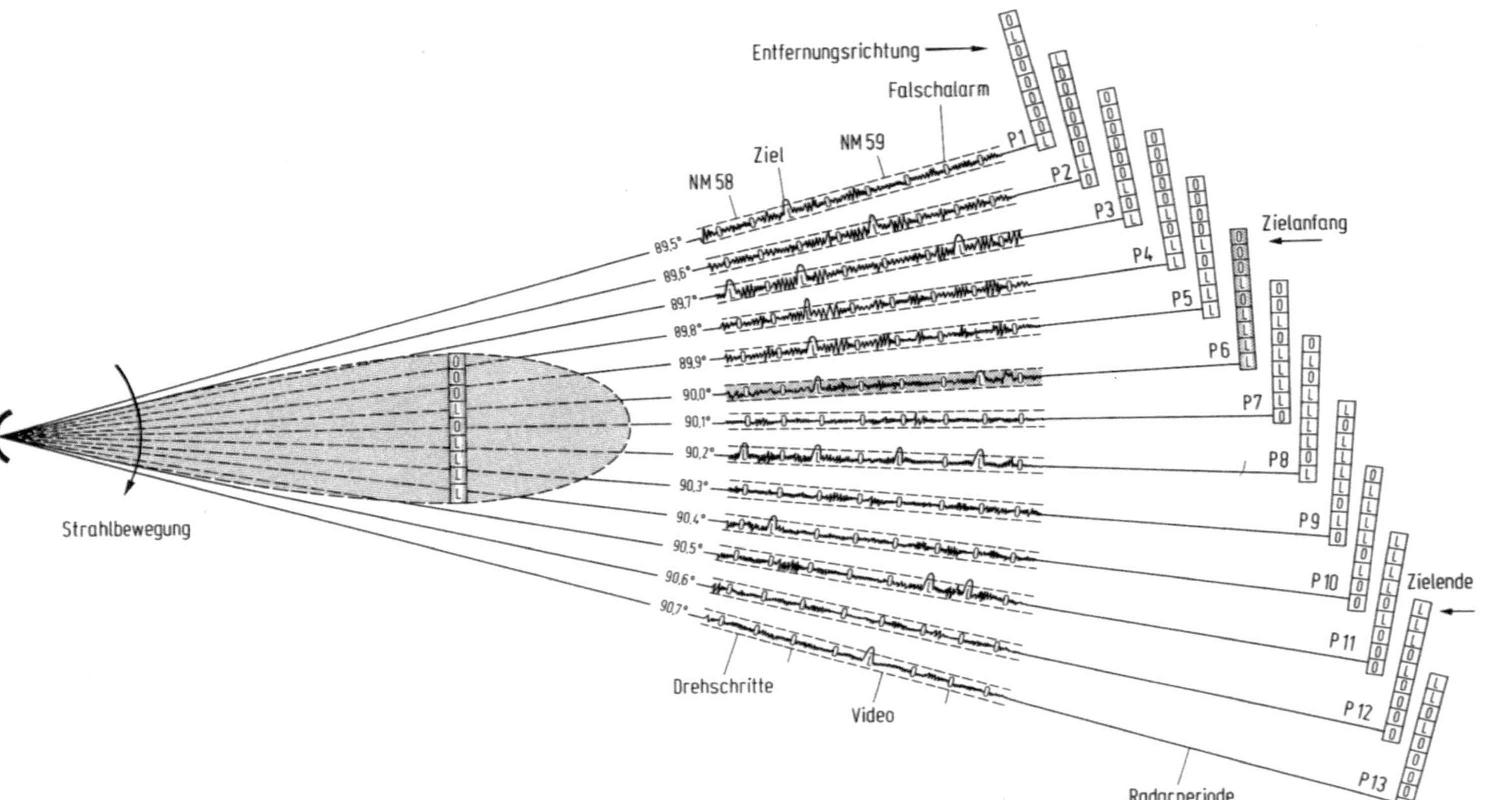

Bild 131: Prinzip des Wanderfenster-Detektors [165]

mitte" berechnet. Die Platznummer des Wanderfensters, in dem ein Ziel entdeckt wird, entspricht bereits einem definierten Entfernungswert. Damit sind die Ortskoordinaten eines entdeckten Zieles bekannt und der Vorgang abgeschlossen.

In der Praxis baut man das Schieberegister und die 2. Schwellenschaltung nur einmal ein und betreibt sie im Zeitmultiplex. Ein Ferritkernspeicher nimmt die Informationen aller Wanderfenster auf. Die Stellenzahl im Wanderfenster hängt von der maximalen Trefferzahl während eines Antennendurchgangs ab; sie liegt im allgemeinen zwischen 9 und 20 und errechnet sich aus Antennenbündelung, Antennendrehzahl und Impulsfolgefrequenz. Die von den Wanderfenstern gelieferten Informationen gehen in den Pufferspeicher (Sp.2, Bild 132).

Sekundärradar-Daten. Hier tritt das Problem des Signal-Rausch-Verhältnisses in den Hintergrund, aber andere Schwierigkeiten machen sich bemerkbar: nichtsynchrone Antworten von Bordgeräten, sog. "fruits" können auftreten und Falschziele bilden, auch hier muß eine "Integration" mittels Wanderfenster vorgesehen werden. Ferner erfordern Probleme der Mehrfach-Modusabfrage, der Korrelation von Kennung und Höhe sowie der Schlüsselverwirrung auch im Sekundärradar-Teil einen beträchtlichen Aufwand, um ein Optimum an Entdeckungswahrscheinlichkeit ohne Überschreiten der zulässigen Zahl von Falschzielen zu ermöglichen.

Im Eingang eliminiert eine komplizierte Schlüsselentwirrungslogik Falschziele bzw. kennzeichnet Antwortcodes, die durch Verwirrung verfälscht sein können. Das System arbeitet mit vier Kriterien: Zielanfangs-, Zielentdeckungs-, Codegültigkeits- und Zielendekriterium. Ein Code wird dann als gültig betrachtet, wenn zweimal hintereinander bei gleicher Entfernung und nach Überschreiten des Zielanfangskriteriums der gleiche Antwortcode festgestellt wird.

Weiterverarbeitung erkannter Ziele. Die automatisch erkannten Ziele werden in einem zweiten Teil des Zielextraktors, dem Asynchronteil (AST), weiter behandelt:

a) Korrelation der aus dem Primär- und Sekundär-Kanal kommenden Informationen, um die Antworten derselben Flugziele zusammenzulegen;
b) eine Filterung, um möglichst viele "Falschziele" auszuscheiden;
c) Vorbereitung und Steuerung der Datenübertragung über mehrere Fernsprechkanäle zur Kontrollstelle. Hierfür wird in der BRD ein Prozeßrechner (TR86) eingesetzt (Bild 132)[166].

Die von den Radaranlagen gelieferten Daten: Zielmeldungen in Polarkoordinaten, enthalten Angaben über den gemessenen Winkel und die Schrägentfernung zum Flugziel. Der DZE rechnet diese Daten in kartesische Koordinaten um, bezogen auf den Standort der Radaranlage.

Eine SSR-Zielmeldung hat - als Beispiel - folgendes Aussehen:

Steuerinformation;
Entfernung in x-Richtung;
Entfernung in y-Richtung;
Code;
Flughöhe.

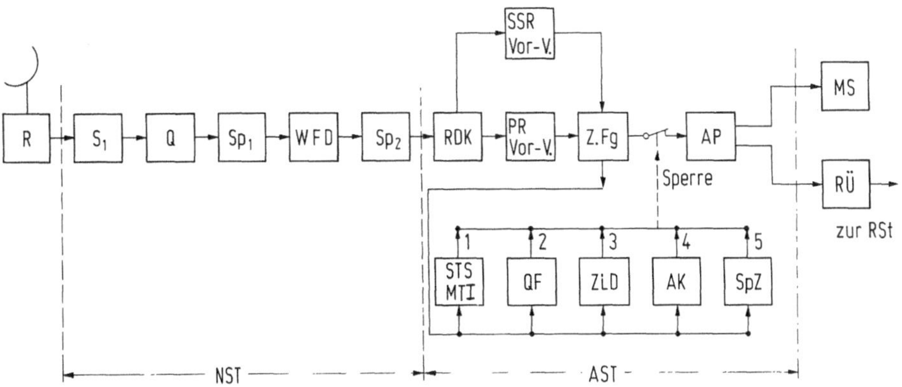

Bild 132: Digitaler Zielextraktor (vereinfachte Darstellung)
R: Radaranlage; S_1: erste Schwelle; Q: Quantisierung; Sp_1: Digitaler Speicher; WFD: Wanderfensterdetektor; Sp_2: Pufferspeicher; RDK: Radardatenkanal; SSR-Vorverarbeitung; PR-Vorverarbeitung; Z Fg: Zusammenfassung PR u. SSR; 1 bis 5 Filtergruppe; StS MTI: Scan to Scan MTI: Festziellöschung; QF: Qualitätsfaktor; ZLD: Ziellängen-Diskriminierung; AK: Ausblendkarte; SpZ: Spaltziel; Sperre: Ausgaben-Sperre durch Filter 1,2, ... oder 5; AP: Ausgabe-Puffer; MS: Monitor-Sichtgerät; RÜ: Radar-Zielmeldungen-Übertragung, z.B. zur Regionalstelle; NST: Nichtsättigbarer Teil; AST: Asynchronteil [165]

4.5. Darstellung extrahierter Radardaten (DERD)

Im vorigen Abschnitt behandelten wir das Umsetzen des analogen Radarbildes in digitale Daten durch den Zielextraktor.(DZE). Für die Anzeige der vom DZE gelieferten Zielinformationen hat man ein besonderes System entwickelt, das DERD-System (Darstellung extrahierter Radardaten); es ist in der BRD im Betrieb [167].

4.5.1. Aufbau des Systems; der Rechner

Das System besteht in seinem Kern aus der Doppel-Rechneranlage (mit zwei Rechnern des Typs TR86), den Sichtgeräten (Typ SAP 300 bzw. Sig 3001), Bedienfeldern (mit alphanumerischer Tastatur sowie Funktionstasten) und einem Überwachungspult (Bild 133).

Das Rechnersystem übernimmt Informationen von Radaranlagen, Peilkanälen, Bedienfeldern und Systemüberwachungseinrichtungen.

Der DERD-Rechner (TR 86) kann die Zielmeldungen aus einem Gebiet von 400 × 400 NM aufnehmen und verarbeiten.[1] Er wandelt die vom DZE gelieferten, auf den Radarstandort bezogenen Entfernungswerte (Δx/Δy) in Systemkoordinaten um. Alle Informationen werden aufbereitet und getrennt nach Sichtgeräten in einem Bildwiederholungsspeicher abgelegt.

Das kartesische System des Rechners besteht in der x- und in der y-Richtung aus je 8192 Rasterelementen; ein "Rasterpunkt" entspricht (bei der o.a. Gebietsgröße) einem Viereck von 94 × 94 m.

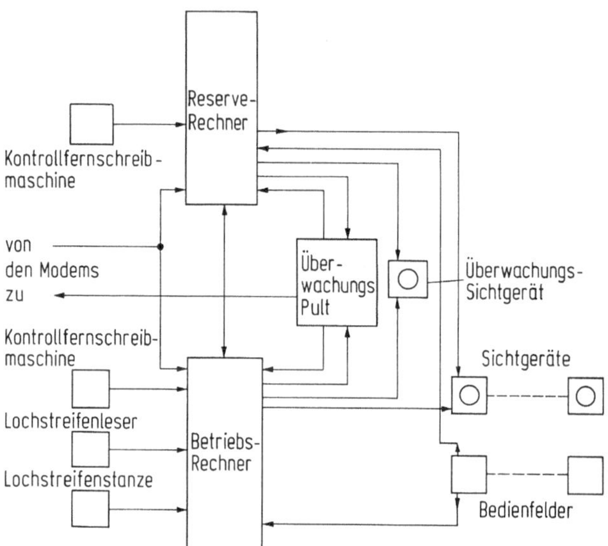

Bild 133: DERD-System

4.5.2. Betriebseigenschaften und Bedienung des Systems; Darstellung auf dem Schirm

Alle für die Arbeit des Lotsen wichtigen Daten werden auf dem Bildschirm des Sichtgeräts dargestellt: Flugziele, Peilinformationen, SSR-Decodierung als Tabellenwerte (die Tabelle kann an beliebiger Stelle geschrieben werden), Zuordnung von Etiketten usw.. Die Flugspur wird aus dem sog. Kopfsymbol und den Vergangenheitssymbolen - diese in abgestufter Helligkeit - gebildet. Für die Flugziele verwendet man verschiedene Symbole, je nachdem, ob es sich um Primär-, Sekundär- oder kombinierte Primär- Sekundärradarziele handelt. Die Elektronenstrahl-Schreibgeschwindigkeit

---

[1] Der Rechner TR 86 (AEG-Telefunken) ist ein Digitalrechner mittlerer Größe; er arbeitet wortweise parallel mit 30 Einadreßbefehlen und Festpunktarithmetik. Der Kernspeicher ist bis 64 K - 24 - bit - Worte ausbaufähig. Die Zykluszeit beträgt 0,9 μsek bei einer Zugriffszeit von 0,3 μsek. Zum Rechner gehören verschiedene Kanalwerke zur Ein- und Ausgabe mit 24 Eingriffsebenen.

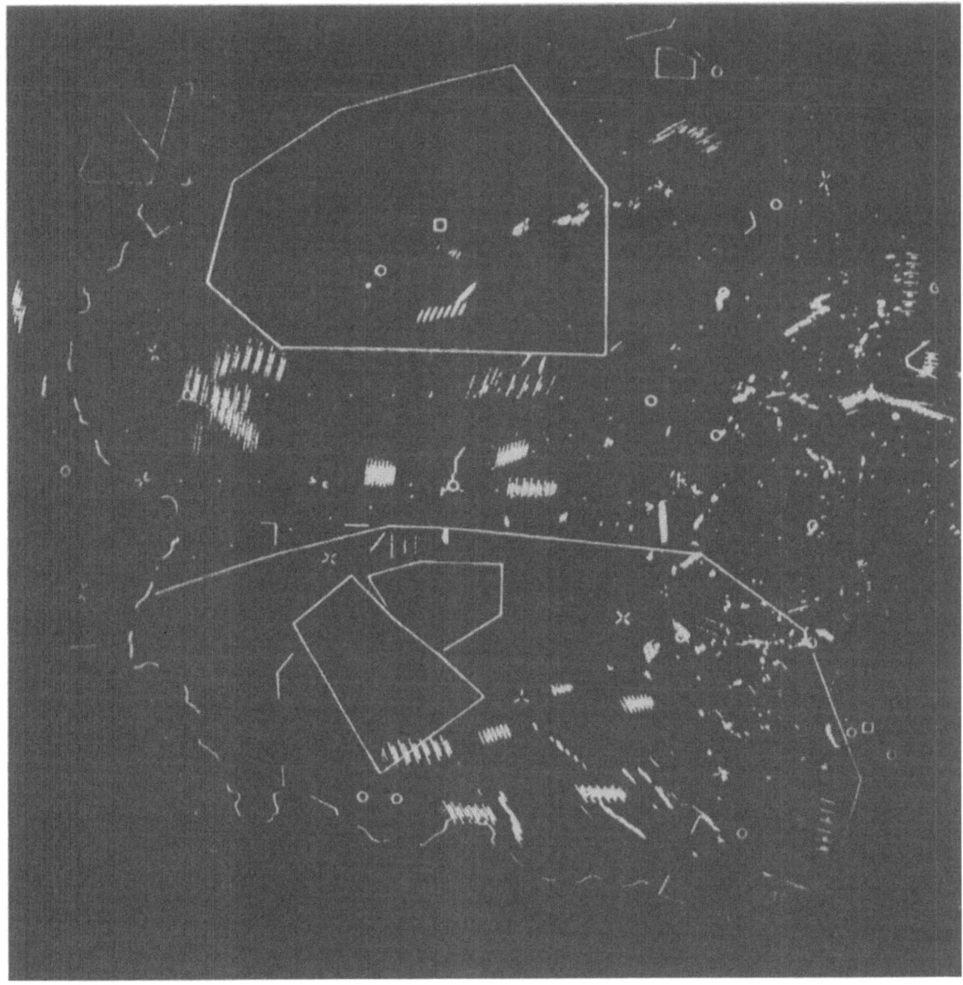

Bild 134: Bisheriges Radarschirmbild (Rohradarschirmbild; Flughafen Frankfurt/M am rechten Bildrand, Mitte; Foto BFS)

beträgt ca. 1 cm/µsek; die Informationen werden 30 bis 60 mal pro Sekunde geschrieben, damit erhält man - in Abhängigkeit vom gewählten Phosphor der Schirmbildröhre - ein ruhiges flimmerfreies Bild.

Die Genauigkeit der Darstellung wird mit $5^{0}/00$ - und besser - angegeben, bei einer Strichstärke von 0,5 mm kann der Kontrast mit 5 : 1 angenommen werden (Umgebungshelligkeit: 400 bis 500 Lux) [168]. Die Bilder 134 und 135 zeigen in einer Gegenüberstellung - altes Bild, neues Bild - den beträchtlichen Fortschritt, den man mit dem DERD-System erzielt hat.

Bei zu großer Informationsmenge meldet das Gerät die "Stufe" der Überlastung und die hiervon betroffenen Systemteile. Zunächst wird die Bildwiederholungsfre-

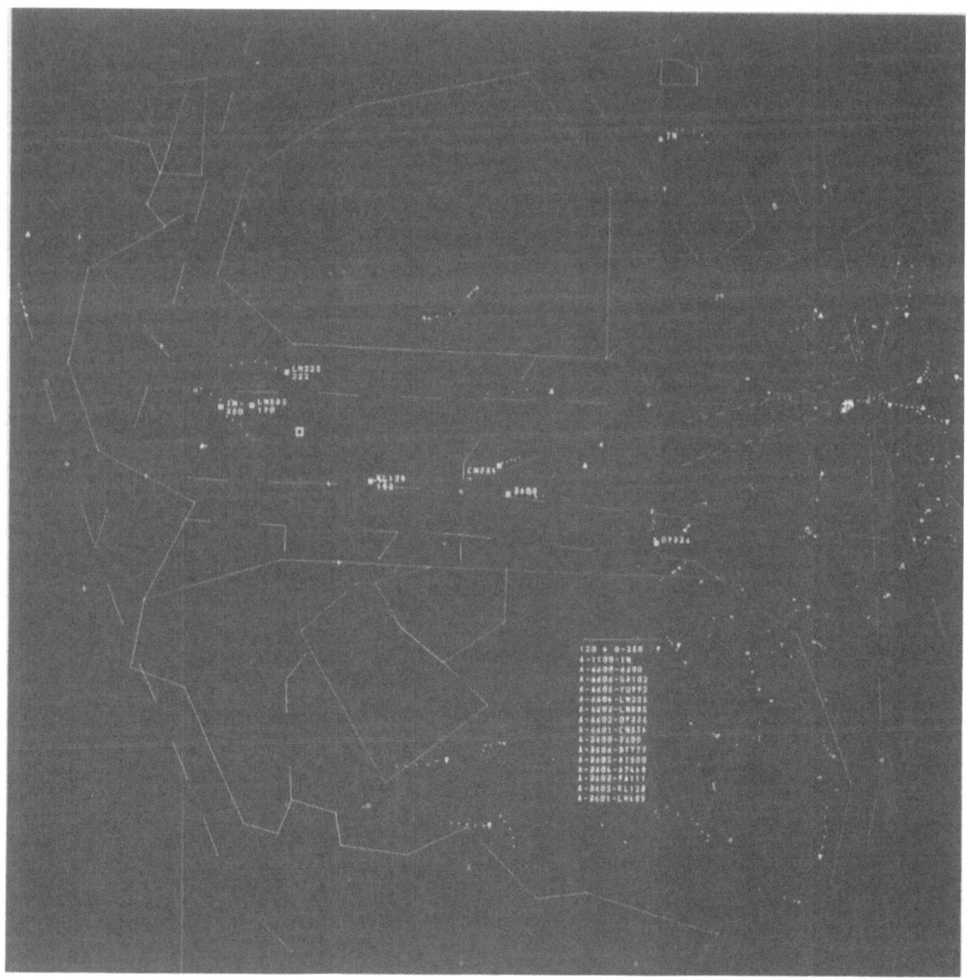

Bild 135: DERD-Radarschirmbild, gleiche Verkehrslage wie im Bild 134; die rechnergesteuerte Luftlagedarstellung; Flugziele sind durch Symbole markiert und durch Datenblöcke gekennzeichnet. Die Tabelle (unten) enthält Zuordnungsbezeichnungen der Sekundärradar-Codierung und der Flugnummern (Foto BFS)

quenz bis zu einem Minimalwert reduziert; darüberhinaus kann der Informationsgehalt gezielt herabgesetzt werden.

SSR- und Flugzieletiketten. Für ein volles Ausnutzen des DERD-Systems ist die Sekundärradar-Zielmeldung eine wichtige Voraussetzung; eine primitive Flugzielverfolgungslogik (nur beim 64er und 4096er Code) ermöglicht nämlich das Mitführen von Flugzieletiketten, die Rufzeichen oder Flugnummern sowie die Flughöhe enthalten. Diese Logik arbeitet mit einem einfachen Erwartungsgebiet und benutzt als weitere Erkennungskriterien Höhendifferenz pro Umlauf und den Code. Eine Überbrükkung von Zielausfällen ist nicht möglich.

Ein Problem stellt die SSR-Codezuteilung dar; zunächst erhält jeder Arbeitsplatz einen bestimmten Individual-Codebereich. In einer Tabelle - auf dem Schirm - schreibt der Lotse seinen Codebereich in die erste Tabellenzeile ein; die Codezuteilung erfolgt über Sprechfunk. Sowie ein Luftfahrzeug einen Individualcode sendet, der in den angegebenen Codebereich fällt, wird zunächst das Zielsymbol in ein decodiertes SSR-Ziel verwandelt. Automatisch wird an dieses Ziel ein Etikett (ein Textblock) angefügt, das aus den letzten beiden Ziffern des Codes, ggf. der Modus-C-Höhe bzw. einer beliebigen Kennung z.B. LH 123 oder A - 1600 besteht. Auch in die erste Textzeile der Tabelle werden die letzten beiden Ziffern des Individualcodes geschrieben (alle anderen Textzeilen rücken eine Stelle tiefer, so daß in der ersten Zeile immer die neueste Information steht).

Man kann auch Zielmeldungen mit Höheninformationen (Modus-C-Antworten des SSR) außerhalb eines bestimmten Höhenbandes mit Hilfe des Bediengerätes unterdrücken. Selektive Löschung ist mit Hilfe der Rollkugel und Funktionstaste möglich, ebenso eine spätere Reaktivierung.

Kartendarstellung und Mosaikauswahl. Die Daten verschiedener Karten speichert man ebenfalls im Rechner. Wenn der Lotse das Sichtgerät einschaltet, so stellt der Rechner zunächst die Grundkarte eines Gebiets von 400 × 400 NM - ohne Flugziele - dar, sie dient lediglich zur Auswahl der gewünschten Arbeitskarte. Der Lotse bezeichnet mit der Rollkugel den Mittelpunkt des benötigten Ausschnitts, gibt mit der Zifferntastatur den erforderlichen Bildmaßstab ein und drückt die entsprechende Funktionstaste. Benötigt der Lotse die Daten mehrerer Radaranlagen, setzt der Rechner ein Mosaikbild zusammen; der Rechner vermag 6 verschiedene Kombinationen von maximal 6 Radarstationen zu erzeugen.

Radarübergabe. Wenn der Lotse ein Luftfahrzeug an einen anderen Arbeitsplatz übergeben will, bewegt er das Rollkugelsymbol über das Zielsymbol des zu übergebenden Luftfahrzeugs, gibt die Kennziffer des angrenzenden Arbeitsplatzes in die Tabellenkontrollzeile ein und drückt die entsprechende Funktionstaste. Dann erscheint sowohl auf seinem wie auf dem angewählten Sichtgerät das Übergabesymbol (in Form eines Daches) flackernd am Luftfahrzeug-Symbol (Rollkugel und Tastatur sind wieder frei für andere Aufgaben). Der übernehmende Lotse nimmt das Ziel mit Rollkugel und Funktionstaste an; das flackernde Übergabesymbol erlischt. Das Flugzieletikett wird am Abgabeplatz gelöscht und erscheint automatisch am Übernahmeplatz; auch die Code-Rufzeichenzuordnung wird automatisch in die Tabelle des neuen Platzes aufgenommen.

Rollkugel und Tastenfeld. Wichtig ist die Dialogfähigkeit der Darstellungsgeräte; der Lotse kann mit Tastaturen und mit der Rollkugel Daten abrufen, viele Kombinationen zusammenstellen und zusätzlich Informationen auf dem Bildschirm darstellen lassen (Jedem Sichtgerät können 2 Rollkugeln und zwei Tastenfelder - die unabhängig voneinander arbeiten - zugeordnet werden). Das Tastenfeld enthält Ziffern-, Buchstaben- und Funktionstasten. Die Eingaben erscheinen zunächst in der Kontrollzeile der Tabelle; der Rechner prüft die Eingabe, bevor er die Funktion ausführt.

4.6. Flugzielverfolgung mit Hilfe von Radarinformationen

4.6.1. Allgemeines

Es ist eine wichtige Aufgabe der Flugverkehrskontrolle, die Luftfahrzeuge beim Eintritt in den Kontrollbereich zu identifizieren und die Identität beim Durchflug durch den Kontrollbereich aufrecht zu erhalten. Ein Übertragen dieser Tätigkeit auf EDV-Anlagen ist möglich; sie ist in diesem Bereich bekannt unter dem Namen Flugzielverfolgung (FZV). In der Unterstützung der Flugverkehrskontrolle durch EDV-Einrichtungen stellt die FZV zweifellos eine Schlüsselfunktion dar, ein echter Beitrag in dem Bemühen um die Automatisierung der Flugsicherungsmittel. Die FZV übernimmt folgende Tätigkeiten [169]:

automatisches Aufrechterhalten der Zielidentität während des Durchflugs durch einen oder mehrere Kontrollbereiche. Der Lotse wird entlastet und kann sich stärker auf Verkehrsüberwachung und Lenkung konzentrieren; eine automatische Identifizierung ist zwar nicht die primäre Aufgabe der FZV, aber sie kann diese ermöglichen: auf Grund der im Rechner aufgebauten Spur und einer event. Korrelation mit Flugplänen. Handelt es sich bei der empfangenen Zielmeldung um ein SSR-Ziel mit Individualcode, so führt die Decodierung dieser Information zur Identifizierung;

Mitführen von Textblöcken neben der Spur; die bisherigen Möglichkeiten des DERD-Systems werden für alle Arten von Zielmeldungen von Primär- und Sekundärradargeräten, mit und ohne Code erweitert; man erreicht dieses dadurch, daß man jeder Radarzielmeldung e i n e r Spur die gleiche Adresse zuteilt (eine Spuradresse, lediglich für die interne Verarbeitung im Rechner). Dieser Spuradresse kann dann ein Etikett mit z.B. Rufzeichen und Flughöhe zugeordnet, neben der Zielposition dargestellt und mitgeführt werden;

Verbessern der Radarerfassung über Erfassungslücken hinweg, entweder durch Extrapolation oder Überbrücken mit Zielmeldungen anderer Radargeräte bei Mehrfachüberdeckung. Dieses ist zulässig, da die Radardaten in ein Koordinatensystem, das den gesamten Bereich des FZV-Systems überdeckt, umgerechnet werden; der Entfernungsfehler (Schrägentfernungsfehler) wird durch Berücksichtigen der Flughöhe korrigiert;

die zu einer Spur gehörenden Positionswerte der Radarzielmeldungen pflegen zufolge der Radarmeßfehler zu streuen; durch die sog. "Spurglättung" kann diese Streuung verringert werden;

aus den gemessenen Positionswerten der FZV kann die Geschwindigkeit über Grund und die Flugrichtung ermittelt werden;
Störzielmeldungen, die den Zielextraktor passierten, kann man im FZV-Programm durch bestimmte Kriterien für die erste Darstellung einer Spur ausscheiden (z.B. durch die Forderung, daß mindestens drei Zielmeldungen hintereinander auftreten); durch die FZV wird die Korrelation der Radardaten mit Flugplan- und Peildaten ermöglicht.

4.6.2. Aufgabenstellung

Hinsichtlich der Systemauslegung hat man sich in der BRD für folgende Parameter entschieden:

Erfassungsgebiet: es soll ein Gebiet von 400 × 400 NM erfaßt werden;

für die Datenlieferung vorgesehene Radaranlagen: für die Datenlieferung stehen Radaranlagen der Typen SRE-A 5, GRS und SRE - LL 1 und Sekundärradargeräte zur Verfügung; am Ort der Radarstation werden die Radarechos im Digital-Zielextraktor (DZE) zu Zielmeldungen verarbeitet; Format und Informationsinhalt hat man festgelegt;

Austausch von Primärradardaten gegen SSR-Daten: Eine Spur, die mit SSR initiiert und verfolgt wurde, muß auch mit Primärradardaten weitergeführt werden können und umgekehrt. Bei SSR-Flugspuren muß man damit rechnen, daß der Code während des Fluges im Überwachungsgebiet gewechselt, oder der Transponder während des Fluges aus- bzw. eingeschaltet wird;

Zahl der zu verfolgenden Spuren: Nach der Spezifikation für den DZE können von jeder Radaranlage bis zu 350 echte Ziele pro Antennenumlauf gemeldet werden; hierzu kommen Störechos in unbekannter Zahl. Das FZV-System muß daher bis zu 800 Spuren verfolgen können; Monoradar- oder Multiradar-System? Eine Untersuchung ergab, daß das Multiradarzielverfolgungssystem hinsichtlich des Rechneraufwands wirtschaftlicher ist, man hat sich daher für dieses entschieden.

Realzeitbetrieb: Der Lotse benötigt genaue und aktuelle Daten für die Luftlagedarstellung, sie sind maßgebend für die Beurteilung der weiteren Entwicklung der Verkehrslage. Daraus ergibt sich, daß der Rechner in der FZV mit dem Datenangebot der Radaranlage Schritt halten muß. Der Rechner muß alle Operationen, die der Flugzielverfolgungsprozeß vorschreibt, für jedes Flugziel durchgeführt haben, bevor für das entsprechende Flugziel die nächste Zielmeldung aus dem folgenden Antennenumlauf eintrifft (Realzeitbetrieb).

4.6.3. Die Zielverfolgungslogik

Ein Zielverfolgungsprozeß umfaßt im allgemeinen folgende Einzelprozesse:

Sortieren der gelieferten Radardaten; Herausfiltern der Daten, die für bekannte Spuren infrage kommen;
Zuordnen von Zielmeldungen zur Flugspur und ihr Weiterführen;
Glätten der Spur, um Radarmeßfehler und Fehler in der Vorhersage-Positionsberechnung auszugleichen;
die Initiierung von Flugspuren.

4.6.3.1. Aufteilung des Überwachungsgebiets

Aus den von der Radaranlage - während des aktuellen Antennenumlaufs - angelieferten Zielmeldungen sollen diejenigen herausgesucht werden, deren Positionen in der Nähe des letzten bekannten Standorts der Flugspur liegen. Es muß daher ein Suchgebiet definiert werden, das zur Vorsortierung der Radardaten verwendet werden soll. Das

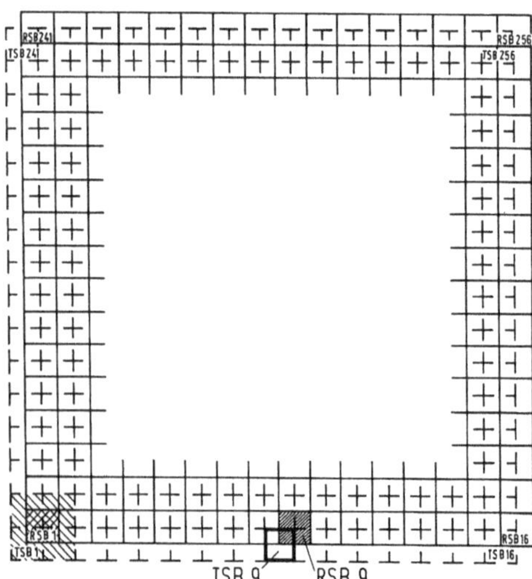

Bild 136: Überwachungsgebiet, 400 × 400 NM, unterteilt in Radar- (RSB) und Tracksortboxes (TSB) [170]

Gebiet soll so dimensioniert sein, daß alle infrage kommenden Meldungen innerhalb seiner Grenzen liegen; andererseits soll es so klein wie möglich sein, damit unnötige Zuordnungsversuche mit nicht in Betracht kommenden Meldungen unterbleiben. Die Form des Gebiets sollte so beschaffen sein, daß der Rechner es mit wenigen Operationen errechnen kann und daß die Prüfung, ob Zielmeldungen innerhalb oder außerhalb dieses Suchgebiets liegen, ein Minimum an Zeit in Anspruch nimmt.

Man hat das gesamte Überwachungsgebiet von 400 × 400 NM durch ein Gitternetz in sog. "Radarsortboxes" (RSB) mit einer Kantenlänge von 25 NM unterteilt; es ergeben sich jeweils 16RSB's (Bild 136). Die halbe Kantenlänge der Boxen darf nicht kleiner sein als der mögliche Flugweg, den ein Luftfahrzeug während einer Antennenumdrehung zurücklegt; hierbei müssen die Fehler der Radarmessung und der Vorausberechnung mit maximalen Werten berücksichtigt sein. Jede Box hat ihre eigene Nummer, die im FZV-Rechner zur Kennzeichnung der Zuordnung dient. Analog zur Gebietsunterteilung in Radar-Sortier-Boxen ist das Überwachungsgebiet durch ein zweites Gitternetz gleicher Dimension in sog. "Tracksortboxes" (TSB) unterteilt. Die Anordnung ist so gewählt, daß jede TSB durch Überlappung in vier benachbarte RSB hineinreicht (Bild 136 und 137). Auch die TSB haben ihre Nummern. Mit der Versetzung der TSB um eine halbe Kantenlänge gegen die RSB wird erreicht, daß man, ausgehend von der RSB-Nr. die für eine bestimmte Zielmeldung ermittelt wurde, die in Betracht kommenden Flugspuren über die RSB-Nr. bestimmt werden können. Die Unterteilung in RSB ist ferner dadurch begründet, daß

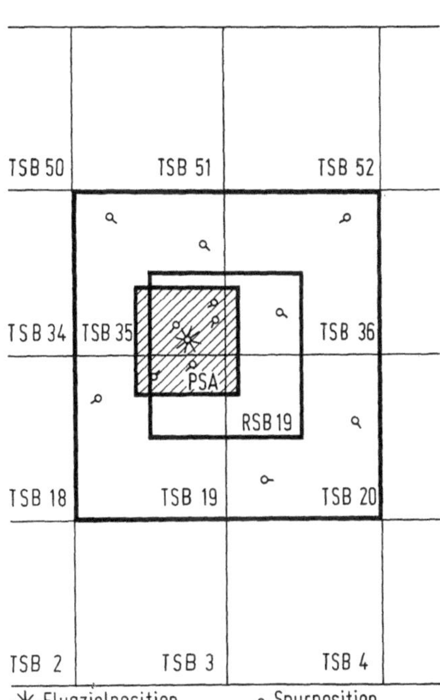

Bild 137: Sortierung der Zielmeldungen nach RSB, TSB und PSA [170] (PSA: Primary search area, Suchgebiet)

für jede RSB eine bestimmte Radaranlage als Haupt-Radaranlage (preferred radar) festgelegt wird. Eine weitere Radaranlage gilt als Reserve- oder Zusatzanlage (supplementary radar). In erster Linie benutzt man Hauptradar-Daten zur Spurfortsetzung (Standardkorrelation, Verfahren 1) erst wenn mit diesen Daten keine Zuordnung möglich ist, z.B. beim Ausfall der Anlage oder durch ein starkes Störzeichengebiet (clutter), soll auf die Daten der Reserveanlage zurückgegriffen werden (Überbrückung, Verfahren 2). Mit dieser RSB- und TSB-Ordnung wird die Vorsortierung der Zielmeldungen für die Spurzuordnung über die TSB- und RSB-Nummern erleichtert. Umgekehrt können auch, ausgehend von einer Zielmeldung, die in Betracht kommenden Flugspuren mit Hilfe der RSB- und TSB-Nummerierung herausgefunden werden.

4.6.3.2. Zuordnungsverfahren

Man berechnet zunächst aus dem bisherigen Flugverlauf (Richtung und Geschwindigkeit) die Vorhersageposition der Flugspur. Um diese Position konstruiert man ein Erwartungsgebiet, die SSA (small search area) und untersucht, ob sich die mit den bisherigen Filterprozessen ausgesuchte Zielmeldung innerhalb dieses Gebietes befindet. Trifft dieses zu, dann liegt mit großer Wahrscheinlichkeit ein Geradausflug vor. Die Größe des SSA-Gebiets wird allein vom Radarmeßfehler bestimmt.

Aufgrund umfangreicher Untersuchungen und Simulationen, die auch den Digitalzielextraktor einschlossen, ermittelte man bei der Mittelbereichs-Radaranlage des Typs GRS einen Winkelfehler von $0{,}2^{\circ}$ und einen Entfernungsfehler von 500 bis 120 m [170]. Beim SRE-A 5 ist der Winkelfehler etwas größer, beim Typ SRE-LL 1 etwas kleiner; bestimmend ist jedenfalls der Winkelfehler, das bedeutet, daß der Fehler von der Entfernung des Zieles vom Radarstandort abhängt. Dieser Tatsache trägt man Rechnung, indem ein Faktor, der für die Dimensionierung der Erwartungsgebiete angesetzt wird, in drei Stufen eingeteilt wird. Es muß bei der Dimensionierung des Erwartungsgebietes auch berücksichtigt werden, daß das Radargerät die Schrägentfernung zum Flugziel mißt.

Ist in der SSA keine Zielmeldung zu finden, z.B. bei einem Kurvenflug, dann konstruiert der Rechner das sog. große Erwartungsgebiet LSA (Large search area) (Bild 138). Um die geglättete Position G der Flugspur schlägt man zwei Kreisbö-

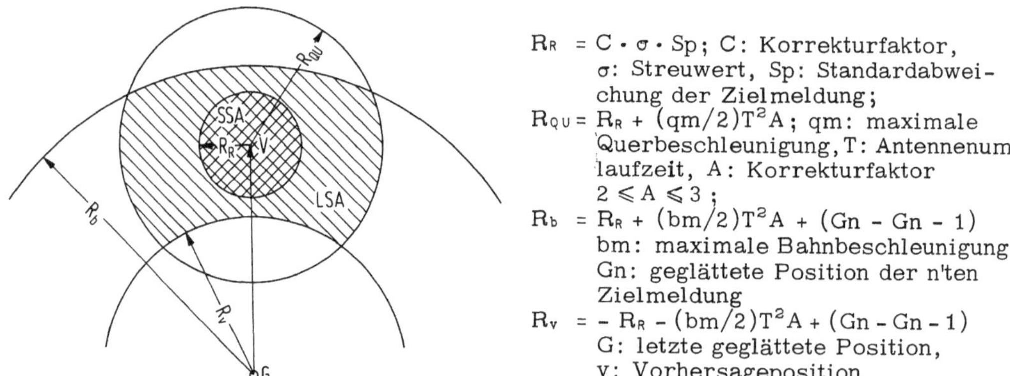

Bild 138: Konstruktion des kleinen (SSA: small search area) und des großen Erwartungsgebietes (LSA: large search area) [169]

gen, welche die Geschwindigkeit und die möglichen Verzögerungen R_v bzw. Beschleunigungen R_b berücksichtigen. Um die Vorhersageposition V, die sich wie bei der SSA aus dem bisherigen Flugverlauf ergibt, wird ein Kreis R_{QU} geschlagen, der die mögliche Querabweichung vom Geradeausflug in Rechnung stellt. Liegen mehrere Zielmeldungen vor, so nimmt man als weiteres Zuordnungskriterium den Abstand Zielmeldung-Vorhersageposition (kleinster Abstand). Dieses Kriterium wird noch modifiziert durch die Berücksichtigung von Sekundärradarmeldungen, hier kann die Code-Information noch Aussagen über die Zuordnung beinhalten. Aus der Mischung von Primärradar- und SSR-Daten mit 6- bzw. 12-bit-Code-Informationen ergibt sich als weiteres Zuordnungskriterium eine Wertungstabelle (Tabelle 24). Die vorstehende Beschreibung des FZV-Verfahrens kann und soll nur das Prinzip erläutern. Hinsichtlich der Anwendung der Zuordnungskriterien in einzelnen Stufen, in den beiden Verfahren (Standardkorrelation und Überbrückung) verweise ich auf die Literatur [169, 170].

Tabelle 24. CPV-Wertungstabelle (CPV: Correlations Preference Value) [169]

FLUGSPUR		SEKUNDÄR		PRIMÄR
Zielmeldung	CODE 1	CODE X	ohne CODE	
CODE 1	1	2	2	3
CODE X	2	-	2	3
ohne CODE	2	2	2	3
PRIMÄR	3	3	3	2

4.6.3.3. Glättungsverfahren

Die Glättung der Flugspur dient dazu, das Erwartungsgebiet möglichst klein zu halten. Für den Geradeausflug setzt man als Glättungsparameter 0,5 ein, d.h. das die "geglättete" Position auf die Mitte der Verbindungslinie zwischen der Vorhersageposition und der Zielposition gesetzt wird. Für den Kurvenflug wird als Parameter 0,75 eingesetzt; er mißt der Zielposition mehr Gewicht bei (Die Anteile 0,5 und 0,75 werden auf der Verbindungslinie von der Vorhersageposition aus gemessen;

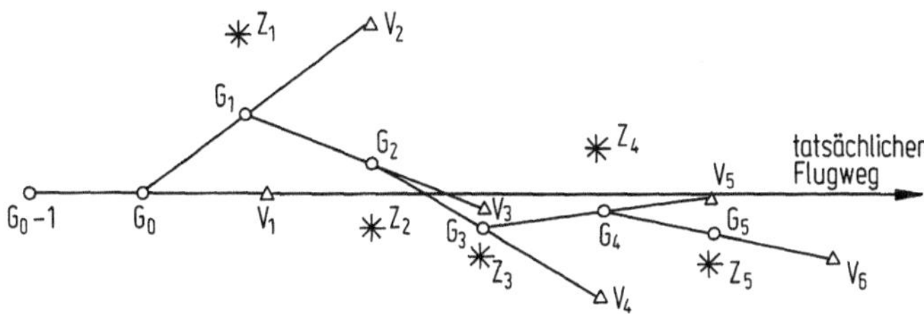

Bild 139: Glättung der Flugspur [169]
(G = geglättete Position; V = Vorhersageposition; Z = Position der Zielmeldung

Bild 139). Untersuchungen und Simulationen haben die Vorteile dieses Glättungsverfahrens gegenüber anderen Verfahren bestätigt.

4.6.3.4. Initiierung

Für die Initiierung verwendet man allein Zielmeldungen der Haupt-Radaranlage (preferred-radar-Daten); ein Umschalten auf das Zusatzradar (supplementary-Radar) würde eine Vergrößerung der Erwartungsgebiete während des Initiierungsprozesses zur Folge haben. Nicht zuzuordnende Hauptradar-Zielmeldungen eines Antennenumlaufs werden gespeichert; es können Störziele sein oder Zielmeldungen eines in das System neu eingetretenen Flugziels. Diese Meldungen werden mit Hauptradar-Zielmeldungen des folgenden Antennenumlaufs, die ebenfalls nicht zuzuordnen sind, untersucht. Man legt ein kreisförmiges Erwartungsgebiet um die Meldungen des ersten Antennenumlaufs und prüft, ob eine oder mehrere Meldungen des zweiten Umlaufs innerhalb dieses Gebietes liegen. Trifft dieses zu, dann wird eine Flugspur oder es werden mehrere "vorläufige" Flugspuren gebildet. Beim nächsten Umlauf werden sie als endgültige Spuren behandelt, wenn sie mit Hauptradar-Daten fortgesetzt werden können. Nach vier aufeinanderfolgenden erfolgreichen Zuordnungsprozessen mit Hauptradar-Zielmeldungen wird die Spur als "endgültig" betrachtet und kann nun auch nach dem 2. Verfahren (Überbrückung) mit Zusatzradardaten fortgeführt werden. Wird eine Spur über längere Zeit nicht durch Radarzielmeldungen aktualisiert, so wird sie abgebrochen.

4.6.4. Versuchsergebnisse

Umfangreiche Versuche mit der vorstehenden, vereinfacht dargestellten Zielverfolgungslogik erbrachten den Beweis, daß das System einsatzfähig ist und die gestellten Aufgaben voll erfüllt (Bild 140) [169,170]. Für ein betrieblich voll nutzbares System wäre u.a. noch erforderlich, daß die Programme in einer einheitlichen Sprache geschrieben werden, z.B. in TAS86; mit diesem schnell ablaufenden Programm wäre eine Realzeitverarbeitung für eine RSt bedingt möglich. Hinsichtlich weiterer Versuchsergebnisse und wichtiger Erkenntnisse, die in einem Betriebssystem berücksichtigt werden müßten wird auf den Versuchsbericht verwiesen [171].

4.7. Das System zur Teilautomatisierung der Radarkontrolle (TARK)

4.7.1. Allgemeines

Das DERD-System, eine verbesserte Art der Radardaten-Luftlagedarstellung, ist kein direkter Beitrag zur Automatisierung der Kontroll-Hilfsmittel. Aber es bietet die Voraussetzungen für den Aufbau von "Automatisierungsstufen". Als eine solche Stufe kann das System "TARK" bezeichnet werden, eine Abkürzung für Teilautomatisierung der Radarkontrolle [172].

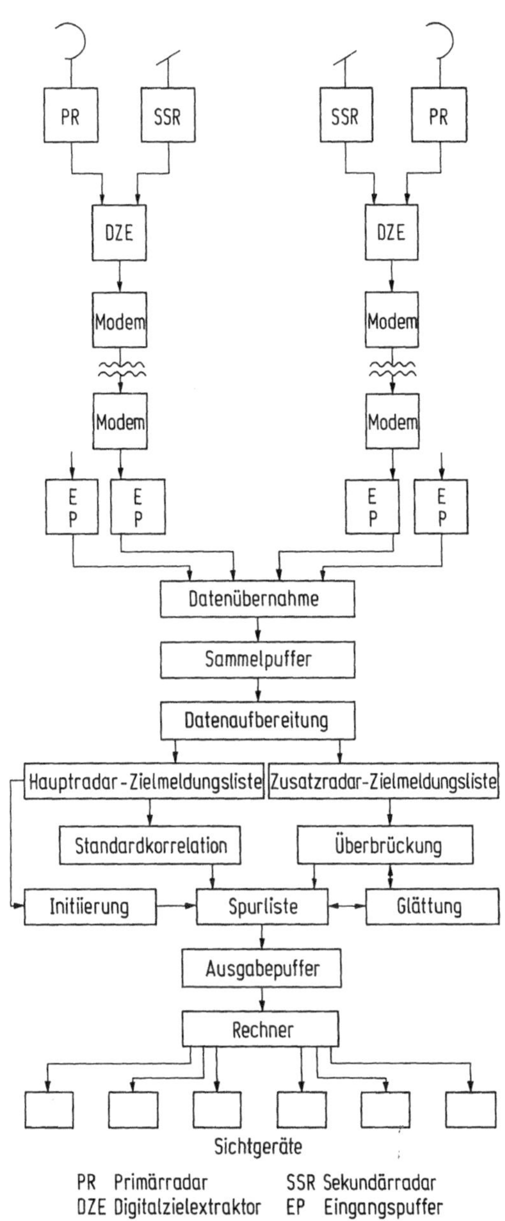

Bild 140: Flugzielverfolgungssystem
PR : Primärradar
SSR : Sekundärradar
DZE : Digitalzielextraktor
EP : Eingangspuffer

Die wesentlichen Bestandteile des Systems TARK sind:

1) Realisierung der Flugzielverfolgungslogik;
2) Kopplung der Radar- und Flugplandaten;
3) verbesserte Luftlagedarstellung;
4) Koordinationsverfahren mit dem Touch-Display;
5) Verkehrsflußsteuerung.

Zu 1): Realisierung der Flugzielverfolgungslogik

Im vorhergehenden Abschnitt ist ein Flugzielverfolgungsverfahren beschrieben worden, das mit Erfolg erprobt wurde und mit gewissen Modifikationen eingeführt werden könnte.

Zu 2): Kopplung von Radar- und Flugplandaten

Mit der Kopplung von Radar- und Flugplandaten sollen die Flugplan-Grunddaten hinsichlich der Zeit- und Höhenangaben aktualisiert und es sollen - falls nötig— ausgewertete Daten zur Verbesserung der Zielverfolgungslogik herangezogen werden. Allgemein ist hier festzustellen, daß eine Zielverfolgung so ausgelegt sein sollte, daß sie ohne Höheneingaben und ohne Flugplaninformationen auskommen kann.

Zu 3): Verbesserte Luftlagedarstellung

Gegenüber der vom DERD-System her bekannten Darstellung weist die TARK-Luftlagedarstellung einige wesentliche Verbesserungen auf, die durch die Zielverfolgungslogik ermöglicht werden; zum Beispiel:

Alle Flugziele, nicht nur SSR-, sondern auch Primärradar-Ziele können ein "Etikett" mit Kennung und Flughöhe erhalten;
Flugrichtung und Fluggeschwindigkeit kann man mit Geschwindigkeitsvektoren in Flugrichtung anzeigen; auch Steig- oder Sinkflugpfeile sind unter bestimmten Voraussetzungen möglich.

Es sind noch andere Verbesserungen vorgesehen, auf die hier nicht näher eingegangen werden kann; es wird auf einen Bericht hingewiesen [172].

Zu 4) Koordinationsverfahren mit dem Touch-Display

Es soll ein Touch-Display, d.h. ein Datensichtgerät mit berührungsempfindlichen Bildschirmpositionen verwendet werden; der Schirm ist unterteilt in ein Eingabefeld, eine Kontrollzeile und in ein Ausgabefeld. Das Eingabefeld soll 18 + 1 Eingabepositionen (Eingabedrähte mit zugehöriger Anzeige) enthalten, deren Funktionen programmierbar sind. Eingaben schreibt man fortlaufend - zur Überprüfung der Richtigkeit - in die Kontrollzeile. Ist die Eingabe mit allen Funktionen abgeschlossen, so erfolgt die Verarbeitung im Rechner bzw. die Darstellung im Anzeigenfeld des Datensichtgerätes, auch TID (touch input display) genannt.

Das TID sollte in den Kontrollarbeitstisch des Lotsen vor dem Radar-Sichtgerät in die schräge Kontrollstreifenablage so eingebaut werden, daß es vom Radar- und auch vom - Übergabelotsen bedient werden kann.

Der wesentliche Vorteil bei der Benutzung des TID wird darin gesehen, daß die beim Fernsprechen sehr störenden Wartezeiten entfallen, da die Partner nicht unbedingt gleichzeitig mit dem Meldungsaustausch befaßt sind.

Vorgesehen ist das Gerät vor allem für die Koordination von Flügen zwischen den Arbeitsplätzen; gemeint ist u.a. die Anflug-, Überflug- und Abflugkoordination (bei konventionellen Freigaben und "dummy clearance - Verfahren) sowie Radarübergaben zwischen TARK-Stellen untereinander und mit Nicht-TARK-Stellen.

Zu 5): Verkehrsflußsteuerung
Die Verkehrsflußsteuerung wird im nachfolgenden Abschnitt gesondert behandelt. Sie soll in das TARK-System in Stufen eingeführt werden, mit möglichst geringem Mehraufwand an zusätzlichen Daten.

4.7.2. Verkehrsplanung - Verkehrsflußsteuerung

4.7.2.1. Allgemeines

Verkehrsplanung im Luftverkehr bedeutet allgemein die Bedürfnisse der Luftverkehrsteilnehmer und die Kapazitäten der Bodendienste aufeinander abzustimmen. Für die Flugsicherung heißt es, Luftraum- und Kontrollkapazität an den auf lange Sicht prognostizierten Bedarf anzupassen. Die unmittelbare Aufgabe ist die Angleichung des erkennbaren Luftverkehrsaufkommens an die gerade zur Verfügung stehende Luftraum- und Kontrollkapazität [173].

Man kann in verschiedener Weise vorgehen, um einen regulierenden Einfluß auf den Ablauf des Verkehrsgeschehens zu erreichen:

Durch Flugplankoordination,
durch Verkehrsflußsteuerung.

4.7.2.2. Flugplankoordination

Bei der Flugplankoordination geht man in der Weise vor, daß die Flugpläne des planmäßigen gewerblichen Linien- und Bedarfs-Luftverkehrs und, soweit möglich, des militärischen Verkehrsaufkommens durch einen Flugplankoordinator mit dem Ziel aufeinander abgestimmt werden, die regelmäßig auftretenden Verkehrsspitzen zu bestimmten Tageszeiten und an bestimmten Flughäfen langfristig im voraus abzubauen.

Voraussetzung hierfür ist die Feststellung der Kapazitäten

a) des Start- und Landebahnsystems (S/L-System);
b) des Flugsicherungssystems;
c) der Flughafenabfertigung

für jeden Flughafen besonders.

Um - zum Beispiel - die Zahl der möglichen Starts und Landungen zu bestimmen, kann man von folgenden Angaben ausgehen:

Belegung des S/L-Systems durch ein startendes Flugzeug:
Abheben nach ~ 45 sek;
benötigte Zeit für die Identifizierung: ~ 45 sek;
Übergabe des Flugzeugs an die Streckenkontrolle: ~ 30 sek.

Insgesamt: ~ 120 sek; das ergibt: 30 Starts/Stunde; dazwischen können - im Verhältnis 1:2 - 15 Landungen durchgeführt werden. Im ganzen wären 45 Bewegungen maximal möglich (bei einer Start- und Landebahn).

Der Koordinator legt für jeden Flughafen eine Kapazitäts-Zahl fest, wobei er von dem niedrigsten Wert der Gruppen a) bis c) auszugehen hat, z.B.: 43 Luftfahrzeuge pro Stunde, wenn - angenommen - die Abfertigungskapazität mit 43 Luftfahrzeugen pro Stunde den Engpaß des betreffenden Flughafens darstellt.

In den USA hatte man (1969) für Flughäfen mit starkem Verkehr (Chikago O'Hare; J.F. Kennedy; La Guardia; Newark) eine maximale Zahl von Bewegungen pro Stunde festgelegt und diese mit Priorität für Linienflugzeuge bestimmt, z.B. für den Flughafen Washington:

a) Linienverkehr	40	Luftfahrzeuge
b) Luft-Taxi	8	"
c) andere	12	"

4.7.2.3. Verkehrsflußsteuerung

Nach einer Definition der ICAO (DOC 4444) sind unter dem Begriff "Verkehrsflußsteuerung" alle Maßnahmen zu verstehen, die den Verkehrsfluß in einem Luftraum, entlang einer Flugstrecke oder zu einem Flughafen hin so steuern, daß eine optimale Ausnutzung des Luftraums gewährleistet ist.

Im Interesse der Sicherheit muß die Verkehrsflußsteuerung eine Überlastung der Flugverkehrskontrolle verhindern.

Die Steuerung sollte möglichst großräumig sein, da eine Auswirkung auf Nachbargebiete nicht zu vermeiden ist. Hierzu sind internationale Vereinbarungen erforderlich.

Man unterscheidet drei Planungsmethoden, die unter den Bezeichnungen

1. strategische Planung;
2. taktische Planung;
3. Kollektivplanung

bekannt sind.

Die strategische oder langfristige Planung. Die strategische Planung, nach der Definition als Planung unter Berücksichtigung der Gesamtlage zu verstehen, prüft jeden in das System eintretenden Flug auf Konfliktfreiheit gegenüber allen vorhandenen Flügen vom Einflugpunkt bis zum Verlassen des Systems. Potentiellen Staffelungsunterschreitungen begegnet man durch Abänderung des Flugplans und entsprechende Freigaben. Voraussetzung ist ein genauer Überblick über die Verkehrslage und eine lükkenlose Vorschau über die künftige Verkehrsentwicklung während der nächsten 1 bis 1 1/2 Stunden.

Es ist der Vorteil der strategischen Planung, daß spätere, taktische Eingriffe auf ein Minimum reduziert werden und notwendige Verkehrsbeschränkungen schnell erkannt und gezielt durchgeführt werden können. Generell erhebt sich hier die Frage: Kann ein genügend großer Anteil der Luftfahrzeuge so starten und fliegen, daß die vorausberechneten Soll-Daten in bestimmten Grenzen eingehalten werden?

In der BRD wird die Situation durch die Tatsache erschwert, daß innerdeutsche Flüge häufig (bis zu 70%) eine Vertikalkomponente (Steig- und Sink-Phase) aufweisen; die Profile dieser Flüge können kaum mit zureichender Genauigkeit vorausberechnet werden.

Einfacher ist die Lage im oberen Luftraum (oberhalb Flugfläche 245), hier überwiegen die Horizontal-Flüge; es zeigte sich, daß recht genaue "estimates" mindestens 15 Minuten vor dem Eintritt in den Kontrollbereich bekannt sind.[1]

Da aber Planung und Ablauf der Flüge zumeist nicht mit der erforderlichen Genauigkeit übereinstimmen, ist es eine vorrangige Aufgabe der Kontrollstelle, den vorgeplanten Flug hinsichtlich Genauigkeit der Navigation und Sicherheitsabstand zu anderen Luftfahrzeugen zu überwachen und bei starken Abweichungen korrigierend einzugreifen.

Die taktische oder kurzfristige Planung. Die taktische Planung erfolgt im Rahmen der Radarkontrolle, aus der Situation des Augenblicks heraus, als kurzfristiger Eingriff zur Lösung eines drohenden Konflikts oder z.B. in der Radarführung für die Vorord-

[1] Bei der Einführung der strategischen Planung im Eurocontrolbereich Maastricht sollen sich Schwierigkeiten gezeigt haben.

nung der Landefolge. Ihr besonderer Vorteil liegt in der besseren Ausnutzung der Luftraumkapazität. Verkehrsballungen können aber nicht frühzeitig genug erkannt und eine Überlastung des Kontrollsystems nicht verhindert werden.

Die Kollektivplanung. Wegen der Unzulänglichkeiten in der strategischen und in der taktischen Planung versucht man einen Mittelweg zu finden. Er bietet sich in der Kollektivplanung an; sie vereinigt Teile der taktischen und der strategischen Planung sowie der Verkehrsflußkontrolle. Die Bezeichnung "Kollektiv-Planung" bedeutet, daß nicht einzelne, individuelle Flüge geplant, sondern das Verhalten aller Flüge in einem bestimmten Raum, das Verhalten eines Kollektivs, geprüft und beurteilt wird.

Das Funktionieren dieser Methode hängt von folgenden Voraussetzungen ab:

a) Vorhersage des Verkehrs;
b) Ermittlung der zu erwartenden Arbeitsplatzbelastung;
c) Vergleich der zu erwartenden Arbeitsplatzbelastung mit der Kapazität des Arbeitsplatzes;
d) Planungsmaßnahmen zur Verhinderung der Überlastung des Arbeitsplatzes, soweit erforderlich.

Die Grundlage für ein Ermitteln der Arbeitsplatzbelastung ist die Verkehrsvorhersage. Zunächst ist zu klären

1) welche Informationen für die Planung und Steuerung des Verkehrsflusses wichtig sind;
2) wie diese auszuwerten sind und
3) wie sie angezeigt werden sollen.

Zu 1): als erste Information für eine Vorhersage können die Flugplanmeldungen genutzt werden; später kommen die Flugverlaufsmeldungen, die Standortmeldungen hinzu.

Man kann so vorgehen, daß für festgelegte Meldepunkte innerhalb eines Kontrollsektors, die für den betreffenden Sektor als repräsentative Ballungspunkte bekannt sind, jeder Flug im Anflug- und Abflug-Streckenteil getrennt erfaßt und gewertet wird.

Zu 2): Die Zahl der Flüge läßt noch keinen eindeutigen Schluß auf die Belastung des Arbeitsplatzes zu; es muß noch eine Bewertung der verschiedenen Arten der Flüge hinzukommen. Als Bewertungsfaktoren können berücksichtigt werden:

$\alpha^1\beta^1$ der Status (ev. Sonderstatus, z.B. Emergency; OAT);[1]

$\alpha^2\beta^2$ Luftfahrzeug-Muster (Flugeigenschaften)

[1] Emergency: Notfall; OAT: operational air traffic, milit. Operationsflug.

$\alpha^3\beta^3$ Ausrüstung (Abweichung von der Standardausrüstung hinsichtlich Sprechfunk, Navigation oder Sekundärradar);

$\alpha^4\beta^4$ Steig- oder Sinkflug;

$\alpha^5\beta^5$ Koordinationsbelastung (z.B. Flug muß per Telefon koordiniert werden usw.)

Mit α soll der Anflug-, mit β der Abflug-Streckenteil gekennzeichnet werden.

Über die Bestimmung der Bewertungsfaktoren ist wenig bekannt geworden; da sie mit erheblichem Gewicht in die Rechnung eingehen, sollten sie durch Simulation ermittelt werden.

Die Arbeitsplatzbelastung berechnet man nach der Formel:

$$B = \sum_{n=1}^{n} 0,5\,\alpha_n^1 \cdot \alpha_n^2 \cdot \alpha_n^3 \cdot \ldots \cdot \alpha_n^m + 0,5\,\beta_n^1 \cdot \beta_n^2 \cdot \beta_n^3 \cdot \ldots \cdot \beta_n^m$$

hierin ist:

B = die Belastung durch den Verkehr in der Umgebung eines Meldepunktes;

m = Zahl der Bewertungsfaktoren;

n = Zahl der Luftfahrzeuge;

Jeder Flug auf den beiden Teilstrecken wird je zur Hälfte als Normalflug angesetzt, um mit geringem Aufwand Steig- und Sinkflüge besser erfassen zu können.

Zu 3): die Darstellung der Verkehrsvorhersage könnte in der Weise erfolgen, daß z.B. durch elektronische Datensichtgeräte

1. der bereits in der Luft befindliche Verkehr in einem Polygonenzug angezeigt wird (z.B. auf ATD - actual time of departure - Meldungen basierend) und
2. der erwartete Anteil aus Abflügen als zweite, der ersten überlagerte, Kurve, dargestellt wird (auf ETD, estimated time of departure-, oder off-block-time-Meldungen basierend);
3. auf Tastendruck kann, wenn gewünscht, eine detaillierte Verkehrszusammensetzung angezeigt werden (sie dient als Grundlage für die Steuermaßnahmen);
4. auf dem Bildschirm der graphischen Darstellung (unter Punkt 1. und 2. kann automatisch eine Anzeige erfolgen, sobald die vorhergesagte Belastung einen vorgegebenen Wert überschreitet. Sie kann die Zusammensetzung des Verkehrs - getrennt nach Ab-, An- und Überflügen - darstellen. Diese Anzeige könnte auch auf einem besonderen Bildschirm in Tabellenform erfolgen.

Die dargestellten Informationen kann man auch dokumentarisieren (über eine Protokoll-Fernschreibmaschine).

Arbeitsplatz für Verkehrsflußkontrolle. Die Anzeige der Verkehrsvorhersage sollte an einem besonderen Arbeitsplatz in der Nähe des Wachleiterplatzes untergebracht und mit einem Verkehrsfluß-Lotsen besetzt werden. Die Gesamt-Information über die voraussichtliche Verkehrsentwicklung in Form graphischer Darstellungen dient dem Wachleiter als Grundlage für den Personaleinsatz. In verkehrsschwachen Zeiten kann der Wachleiter den Platz für die Verkehrsflußkontrolle mitbeobachten.

Einsatz der EDV für die Verkehrsflußsteuerung. Die notwendigen Daten können von einem Elektronenrechner schnell und zuverlässig verarbeitet werden; für die Vorhersage müssen vorwiegend Extrapolationen, Summierungen und Vergleiche mit Schwellenwerten durchgeführt und die Ergebnisse in "Realzeit", dem ständigen Wandel der Informationen entsprechend, dargestellt werden. EDV und elektronische Sichtgeräte eignen sich für diese Aufgaben in besonderem Maße.

4.7.2.4. Eine Zentrale für Verkehrsflußsteuerung

Mit Beginn des Sommerverkehrs 1970 mehrten sich im westeuropäischen Ausland die Fälle, in denen einzelne Bezirkskontrollstellen dem Luftverkehr erhebliche zeitliche und höhenmäßige Beschränkungen auferlegten. Dieses Verhalten führte, insbesondere im Bereich der BRD, zu einem Rückstau des Luftverkehrs. Die damit verbundenen Probleme für die Durchführung der Flugverkehrskontrolle können aufgrund der weitreichenden Rückwirkungen nicht bilateral gelöst werden. Man hat daher versucht, auf europäischer Basis Abhilfemaßnahme einzuführen, leider war der Erfolg mäßig. Auch der Plan, eine Europäische Zentrale für Verkehrsflußsteuerung einzurichten, schlug fehl; die ICAO empfahl daher, derartige Einrichtungen auf nationaler Basis zu schaffen. Man plant, in der BRD eine Luftraumnutzungszentrale aufzubauen. In den USA gibt es bereits seit einigen Jahren eine Verkehrsflußsteuerungszentrale; sie besitzt direkte Verbindungen zu allen Bezirkskontrollzentralen und allen Kontrolltürmen.

4.8. Die weitere Entwicklung in der Anwendung der EDV in der Flugsicherung der BRD

Allgemein ist zu sagen, daß die Automatisierungsvorhaben der Stufe "TARK" sich auf Routineabläufe beschränken, die mit relativ geringem Eingabeaufwand zu bewältigen sind.

Der gedruckte Kontrollstreifen ist noch wichtiger Bestandteil des TARK-Systems. Ein Ersatz wäre durch entsprechende elektronische Datenanzeigen im Zusammenhang mit Rechnerprogrammen für Konfliktsuche und Konflikt-Lösungsvorschlägen möglich. Programme dieser Art sind mit einem beträchtlichen Personal- und Rechneraufwand verbunden; ihre Realisierung muß einer späteren Ausbaustufe vorbehalten bleiben.

In dem Zusammenspiel zwischen Pilot, Lotse und Rechner droht die Gefahr, daß der Lotse durch die Bedienung neuer technischer Hilfsmittel überfordert, d.h. nicht entlastet wird. Hierin liegt die Ursache für das Scheitern zahlreicher Vorhaben. Die Arbeitslast, die das EDV-System zufolge falschen Konzepts nicht bewältigen konnte, wurde dem Kontrollpersonal aufgebürdet. Winkler zitiert den Kommentar der Lotsen: "Gut zu gebrauchen bei leichtem Verkehr; bei mittlerem bzw. dichtem Verkehr hilft nur noch abschalten" [174].

Wesentlich ist - im Zusammenspiel Lotse-Pilot - die Beteiligung des Rechners; die jetzt laufenden bzw. teilweise realisierten Vorhaben beinhalten die Version, den Rechner als Hilfsmittel des Lotsen einzusetzen, gemäß Bild 141a. Wichtig ist, daß der Lotse sich auch des Rechners bedient und daß der Zeitgewinn hierbei den Zeitverlust - im Dialog Lotse-Rechner übersteigt.

Eine weitergehende Stufe bildet die Einschaltung des Rechners in den Regelkreis, seine Belieferung mit Realzeitdaten und die Aufteilung der Funktionen auf den Lotsen und den Recher (Bild 141b) [22]. Hier kommt das Problem auf, daß für alle durch Rechnerausfall möglichen Schwierigkeiten Vorsorge getroffen werden muß. Das bedeutet,

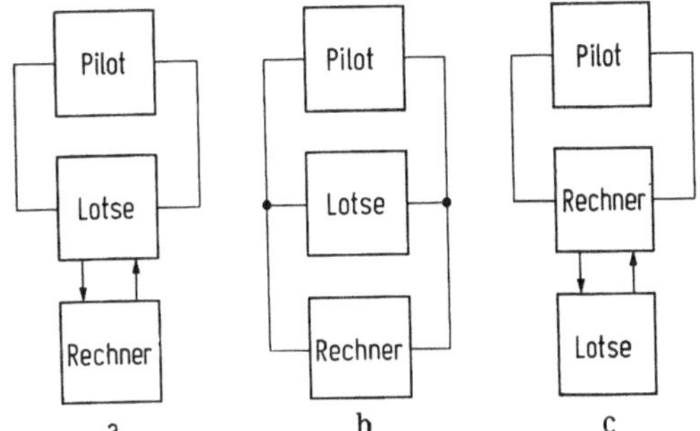

Bild 141: Zusammenspiel: Pilot, Lotse und Rechner [22]

daß an die Ausfallsicherheit des Rechners sehr hohe Anforderungen zu stellen sind. Unter Umständen käme in diesem Fall ein modulares, Mehrfach-Prozessorensystem in Betracht. Kompliziert ist die eindeutige Abgrenzung der Funktionen Lotse-Rechner.

Eine Umkehrung des Verhältnisses im Zusammenspiel Lotse, Rechner und Pilot würde es bedeuten, wenn der Rechner zum vollgültigen Partner des Piloten aufrücken und durch den Lotsen unterstützt würde. Dieser Fall wäre die konsequente Realisierung eines effektvollen EDV-Einsatzes; er erscheint aber - aus verschiedenen Gründen - als reine Theorie (Bild 141c).

Literaturverzeichnis

1 Pirath, C.: Forschungsergebnisse des Verkehrswissenschaftlichen Instituts für Luftfahrt der TH Stuttgart, Heft 6, Berlin 1933.

2 ICAO Bulletin, 27 (1972) Nr. 5, Statistische Diagramme und Tabellen.

3 Report of Department of Transportation (DOT), Air Traffic Control Advisory Committee, Washington 1969.

4 ICAO Circular Aircraft Accident Digest, Nr. 9-14, 1951-1963, Vol. I und II.

5 Herb, H.: Wie sicher ist der Luftverkehr? Umschau Wiss. Techn. 71 (1971) 37-41.

6 Krüger, E.: Flugsicherheit, was lehrt die Statistik darüber? Flugwelt 19 (1967) 821-823.

7 Jahresbericht der Bundesanstalt für Flugsicherung, 1972, Frankfurt/M. im Selbstverlag: 1973.

8 Gesetz über die BFS v. 23.3.1953 (BGBl. I, S. 70).

9 Allgemeine Verwaltungsvorschrift des BMV zum Gesetz über die BFS v. 8.4.1968 (Bundesanz. Nr.74 v. 18.4.1968).

10 Luftverkehrsgesetz (LuftVG) in der Fassung vom April 1971 (2. Aufl.) BGBl.I, S. 1113.

11 Luftverkehrsordnung (LuftVO) in der Fassung vom 14. November 1969 (4. Aufl.) BGBl.I, S. 2117.

12 Vereinbarung zwischen BMV und BMdVtdg über die Zusammenarbeit zwischen der BFS und der Bundeswehr auf dem Gebiet der Flugsicherung vom 3./21. April 1959, Nachr. f.Luftfahrer, Teil B, 64/59 und ergänzender Schriftverkehr vom Januar 1963.

13 Anhang 10 zur ICAO-Konvention (Communication), Montreal, 1965.

14 Anhang 11 zur ICAO-Konvention (Air Traffic Services), 5. Aufl., März 1966, Montreal.

15 Anhang 15 zur ICAO-Konvention (Aeronautical Information Services) Montreal.

16 ICAO-Doc 4444-Rac/501/9 (Rules of the Air and Air Traffic Services) 9. Aufl., Montreal 1967.

17 ICAO-Doc 8168-OPS/611/3 (Aircraft Operations) 3. Aufl. 1971 mit Erg. bis Nr.9 vom 16.8.1973, Montreal.

18 Abkommen über die Internationale Zivilluftfahrt-Organisation (ICAO); Forschungsstelle für Völkerrecht, Univ. Hamburg, Heft II, Frankfurt/M., 1952.

19 Gesetz zu dem internationalen Übereinkommen vom (13.12.1960) über die Zusammenarbeit zur Sicherung der Luftfahrt "EUROCONTROL" vom 14.12.1962 (BGBl.II, S. 2273).

20 Heer, O.: Luftverkehrsgesetzgebung, Luftverkehrsverwaltung, Luftverkehrsorganisation. Eine Übersicht; im Selbstverlag der BFS, Frankfurt/M. 1969.

21 Poole, E.L.R.: Ein Flugkapitän zur automatischen Landung. Luftfahrtzubehör Heft 2, (1965) 34-36.

22 Friedrich, Feldner, Seifert und Neumann: Systemstudie Flugsicherung der 80er Jahre (im Auftrag des BMV), Bericht der Messerschmidt-Bölkow-Blohm GmbH, Bd.1, Zusammenfassung, Ottobrunn/München, Oktober 1973.

23 Olbert, H.: Anflugverfahren für Regionalflughäfen, DGLR-Symposium (zusammen mit der DGON), 2.-4. Mai 1973, Düsseldorf.

24 Grundlagen für ein Flugsicherungssystem in der BRD, 2. Aufl. und Nachtrag, interner Bericht der BFS (1970).

25 Pirath, C.: Forschungsergebnisse des Verkehrswissenschaftlichen Institutes für Luftfahrt an der TH Stuttgart, Heft 2, R. Oldenburg, 1930.

26 Nachr. für Luftfahrer, Teil I, 20 (1972) 104/72 v. 27.4.1972, 63-82.

27 Silvain, C.: Eine Gebührenreglung auf europäischer Ebene, EUROCONTROL-Bulletin, Heft 4-II, (1971) 4-12.

28 PD/CLC Briefing, FAA Information; Flugversuche der FAA im Raum Frankfurt/M.

29 Sebastian, H.: Meteorologische Probleme der Flughöhenbestimmung. Weltluftverkehr 6 (1954) 30-33 und 52-54.

30 Piper, P.H.: Die Netzanalyse als Grundlage für Luftverkehrsplanungen. Schriften der Arbeitsgemeinschaft Deutscher Verkehrsflughäfen (ADV), Stuttgart 1957.

31 Grebe, W.: Untersuchung über den Verkehrsbedarf der deutschen Verkehrsflughäfen und seine Berücksichtigung im europäischen Luftverkehrsnetz, Stuttgart, 1962 (Dissertation der TH Stuttgart).

32 Obstacle Clearance Panel, ICAO, OCP III-WP 92; OCP IV-WPs 99, 103 und 104, Montreal 1973.

33 Brammer, K. und G. Schweizer: Flugführungssysteme für V/STOL-Flugzeuge aus anthropotechnischer Sicht. Ortung und Navigation, Viertelj.-Mitt. der DGON (1971) Heft IV/8 1-23.

34 Schänzer, G.: Probleme der Integration von Fluggerät und Flugführungssystem bei neuen Anflugverfahren. Vortrag auf der 5. Jahrestagung der DGLR (4.-6.10. 1972 in Berlin).

35 Stein, Kenneth J.: Problematische V/STOL-Geschwindigkeiten. Aviation Week & Space Technology, 1968 Heft 8 (Juli).

36 Plantiko, C.: Instrumentenflug mit Hubschraubern. Flug-Revue und Flugwelt internat. (1968) 11, S. 76-79.

37 Untersuchungen EUROCONTROLs zum Überschallverkehr. EUROCONTROL-Bulletin (1968) Heft 6, S. 5-11, 32.

38 Planning of air traffic services for SST aircraft, ICAO Circular 109-AN/82, Montreal 1972.

39 Concorde Operational Characteristics, Firmenschrift der BAC und der A.F., Sonderausgabe für das SST-Panel IV/Super Sonic Transport Panel, Montreal Juli 1973.

40 Raumfahrtforschung, 17 (1973) Nr.1 (Jan/Febr.) S. 46.

41 Scoville, C.L. und P.D. Gorsuch: Thermal Protection for the Space Shuttle. Vortrag vor dem XXI. Kongreß der Intern. Astronaut. Gesellschaft, Konstanz 4.-10.10. 1970.

42 Breidenbach, O.-E.: Die Kapazität von Flughäfen. Hausmitteilungen der BFS (1968) S. 3-17.

43 Airport Capacity, Airborn Instruments Laboratory, Long Island New York 1963.

44 Gesetz zum Schutz gegen Fluglärm. BGBl. I 1971, S. 280 ff.

45 Beine, R.: Bemerkungen zum Gesetz zum Schutz gegen Fluglärm. Die Startbahn (1971) Heft II, S. 2-6.

46 Roewer, H.: Schutz vor Fluglärm durch richtige und rechtzeitige Planung von Flughäfen. Intern. Verkehrsw. 24 (1972) Nr.3, S. 109-113.

47 Deutsche Normen DIN 45643 (Entwurf) März 1972, Fluglärmüberwachung in der Umgebung von Flugplätzen.

48 Huxhorn, W.: Messung und Auswertung von Flugzeuglärm. Flughafennachrichten (Frankfurt/M.) 1971, S. 89-99.

49 Heinlein, K.H.: Lärmminderung durch Bewegungslenkung. Kampf dem Lärm (Sonderdruck) Heft 6 Dezember 1969.

50 Hamel, P. und H.W. Dahlen: Erprobung lärmmindender Anflugverfahren mit dem DFVLR-Forschungsflugzeug HFB 320. DFVLR-Nachrichten (1973) Heft 10, S. 413-416.
ferner:
Wilhelm, K.: Zur Verringerung des Fluglärms: Neue Flugverfahren getestet. Luftverkehr, Nachr. v. Flugh. Hannover (1974) Heft 2, S. 23-25.

51 Was tun wir gegen Fluglärm? Schrift der Deutschen Lufthansa AG, Köln 1972.

52 Internationale Flugzeug-Lärmzulassungsverfahren nach FAR 36 und ICAO-Anhang 16. Schrift der ADV, Stuttgart, Flughafen, 1972.

53 Bekanntmachung über Lärmgrenzwerte bei Flugzeugen. Nachr. f. Luftfahrer, Teil II, Jahrg. 18 (1970) 109, S. 160-161.

54 Leisere und rauchärmere Triebwerke. Luftverkehr, Nachr. v. Flugh. Hannover (1972) Heft 2, S. 17-18.

55 ICAO Doc 7910 (Location Indicator).

56 ICAO Doc 8400 (ICAO Abbreviations and Codes).

57 ICAO Doc 8643 (Aircraft Type Designators).

58 ICAO Doc 8585 (Designators for Aircraft Op.Agencies, Aeronautical Author. and Services).

59 Sander, H.: Geschwindigkeitskontrolle in der Flugsicherung. Interner Bericht der BFS, Frankfurt/M., 1971.

60 Approach Sequencing Problems. ICAO AN Conf./5 - WP/48, 15/8/67, Ag.I. 1, Pp.9.

61 Increasing Runway Capacity. Proceedings of the IEEE, 58 (1970) Nr.3.

62 Computer aided approach sequencing (CAAS), CATC Electr. News, 1969.

63 Harris, R.M.: Models for Runway Capacity. MITRE Techn. Report, 1969.

64 Alternative approaches for reducing delays in terminal areas. FAA Report Nr. RD-67-70, 1967.

65 Rohmert, W.: Psycho-physische Belastung und Beanspruchung von Fluglotsen. Schriftenreihe Arbeitswissenschaft und Praxis, Bd. 30, Beuth-Vertrieb, 1973.

66 Jenik, P.: Maschinen menschlich konstruiert (Somatographie als arbeitswissenschaftliche Methode für die Konstruktion). Maschinenmarkt 78 (1972) Nr.5, S. 87-90.

67 Herbst, C.H.: Der Einfluß des Lichts auf den arbeitenden Menschen. Elektrizität 18 (1968) Heft 11, S. 284-300.

68 Herbst, C.H.: Beleuchtung und Produktivität. Lux (1970) Nr. 57 (April), S. 3-7.

69 Die Umfeldhelligkeit im Radarkontrollraum. Bericht über Meßergebnisse der Erprobungsstelle der BFS, Nr.9/1967 v. 19. 9.1967 (intern).

70 Klimmer, F., H.M. Aulmann und J. Rutenfranz: Katecholaminausscheidung im Urin bei emotional und mental belastenden Tätigkeiten im Flugverkehrskontrolldienst. Int. Arch. Arbeitsmed. 30 (1972) S. 65-80.

71 Frost, H., H. Malinowsky und J. Rutenfranz: Kontinuierliche radiotelemetrische Registrierung der Brustwandableitungen nach Wilson im Langzeit-EKG am Arbeitsplatz bei Radarlotsen. Int. Arch. Arbeitsmed. 30 (1972) 49-64.

72 Knauth, P. und J. Rutenfranz: Untersuchungen über die Beziehungen zwischen Schichtform und Tagesaufteilung. Int. Arch. Arbeitsmed. 30 (1972) S. 173-191.

73 Bartenwerfer, H.: Über Art und Bedeutung der Beziehung zwischen Pulsfrequenz und skalierter psychischer Beanspruchung. Zeitschr. f. experim. u. angewandte Psychologie X/3 (1963) S. 455-470.

74 Kalsbeek, J.H.W. und J.-H. Eltema: Physiological and psychological evaluation of distraction stress, Proceedings of 2nd Int. Congress on Ergonomics, Dortmund 1964, Taylor & Francis, London o.J.

75 Arad, B.A. et alt.: Control Load, Control capacity and optimal sector design. Federal Aviation Agency (USA), Washington, 1963.

76 Chandler, G.A.: ATC capacities at Sydney Kingsford Smith (Mascot) Airport and controller saturation levels. J. Inst. Navig. 18 (1965) S. 42.

77 Amin, N. et alt.: Analysis of control and traffic in operational NAS Enviroment. FAA-SRDS Report No. RD-67-25 (1967).

78 Ratcliff, S.: Mathematical models for the prediction of air traffic controller workload, United Kingdom Symposium on "Electronics for civil aviation", 1969.

79 Schichholz, H.J.: Die Beanspruchung des Kontrollpersonals durch die Kommunikationsbelastung und Vorschläge zu ihrer meßtechnischen Erfassung. intern. Bericht (BFS) Frankfurt/M., 1967.

80 Bornemann, E.: Untersuchungen über den Grad der geistigen Beanspruchung. Verlag A. Hain KG., Meisenheim 1959.

81 Bartenwerfer, H.: Beiträge zum Problem der psychischen Beanspruchung; Teil I und II. Forschungsberichte des Landes NRW, Nr.808 und 1131, Westdeutscher Verl. Kön u. Opl. 1960, 1963.

82 Herrman, Th.: Handbuch der Psychologie, Bd. I (1964).

83 A method for estimating the capacity of air traffic sectors. A report of the Directorate of Operational Research and Analysis. D/CATO, London 1972.

84 Beschreibung des VHF-Senders 50WSü156, Rhode & Schwarz, München 1971.

85 Bärner, K.: Flugsicherungstechnik II, Fernmeldeanlagen. Bücher der Luftfahrtpraxis, Bd. 6, herausgegeben von H.J. Zetzmann, Hanns Reich Verl. München 1959.

86 Beschreibung des VHF-Empfängers VKE04, H. Pfitzner, Apparatebau, Bergen-Enkheim, 1972.

87 Heer, O.: Zur troposphärischen Brechung ultrakurzer Wellen (Tagesgang der Feldstärke). Fernmeldetechn. Zeitschr. Jahrg. 8 (1955) Heft 3, S. 129-138.

88 Oden, H.: Die Tastwahl - ein Merkmal neuzeitlicher Vermittlungssysteme. Elektr. Nachrichtenwesen, Bd. 45 (1970) Nr.1, S. 4-10.

89 Bericht der BFS für das Jahr 1968, im Selbstverlag der BFS, Frankfurt/M. 1969.

90 Systembeschreibung der automatischen Wählvermittlung für die Flugsicherung, AWF-Anlage. Schrift der Siemens AG, München 1.9.1972.

91 Bericht über die COM/OPS-Konferenz 1966 in Montreal, intern. Schrift des BMV, Bonn 1966.

92 ICAO Doc 7030, Montreal.

93 Bericht der BFS für das Jahr 1972, im Selbstverlag der BFS, Frankfurt/M. 1973.

94 Gerätebeschreibung - der Zetfax-Geber HT 206 und Zetfax-Schreiber HT 207, Firma Dr-Ing. Rudolf Hell, Kiel.

95 Heidelauf, K.: Die Information und ihre Verwertung in der zivilen Flugsicherung der BRD. Im Jahrbuch des elektr. Fernmeldewesens 1965, Verl. G. Heidecker.

96 Ramsayer, K.: Grundlagen der bordeigenen Flugnavigation. Jahrbuch derrWGL, Braunschweig 1960.

97 Ramsayer, K.: Das Grundprinzip der astronomischen Orts- und Zeitbestimmung. Z. Vermessungswesen 74 (1949) S. 139-145.

98 Horsfall, R.B.: Stellar inertial navigation. IRE Trans. on Aeron. and Navig. Electronics, Juni 1958, S. 106-114.

99 Bericht der XIII. Techn. Konferenz der IATA, Luzern 2.5.1960 Doc GEN 1804.

100 Andersen, E.W.: Inertial Navigation Systems. J. Inst. of Navigation 11 (1958) S. 231-258.

101 Weber, O.: Statistische Untersuchungen über die Genauigkeit von Trägheitsnavigationsanlagen Carousel IV nach Nordatlantikflügen. DLR-Mitt. 74-10, DFVLR, Braunschweig, 1974.

102 Kramar, E.: Funksysteme für Ortung und Navigation. Verlag Berliner Union/ Kohlhammer, Stuttgart 1973.

103 Heer, O.: Funkpeilverfahren der Flugsicherung. VDI-Z. Bd.82 (1938) Nr. 3, S. 66-70.

104 Heer, O.: U- und H-Adcockanlagen für den Luftverkehr. VDI-Z. Bd.83 (1939) Nr. 30, 878-880.

105 Troost, A.: Die physikalischen Eigenschaften verschiedener Sichtpeiler für Kurzwellen. Telefunken-Zeitung 31 (1958) Nr.120, S. 84-89.

106 Mattes, A.: Grundlagen und Eigenschaften des Großbasispeilers. Rhode & Schwarz Mitteilungen (1959) Nr.12, S. 274-279.

107 Beschreibungen und Schriften über den Aufbau eines Großbasis-Dopplerpeilers der Firma Rhode & Schwarz, München.

108 Der Dopplerkompensationspeiler im Vergleich zum Dopplerpeiler üblicher Art. Techn. Inform. R 9577 Rhode & Schwarz, München.

109 Bärner, K.: Flugsicherungstechnik I, Navigationsanlagen. Bücher der Luftfahrtpraxis, Bd. 5, herausgegeben von H.J. Zetzmann, Hanns Reich Verl. München 1957.

110 Popp, H.: Festkörper-VOR, eine neue Generation von UKW-Drehfunkfeuern. Nachrichtenwesen Bd. 44 (1969) Nr.4, S.333-342.

111 Beschreibungen über neue Navigationsanlagen, Type S (solide state) der Firma Standard Electric Lorenz AG, Stuttgart 1972.

112 Anderson, S.R. und R.B. Flint: The CAA Doppler Omnirange. Proceedings IRE (1959) May, S. 808-821.

113 Funkortungssysteme für Luft- und Raumfahrt, eine vergleichende Gegenüberstellung (Stand 1961), Herausgegeben von der DGON, Verkehrs- und Wirtschaftsverlag, Dortmund 1962.

114 van Etten, J.P.: LORAN C-System und Geräteentwicklung. Elektrisches Nachrichtenwesen Bd. 45 (1970) Nr. 2, S. 108-125.

115 van Etten, J.P.: Grundlagen der Langwellen- und Längstwellen-Hyperbelnavigation. Elektr. Nachrichtenwesen Bd. 45 (1970) Nr.3 S. 245-265

116 Karwath, K.E.: Flächennavigation und die zugehörigen Verfahren der Darstellung. Ortung und Navigation, Vierteljahr.-Mitt. der DGON, Heft II, 1970, S. 4-27.

117 Distance Measuring Equipment and Offset Computer. Airway Operation Training series, CAA Bulletin Nr.5, Washington DC 1950.

118 Advisory Circular 90-45, FAA (Federal Aviation Agency, USA) vom 18.8.1969, Washington.

119 Niederschrift über die Sitzung 1/73 der Arbeitsgruppe "Flächennavigation" vom 31.8.73, DGON, Düsseldorf.

120 Die Flächennavigation gewinnt an Bedeutung. Interavia Bd. 27 (1972) Heft 6, S. 616-617.

121 Wimmer, L.: Arinc-Charakteristiken für Flächennavigations-Bordgeräte (Area Navig.). Bericht der Arbeitsgruppe Flächennavigation, DGON, vom 18.5.73, Düsseldorf.

122 Application of Area Navigation in the National Airspace System. A Report by FAA/Industry, RNAV Task Force, Washington 1973.

123 Kramar, E.: Die Geschicht der Funklandehilfen. Interavia Bd.27 (1072) Heft 2.

124 Technische Daten für das ILS-S, Beschreibungen der Firma Standard Electric Lorenz AG, Stuttgart 1972.

125 Richtlinien für den Allwetterflugbetrieb nach Betriebsstufe II. Herausgegeben von der BFS im Selbstverlag, Frankfurt/M. 1973.

126 Ormonroyd, F.: Programm der BEA für den Allwetterbetrieb. Elektrisches Nachrichtenwesen Bd.45 (1970) Nr.3, S. 266-282.

127 RTCA: A new guidance system for approach and landing. Doc-148, Bd.1 and 2.

128 ICAO, AWOP-Arbeitsgruppe, Memorandum Nr.82, Montreal, 16.5.71.

129 Czuber, E.: Wahrscheinlichkeitsuntersuchung, 2 Bde (1938).

130 Hartl, Ph.: Zur Bestimmung der Genauigkeit von bezugspunktabhängigen Funkortungssystemen. DVL-Bericht Nr. 159, 1961.

131 Kayton, M. und W. Fried: Avionics Navigation Systems. John Wiley & Sons, Inc. New York 1969.

132 Neue Sicherheitsstaffelungswerte über dem Nordatlantik, ICAO Doc 8499 SP/NAT, Montreal 1965.

133 Stallibrass, G.W.: Some navigational and air traffic control problems of civil aviation and the application of radio to their reduction, London 1954.

134 Lord, R.N.: Separation standards and aircraft wander. J. Inst. of Navig., Vol. 19 (1966) Nr.2, S. 198-208.

135 Bericht von Barr im IATA Bulletin Nr.22, Dezember 1955.

136 Treweek, K.H.: Eine Betrachtung über das Problem der Ermittlung sicherer Staffelungsnormen für den Luftverkehr. J. Inst. of Navig. Vol. 18 (1965) Nr.3, S. 285-297.

137 Bruns, H.J.: Statistische Methoden der Berechnung des Kollisionsrisikos und ihre Beurteilung. Bericht vor dem Fachausschuß FA 2 der DGON am 25.11.1966.

138 Ridenour, L.N.: Radar system engineering. Mc Graw Hill, New York, 1947.

139 Skolnik, M.I.: Introduction to radar systems. Mc Graw Hill, New York, 1962.

140 Kilz, M.: Das Mittelbereichsradar SRE-LL 1. Interavia Bd. 24 (1969) Heft 6, S. 753-755.

141 Bopp, W., G. Paul und W. Taeger: Radar, Grundlagen und Anwendungen, Verl. Schiele & Schön, Berlin 1962.

142 Reinhardt, W.: Radaranlagen in See- und Luftfahrt. Forschungsbericht 67-81 der Deutschen Versuchsanstalt für Luft- und Raumfahrt, München 1967.

143 Mittelbereichsanlage SRE-LL 1, Beschreibung der Firma AEG-Telefunken, N1/0/V-11, Ausg. Juli 1967.

144 Flughafen-Rundsichtradaranlage SRE-A5, Beschreibung d.F. AEG-Telefunken N1/0 1060 (Ausg. 667).

145 Muehe, C. u.a.: Concepts for improvement of airport surveillance radars. Report FAA-RD-72-148, Washington 18.2.1973.

146 Systemvergleich ASR-8 - ASR-9, Bericht N14/E-211 der Fa. AEG-Telefunken, Ulm 17.7.1972.

147 Warden, M.P.: An exprerimental study of som clutter characteristics. AGARD 1970.

148 Hart, H.: Landradaranlagen für Flugsicherung und Sekundärradaranlagen. In: Funksysteme für Ortung und Navigation, herausgg. von E. Kramar, Verlag Berliner Union, Stuttgart 1973.

149 Barton-Shrader: Inter-clutter visibility in MTI-systems. Eason 69 Record.

150 Goldbohm, E. u.A. van der Ree: Airport surface Radar, Shell Aviation News (1971) Nr. 400, S. 6-11.

151 Kuhn, H.: Die Präzisions-Anflug-Radaranlage PAR. Telefunken-Z. 36 (1963) Heft 5, S. 281-311.

152 Hunold, P.: Sekundär-Radar, Grundlagen und Gerätetechnik. Siemens Fachbuch, München 1971.

153 Sekundärradar SRT-4, Beschreibung N 14/V1 der Fa. AEG-Telefunken Juli 1972.

154 Origer, R.: Wirkung eines Defruiters in Sekundärradarsystemen. Intern. Elektr. Rundsch. 23 (1969) 11, S. 297-299.

155 Form, P.: Stand der DABS-Entwicklung. Ortung und Navig., DGON-Mittlgn., Heft I (1974) S. 79-99.

156 Osenbrügge, W.: Flugplanverarbeitung im FVK der BFS. Intern. Bericht (BFS), Frankfurt/M. 1972.

157 System DÜV. Firmenbeschreibungen AEG-Telefunken.

158 Gommlich, H.: Schnelle Datenübertragung über Telefonleitungen. Intern. Elektron. Rundschau 26 (1972) Heft 11, S. 253-258.

159 Harrington, J.V.: An Analysis of the Detection of repeated Signals in Noise by binary Integration, IRE Trans. Inf. Theory, März 1955.

160 Neyman, J. u. E.S. Pearson: On the Problem of the most efficient Tests of statistical Hypotheses, Phil. Trans. Roy. Soc., London, Series A, 23 (1931) S. 289-337.

161 Rice, S.O.: Mathematical Analysis of random Noise, BSTJ 23 (1944) S. 282-332 und 24 (1945) S. 46-156.

162 Storz, W. u. W.D. Wirth: Automatische Auswertung digitalisierter Radarsignale, Nachrichtentechn. Z. 16 (1963) 12, S. 643-656.

163 Dillard, G.M.: A moving - window Detector for binary Integration, IEEE Trans. Inf. Theory, Jan. 1967.

164 Wirth, W.D.: Ein Digitaldetektor zur automatischen Radarzielerkennung, Telefunken-Ztg. 38 (1965) 140-147.

165 Ebert, H.: Automatische Erkennung von Flugzielen durch digitale Radarzielextraktion, Wiss. Ber. AEG-Telefunken 42 (1969) 1.

166 Bericht des BFS für das Jahr 1969. Im Selbstverlag der BFS, Frankfurt/M. 1970.

167 Darstellung extrahierter Radardaten (DERD). Bericht der BFS (BFS/Z-I6) Frankfurt/M., November 1971.

168 Salamon, H.: Technik der rechnergesteuerten Radarbilddarstellung. Datenverarbeitung AEG-Telefunken Bd.5 (1973) Heft 3, S. 86-89.

169 Mohrhard und Piendl: Flugzielverfolgung. Bericht der BFS, im Selbstverlag, Frankfurt/M. 1971.

170 Schmidt, W.: Flugzielverfolgung. Datenverarbeitung AEG-Telefunken Bd.5 (1973) Heft 3, S. 89-99.

171 Flugzielverfolgung; Bericht über das von der BFS und AEG-Telefunken gemeinsam entwickelte Versuchssystem. Herausgegeben von AEG-Telefunken, Fachbereich Informationstechnik, Konstanz 1973.

172 Vorläufige betriebliche Anforderungen an ein System zur Teilautomatisierung der Radarkontrolle (System TARK). Bericht der BFS (BFS/Z-I6-AZ.457), Frankfurt/M., Oktober 1970.

173 Verkehrsflußsteuerung. Bericht der BFS (BFS/Z-I6-AZ 3125) Frankfurt/M., 30.7.1971.

174 Winkler, D.: Automatische Datenverarbeitung als Werkzeug der Luftverkehrskontrolle. Europa-Verkehr 22 (1972) Nr.3 S. 175-176 u. 178-179.

Sachverzeichnis